先进核能技术出版工程

熔盐堆

秋穗正 张大林 王成龙
田文喜 苏光辉 著

西安交通大学出版社
XI`AN JIAOTONG UNIVERSITY PRESS

图书在版编目(CIP)数据

熔盐堆 / 秋穗正等著. —西安:西安交通大学出版
社,2019.8
  ISBN 978 - 7 - 5693 - 1009 - 2

  Ⅰ.①熔⋯   Ⅱ.①秋⋯   Ⅲ.①熔盐堆   Ⅳ.①TL426

中国版本图书馆 CIP 数据核字(2018)第 281787 号

书　名	熔　盐　堆
著　者	秋穗正　张大林　王成龙　田文喜　苏光辉
责任编辑	田　华
出版发行	西安交通大学出版社
	(西安市兴庆南路 1 号　邮政编码 710048)
网　址	http://www.xjtupress.com
电　话	(029)82668357　82667874(发行中心)
	(029)82668315(总编办)
传　真	(029)82668280
印　刷	陕西龙山海天艺术印务有限公司
开　本	787mm×1092mm　1/16　印张　28.625　字数　677 千字
版次印次	2019 年 8 月第 1 版　2019 年 8 月第 1 次印刷
书　号	ISBN 978 - 7 - 5693 - 1009 - 2
定　价	398.00 元

读者购书、书店添货如发现印装质量问题,请与本社发行中心联系、调换。
订购热线:(029)82665248　(029)82665249
投稿热线:(029)82664954
读者信箱:190293088@qq.com

序

熔盐堆是第四代先进核能系统中唯一的液态燃料反应堆,在安全性、经济性、可持续发展和防核扩散等方面都有显著的优势和竞争力,特别是对于地壳中储量丰富的钍资源,熔盐堆可通过最具潜力的钍铀燃料循环,提高钍基核燃料的利用率。同时,熔盐堆可以用来嬗变乏燃料和放射性废物,其开发利用对于裂变核能的可持续发展具有重要意义,是公认可持续发展等级最高的反应堆。

熔盐堆使用液体核燃料和高温熔盐冷却剂,是与目前固体燃料反应堆完全不同的一种堆型,其反应堆系统概念设计、反应堆物理特性、反应堆热工水力特性、瞬态特性分析和安全分析等与固体燃料反应堆都有很大的差别。如已有的大型商用程序 RELAP5、CATHARE、CO-BRA 等,都不能直接满足液态燃料反应堆的安全分析计算的要求。

本书作者长期工作在核科学与技术的教学和科学研究工作一线,作者所在的课题组从2002 年开始,在国家自然科学基金重大研究计划重点项目、培育项目、面上项目、青年项目、教育部创新团队项目、人社部博士后创新人才支持项目、中国博士后科学基金面上项目、高等学校博士学科点专项科研基金、生态环境部核与辐射安全中心专项、中国科学院 TMSR 战略先导科技专项等熔盐堆相关研究项目的持续支持下,开展了大量的熔盐堆系统概念设计、核数据库、熔盐热物理性质、堆物理特性、堆热工水力特性及其物理热工耦合、瞬态安全分析等方面研究。作者长期与美国麻省理工学院、加州大学伯克利分校、威斯康星大学、德国卡尔斯鲁厄核能研究中心等在熔盐堆及其先进反应堆研究方面保持密切的合作研究。作者所在的研究团队在熔盐堆研究方面取得了丰硕的研究成果。

作者在大量熔盐堆研究成果的基础上,系统全面地介绍了熔盐堆的研究背景、技术特点、堆物理特性、热工水力特性、安全特性等多方面内容,全面体现了熔盐堆的最新研究成果,是中国第一部关于熔盐堆技术的专著。本书内容丰富,结构清晰,行文流畅,用词准确,兼具科学性、理论性、实用性等突出特点,是一本很好的、值得一读的科技著作。

在此,我深信本书的出版必将有助于核科学与技术学科的人才培养和我国第四代先进核能系统的研发工作,也非常高兴将本书推荐给从事核能研发工作的科研工作者、教师和研究生。

中国工程院院士
中国核动力研究设计院研究员

2019 年 8 月于成都

前　言

能源与环境是人类赖以生存和发展的基础,大力发展核能是我国能源体系优化结构、提高效能和保障安全的重要保证,发展经济、安全、可持续发展的先进核能系统是促进核能的可持续发展的必然选择。熔盐堆由于安全性、燃料循环特性、核废料嬗变和防止核扩散等独特的优点,是被列入第四代先进核能系统中唯一的液态燃料反应堆,在发电、嬗变核废料、空间核动力等方面具有非常广阔的应用前景。

作者及其课题组自 2002 年始,就针对熔盐堆物理、热工水力与安全等相关关键问题展开了广泛而深入的研究,经过长期持续探索和不懈努力,在熔盐堆概念设计、熔盐热物理性质、堆物理、堆热工水力及物理热工耦合、瞬态特性分析和安全分析等方面,取得了较为丰硕的成果。为了更好地服务于先进核能研发工作和核教育事业,作者在归纳、整理和总结课题组前期研究成果的基础上,完成了这部国内第一部熔盐堆学术专著。同时,为了尽可能全面地反映当前国际熔盐堆研究动态,书中也介绍了其他研究者的成果。

本书共分 11 章。作者的分工如下:秋穗正教授撰写第 1~2 章,张大林副教授撰写第 3~5 章,田文喜教授撰写第 6~8 章,王成龙副教授撰写第 9~10 章,苏光辉教授撰写第 11 章。全书由秋穗正教授策划和统稿。

本书第 1 章介绍了熔盐堆的研究背景、发展历史、技术特点以及典型的设计方案;第 2 章就熔盐堆多元熔盐体系的热物性进行了理论研究,综述了氟盐体系的传热性能、核物理特性以及化学腐蚀特性。第 3~5 章是针对液体燃料熔盐堆的研究,其中,第 3 章针对液态熔盐堆的特点从最基本的粒子守恒出发,考虑缓发中子先驱核流动的影响,建立了适用于任意液体燃料反应堆的中子扩散模型;第 4 章建立了液态熔盐堆的热工水力模型,并对典型设计进行了稳态和瞬态工况分析;第 5 章通过隐式方法实现了堆芯物理热工的耦合,分析了反应性引入及泵停转工况下反应堆的安全特性。第 6~8 章是针对固体燃料熔盐堆的研究,其中,第 6 章通过自主研发的 MCORE 程序对典型固体堆设计进行了物理及源项计算;第 7 章针对球床式固体堆编制了热工水力分析程序 FANCY,可以准确模拟堆内熔盐的流动换热特性;第 8 章基于不确定性方法计算了固体堆安全系数整定值,并对安全系数进行了敏感性分析,为固态燃料熔盐堆安全评审奠定理论基础。

福岛核事故再次唤醒了人们对反应堆运行安全的严重关切,本书第 9 章针对核反应堆安全性要求,基于高温热管独特的运行特性,提出了熔盐堆新型非能动余热排出系统概念设计,并进行理论及实验研究,验证了设计的合理性和可行性;第 10 章针对反应堆小型化、模块化的发展趋势,提出了一种全新概念的移动式氟盐冷却高温堆设计方案,使熔盐堆的应用更具灵活性;第 11 章针对限制熔盐堆发展的产氚问题,进行了氚输运特性的初步研究以探索氚的控制策略。

本书的工作先后得到了国家自然科学基金重大研究计划重点项目(91326201)和培育项目(91026023)、国家自然科学基金面上项目(10575079 和 11475132)和青年项目(11705138)、教育部创新团队项目(IRT1280)、人社部博士后创新人才支持项目(BX201600124)、中国博士后科学基金博士后面上项目（2016M600796）、高等学校博士学科点专项科研基金（博导类）（20130201110040）、中国科学院 TMSR 战略先导科技专项（XDA02010100）、生态环境部核与辐射安全中心专项、中科院上海应用物理研究所等熔盐堆相关研究项目的持续支持。

　　本书初稿完成于 2017 年 10 月。特别说明的是，自从 2002 年作者及其课题组从事熔盐堆技术研究以来，作者所在课题组的钱立波博士、肖瑶博士、周建军博士、郭张鹏博士、刘明皓博士、刘利民博士、刘长亮硕士等毕业的历届博士和硕士研究生，对本书的顺利完成做了大量细致的工作，由于人员众多，在此不列出具体名单，谨向他们表示由衷的谢意。在书稿排版、整理及校对方面，课题组刘明皓博士、刘利民博士，博士研究生陈勇征、戈剑、颜琪琦和秦浩，硕士研究生李林峰、周健成等，以及西安交通大学出版社田华编辑付出了艰辛的劳动，在此一并表示衷心的感谢。

　　中国工程院院士于俊崇先生在百忙中热情地为本书作序，哈尔滨工程大学曾和义教授在百忙之中审阅了书稿，在此一并表示衷心的感谢！

　　熔盐堆涉及多学科的交叉与融合，限于我们的学识水平，书中不足之处在所难免，由衷希望广大读者、专家和学者批评指正。

作　者
2019 年 8 月于西安交通大学

符号表

表 0-1

拉丁字母	所表示的物理量/单位
A	面积/m²
B	变形因子
C	缓发中子先驱核浓度/(n·m⁻³)
	体积热容/(J·m⁻³·K⁻¹)
D	物质扩散系数/(m²·s⁻¹)
	中子扩散系数/cm
	管径/m
	扩导,见式(3-40)
D_e	当量直径/m
E	中子能量/eV
	能量因子,见式(9-57)
E_s	杨氏模量/Pa
E_μ	黏性流动活化能/(J·mol⁻¹),见式(2-36)
F	流量
	表面摩擦因子
	总工程因子
F_f	堆芯冷却剂流量因子
G	吉布斯(Gibbs)函数
	质量流密度/(kg·m⁻²·s⁻¹)
Gr	格拉晓夫数
H	焓/J
ΔH_s	溶解热/(kJ·mol⁻¹)
J	中子流密度/中子(cm⁻²·s⁻¹)
K	平衡常数
	溶解度(西弗常数)/(mol·m⁻³·MPa⁻⁰·⁵)
Kn	克努森数
L	长度/m
m	摩尔质量/(g·mol⁻¹)
	质量/kg

拉丁字母	所表示的物理量/单位
M_f	动量因子
N	燃料球个数
	堆芯裂变功率/W
	每分子原子数,见式(2-34)
Nu	努塞尔数
P	压力/Pa
	功率/W
	润湿周长/m
Pe	派克莱数
Pr	普朗特数
Q	发热功率/W
$Q_{c,max}$	毛细极限/W
$Q_{e,max}$	携带极限/W
Q_s	声速极限/W
R	气体常数/(J·mol^{-1}·K^{-1})
	半径/m
Ra	瑞利数
Re	雷诺数
R_g	热阻/(K·W^{-1})
S	广义源项
	轴向坐标/m
	溶解度
Sc	施密特数
Sh	舍伍德数
T	温度/K
$\dot{T}$	产氚率/(T·cm^{-3}·s^{-1})
T_m	熔点/K
U	速度矢量
V	体积/m³
W	权重函数
	质量流量/(kg·s^{-1})
	热管蒸气空间的宽度/m

拉丁字母	所表示的物理量/单位
X	含气率
	摩尔分数
Z	压缩因子
a	亥姆霍兹(Helmholtz)自由能/$(J \cdot mol^{-1})$
	冷凝或蒸发系数
c	物质浓度/$(mol \cdot m^{-3})$
$c_i(t)$	缓发中子先驱核浓度的时间幅函数
c_p	定压比热容/$(J \cdot kg^{-1} \cdot K^{-1})$或$(J \cdot mol^{-1} \cdot K^{-1})$
d	直径/m
	彭-罗宾逊(Peng-Robinson)方程的参数,见式(2－1)
d_f	堆芯流量分配因子
f	摩擦阻力系数
	子工程因子
$\hat{f}_i$	逸度
g	吉布斯(Gibbs)自由能/$(J \cdot mol^{-1})$
$g_i(r)$	缓发中子先驱核浓度的空间形状函数
h	焓/$(J \cdot mol^{-1})$
	换热系数/$(W \cdot m^{-2} \cdot K^{-1})$
h_{fg}	汽化潜热/$(J \cdot mol^{-1})$
j	物质的量流密度/$(mol \cdot m^{-2} \cdot s^{-1})$
k	脉动动能/$(m^2 \cdot s^{-2})$
	形阻系数
	亨利常数/$(mol \cdot m^{-3} \cdot Pa^{-1})$,见 11.1 节
k_B	玻尔兹曼常数/$(J \cdot K^{-1})$
k_{eff}	有效中子增殖因数
k_x	粒子 x 在介质中的传质系数/$(m \cdot s^{-1})$
m	单元数目
	物质的量/mol
$\dot{m}$	冷凝或蒸发速率/$(kg \cdot m^{-2} \cdot s^{-1})$
	质量流速/$(kg \cdot s^{-1})$
n	中子密度/$(个 \cdot cm^{-3})$
p	压力/Pa

拉丁字母	所表示的物理量/单位
$p_r(t)$	中子通量密度的时间幅函数,见 5.4 节
q_v	体积释热率/$(W \cdot m^{-3})$
q_w	热流密度/$(W \cdot m^{-2})$
r	径向坐标、空间坐标
s	熵/$(J \cdot mol^{-1} \cdot K^{-1})$
t	时间/s
u	热力学能/$(J \cdot mol^{-1})$
	速度/$(m \cdot s^{-1})$
v	摩尔体积/$(m^3 \cdot mol^{-1})$
	中子速度/$(m \cdot s^{-1})$
	速度/$(m \cdot s^{-1})$
	比体积/$(m^3 \cdot kg^{-1})$
x	摩尔百分比
(x,y,z)	直角坐标系中的坐标分量
z	轴向坐标

表 0－2

希腊字母	所表示的物理量/单位
Γ	广义扩散系数
Λ	中子寿命/s
	等效热导率
Σ_a	宏观吸收截面/cm^{-1}
Σ_f	宏观裂变截面/cm^{-1}
$\Sigma_{g' \to g}$	g' 群到 g 群的宏观迁移截面/cm^{-1}
Σ_r	宏观移出截面/cm^{-1}
Σ_s	宏观散射截面/cm^{-1}
Σ_t	宏观总截面/cm^{-1}
Φ	任意求解变量
Ω	方向角
α_T	温度反馈系数/$10^{-5} K^{-1}$
α_{void}	空泡反馈系数/$10^{-5} K^{-1}$
β, β_i	缓发中子份额
γ	比热容比

希腊字母	所表示的物理量/单位
ε	湍流耗散率/$(m^2 \cdot s^{-3})$
	孔隙率
	表面黑度
ε_r	燃料元件发射率
η	黏性系数/$(kg \cdot m^{-1} \cdot s^{-1})$
θ	夹角/rad
κ	电导率/$(S \cdot m^{-1})$
λ	缓发中子衰变常数/s^{-1}
	热导率/$(W \cdot m^{-1} \cdot K^{-1})$
	分子平均自由程
μ	黏度/$(Pa \cdot s)$
	参数的标称值,见式(8－1)
μ_p	横向变形系数
ν	有效裂变中子数
ρ	密度/$(kg \cdot m^{-3})$
	反应性/10^{-5}
σ	标准差
	表面张力/$(N \cdot m^{-1})$
	斯特藩-玻尔兹曼常数/$(W \cdot m^{-2} \cdot K^{-4})$
	微观截面/b
τ	时间常数/s
	时间/s
φ	中子通量密度/$(cm^{-2} \cdot s^{-1})$
φ_s	管道几何因子
φ^+	中子价值
$\hat{\varphi}$	逸度系数
$\varphi(r)$	中子通量密度的空间形状函数,见5.4节
χ	中子能谱
ψ	中子通量密度的形状因子
	热管倾斜角度/rad
ω	彭-罗宾逊(Peng-Robinson)方程中的偏心因子
ω_i	中子动力学方程的特征根,见式(3－45)

表 0 – 3

上标	意义
n	迭代次数
r	时层
0	初始时刻

表 0 – 4

下标	意义
E, W, N, S	东、西、北、南节点
L	层流
	自然对流
TRISO	TRISO 燃料颗粒
c	临界值
	固体燃料反应堆
	燃料涂层
	冷却剂
	热管冷凝段
core	堆芯
d	缓发中子
e, w, n, s	东、西、北、南界面
f	裂变反应
	燃料
	交界面
g	中子能群
	石墨反射层
	蒸汽
i	组分
	缓发中子先驱核族群
in	入口边界
j	组分
l	液态堆
local	当地
loop	环路

下标	意义
loss	损失项
m	组分
n	中子能群
n	迭代次数
out	出口边界
p	瞬发中子
pebble	球床
r	余函数
shell	包壳
static	静态
t	湍流
u	燃料核心
w	燃料元件表面
	管壁

缩略词

缩写	英文	中文
ADI	Alternating Direction Implicit	交替方向隐式方法
AECL	Atomic Energy of Canada Limited	加拿大原子能公司
AHTR	Advanced High Temperature Reactor	先进高温堆
ALISIA	Assessment of Liquid Salts for Innovative Applications	液态熔盐应用项目
AMSB	Accelerator Molten Salt Breeder	加速器熔盐增殖堆
AMSR	Advanced Molten Salt Reactor	先进熔盐堆
ANP	Aircraft Nuclear Propulsion	飞行器核动力计划
ANS	American Nuclear Society	美国核学会
ARE	Aircraft Reactor Experiment	飞行器核动力实验
BDBA	Beyond Design Basis Accident	超设计基准事故
CEA	Commissariat à l'énergie atomique et aux énergies alternatives	法国原子能署
CFD	Computational Fluid Dynamics	计算流体动力学
CIET	Compact Integral Experiment Test	整体性能实验台架
CNRS	Centre National de la Recherche Scientifique	法国国家科学研究中心
COG	CANDU Owners Group	加拿大 CANDU 拥有者组织
CRP	Coordinated Research Projects	IAEA 联合研究计划
DHX	DRACS Heat Exchanger	DRACS 换热器
DMSR	Denatured Molten Salt Reactor	改性熔盐堆
DNS	Direct Numerical Simulation	直接数值模拟
DRACS	Direct Reactor Auxiliary Cooling System	直接反应堆辅助冷却系统
EOS	Equation of State	状态方程
EVOL	Evaluation and Viability of Liquid Fuel Fast Reactor System	液体燃料熔盐快堆系统评估和验证项目
FHR	Fluoride Salt Cooled High Temperature Reactor	氟盐冷却高温堆
GFR	Gas-cooled Fast Reactor	气体冷却快堆
GIF	Generation Ⅳ International Forum	第四代核能系统国际论坛
GT-MHR	Gas Turbine-Modular Helium Reactor	气体透平氦气模块反应堆
IAEA	International Atomic Energy Agency	国际原子能机构
INL	Idaho National Laboratory	美国爱达荷国家实验室
ITHMSF	International Thorium Molten-Salt Forum	国际钍基熔盐论坛
JAEA	Japan Atomic Energy Agency	日本原子能研究院
JNC	Japan Nuclear Cycle Development Institute	日本核燃料循环开发机构

缩写	英文	中文
LES	Large Eddy Simulation	大涡模拟
LFR	Lead-cooled Fast Reactor	铅冷快堆
LOHS	Loss of Heat Sink	有保护失热阱事故
LPSC	Laboratoire de Physique Subatomique et de Cosmologie de Grenoble	亚原子物理和宇宙学实验室
LSSS	Limiting Safety System Settings	安全系统整定值
MAs	Minor Actinides	次锕系核素
MIT	Massachusetts Institute of Technology	麻省理工学院
MITR	MIT Research Reactor	麻省理工学院研究堆
MOSART	Molten Salt Advanced Reactor Transmuter	先进嬗变熔盐堆
MOST	Molten Salt Reactor Technology	熔盐堆技术
MPB-AHTR	Modular PB-AHTR	模块化球床高温堆
MSBR	Molten Salt Breeder Reactor	熔盐增殖堆
MSFR	Molten Salt Fast Reactor	熔盐快堆
MSR	Molten Salt Reactor	熔盐堆
MSRE	Molten Salt Reactor Experiment	熔盐实验堆
MSR-FUJI	Molten Salt Reactor-FUJI	FUJI(富士)熔盐堆
NACC	Nuclear Air-Brayton Combined Cycle	核空气-布雷顿联合循环
NEPA	Nuclear Energy for the Propulsion of Aircraft	核能飞行器推进工程
NIST	National Institute of Standards and Technology	美国国家标准与技术研究所
NRC	Nuclear Regulatory Commission	美国核管会
NSERC	Natural Science and Engineering Research Council of Canada	加拿大自然科学和工程研究协会
ORNL	Oak Ridge National Laboratory	橡树岭国家实验室
PB-AHTR	Pebble Bed Advanced High Temperature Reactors	球床先进高温堆
PDMA	Pentagonal Matrix Algorithm	五对角阵算法
PRACS	Pool Reactor Auxiliary Cooling System	池式反应堆辅助冷却系统
PR-MSR	Prism-Molten Salt Reactor	棱柱形熔盐堆
RRC-KI	Russian Research Center-Kurchatov Institute	俄罗斯RRC-KI研究中心
RTDP	Revised Thermal Design Procedure	修正的热工水力设计方法
SCWR	Super Critical-Water-cooled Reactor	超临界水冷堆
SFR	Sodium-cooled Fast Reactor	钠冷快堆
SIMPLER	Semi-Implicit Method for Pressure Linked Equation revised	改进的求解压力耦合方程的半隐式算法

缩写	英文	中文
SL	Safety Limits	安全限值
SNL	Sandia National Laboratory	桑迪亚国家实验室
STDP	Standard Thermal Design Procedure	标准热工水力设计方法
TCHX	Thermosyphon-Cooled Heat Exchanger	热虹吸管换热器
TDMA	Tridiagonal Matrix Algorithm	三角矩阵算法
THORIMS-NES	Thorium Molten Salt Nuclear Energy Synergetic System	钍基熔盐堆核能协作系统
TMSR	Thorium Molten Salt Reactor	钍基熔盐堆
TMSR-LF	Thorium Molten Salt Reactor-Liquid Fuel	液态钍基熔盐堆
TMSR-SF	Thorium Molten Salt Reactor-Solid Fuel	固体燃料钍基熔盐堆
TOP	Transient Over Power	超功率事故
TRISO	Tristructural-ISO tropic	TRISO 燃料
UCB	University of California，Berkeley	加州大学伯克利分校
ULOF	Unprotected Loss of Flow	无保护失流（事故）
ULOHS	Unprotected Loss of Heat Sink	无保护热阱丧失（事故）
UOC	Unprotected Over Cooled	无保护过冷（事故）
UTOP	Unprotected Transient Over Power	无保护反应性注入/超功率（事故）
VHTR	Very High Temperature Reactor	高温反应堆

目　录

第1章 熔盐堆概述

1.1 背景及意义

能源是人类社会赖以生存和发展的强劲动力,随着全球经济的发展和人口的增长,人们对能源的需求,尤其是对电力的需求越来越大,但是从环境、经济和社会等方面来看,目前全球能源供应和消费是不可持续的。如何保证能源供应的可靠、廉价,实现向低碳、高效的能源供应体系转变是摆在世界各国面前的两大能源挑战。过去的数十年中,核电作为安全、清洁、高效和唯一现实可行的工业化替代能源,在满足人类的电力需求和缓解温室气体带来的环境压力方面发挥了重要的作用。

21世纪初,美国牵头会同英国、法国、日本等10国及欧洲原子能共同体共同成立了第四代核能系统国际论坛(Generation Ⅳ International Forum,GIF)[1,2]。其宗旨是研究和发展第四代核能系统,进一步有效解决核能在经济竞争力、公众安全信任度、核燃料利用率、环境保护以及核不扩散和放射性废物处理等方面所面临的严峻考验[3],最终在2030年开发出更为安全可靠、经济环保的新一代先进核能系统,从而在当前运行的反应堆达到运行寿期末或运行期结束的时候能够替代现有的反应堆系统。论坛提出的反应堆系统发展时间简图如图1-1所示。

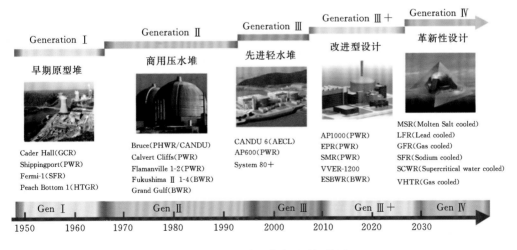

图1-1 反应堆系统发展时间简图

第四代核能系统包括反应堆及其燃料循环,其应满足如下要求。

(1)可持续性。系统应促进长期有效利用核燃料及其他资源;改善核电对环境的影响,保护公众健康和环境;尽可能减少核废物的产生,大幅度减轻未来长期核废物监管的负担。

　　（2）经济性。系统应采用低成本、短周期建设，可与不同的电力市场竞争，投资风险应与其他能源项目相当。全寿期发电成本较其他能源具有优势，可以通过对电站核燃料循环的简化和创新设计达到成本目标。除发电外，还应能满足制氢等多种用途。

　　（3）安全性。系统应具有高度的内在安全性和可靠性，并得到安全管理部门和公众的认可；增强内在安全性和鲁棒性，使反应堆具有较小的堆芯损坏概率，改进事故管理并缓解事故后果，满足厂区外应急的需要。

　　（4）防止核扩散和增强实体防护。系统应为防止核燃料扩散提供更高的保障，通过内在的障碍和外部监督提供持续的防扩散措施；通过增强设计防范恐怖主义。

　　GIF 对第四代核能系统（Gen Ⅳ）研发目标及上百个概念设计进行多次探讨，最终选定 6 种堆型作为第四代核能系统的优先研发对象，具体包括：超临界水冷反应堆（Super Critical-Water-cooled Reactor，SCWR），钠冷快堆（Sodium-cooled Fast Reactor，SFR），铅冷快堆（Lead-cooled Fast Reactor，LFR），气体冷却快堆（Gas-cooled Fast Reactor，GFR），超高温气冷堆（Very-High-Temperature Reactor，VHTR）和熔盐反应堆（Molten Salt Reactor，MSR）。

　　熔盐反应堆简称熔盐堆，是 GIF 选定的 6 种先进反应堆中唯一的液体燃料反应堆，最早的研究始于 20 世纪 50 年代[4,5]，利用熔盐作为冷却剂。熔盐堆的固有安全性、高温低压运行、简单的燃料后处理以及适合钍燃料等特点，都是其他堆型所不具备的[6]，其优异的系统性能正越来越多地受到工业界的青睐。近年来，熔盐堆的研究再度加速，传统熔盐堆和超高温气冷堆都被视作可能的设计方案，并纳入到第四代堆初步研究框架下。GIF 的熔盐堆有如下两种基本设计路线[7]。

　　（1）传统意义的液体燃料熔盐堆：将裂变材料、可转换材料和裂变产物溶解在高温熔盐（$^7LiF-BeF_2$）中，氟盐既作为裂变燃料，又作为冷却剂。

　　（2）近十年美国提出的氟盐冷却高温堆（FHR），即固体燃料熔盐堆：采用与高温气冷堆类似的包覆燃料，熔盐仅作为冷却剂。

　　熔盐堆的概念，由原来仅限于使用液体燃料的反应堆，扩展到了以氟化盐为冷却剂、燃料可以是液体也可以是固体的反应堆堆型。本书针对国内外已有和正在设计中的熔盐堆进行调研和梳理，对其系统设计及安全功能特性展开研究。

1.2　　液体燃料熔盐堆概述

　　熔盐堆将可裂变和易裂变材料溶于高沸点氟化盐熔盐载体作为燃料，堆芯熔融态的混合盐既作为裂变燃料，也作为主冷却剂，改变了堆芯物理设计的思路。熔融态的混合盐在高温下工作，可获得更高的热效率，同时保持低蒸气压，从而降低机械应力，提高安全性，并且熔盐的化学性质相比于液态钠更稳定，带来安全性的提升。

　　熔盐堆的核燃料溶于主冷却剂中形成熔融态的混合燃料盐，从而无需制造燃料棒，简化了反应堆结构，使燃耗均匀化，在固有安全性、经济性、核资源可持续发展及防核扩散等方面具有其他反应堆无法比拟的优点，特别是它的闭式燃料循环和突出的核废料嬗变和焚化特性，是所有反应堆中可持续发展等级最高的。在许多设计方案中，核燃料溶于熔融的氟盐冷却剂中，形成如四氟化铀（UF_4）等化合物。堆芯用石墨做慢化剂，液态熔盐在其中达到临界。液体燃料反应堆设计有着与固体燃料反应堆明显不同的安全重点：主反应堆事故可能性减少，操作事故可能性增加。

1.2.1　发展历史

熔盐堆最早于 20 世纪 40 年代由美国橡树岭国家实验室（Oak Ridge National Laboratory，ORNL）提出，已有超过 50 年的研究历史[8]。

1954 年，ORNL 建成了第一座 2.5 MW 的用于军用空间的飞行器核动力实验（Aircraft Reactor Experiment，ARE）熔盐堆，该反应堆用熔融氟盐 NaF - ZrF$_4$ - UF$_4$（摩尔分数 53％NaF - 41％ZrF$_4$ - 6％UF$_4$）作为燃料，用氧化铍（BeO）作为慢化剂，用液态钠作为二次冷却剂，峰值温度为 860℃，连续运行了 1000 h。

1965 年，采用 LiF - BeF$_2$ - ZrF$_4$ - UF$_4$ 燃料熔盐的 8 MW 熔盐实验堆（Molten Salt Reactor Experiment，MSRE）达到临界。1965—1968 年，MSRE 累计运行了 13000 h，测试了各种类型的燃料和材料，积累了熔盐堆运行和维护经验。

这两座原型堆的成功运行，从理论和实践上证明了熔盐堆的可行性和良好的运行性能，并验证了以下结论：

(1) ^{7}LiF - BeF$_2$ 可用于熔盐增殖堆；

(2) 石墨作慢化剂与熔盐具有相容性；

(3) 中子的经济性和熔盐堆固有的安全性；

(4) 燃料循环的连续或批量处理特性；

(5) 裂变产物氙和氪可从熔盐中分离；

(6) 熔盐堆可使用不同的燃料，包括 ^{235}U、^{233}U 和 ^{239}Pu。

1970—1976 年，ORNL 提出并完成了采用 ^{232}Th –^{233}U 燃料循环的熔盐增殖堆（Molten Salt Breeder Reactor，MSBR）概念设计[9]。

1980 年，提出了采用一次通过燃料循环，不采用燃料在线处理，具有 30 年长寿命的改性熔盐堆（Denatured Molten Salt Reactor，DMSR）的概念设计。之后，美国的熔盐堆研究主要集中于核不扩散及钍处理，提出了先进熔盐堆（Advanced Molten Salt Reactor，AMSR）、棱柱型熔盐堆（Prism Molten Salt Reactor，PR-MSR）和先进高温堆（Advanced High Temperature Reactor，AHTR）三种新概念堆。但到 20 世纪 80 年代，由于当时技术、经济及核电发展大环境的影响，美国决定集中精力研究钠冷快堆，熔盐堆的相关研究计划被迫终止。

俄罗斯的熔盐堆研究始于 20 世纪 70 年代，研究方向集中于钍铀循环的概念设计。由于当时整个政治、经济的大环境及 1986 年的切尔诺贝利事故，研究几乎停滞。目前，用于燃烧 Pu 和 MAs 的先进嬗变熔盐堆（Molten Salt Advanced Reactor Transmuter，MOSART）正在研究中[10]。

日本于 20 世纪 80 年代开始熔盐堆研究，以 MSBR 为参考堆型设计了 FUJI-I 系列熔盐堆，之后又设计了其改进型 FUJI-II，该研究一直持续至今[11]。目前，日本原子能研究院（Japan Atomic Energy Agency，JAEA）和德国卡尔斯鲁厄研究中心（Forschungs Zentrum Karlsruhe，FZK）正在将用于快堆安全分析计算的 SIMMER 程序扩展到对熔盐堆的物理热工分析中。

2001 年，为解决核不扩散及次锕系元素处理问题，欧盟开展了熔盐堆技术（Molten Salt Reactor Technology，MOST）计划，试图用熔盐堆对长寿命的核废料及次锕核素（MAs）进行嬗变，开展液态熔盐应用项目（Assessment of Liquid Salts for Innovative Applications，ALI-

SIA)研究。熔盐堆以其独特的钍增殖特性、核废料处理等方面优势,引起了世界各国高校及研究机构对其一直持续进行深入研究,如表 1－1 所示。

表 1－1　液体燃料熔盐堆发展简史

研发时间	反应堆名称	类型	用途	研究机构
1954—1957	ARE	热谱反应堆	实验研究(军用)	美国 ORNL
1962—1969	MSRE	热谱反应堆	实验研究(民用)	美国 ORNL
1970—1973	MSBR	热谱增殖堆	发电、钍增殖	美国 ORNL
1973—2002	AMSTER	热谱增殖堆	锕系元素嬗变	法国电力集团
20 世纪 70 年代—	DMSR	热谱增殖堆	核不扩散研究	美国 ORNL
1980—1983	AMSB	次临界反应堆	锕系元素嬗变	日本钍基能源联盟
1985—2008	FUJI	热谱增殖堆	钍增殖	日本钍基能源联盟
1999—	TIER	次临界反应堆	锕系元素嬗变	美国洛斯阿拉莫斯实验室 法国国家科学研究中心
2003—2007	MOSART	快谱反应堆	锕系元素嬗变	俄罗斯研究中心 欧盟 MOST 计划
2004—2008	SPHINX	快谱增殖堆	钍增殖	捷克
2005—	CSMSR	次临界反应堆	锕系元素嬗变	俄罗斯研究中心
2007—	TMSR/MSFR	快谱增殖堆	钍增殖	法国国家科学研究中心 欧盟液体燃料快速反应堆 系统评估和验证计划
2011—	TMSR-LF	热谱增殖堆	商用发电、制氢、 钍增殖等	中国科学院上海 应用物理研究所

熔盐堆具有闭式燃料循环及突出的核废料嬗变和焚化特性,是所有反应堆中可持续发展等级最高的,这一点恰好契合了我国核电可持续发展目标和"分离-嬗变"燃料循环发展的技术路线。开展熔盐堆基础理论的研究,对于提高我国先进核能系统研究水平具有重要的学术意义,对于提升我国核大国的国际地位,保持我国核电事业的可持续发展具有重要的现实意义。

中国于 1970 年开始研究设计熔盐堆[12]。1971 年 9 月,中国科学院上海应用物理研究所(原原子核研究所)熔盐堆零功率物理实验装置首次达到临界状态。由于各种原因,1973—1979 年,经国家批准,"728 工程"放弃熔盐堆方案,而改为 300 MW 压水堆。2002 年 7 月,四代堆论坛将熔盐堆作为 6 种第四代反应堆候选堆型之一,熔盐堆重新引起国内核能界广泛的关注。

2011 年 1 月 11 日,"未来先进核裂变能——钍基熔盐堆(Thorium Molten Salt Reactor,TMSR)核能系统"战略先导专项经中国科学院院长办公会议审议批准实施。2011 年 1 月 25日,在中国科学院 2011 年度工作会议期间举行的中国科学院"创新 2020"新闻发布会上,中国科学院正式宣布由中国科学院上海应用物理所为主承担的 TMSR 等首批战略性先导科技专项启动实施。2011 年 5 月 25 日,TMSR 项目启动实施动员大会在上海应用物理所召开,中国科学院钍基熔盐堆核能系统研究中心揭牌成立。这标志着中国重新启动了钍基熔盐堆核能系统研发项目。中国科学院 TMSR 核能系统项目是中国科学院 8 个首批战略先导专项之一,其主要目标确定为研发第四代钍基裂变反应堆核能系统。

2015 年是世界第一座液态熔盐实验堆运行 50 周年,10 月 15—16 日在熔盐堆诞生地——美国橡树岭国家实验室召开了熔盐堆技术研讨会,各国专家再次明确将投入大量人力和财力进行熔盐堆及其衍生堆型的研究和开发,并以美国为首开展反应堆安全审评工作。前景虽然美好,但还有很多难题需要攻克。从世界上第一座反应堆试验成功,到核电站的商业推广,经历了近 20 年的时间;而到目前主流核电站技术的成熟,又经过了 20 多年的发展。新一代熔盐堆真正实现推广使用,可能还需要 20～30 年的时间。

1.2.2　技术特点

1. 技术优势

1)安全优势

熔盐堆的固有安全性主要体现在负反应性系数和液体燃料带来的特性,熔盐堆有很强的负温度系数和空泡系数,在过热的情况下能够降低能量的产生,允许自动负荷跟踪运行。燃料盐温度的升高会引起熔盐膨胀溢出堆芯,降低反应性。大多熔盐堆容器的底部都有一个能够快速冷却的冷冻塞。如果冷却失败,燃料会排空到下部的存储设备中。由于燃料可以用来冷却堆芯,冷却剂以及管道不需要进入高中子通量区,燃料在堆芯外的低中子通量区冷却进行热交换。

熔盐堆的燃料本身是液体,兼做载热剂,不需专门制作燃料组件,不存在堆芯熔化的可能性,从设计上避免了严重事故的发生,例如堆芯熔化事故。即使堆芯丧失冷却剂,也不会造成严重后果。熔盐堆的主冷却剂是一种熔融态的混合盐,它可以在高温下工作(可获得更高的热效率),同时保持低蒸气压。在堆芯区域没有高压蒸气,只有低压的熔融盐,意味着熔盐堆的堆芯不会发生蒸气爆炸,降低了破口事故的发生概率,不会出现一回路破口以至断裂而产生的严重后果。如果发生反应堆容器、泵或管道断裂事故,高温的熔盐会溢出,并在环境温度下迅速凝固而停止反应,防止事故进一步扩展。同时,熔盐的低蒸气压还能降低设备的机械应力,提高安全性。

2)结构优势

熔盐堆的设计结构更适合钍燃料,可以设计为小型堆,小堆芯吸收中子的材料更少,更好的中子经济性使得更多的中子可用,进而使 ^{232}Th 可以增殖为铀 ^{233}U。因此,小堆芯的熔盐设计方案特别适用于钍燃料循环。早期的“飞行器反应堆实验”的主要动因在于其所能提供的小尺寸设计方案,而“熔盐堆实验”是钍燃料增殖反应堆核电站的原型。

3)在线后处理优势

熔盐堆燃料的后处理可以在相邻的小型化工厂中连续进行。美国橡树岭国家实验室 Weinberg 小组发现,一个非常小的后处理设施就可以为一个大型的 1 GW 发电站服务,反应堆燃料循环所产生的昂贵、有毒或放射性的产物总量要少于必须储存乏燃料棒的轻水堆,并且,除燃料和废弃物之外,所有的放射性产物都保持在后处理厂之内。

4)钍循环的优势

与轻水堆类似,钍增殖反应堆使用低能量的热中子。钍燃料循环集合了反应堆安全性、燃料长期充裕以及无需昂贵的燃料浓缩设施等优点。钍循环与铀钚循环相比,其产生的重锕系元素要少得多。这是因为大多钍燃料初始的质量数比较低,因而大质量数产物在产生前就容易因裂变而毁坏。

5)经济性优势

熔盐堆可在接近大气压下运行,不需要采用高压容器和管道,使设备安装制造和焊接变得容易,成本降低。堆芯区域保持低压,堆芯设计并不需要轻水堆中最昂贵的元件——高压容器。取而代之的是用金属板材建成的低压容器和低压管道(熔融盐管道)。所用的金属材料是一种稀有的抗高温、抗腐蚀镍合金——哈斯特洛合金(Hastelloy N),但这种材料的用量相比于压水堆钢制压力容器大幅度减少,并且薄金属的成型与焊接都不昂贵;高温运行带来的效率将燃料消耗、废弃物排放与辅助设备的主要费用减少 50% 以上。

2. 技术不足

在核反应堆的发展历史中,液体燃料反应堆不属于主流概念,其经验并不成熟,也存在一定的缺点和不足。

(1)熔盐堆的运行温度高,存在高放射性,对于容器材料的要求很高,这给熔盐堆的运行带来了较大的核安全风险。

(2)针对钍铀增殖熔盐堆,钍增殖要求在线后处理,从增殖层中移出镤^{233}Pa,使^{233}Pa通过 β 衰变成为铀^{233}U,而不是通过中子俘获变成铀^{234}U,这有可能将核燃料转换成核武器材料。

(3)^{233}U 包含示踪级的铀^{232}U,在衰变链上,^{232}U 会产生具有强 γ 放射性的衰变产物^{208}Tl。

(4)一些慢性腐蚀甚至发生在特殊的镍合金哈斯特洛合金中。如果反应堆暴露在氢中(形成 HF 腐蚀性气体),腐蚀会更快。暴露于管道中的水蒸气导致其吸收大量的腐蚀性氢。

(5)堆芯冷却后,燃料盐放射性地产生化学性质活泼的腐蚀性气体——氟。尽管过程缓慢,但是仍需在关闭前移除燃料盐和废料,以避免氟气的产生。

1.2.3 典型反应堆

1. 美国 ARE 反应堆

对熔盐堆的集中研究始于 1946 年 5 月 28 日,美国空军启动核能飞行器推进工程(Nuclear Energy for the Propulsion of Aircraft,NEPA)。1951 年 5 月以飞行器核动力计划(Aircraft Nuclear Propulsion,ANP)取而代之,该计划旨在使核反应堆达到可推动核动力轰炸机的高功率密度。研究人员对核动力轰炸机的熔盐堆进行了设计(见图 1-2),使反应堆的热能取代喷气发动机内的燃料燃烧。显而易见,反应堆越小、越简单越好。就像美国海军核潜艇舰选定压水堆,空军的研究计划发展了自己的反应堆堆型——熔盐堆,这种技术可以促成一个新的核动力工业系统。

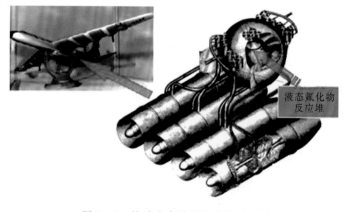

液态氟化物反应堆

图 1-2 核动力轰炸机熔盐堆示意图

　　1954 年,ORNL 建成了第一座 2.5 MW 的用于军用飞行器核动力实验(Aircraft Reactor Experiment,ARE)的熔盐堆。ARE 熔盐堆用熔融氟盐 $NaF-ZrF_4-UF_4$(摩尔分数为 $53\%NaF-41\%ZrF_4-6\%UF_4$)作为燃料,用氧化铍(BeO)作为慢化剂,用液态钠作为二次冷却剂,峰值温度为 860 ℃。ORNL 承担了 ANP 计划中核能引擎反应堆的研发任务,设计功率为 2.5 MW,堆芯高度为 90.93 cm,直径为 84.60 cm,热功率为 2.5 MW,燃料熔盐的出口温度为 815.56 ℃。原型堆如图 1-3 所示,其堆芯设计及系统结构布置分别如图 1-4 和图 1-5 所示。

图 1-3　ARE 熔盐堆

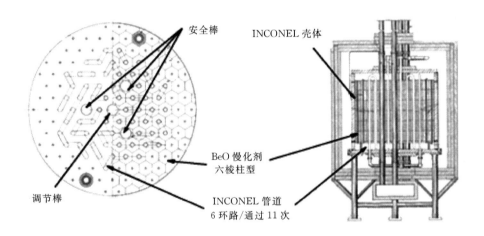

图 1-4　ARE 堆芯结构图

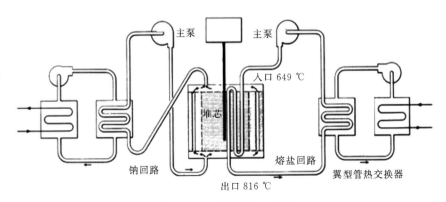

图 1-5　ARE 系统布置图

由于该项目是在没有完全掌握熔盐腐蚀机理的背景下建造的,核飞机的论据遭淘汰,反应堆的运行只维持了较短的时间,随着洲际弹道导弹的出现,核飞机计划取消了。两个实验反应堆在40年前被封存,飞行反应堆研究期间所提出的设计方案也从未被充分试验。

2. 美国 MSRE 反应堆

在20世纪60年代,ORNL在熔盐堆研究中居于领先地位,他们的大部分工作集中在熔盐实验堆(Molten Salt Reactor Experiment,MSRE)[13-15]。MSRE是一个7.4 MW热功率的试验堆,用以模拟固有安全增殖堆的中子堆芯。它测试了铀和钍的熔盐燃料,被测试的 UF_4 液体燃料可将废料降至最低,且废料同位素的半衰期在50年以下。反应堆650 ℃的炽热温度可以驱动高效热机,例如燃气轮机。

MSRE的完整系统布局及主要设备如图1-6及图1-7所示。在石墨反射层构成的熔盐堆芯内,氟化铍、氟化锂和氟化锆及溶解在其中的铀或钍的氟化物组成的燃料盐既是慢化剂又是冷却剂,无专门制作的固体燃料元件。含有裂变和可转换材料的熔盐以约600 ℃从堆芯入口流入,在堆芯活性区发生裂变放出热量,流出堆芯出口时温度可达800~1000 ℃。堆芯流出的高温熔盐通过一次侧换热器将热量传给二次侧冷却剂熔盐,二回路熔盐冷却剂的热量通过一个风冷式散热器散发到大气之中。

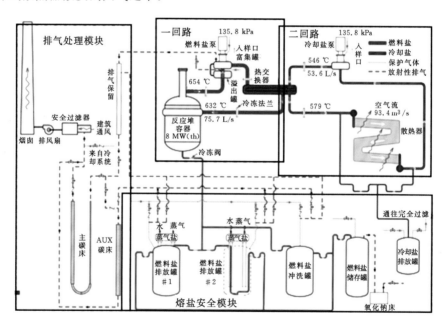

图1-6　MSRE完整系统示意图

3. 美国 MSBR 反应堆

针对MSRE功率太小、无增殖功能及无在线处理功能等不足,ORNL在1970—1976年提出并完成了采用 ^{232}Th – ^{233}U 燃料循环并能实现实时连续燃料处理的熔盐增殖堆(Molten Salt Breeder Reactor,MSBR)概念设计,设计电功率为1000 MW,热效率达到45%[16-18]。

增殖熔盐堆可以带来许多潜在的好处:固有安全设计(由被动组件带来的安全性以及很大的负反应温度系数),使用供应充足的钍来增殖 ^{233}U 燃料;更加清洁,每百万千瓦时的裂变产

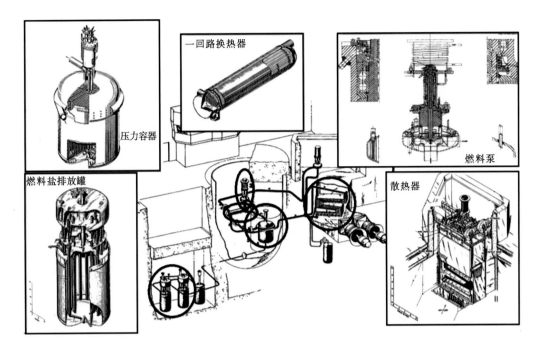

图 1-7　MSRE 基本结构和部分关键设备

物废料减至 1/100，掩埋处置时间缩短为 1/100，可以"燃烧掉"一些难处理的放射性废料（传统的固体燃料反应堆的超铀元素），在小尺寸、2～8 MW 热功率或 1～3 MW 电功率时依然可行；可以设计成潜艇或飞行器所需要的尺寸；可以在 60 s 内对负载变化作出响应，与"传统的"固体燃料核电站不同。

4. 日本 FUJI 反应堆

日本于 20 世纪 80 年代开始，以 MSBR 为参考堆型设计了 FUJI 系列熔盐堆，同时提出名为钍基熔盐堆核能协作系统（Thorium Molten Salt Nuclear Energy Synergetic System，THORIMS-NES）的概念。THORIMS-NES 采用钍铀燃料循环，液态氟盐 ThF_4-LiF-NaF 作为燃料，以及 FUJI 熔盐堆电厂（MSR-FUJI）和加速器熔盐增殖设施（AMSB）分离的方案，堆的电功率为 800 WM。THORIMS-NES 一般由 FUJI 熔盐堆电厂、加速器熔盐增殖设施和化学处理工厂三部分组成。近年来，日本建立了以研究钍铀燃料循环为目标的国际钍基熔盐论坛（International Thorium Molten-Salt Forum，ITHMSF），给出了具有发展战略意义的 THORIMS-NES 计划，同时日本的京都大学（Kyoto University）、丰桥技术科学大学（Toyohashi University of Technology）、北海道大学（Hokkaido University）等研究机构都开展了 FUJI 系列熔盐堆的概念研究。

FUJI 熔盐堆是由日本、美国和俄罗斯联合开发的以熔盐作为燃料并采用钍燃料循环的热增殖堆，电功率为 100～200 MW。FUJI 熔盐堆采用与美国橡树岭国家实验室反应堆相类似的技术，以 LiF-BeF_2-ThF_4-UF_4 为燃料熔盐、石墨为慢化剂以及 $NaBeF_3$-NaF 为二回路冷却熔盐，同时堆芯周围还布置了石墨作为反射层，以提高功率水平，其系统布局如图 1-8 所示。

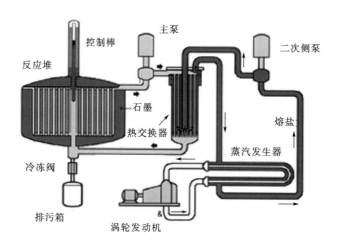

图 1-8 FUJI 熔盐堆系统布局示意图

FUJI 熔盐堆与 ORNL 的 MSBR 相比较,简化了反应堆结构设计,运行和维护简单易行。它将钍转换为核燃料,是一个钍基热谱增殖反应堆,它的中子调节是固有安全的。与所有熔盐堆一样,它的堆芯是化学惰性的,工作在低压条件下,可以防止爆炸和有毒物质释放。系列熔盐堆包括:电功率为 7~10 MW 的 miniFUJI、100~300 MW 的 FUJI-Pu(用于焚烧 Pu)、150 MW 的 FUJI-Ⅱ、200 MW 的 FUJI-U3(采用 ^{233}U 燃料)和 1 GW 的 Super-FUJI。

5. 俄罗斯 MOSART 反应堆

俄罗斯的熔盐堆研究始于 20 世纪 70 年代,研究方向集中于钍铀循环堆的概念设计,后由于当时整个政治、经济的大环境及 1986 年的切尔诺贝利事故,研究几乎停滞[19]。目前,用于燃烧 Pu 和 MAs 的先进嬗变熔盐堆(Molten Salt Advanced Reactor Transmuter,MOSART)正在研究中,MOSART 的概念最早由俄罗斯 RRC-KI 研究中心(Russian Research Centre-Kurchatov Institute,RRC-KI)提出[20]。2003 年,国际原子能机构(International Atomic Energy Agency,IAEA)启动了由 12 个会员国的 16 个研究所参加的合作研究计划(CRP),研究放射性废物有效焚化的先进核能技术,其中一个重要的内容就是通过 MOSART 技术的研究,检验和论证熔盐堆降解长寿命废料毒性和在闭式循环中更有效地产生电力的可行性[21]。

MOSART 的热功率为 2400 MW,采用布雷顿循环,燃料盐是摩尔比为 58% : 15% : 27%、熔点为 479 ℃的 NaF-LiF-BeF$_2$ 三元熔盐以及锕、镧系核素的混合物,二回路熔盐冷却剂则采用 NaF-NaBF$_4$,堆芯布局如图 1-9 所示。

MOSART 采用圆柱形堆芯结构,如图 1-10 所示,熔盐在堆芯入口处温度假设为 873 K,在该温度下(TRUF$_3$+LnF$_3$)的溶解度约为 2%(摩尔分数)。燃料盐在堆芯内的体积为 32.67 m^3,在堆芯外部回路的体积为 18.4 m^3。堆芯质量流量为 10000 kg/s,堆芯内轴向平均速度约为 0.5 m/s。燃料盐在堆芯外部回路的滞留时间约为 3.94 s。主回路材料采用 Hastelloy N,其熔点为 1644 K,其设计的运行温度为 1023 K,运行压力为 500000 Pa。MOSART 燃料回路的主要设计参数如表 1-2 所示。

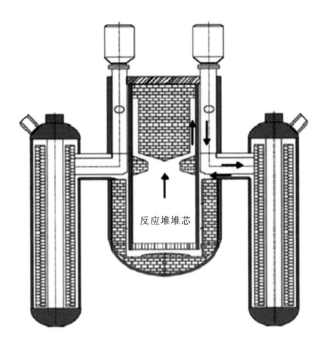

图 1-9 MOSART 熔盐堆堆芯布局示意图

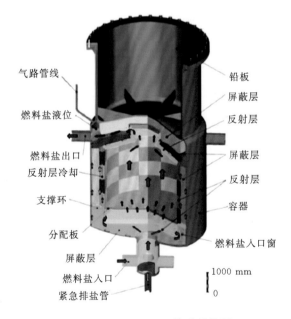

图 1-10 MOSART 堆芯结构图

表 1-2　MOSART 燃料回路主要设计参数

参数名	参数值
反应堆热功率/MW	2400
反应堆容器半径/m	6.77
压力容器壁厚/cm	5.5
压力容器设计压力/Pa	5.2×10^5
堆芯高度/m	3.8
径向反射层厚度/cm	20
堆芯内燃料盐体积份额/%	1
堆芯内平均功率密度/(MW·m⁻³)	75.0
石墨最高破坏温度/K	1084
预计石墨有用寿命/a	3～4
堆芯内石墨总重量/t	20
熔盐在堆芯内的平均速度/(m·s⁻¹)	0.5
熔盐在堆芯内的总体积/m³	40.4

MOSART 堆芯不布置任何固体材料作慢化材料,仅在堆芯外围布置 20 cm 厚的石墨反射层,属于熔盐快谱反应堆,燃料盐和石墨反射层的温度反馈系数均为负,燃料盐的流动引入负的反应性,具有稳定的固有安全性。MOSART 与 FUJI 的特性参数比较如表 1-3 所示。

表 1-3　MOSART 与 FUJI 特性参数

特性参数	FUJI	MOSART
用途	动力	动力(嬗变)
中子通量	热谱	快谱
堆芯设计	石墨慢化	罐式无内部构件
熔盐组分/摩尔比	$71.75\%LiF - 16\%BeF_2 - 12\%ThF_4 - 0.25\%UF_4$	$58\%NaF - 15\%LiF - 27\%BeF_2$
热功率/MW	450	2400
电功率/MW	200	1000
入口温度/℃	567	600
出口温度/℃	707	715
活性区半径/m	1.5	1.7
活性区高度/m	2.1	3.6

6. 法国 MSFR 反应堆

1997 年,法国国家科学研究中心(Centre National de la Recherche Scientifique,CNRS) 一直支持其下属亚原子物理与宇宙学实验室(Laboratoire de Physique Subato mique et de

Cosmologie de Grenoble，LPSC)进行熔盐堆研究。在不同时期,LPSC 给出了不同的快谱熔盐堆概念设计。初期,研究主要集中在类 MSBR 多通道型钍基熔盐堆,提出了热功率为 2500 MW 多通道型钍基熔盐堆概念设计。2006 年提出一个热功率为 2500 MW 的堆芯无慢化剂的快谱熔盐堆概念设计,简称为 TMSR-NM,该堆既能用于嬗变核废料,也可用于燃料增殖。2008 年,LPSC 将之前的 TMSR-NM 快堆概念,改称为熔盐快堆(MSFR)[22]。同年,GIF 选择 MSFR作为 GIF 液体燃料熔盐堆技术研发路线的参考设计。欧盟于 2010 年 12 月 1 日,启动了为期 3 年,欧洲 5 国 12 个研究单位共同参与的欧洲液体燃料熔盐快堆系统评估和验证 (Evaluation and Viability of Liquid Fuel Fast Reactor System，EVOL)项目。MSFR 参考堆芯设计如图 1 - 11 所示。MSFR 系统示意图如图 1 - 12 所示。

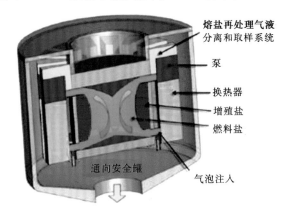

图 1 - 11　　MSFR 参考堆芯设计

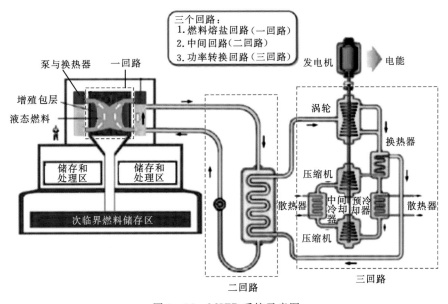

图 1 - 12　MSFR 系统示意图

经过多年的探索和发展,大部分熔盐堆已经确立利用 FLiBe(其中 LiF 与 BeF$_2$的摩尔比是2∶1)作为主回路冷却剂,液态熔盐堆系统设计趋于完善,其设计优势也明显突出。

（1）更安全。因为燃料已经熔融在主回路冷却剂中，就不会发生燃料元件熔化的现象，在反应堆进行紧急停堆时，由于熔盐高达 780 K 的熔点，包含了燃料和裂变产物的主回路熔盐很容易就会凝结，如果遇到紧急停堆的事故，熔盐会被排出到能使燃料保持次临界的容器中。

（2）更高的燃耗。由于没有固体的核燃料，不用考虑固体燃料辐照从而影响整个燃料的燃耗。

（3）更高的效率。在主回路中冷却剂为 FLiBe，熔点为 780 K，沸点在 1670 K 左右。高的沸点可以使反应堆达到较高的运行温度，也就更容易获得更高的热效率。而且它跟水相比有相似的体积热容量，也有相似的热导率，但是低的蒸气压能够使熔盐运行在低压下。

（4）主回路的液体燃料在线处理系统可以实现不停堆换料，提升了核反应堆的运行效率。

当然熔盐堆与传统压水堆的差距很大，实现起来也有很大的挑战。

（1）熔盐堆的建立和运行需要先进的材料来支撑，相比压水堆的材料，熔盐堆的材料所处的环境更苛刻，要经受更高的温度，更强的辐射强度，而且与熔盐直接接触的材料需要较强的耐蚀性能。

（2）Be 是一种有毒的化学物质，加大了熔盐储存运输的难度。

（3）冷却剂熔盐 FLiBe 中的 Li 有两种同位素 ^{6}Li 和 ^{7}Li，由于 FLiBe 拥有很大的中子吸收截面，在核反应进行的时候会有相当大的毒性，所以使用 FLiBe 做冷却剂的时候，其中 ^{7}Li 的纯度必须达到 99.99% 以上。但是 ^{7}Li 和 ^{6}Li 的分离是相当昂贵的，这无疑提高了熔盐反应堆的运行费用。

（4）主回路的高运行温度可能增大整个系统的散热量，这有可能增加反应堆控制运行的难度。例如在换热器表面和一些细的管道处，热量损失会很快，所以熔盐堆运行方案的设计一定要保持这些部位的熔盐不会在运行状态下凝固。

1.3　固体燃料熔盐堆概述

熔盐堆的另一种形式是熔盐冷却固体燃料反应堆，又名氟盐冷却高温堆（Fluoride Salt-cooled High-temperature Reactor，FHR）。FHR 使用高温气冷堆中的包覆颗粒作为燃料，FLiBe 熔盐作为冷却剂，同时研究加入 ^{232}Th 后的燃料增殖性能，以期达到良好的经济性、安全性、可持续性和防核扩散性。

1.3.1　发展历史

2003 年，基于液体燃料熔盐堆技术并结合其他先进堆型设计理念，Charles W. Forsberg，Per F. Peterson 和 Paul S. Pickard 提出固体燃料熔盐堆概念，即 FHR。ORNL、桑迪亚国家实验室（Sandia National Laboratory，SNL）及加州大学伯克利分校（University of California，Berkeley，UCB）初步提出 AHTR 概念设计。AHTR 是第一个氟盐冷却高温堆具体设计，其设计完全满足美国能源部提出的 NGNP 设计要求，并可安全经济地发电，提供高温工艺用热。AHTR 使用 FLiBe 做冷却剂，TRISO（Tristructural-ISO tropic）包覆颗粒做燃料，设计热功率为 2400 MW。由于熔盐具有较大的体积比热容和良好的传热性能，在保持同样的功率及出口温度下，AHTR 相比于高温气冷堆具有更高的体积功率密度，能有效缩小堆芯体积，提高工程经济性。

UCB 和 ORNL 一直持续着 FHR 的研究工作,2008 年 UCB 提出 900 MW 氟盐冷却球床 (pebble bed)高温堆(PB-AHTR)概念设计。该反应堆采用球形燃料元件,燃料球靠浮力漂浮在 FLiBe 冷却剂中,整个堆芯由多个燃料元件管道组件构成,可实现在运行过程中连续装卸燃料。2010 年,ORNL 根据熔盐高载热特性以及对棱柱形和板状燃料元件的深入研究,提出一种小型模块化氟盐冷却高温堆(Sm - AHTR),设计热功率为 125 MW,采用 TRISO 燃料颗粒,FLiBe 为冷却剂,反应堆最大亮点就是能使用卡车、飞机或轮船快速运送到偏远地区,进行离网发电或用作军事用途。2012 年,在第一代 AHTR 基础上,ORNL 对其进行改进和细化设计,改用 TRISO 颗粒制成板状燃料元件插入蜂窝状石墨堆芯,反应堆热功率上升至 3600 MW。2014 年,由 UCB 主导,联合西屋电气、ORNL、MIT 等知名研究机构共同提出 236 MW(热功率)模块化商用 MK1 PB-FHR 反应堆系统。该堆是目前较为完整的 FHR 商业概念设计,包括堆芯设计、一回路系统设计、在线换料设计、二回路热力循环发电设计、非能动余热排出系统设计。先进的设计理念是国内外商用 FHR 设计的重要参考,为我国进一步设计商用 FHR 提供了很好的借鉴。图 1 - 13 所示为 AHTR 概念设计发展历程。

2008 年 900 MW(热功率)PB - AHTR　　　2010 年 125 MW(热功率)Sm - AHTR

 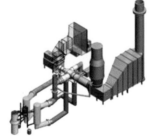

2012 年 3600 MW(热功率)AHTR　　　2014 年 236 MW(热功率)MK1 PB - FHR

图 1 - 13　AHTR 概念设计发展历程

2011 年,中国启动了 TMSR 首批战略性先导科技专项。该项目以中国科学院上海应用物理研究所为承担主体,最终解决钍铀燃料循环和钍基熔盐堆相关重大技术挑战,研制出工业示范级 TMSR,实现钍资源的有效使用和核能的综合利用。

1.3.2　技术特点

采用包覆颗粒燃料和使用高温氟化盐进行冷却是 FHR 的两大核心技术,分别源自高温气冷堆与熔盐堆。FHR 作为一种十分新颖的反应堆堆型,它利用了气冷堆石墨矩阵型燃料,TRISO 包覆颗粒燃料填充于石墨基体中,而熔盐仅作堆芯冷却剂。图 1 - 14 给出了一个典型的 FHR 系统布置示意图,高温熔盐以 500 ℃ 以上的温度流入堆芯,吸收 TRISO 燃料颗粒产生的热量,流出堆芯时温度升至700~800 ℃。堆芯流出的高温燃料熔盐通过一次侧热交换器将热量传给二次侧冷却剂熔盐,再通过二次侧热交换器传给三回路的氦气进行发电或提供高温工艺用热。在上面两个核心技术基础之上,氟盐冷却高温堆又继承和发展出了一系列的新概念,例如:设计非能动的冷却与安全系统,提高反应堆固有安全性;利用布雷顿循环,提高了电热转换效率,也提高了堆的固有安全性质;利用超临界水能量循环系统(超临界水堆、先进火电厂)提高热电转换效率等等。

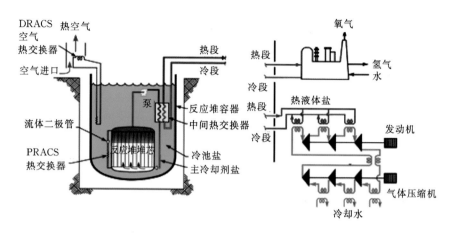

图 1-14　FHR 系统布置示意图

正是由于利用了多项现有的技术,FHR 继承了众多优点和技术基础,主要特点如下。

(1)固有安全性。氟盐冷却高温堆采用 TRISO 颗粒燃料,失效温度高于 1600 ℃,几乎不会发生大规模破损,即使发生少量颗粒破损,具有极高热稳定性的石墨基体也可固定住放射性核素。熔盐堆运行时保持熔盐温度在 600~800 ℃,低于沸点温度 1400 ℃,并且熔盐在低蒸气压下运行(接近大气压力),降低了一回路破口事故发生的概率,即使发生一回路破口事故,高温熔盐也会在环境温度下迅速凝固,从而可以防止事故的进一步扩展。

(2)灵活的燃料循环。球床型氟盐冷却高温堆可不停堆连续更换燃料,也可在改进的开环模式实现钍铀燃料循环,因而可以提高核燃料的利用率。

(3)高的经济性。采用布雷顿循环,热电转换效率为 40%~50%,出口温度很高,可以为规模化生物制氢提供足够的热量。

1.3.3　典型反应堆

1. 美国 AHTR 反应堆

AHTR 是 2003 年由 ORNL、SNL 和 UCB 等机构在熔盐堆、高温气冷堆及钠冷快堆的相关研究基础上提出的先进高温堆概念堆型。AHTR 为第一个氟盐冷却高温堆概念设计,其将源自高温气冷堆的 TRISO 燃料颗粒填充于石墨基体,制成燃料元件,熔盐仅作冷却剂使用,从而降低熔盐放射水平及对一回路结构材料的腐蚀,并极大简化了熔盐化学处理过程[23-25]。

2004 年,SNL、ORNL 和 UCB 给出了棱柱形先进高温堆(Prism-AHTR-2004)的具体概念设计,AHTR 是采用包覆颗粒石墨基体作为燃料、熔盐作为冷却剂的一款第四代反应堆,燃料的类型与高温气冷堆中的设计相同。最初的 AHTR 的概念设计为棱柱形 AHTR。图

1-15是棱柱形 AHTR 概念设计的一个垂直截面图,反应堆容器直径为 9.2 m,辅助衰变热冷却系统位于地下,类似于钠冷反应堆的大功率堆固有安全模块,反应堆衰变热是由熔盐自然循环从堆芯传递到石墨反射层,从石墨反射层传到堆容器壁,穿过氩气间隙到保护容器,通过保护容器,然后由环境空气的自然循环,把衰变热从保护容器外侧排出。棱柱形 AHTR 的燃料组件采用正六边形的棱柱石墨燃料块设计,如图 1-16 所示,堆芯设计参照高温气冷堆设计,采用的是环形燃料布局设计,其水平剖面图如图 1-17 所示。

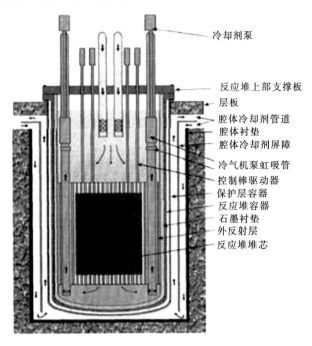

图 1-15　棱柱形 AHTR 垂直截面图

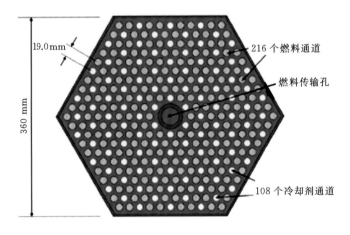

图 1-16　棱柱形 AHTR 燃料组件示意图

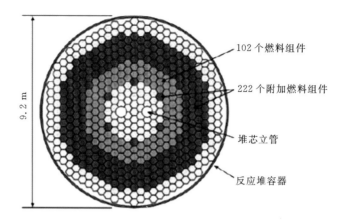

图 1-17　棱柱形 AHTR 堆芯水平剖面图

2. 美国 PB-AHTR 反应堆

2006 年设计团队又对 AHTR 的方案进行了重大改进,给出了球床型 AHTR,即 PB-AHTR 的初步概念设计,该设计分为一体化设计和模块化设计两种,在这两种设计方案中均采用了含有包覆燃料颗粒的石墨球作为堆芯燃料形式。表 1-4 给出了一体化 PB-AHTR 设计和模块化的 PB-AHTR 设计主要参数的对比。

表 1-4　PB-AHTR 两种设计的主要参数对比

参数	一体化	模块化
燃料球直径/cm	6.0	3.0
热功率/MW	2400	900
堆芯平均功率密度/(MW·m⁻³)	10.3	30
流道数目	1	127
流道直径/m	6.70	0.198
堆芯平均高度/m	6.61	3.20
堆芯进、出口温度/℃	600/704	600/704
冷却剂质量流速/(kg·s⁻¹)	9670	3630
冷却剂堆芯旁流系数	0.2	0.2
冷却剂平均流速/(m·s⁻¹)	0.14	0.38
堆芯压降/kPa	73	440
堆芯泵送功率/kW	514	1200
堆芯泵送功率比/(kW·(MW)⁻¹)	0.21	1.30

1)一体化 PB-AHTR

一体化 PB-AHTR 是一个结合液态盐冷却和 TRISO 颗粒燃料技术的球床堆,采用包覆颗粒技术的燃料球作为堆芯燃料元件,TRISO 燃料球的直径为 6 cm,石墨壳厚度为 0.5 cm,随机分布在堆芯中形成球床,如图 1-18 所示。在 PB-AHTR 中,燃料球从堆芯的底部进入,从堆芯顶部排出。燃料球密度必须合理设计使其能够浮在液态盐上,这样,浮力和冷却剂向上的流体动力一起拖拽着燃料球向上。在正常的运行条件下,设计要求燃料球与溶盐的密度比为 $0.84^{[26]}$。

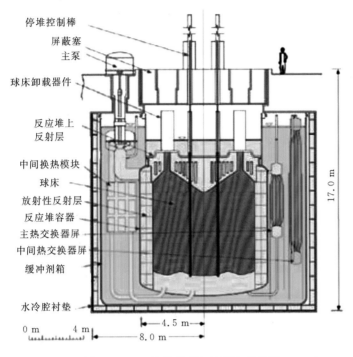

图 1-18　一体化的 PB-AHTR 示意图

图 1-19 为一体化 PB-AHTR 垂直截面图,在堆芯出口处,燃料球堆积通过一个圆锥区域进入狭长的通道,这些通道叫做卸料槽。在卸料槽的末端,通过卸料机械设备把燃料球移走,为了估计每个移走的燃料球的燃耗深度,可测量它们的^{137}Cs含量。如果某个燃料球达到了已预设的燃耗深度阈值,则作为乏燃料处理,并用一个新鲜的球替代它,否则,把它再循环进堆芯。燃耗深度阈值不是固定的,以便使反应堆在 100% 的运行功率下,有足够的剩余反应性调节氙的瞬变。在正常运行时,可用外径向反射层中的控制棒调节反应堆功率。

2) 模块化 PB-AHTR

UCB 于 2008 年独立提出模块化球床高温堆(Modular PB-AHTR,MPB-AHTR)的完整概念设计。模块化 PB-AHTR 总体结构如图 1-20 所示,设计功率为 900 MW,发电功率为 410 MW,堆芯入口温度为 600 ℃,出口温度为 704 ℃。图 1-21 为该堆芯水平剖面图。

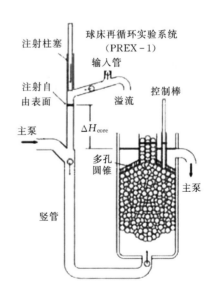

图 1-19　一体化 PB-AHTR 垂直截面图

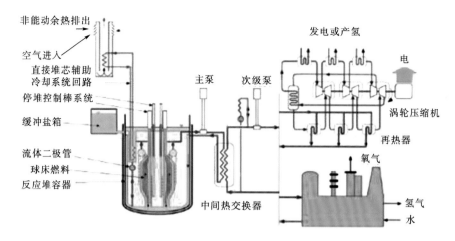

图 1-20 模块化 PB-AHTR 总体结构示意图

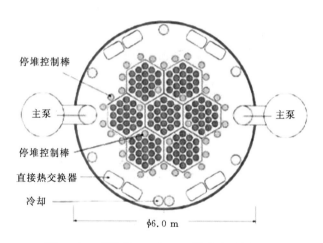

图 1-21 模块化 PB-AHTR 堆芯水平剖面图

　　模块化熔盐冷却球床堆使用环形设计的燃料球,燃料球采用 TRISO 包覆燃料颗粒弥散在球形石墨基体中压结而成,环形燃料球如图 1-22 右边所示,其直径为 3 cm,由三部分构成:中心区域和最外层区域分别为直径(厚度)1.6 cm 和 1 cm 的纯石墨层,TRISO 包覆燃料颗粒分布在环形区域中。图 1-22 左侧为标准燃料球示意图,中心是直径为 5 cm 的包覆燃料

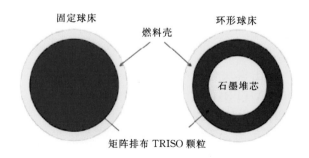

图 1-22 标准燃料球与环形燃料球示意图

颗粒区域,外层是厚度为 0.5 cm 的石墨层。MPB-AHTR 采用环形燃料球,可有效减少包覆颗粒燃料区域的直径,降低燃料区域温度梯度,拓宽堆芯功率密度范围,同时易于调节燃料元件密度以满足熔盐冷却球床堆的燃料球装卸功能。

3. 美国 Sm-AHTR 反应堆

小型模块化堆具有多种燃料形态,各种形态设计如图 1-23 所示。2010 年,ORNL 完成热功率大小为 125 MW 的 Sm-AHTR 设计,堆芯见图 1-24,功率密度为 9.4 MW/m³,有效直径为 2.2 m,高度为 4 m,堆直径为 3.5 m、高度为 9 m,燃料为 $UC_{0.5}O_{1.5}$,富集度为 19.75%。Sm-AHTR 堆芯和所有的主要组件均包含在完整的反应堆容器内,因此,容易组装和运输,适合多种公共设施使用。

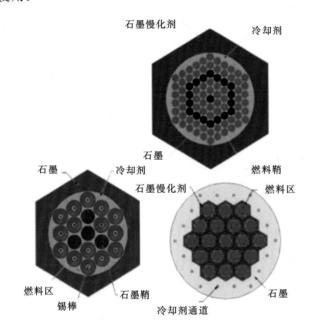

图 1-23　Sm-AHTR 燃料组件

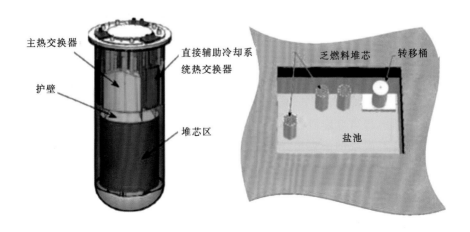

图 1-24　Sm-AHTR 堆芯

4. 中国 TMSR – SF 反应堆

2 MW 固体燃料钍基熔盐堆（Thorium Molten Salt Reactor-Solid Fuel，TMSR-SF）作为钍基实验堆的先启堆型，其目标是在改进的开式模式下实现钍铀燃料循环，为之后的液态钍基熔盐堆（Thorium Molten Salt Reactor-Liquid Fuel，TMSR-LF）的建设提供工程上的验证与参考[27]。TMSR-SF 与美国的 MPB-FHR 概念设计类似，相关的设计工作目前正在进行中，该反应堆将成为世界上第一个球床型氟盐冷却实验堆[28]。如图 1-25 所示，该堆芯设计采用高温气冷堆中的球形燃料，反射层为石墨，堆芯采用球床设计，而且堆芯有流动和固定两种设计方案。一回路冷却剂为二元熔盐体系[7]LiF – BeF₂（摩尔比为 66.7∶33.3，FLiBe），二回路冷却剂为 FLiNaK。一回路系统由主冷却剂管道、反应堆堆芯、中间换热器和主循环泵组成，散热器采用风冷散热器。压力边界及结构材料使用 Hastelloy – N 合金制作。

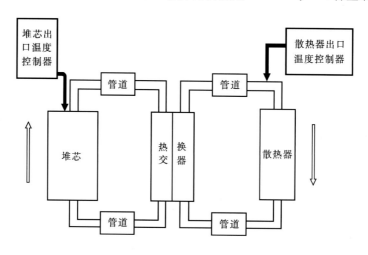

图 1-25　2 MW 实验堆模型整体结构示意图

如图 1-26 所示，使用熔盐作冷却剂，流经含 TRISO 燃料的石墨球床，再通过二次侧熔盐回路将热量传递给外界。TMSR-SF 的堆芯外径为 242.0 cm，高为 240.6 cm。堆芯结构主要由石墨块堆砌而成，由内而外主要分为以下几个区域：①堆芯中央石墨通道组，含 2 个控制棒通道和 2 个硼吸收球通道；②活性区，位于中央石墨通道组以外石墨反射层以内，该区域为燃料球和堆芯冷却剂所在区域，燃料球为规则堆积，其外围边界由反射层内边界构成；③石墨反射层区，包括侧面反射层和上、下反射层，另外在反射层中具有如控制棒通道、硼吸收球通道、实验通道、冷却剂管路等其他部件[29-31]。④堆芯容器。FLiBe 熔盐作为冷却剂从堆芯底部向上流动，穿过堆芯并移除 TRISO 颗粒释放的裂变热。

在固体燃料氟盐冷却高温堆研究近十年的历程中，已经取得了不少成果。但目前在全世界范围内氟盐冷却高温堆的研究还处于最初的概念提出及基础理论与实验研究阶段，很多关键的基础理论问题还有待于研究探索，系统安全性能及系统安全事故分析工作亟需提上日程。

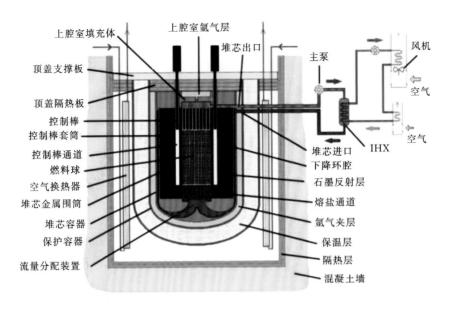

图 1-26　TMSR-SF 氟盐冷却高温堆概念设计示意图

1.4　熔盐堆的应用

1.4.1　钍铀燃料增殖

钍(^{232}Th)是潜在的核资源,它吸收中子后可以通过两次 β 衰变转换成易裂变核素^{233}U。公开资料表明,地球上钍资源的储量是铀资源的 3～4 倍,除了储量优势外,相比于铀钚燃料循环,钍铀循环还具有转换率高、放射性废物量少、有利于防止核扩散等优点。但是在钍铀循环中,^{232}Th 转换成^{233}U 要经过中间元素^{233}Pa,后者的半衰期为 27.0 d,比铀钚循环的中间核素^{239}Np 的 2.355d 要长。较长的半衰期延缓了^{233}Pa 向^{233}U 的转化,而增加了^{233}Pa 在反应堆内的积累。另外,^{233}Pa 的中子俘获截面(41b)比^{232}Th(7.4b)高数倍,这两种效应的叠加引起^{233}Pa 的大量损失,最终导致^{233}U 增殖系数的下降。熔盐堆的优势在于熔盐燃料的及时处理和分离,将^{233}Pa 从反应堆中转移到堆外,待其衰变为^{233}U 再回堆利用,从而降低了由于堆内^{233}Pa 的累积导致的中子和^{233}Pa 自身的损失,提高了钍铀燃料增殖系数。

表 1-5 给出了对于不同堆型和不同燃料循环方式单位热功率产生的锕系废物经过不同放置时间后剩余的年放射性剂量。总体而言,相对于快堆和压水堆,利用钍铀循环的熔盐堆产生的锕系废物量最少,放置 10 年后,其剩余年放射性剂量为钍铀循环快增殖堆的1/2,是通常压水堆的 1/1000。以上表明,从减少锕系废物的角度看,熔盐堆更有优势。

表 1-5　单位热功率产生的锕系元素放射性剂量对比表

堆型	燃料循环方式	锕系废物年放射性剂量(Sv/GW·a)		
		10 年	100 年	1000 年
熔盐堆(MSR)	钍铀循环(Th/U)	5.7×10^5	2.7×10^5	1.0×10^4
快增殖堆(FBR)	钍铀循环(Th/U)	1.2×10^6	5.7×10^5	7.6×10^4
	铀钚循环(U/Pu)	2.6×10^7	8.9×10^6	2.4×10^6
压水堆(PWR)	无	7.0×10^8	5.1×10^8	1.6×10^8

1.4.2　核废料嬗变

核燃料在反应堆内辐照产出能量的同时,会造成两个方面的后果:一方面会形成新的裂变材料 Pu;另一方面,由于锕系核素和裂变产物(Fission Product,FP)会使乏燃料具有极强的放射性。这两方面的后果造成了社会公众对核扩散和废物安全处置问题的担忧,使核燃料循环的后端成为备受注目的核能发展的关键。目前,世界上使用核电的国家正在实施两种不同的核燃料循环策略,差别就在于核燃料循环的后端,集中表现在是否对乏燃料进行后处理这一问题上,也即一次通过方案和再循环方案。美国、加拿大和瑞典等国家主张采用一次通过方案,即经过较长时间贮存冷却后把乏燃料直接作为高放废物进行深地层埋藏。这种方案操作简单,不会增加短期风险,也易于防止核扩散。但由于地质库长期稳定性难以保证,存在人为破坏和自然灾难的可能,故远期风险很大。另外,乏燃料中 U、Pu 等资源都作为废物处置,浪费了资源。日本、法国、英国、俄罗斯、德国等国家主张采用闭式燃料循环,即经过短期冷却后对乏燃料进行后处理,回收 U 和 Pu,把回收中丢失的 U 和 Pu 以及全部其他锕系核素和全部裂变产物(FP)作为高放废物固化后进行最终处置。这种后处理—固化—深地层埋藏的方案目前认为技术上是比较可行的,但是高放废物中仍有大量次锕系核素(MA),仍有远期风险问题。因此提出了在后处理时除回收 U 和 Pu 外进一步地将 MA 回收,以减少最终处置废物中 MA 的含量,而回收的 MA 通过嬗变的方式消耗掉,这便是分离-嬗变(P&T)的方法。

目前熔盐堆在核废料嬗变方面应用的主要思路是将熔盐堆做成快堆形式,本质属于快堆嬗变。世界范围来看,欧盟、法国和俄罗斯都致力于熔盐快堆的发展,试图开发出一种能够兼顾燃料增殖和核废料嬗变的熔盐快堆。

由于加工含有大量锕系核素的嬗变组件是一件极其复杂的任务,而熔盐堆的运行恰恰不需要特别加工的燃料元件,这一特点使得熔盐堆在嬗变压水堆乏燃料方面具有独特的优势。此外,熔盐堆运行过程中可以抽出熔盐在线处理提取的裂变产物,净化熔盐,对提高中子经济性也大有裨益,富余的中子可以提高锕系核素的嬗变率,从而有效提高熔盐堆的嬗变性能。为此,国际上也开展过不少相关的先进熔盐堆概念设计和基础研究,如欧洲原子能共同体第五、第六和第七框架项目(MOST、ALISIA 和 EVOL projects),都对这些先进的熔盐堆的设计参数和性能进行过反复的研究评价。基于上述项目,大量的研究结果充分肯定了熔盐堆作为增殖堆和嬗变堆的潜力,尤其是熔盐快堆在增殖和嬗变方面的巨大应用潜力。快谱形式的熔盐堆无论是作为增殖堆还是嬗变堆,都具有很大的负的温度以及空泡反应性系数,这一优良的固有安全特性是所有固体燃料快中子反应堆所不具备的。

1.4.3　高温制氢

氢能的开发和大规模利用首先需要解决其生产成本高的问题。目前,大规模制氢的方式主要有电解制氢技术、化石原料制氢技术、生物制氢技术、太阳能制氢技术和其他制氢技术。下面主要介绍与熔盐堆应用相关的固体氧化物电解制氢、热化学制氢和甲烷蒸气重整制氢。与传统制氢方法相比,利用核能制氢的优点包括:可以显著提高效率;降低环境污染;具有可拓展性和可持续性,可以满足不断增长的能源需求;在经济上具有竞争性。

C. Forsberg 在其对高温熔盐堆的设想中提出核能制氢所需要的温度限制,如图 1 - 27 所示。图中显示了一些已经建成和提出设想的堆型的入口和出口温度,同时,将制氢的温度设定在 750 ℃以上。从图中可以看出,传统的压水堆、气冷堆以及法国的凤凰快堆等都无法达到要求,高温气冷堆和熔盐堆则可以达到此温度。然而,C. Forsberg 指出,高温气冷堆由于采用气体冷却剂,其入口出口温差大,使得效率具有先天劣势。因此,熔盐堆成为高温制氢的最佳选择。

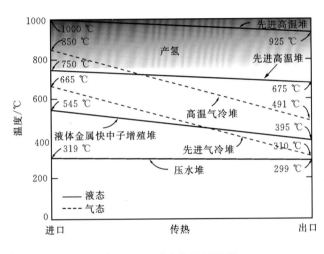

图 1 - 27　反应堆运行温度

熔盐堆与高温制氢结合的方法有固体氧化物电解池(SOEC)制氢、热化学循环(如碘-硫循环)制氢和甲烷蒸气重整制氢等,熔盐堆在制氢过程中提供高温热源。这些方法中,甲烷蒸气重整有较为充足的实践经验,利用的原料包括天然气、油田气等多种化石原料;SOEC 作为一种电解制氢方法,由于增加了热-电转换过程,效率低于化学制氢;热化学循环制氢运行难度较大,碘硫循环被认为是最有可能实现核能制氢的循环,然而其反应体系是强腐蚀过程,设备材料的腐蚀问题是碘硫循环发展的一个难题。

1.4.4　海水淡化

大规模的海水淡化装置需要大量的廉价能源,在众多的能源解决方案中,核能是理想的能源之一。利用核能进行海水淡化将一举多得。首先,核能可为海水淡化提供大量的廉价能源,可降低海水淡化的成本;其次,利用核能可缓解能源供求矛盾,优化能源结构;同时,利用核能可解决大量燃烧化石燃料造成的环境污染问题。

利用熔盐堆进行海水淡化是以核反应堆释放出的热能或者转化后的电能作为驱动能量进行的。目前世界上已经有 13 个核电站安装了海水淡化装置，提供饮水和核电站补给水。在反应堆技术成熟的条件下，核能海水淡化在技术上已经不存在障碍。

核能在海水淡化中的应用主要是以核电站或低温核反应堆与海水淡化厂耦合的形式实现的，包括利用反应堆直接产生的蒸汽和核电站汽轮机抽汽进行的蒸馏淡化，以及利用核电所进行的膜法等。组成核能海水淡化的三项技术——核反应堆、淡化装置和它们的耦合系统都已成熟，可以应用到工程中。这三项技术还在继续创新和发展，以谋求更好的安全性和经济性。核电站与海水淡化厂的耦合方式比较灵活。核电站可以为海水淡化工程提供淡化需要的廉价能源，如蒸汽与电力；另外，海水淡化装置可以使用核电站的海水取水、排水设施及其他公用设施，从而降低海水淡化厂的工程造价。由于核电站同时能提供电能和蒸汽，将蒸馏法与反渗透海水淡化结合起来，将更加降低造水成本。基于上述优点，全世界现有 13 座核电站和海水淡化装置联合建设，而且有逐渐增加的趋势。

1.4.5 发电及其他应用

1. 高效能发电

20 世纪 50 年代，美国启动了核航空推进计划，旨在建造核动力火箭推进装置，该装置将反应堆冷却剂与火箭推进器耦合。限于当时火箭推进装置不完善，该项计划没有实现，但是却促进了熔盐堆的发展。现今燃气轮机的发展，让 FHR 与核空气布雷顿联合循环（Nuclear Air-Brayton Combined Cycle，NACC）耦合具有潜在的可行性，使得 FHR 成为极具吸引力的新型核电厂。燃气轮机技术的革命性发展使得耦合 NACC 的 FHR 能够在稳定功率输出情况下，向电网提供可变电量，参与电网调峰。

MK1 PB-FHR 为基于模块化 FHR 概念，采用改进的 GE 7FB 空气布雷顿联合循环的新型核电厂。通过耦合不同数量的燃气轮机，MK1 PB-FHR 的规模可以有很大不同。FHR 核电厂的运行模式有以下三种。

（1）基荷发电模式。基荷电功率为 100 MW。

（2）峰荷发电模式。该模式下的电厂可以向电网输出 242 MW 电功率。该模式通过引入天然气、氢气、其他燃料或者储热的方式向经过核能加热的功率循环增加热量的方式产生峰荷功率输出。

（3）储热。该模式最多可以储存 342 MW 电功率。功率循环包括一储能系统，最多可储存从电网购买的 242 MW 电功率以及 100 MW 基荷功率。储能系统可以在电价低于天然气发电成本时从电网购买电量储存。

不同于传统的 MSR，FHR 采用弥散 TRISO 燃料的固态石墨基体燃料，该燃料与熔盐兼容性强，能够使一回路的冷却剂保持洁净，降低技术不确定性。

图 1-28 给出了 NACC 的功率转换流程。NACC 功率循环中，外部空气经过过滤与压缩，进入初级盘管空气换热器（Coiled Tube Air Heater，CTAH）中，与 FHR 的高温熔盐发生热交换而升温，然后进入初级涡轮机发电；从汽轮机出来的空气经过次级 CTAH 再热至同样温度，进入次级涡轮机继续发电。两级 CTAH 一次侧氟盐进口温度均为 700 ℃。低压热空气从汽轮机进入余热回收蒸汽发生器（HRSG）中，用于生产高温蒸汽。高温蒸汽可进入用热行业，或者进行朗肯循环进一步发电。除此之外，还可以通过引入天然气、氢气或者通过储存的

热能对次级 CTAH 经氟盐加热的空气进一步加热,使得压缩空气以更高的温度进入次级涡轮机,从而增加发电量。

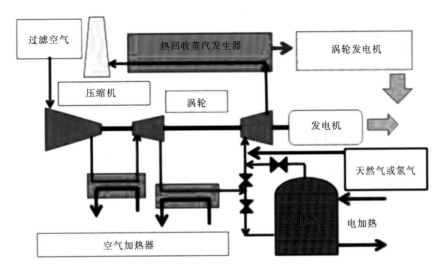

图 1-28　核空气-布雷顿联合循环功率转换流程图

在核电厂基荷运行下,进入涡轮机的压缩空气温度可达 670 ℃,其热电转换效率为 42.5%。NACC 可以将经过氟盐加热的压缩空气在进入涡轮机前的温度进一步提高。增加的天然气或者储热热-电转换效率可达 66.4%,远高于天然气电厂。作为对比,同样的采用天然气的 GE 7FB 联合循环电厂热电转换效率为 56.9%。对于基荷为 100 MW 电功率、与一个 GE 7FB 改进燃气轮机耦合的 FHR,引入的天然气或者储热可以增加 142 MW 的峰荷电功率。

2. 反应堆小型模块化

自 20 世纪开始核能发电后,核电站的容量以及规模越做越大,经济性得到很大程度地提高,随之而来的是核电站在整个建设周期内的投资成本也迅速提高,这极大地限制了核电在偏远地区和某些特殊领域的发展。小型模块化是未来反应堆发展的重要研究方向。小型模块化反应堆(Small Modular Reactor,SMR),作为一种新型核能利用形式,其规模为现有商用核电站的 1/3 或更小,具有灵活性高、安全性高和投资小等特点,适用于电力需求规模小、电网基础设施薄弱的国家和地区,也可用于偏远地区供电、居民和工业供热供暖、海上石油开采、海水淡化等领域,具有广阔市场前景。

小型模块化反应堆最初是美国能源部在国际原子能机构中小型反应堆基础上提出融入模块思路的一种反应堆设计建造概念。其特点为电功率小于 300 MW,并包含两层模块化设计内涵:①反应堆设备及系统的模块化设计、制造和建造。通过合理的设计及制造工艺,使得反应堆绝大部分系统在工厂内实现预制,反应堆以近乎成品形态出厂,运输到厂址进行极少量的剩余模块组装和现场安装施工,即可开始调试运行。如此可极大提高生产效率,降低电站的建造周期和成本。②以反应堆本身作为模块,要求其结构可扩展性强,既可以单堆发电,也可以通过增加反应堆模块数量来扩容,提高总的功率输出。因此相对于大型核电站一次性投资成本高、建造周期长,小型模块化堆显得较为经济和灵活。更为重要的是小型模块化堆可以连续满功率运行数年无需更换燃料,其制造和装料过程均在工厂内完成,密封后运输到安装地点,退役后运回工厂卸料,这一方式可最大程度保证安全,减小核燃料运输和处理过程中的扩散风险。小型模块化堆单堆可广泛用于能源需求规模小、电网基础设施薄弱、环境恶劣的国家和地区,如偏远山区、科考基地、军事基地的供电和供热以及海上油气开采、舰船动力等。多堆的组合扩容则可以在同一厂址完成,实现大型商业堆的总功率输出。

鉴于小型模块化反应堆的独特优点,世界各国都提出了研究和发展计划。美国能源部制定了专门研发计划,加速发展基于轻水堆技术的成熟小型模块化堆设计,并进行必要的研究、发展与示范活动。其目前正在开发 6 个 SMR,其中以 NuScale、mPower 为代表的 2 个轻水反应堆较为成熟,另外有 1 个铅铋堆 ENHS、3 个 STAR 系列的铅冷堆。2016 年 1 月 27 日,美国各能源巨头成立了"小型模块化反应堆联盟",旨在通过创造一个实体加速基于轻水堆的 SMR 的商业化应用。其中 NuScale 计划于 2016 年正式向美国核管会提交设计认证,在 2023 年艾皇瓦州运行首台 SMR,2025 年在英国建设一座电功率为 50 MW 的堆。俄罗斯正在开发 10 个 SMR,其中 6 个轻水堆、2 个钠冷堆、1 个铅铋冷却堆、1 个非常规反应堆。日本目前正在开发 10 个 SMR,其中有 3 个轻水冷却反应堆、3 个钠冷小型反应堆、3 个液态金属冷却小型反应堆,还有 1 个参照美国橡树岭国家实验室的 MSRE 设计的 FUJI 熔盐冷却反应堆。韩国原子能研究院正在开发的 SMART 一体化模块式先进压水堆,其设计目标是既可用于发电,也可兼作海水淡化应用。此外,阿根廷、巴西和印度等国家都提出了自主研发的小型反应堆构想。我国小型模块化堆的研发也有一定的成果,如基于清华大学 HTR-10 设计建造的华能山东石岛湾核电厂的模块式高温气冷堆示范电站 HTR-PM。中核集团的多用途模块式小型反应堆 ACP100 的设计研发,已获国家发改委批复,以及纳入能源科技创新"十三五"规划的中广核集团的 ACPR50S 海洋核动力平台。目前的小型模块化堆多数以成熟的轻水堆为基础进行开发,各方面技术已在轻水堆中得到验证,确保反应堆设计安全性和经济性。

如上所述,目前 SMR 的开发主要集中在轻水堆、极少量的气冷堆和金属冷却快堆的研究上。使用氟盐冷却的仅见于日本的 FUJI 液态熔盐堆。氟盐冷却高温堆的研究也大都基于大型堆的研究或考虑。实际上,由于氟盐冷却高温堆采用高体积热容的熔盐冷却剂和高富集度的包覆颗粒燃料,可以实现较高的堆芯功率密度和良好的核热导出,理论上应当更加具有模块化、小型化的发展空间。图 1-29 为几种典型的小型模块化反应堆的体积对比,可见同等功率下,氟盐冷却的模块化 Sm-AHTR 可以具有更小的体积。基于以上考虑,熔盐反应堆逐步小型化、模块化是未来发展趋势。随着先进反应堆概念(第四代堆型)的提出,融合先进冷却剂技术的小型模块化反应堆方兴未艾。

1.5 本书的主要内容

本书的主要内容包括:首先,详细地回顾了熔盐堆的发展现状,包括液体燃料和固体燃料熔盐堆及相关典型代表堆型;其次,对多元熔盐体系静态热物性进行了理论研究和系统梳理;最后,从三个方面对熔盐堆开展了理论实验研究。一是液体燃料熔盐堆中子物理、热工水力、物理热工耦合及瞬态安全特性分析;二是固体燃料熔盐堆热工水力、瞬态安全特性以及安全审评分析;三是提出了一种新概念热管冷却型非能动余热排出系统并开展了相关理论及实验研究,提出了一种移动式氟盐高温堆概念设计,完成了物理热工安全特性设计分析优化,证明其设计可行性。此外,本书还针对熔盐堆特殊的氚输运特性进行了介绍和分析。

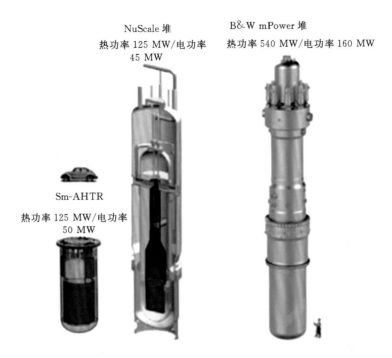

图 1-29 三种小型模块化反应堆的体积对比

参考文献

[1] Generation Ⅳ Forum. Technology Roadmap Update for Generation IV Nuclear Energy Systems[R]. Paris:GIF,2014.

[2] U. S. Departement of Energy Nuclear Energy Research Advisory Committee. A Technology Roadmap for Generation IV Nuclear Energy Systems[R]. Washington DC:U. S. DOE,2002.

[3] ANHEIER N C. Technical Readiness and Gaps Analysis of Commercial Optical Materials and Measurement Systems for Advanced Small Modular Reactors:Rev. 1(PNNL-22622) [R]. Richland,WA. :Pacific Northwest National Laboratory,2013.

[4] The Generation IV International Forum [EB/OL]. [2017-12-30]. https://www. gen-4. org/gif/jcms/c_9260/public.

[5] BRIGGS R B. Molten Salt Reactor Program Semiannual Progress Report:ORNL-3936 [R]. Tennessee:ORNL,1966.

[6] MACPHERSON G H. The molten salt reactor adventure [J]. Nuclear Science and Engineering,1985,90(4):374-380.

[7] BETTIS E S, SCHROEDER R W, CRISTY G A, et al. The Aircraft Reactor Experiment-Design and Construction[J]. Nuclear Sci & Eng,1957,2(6):804-825.

[8] CLEMENT WONG B M. Relevant MSRE and MSR Experience[C]. Los Angeles:ITER

TBM Project Meeting at UCLA,2004.

[9] PAUL R K. Safety program for molten-salt breed reactors:ORNL-TM-1858[R]. Tennessee:Oak Ridge National Laboratory,1967.

[10] RINEISKI A, MASCHEK W. THERMAL HYDRAULIC INVESTIGATIONS OF A MOLTEN SALT BURNER REACTOR[C]//13th International Conference on Nuclear Engineering, Beijing,2005.

[11] FURUKAWA K, KATO Y, KAMEI T. Developmental strategy of THORIMS-NES consisted of Th-MSR "FUJI"and AMSB[C]. International work shop on Thorium utilization for sustainable development of nuclear energy, Beijing, China,2007.

[12] ROSENTHAL M W, KASTEN P R, BRIGGS R B. Molten-salt reactors-history, status, and potential[J]. Nuclear Applications and Technology,1970,8(2):107－117.

[13] ROBERTSON R C. MSRE design and operations report. Part I. Description of reactor design[R]. Oak Ridge National Lab. , Tenn. ,1965.

[14] HAUBENREICH P N, ENGEL J R, PRINCE B E, et al. MSRE Design and Operations Report. Part III. Nuclear Analysis[R]. Oak Ridge National Lab. , Tenn. ,1964.

[15] GUYMON R H. MSRE design and operations report. Part VIII. Operating procedures [R]. Oak Ridge National Lab. (ORNL), Oak Ridge,TN(United States),1966.

[16] ROSENTHAL M W, HAUBENREICH P N, BRIGGS R B. The development status of molten-salt breeder reactors, ORNL-4812[R]. Oak Ridge, Tennessee, USA,1972.

[17] ROSENTHAL M W, BRIGGS R B, KASTEN P R. Molten salt reactor program semiannual progress report:ORNL-4396 [R]. Oak Ridge National Lab. (ORNL), Oak Ridge, TN(United States),1969.

[18] PAUL R K, ROY C R. Molten-salt reactor program, design studies of 1000 MWe molten-salt breeder reactors:ORNL-3996 [R]. Oak Ridge National Laboratory, Oak Ridge, TN(United States),1966.

[19] YOSHIOKA R, MITACHI K, KINOSHITA M. Thorium Molten Salt Nuclear Energy Synergetic System(THORIMS-NES) [C]//Proceedings of the conference on molten salts in nuclear technology,2013.

[20] IGNATIEV V. Critical issues of nuclear energy systems employing molten salt fluorides[C]//ACSEPT Int. Workshop,2010.

[21] SERP J,BOUSSIER H. Molten Salt Reactor system 2009－2012 Status[R]. Shanghai: Molten Salt Reactor System Steering Committee,2014.

[22] BROVCHENKO M. Études préliminaires de sûreté du réacteur à sels fondus MSFR [D]. Grenoble:Université de Grenoble,2013.

[23] FORSBERG C W, PETERSON P F, KOCHENDARFER R A. Design options for the advanced high-temperature reactor[C]//Proceedings of ICAPP. 2008,8:8－12.

[24] FORSBERG C W, PETERSON P F, OTT L. The advanced high-temperature reactor (AHTR) for producing hydrogen to manufacture liquid fuels[R]. Oak Ridge National Lab. , Oak Ridge, TN; University of California, Berkeley, CA(US),2004.

[25] VARMA V K，HOLCOMB D E，PERETZ F J，et al. AHTR mechanical，structural，and neutronic preconceptual design［R］. Oak Ridge National Lab.（ORNL），Oak Ridge，TN(United States)，2012.

[26] SCARLAT R. Pebble bed heat transfer particle-to-fluid heat convection［D］. Berkeley：University of California，2009.

[27] 江绵恒，徐洪杰，戴志敏. 未来先进核裂变能——TMSR 核能系统［J］. 中国科学院院刊，2012，27(003)：366 - 374.

[28] 徐洪杰. 我国钍基熔盐堆计划［C］// 2013 年核物理大会，2013.

[29] SINAP. Pre-conceptual design of 2MW pebble-bed fluoride salts coolant high temperature test reactor［R］. Shanghai：SINAP，2012.

[30] SINAP. Some design considerations of SINAP's 2MW fluoride salt cooled test reactor［R］. Shanghai：SINAP，2012.

[31] SINAP. TMSR internal technical report：XDA02010200-TL - 2012 - 09［R］. Shanghai：SINAP，2012.

第 2 章　多元熔盐体系物理化学特性

熔盐堆中熔盐体系(混合物)的选择及其特性研究是熔盐堆研究中最基础和重要的研究之一,对于采用不同燃料循环方式或具有不同功能的熔盐堆,熔盐体系的选择也有不同的要求。譬如,选用连续循环焚化锕系元素燃料循环方式的熔盐堆要求熔盐对锕系元素具有较高的溶解度;用于制氢的熔盐堆要求熔盐具有较低的产氚能力;如果熔盐堆为了实现较高的增殖比,氟化锂和氟化铍将是较好的选择。但是,所有的熔盐堆都要求其熔盐体系具有如下共有的特性:良好的中子特性,包括低中子截面、辐照稳定性和负的温度系数;良好的热物理和输运特性,包括低熔点、热稳定性、低蒸气压、较好的传热特性和黏性;良好的化学性质,包括高燃料溶解度、与结构材料和慢化剂的相容性、便于燃料再处理;另外还要具有与乏燃料的相容性特性及相对低的燃料和后处理费用。

目前对于熔盐体系热物性的研究主要集中在实验研究,在公开发表的文献中关于多元熔盐体系热物性的理论研究还比较少见,尤其是对其输运性质的研究几乎没有。本章首先介绍了针对多元熔盐体系静态热物性建立的理论模型,并将其应用到 MOSART 的熔盐体系,计算了它的三元熔盐体系的密度、焓、熵及定压比热容,并将计算的密度与俄罗斯 RRC-KI 研究中心的实验结果进行了比较。其次,针对氟盐冷却高温堆一回路冷却剂 FLiBe 进行了物性评估,推荐其使用关系式。最后,针对氟盐体系从传热性能、核物理特性以及化学腐蚀特性进行综述。

2.1　多元熔盐体系静态热物性模型

2.1.1　密度

用于描述气体和液体的热力学状态方程(Equation of State, EOS)得到了很大的发展并为人们所熟悉[1-2],尤其是彭-罗宾逊(Peng-Robinson, PR)方程,由于它与大量的实验数据符合较好而得到了广泛的应用,但是将其用于强极性的熔盐液体还未见报道,我们首次将 PR 方程引进熔盐体系的热物性计算。

对于单一物质,PR 方程可以描述如下

$$p = \frac{RT}{v-b} - \frac{d}{v(v+b)+b(v-b)} \tag{2-1}$$

式中:

$$d = [0.45724R^2 T_c^2 / p_c] \cdot \alpha(T/T_c, \omega), \quad b = 0.07780RT_c / p_c \tag{2-2}$$

状态方程也可以用压缩因子 Z 表达如下:

$$Z^3 - (1-B)Z^2 + (A-3B^2-2B)Z - (AB-B^2-B^3) = 0 \tag{2-3}$$

式中:

$$Z = pv/(RT), A = dp/(R^2 T^2), B = bp/(RT) \tag{2-4}$$

用牛顿迭代法求解方程(2-3),可求得压缩因子 Z,从而通过式(2-4)的变换可求得物质的摩尔体积,然后用密度和摩尔体积的关系式即可求得物质的密度,如式(2-5)所示

$$v = Z \cdot \frac{RT}{p}, \rho = \frac{M}{v} \tag{2-5}$$

由式(2-2)可以看出,PR 方程中的参数 d 和 b 与物质的临界温度 T_c、临界压力 P_c 及偏心因子 ω 有关,这些数据一般通过实验获得,从而求得状态方程参数 d 和 b,这两个参数也可以通过实验数据拟合获得。

对于多元熔盐体系状态方程的建立,首先要对其每一组分物质应用单一物质状态方程,在此基础上,采用合适的混合法则,即可用 PR 方程描述多元熔盐体系的状态方程,下面是多元熔盐体系的状态方程及建立的混合法则

$$p = \frac{RT}{v_m - b_m} - \frac{d_m}{v_m(v_m + b_m) + b_m(v_m - b_m)} \tag{2-6}$$

$$d_m = \sum_{i=1} \sum_{j=1} x_i x_j d_{ij}, \quad b_m = \sum_{i=1} x_i b_i, \quad d_{ij} = (1 - k_{ij}) \sqrt{d_i d_j} \tag{2-7}$$

式中:k_{ij} 为二元相互作用因子。

在建立了多元熔盐体系的状态方程后,方程(2-3)和式(2-4)、式(2-5)及相应的密度计算方法亦适用于多元熔盐体系,只是式(2-5)中的摩尔质量应该采用多元熔盐体系的当量摩尔质量,如下式所示

$$M = \sum_{i=1} x_i M_i \tag{2-8}$$

2.1.2　焓、熵、定压比热容

在建立了多元熔盐体系的状态方程之后,可以采用余函数方法和逸度系数方法两种方法计算熔盐体系的其他静态热力学性质,如焓、熵和定压比热容等。下面分别采用这两种理论推导相应的计算方程。

1. 余函数方法

恒温下的亥姆霍兹(Helmholtz)自由能表示为

$$da = -pdv \tag{2-9}$$

将其从理想状态到实际状态对比容进行积分得

$$a^* - a = \int_{\infty}^{v} pdv - \int_{\infty}^{v^*} pdv = \int_{\infty}^{v} \left(p - \frac{RT}{v}\right)dv - \int_{\infty}^{v^*} pdv + \int_{\infty}^{v} \left(\frac{RT}{v}\right)dv \sqrt{b^2 - 4ac} \tag{2-10}$$

将方程(2-6)带入式(2-10),积分得 Helmholtz 自由能的余函数为

$$a_r = a^* - a = RT\ln\frac{|v-b|}{v} - \frac{a(T)}{2\sqrt{2}b}\ln\frac{|v-0.414b|}{v+2.414b} + RT\ln\frac{v}{v^*} \tag{2-11}$$

熵的余函数可以从式(2-11)推得

$$s_r = s^* - s = -\frac{\partial}{\partial T}(a^* - a)_v = -\int_{\infty}^{v}\left[\left(\frac{\partial p}{\partial T}\right)_v - \frac{R}{v}\right]dv - R\ln\frac{v}{v^*}$$

$$= -R\ln\frac{|v-b|}{v} - R\ln\frac{v}{v^*} \tag{2-12}$$

焓和定压比热容的余函数可以由式（2-11）、式（2-12）及基本热力学关系式 $a=u-Ts$ 和 $u=h-pv$ 推得

$$h_r=h^*-h=f^*-f+T(s^*-s)+pv^*-pv=a_r+Ts_r+pv^*-pv \qquad (2-13)$$

$$(c_p)_r=c_p^*-c_p=(\frac{\partial h_r}{\partial T})_p \qquad (2-14)$$

从而，多元熔盐体系的热物理性质可以通过余函数及其理想状态的性质计算得到

$$s=s^*-s_r,\ h=h^*-h_r,\ c_p=c_p^*-c_{p_r} \qquad (2-15)$$

2. 逸度系数方法

熔盐体系中组分 i 的逸度 $\hat{f}_i$ 可以通过其偏摩尔吉布斯（Gibbs）函数 $\overline{G_i}$ 表示为

$$d\overline{G_i}=RTd(\ln\hat{f}_i)_T \qquad (2-16)$$

在恒温下，对方程（2-16）从理想状态积分到实际状态得

$$\Delta g=\overline{G_i}-g_i^*=RT\ln\frac{\hat{f}_i}{x_ip}=RT\ln\hat{\phi}_i \qquad (2-17)$$

式中：g_i^* 和 $\hat{\phi}_i$ 分别为组分 i 理想状态下的吉布斯自由能和逸度系数。逸度系数可以从状态方程出发由下式推得

$$RT\ln\hat{\phi}_i=\int_v^\infty[(\frac{\partial p}{\partial n_i})_{T,v,n_j}-\frac{RT}{v}]dv-RT\ln Z \qquad (2-18)$$

将状态方程（2-6）带入上式积分得

$$\ln\hat{\phi}_i=\frac{b_i}{b}(Z-1)-\ln\frac{p(v-b)}{RT}-\frac{d}{2\sqrt{2}bRT}(\frac{2\sum\limits_{j=1}x_jd_{ij}}{d}-\frac{b_i}{b})\ln\frac{v+2.414b}{v-0.414b} \qquad (2-19)$$

从而偏摩尔焓、熵和定压比热容与逸度系数的关系可以表示为

$$\Delta h=\overline{H_i}-h_i^*=-RT[\frac{\partial(\overline{G_i}-g_i^*)/(RT)}{\partial\ln T}]_{p,x}=-RT^2[\frac{\partial(\ln\hat{\phi}_i)}{\partial T}]_{p,x} \qquad (2-20)$$

$$\Delta s=\overline{S_i}-s_i^*=-R\ln\hat{\phi}_i-RT[\frac{\partial(\ln\hat{\phi}_i)}{\partial T}]_{p,x} \qquad (2-21)$$

$$\Delta c_p=\overline{c_{p_i}}-c_{p_{m,i}}^*=[\frac{\partial(\overline{H_i}-h_i^*)}{\partial T}]_{p,x}=-2RT[\frac{\partial(\ln\hat{\phi}_i)}{\partial T}]_{p,x}-RT^2[\frac{\partial^2(\ln\hat{\phi}_i)}{\partial T^2}]_{p,x} \qquad (2-22)$$

因此，多元熔盐体系的热物理性质可以由式（2-20）～式（2-22）及组分的理想状态热力学性质求得，方程如下

$$s=\sum_{i=1}x_i\cdot(s_i^*+\Delta s)=s^*+\sum_{i=1}x_i\cdot\Delta s \qquad (2-23)$$

$$h=\sum_{i=1}x_i\cdot(h_i^*+\Delta h)=h^*+\sum_{i=1}x_i\cdot\Delta h \qquad (2-24)$$

$$c_p=\sum_{i=1}x_i\cdot(c_{p_i}^*+\Delta c_p)=c_{p^*}+\sum_{i=1}x_i\cdot\Delta c_p \qquad (2-25)$$

3. 理想状态下熔盐焓、熵和定压比热容的计算

在式（2-15）及式（2-23）～式（2-25）中，h^*、s^* 和 c_{p^*} 表示理想状态下的焓、熵和定压比

热容,它们可以由以下各式计算得到

$$h^* = \sum_{i=1} x_i \cdot h_{i,p_0,T_0} + \int_{T_0}^T \left[\sum_{i=1} x_i \cdot c_{p_i^0} \right] \cdot \mathrm{d}T \qquad (2-26)$$

$$s^* = \sum_{i=1} x_i \cdot s_{i,p_0,T_0} + \int_{T_0}^T \left[\sum_{i=1} x_i \cdot c_{p_i^0} \right] \cdot \frac{\mathrm{d}T}{T} - R\ln\frac{p}{p_0} \qquad (2-27)$$

$$c_p^* = \sum_{i=1} x_i \cdot c_{p_i^0} \qquad (2-28)$$

式中:h_{i,p_0,T_0}、s_{i,p_0,T_0} 和 $c_{p_i^0}$ 表示组分 i 在参考点 p_0 和 T_0 处的焓、熵和定压比热容,研究中可根据需要选择,通常选取压力 1 atm(1 atm＝1.01325×10⁵ Pa)、温度 298.15 K 为参考点,它们的数值可从 NIST 查取。

2.2　三元熔盐体系的静态热物性分析

针对 MOSART 的燃料循环特性,其液体燃料的运行工况要求采用的熔盐必须完全满足以下物理和技术条件:①构成燃料溶剂的元素不可过强地吸收中子;②在充分溶解裂变或增殖材料时,燃料盐各成分的熔点温度不可过高(<773～833 K);③在运行温度下具有低的蒸气压;④在运行温度和辐照条件下保持化学稳定性;⑤在与水、空气或其他反应堆内的物质接触时不会发生爆炸反应;⑥与结构材料和慢化剂具有兼容性;⑦在运行温度下,燃料盐成分的输运性质应具备充分移除反应热的能力。

研究表明,满足以上条件的熔盐主要是包含⁷Li、Be、Na、Rb 和 Zr 的氟化物。Ignatiev 在进行 MOSART 研究中提出了新的三元熔盐系统 Na、Li、Be/F。研究发现,在 823 K 时该熔盐系统在非常小的 LiF(17%～15%)和 BeF₂(27%～25%)组分下,可以取得很高的核素的溶解度(如 2%～3% 的 PuF₃ 溶解度),可以维持充分低的熔点(<773 K)和非常低的蒸气压,具有很好的核特性、低活性、合适的输运特性,可以很好地与系统中的材料兼容(<1023 K),而且费用适度(25 美元/千克)。

将建立的多元熔盐体系静态热物性模型应用于 MOSART 的三元熔盐体系 15%LiF － 58%NaF － 27%BeF₂(摩尔比),其熔点为 723 K,沸点为 1673 K,计算该三元熔盐体系的组分及混合物的密度、焓、熵和定压比热容。

2.2.1　状态方程参数

式(2-2)表明,PR 方程中的参数 d 和 b 与物质的临界温度 T_c、临界压力 P_c 及偏心因子 ω 有关,LiF 和 NaF 的临界参数可以从文献[3]中查到,但是对于 BeF₂,所需的参数无法得到。为了解决这个问题,我们采用了 Cantor 的两组假拟(p-v-T)数据[4,5],如表 2-1 所示。

表 2-1　熔盐组分的假拟实验数据

熔盐	摩尔体积/(cm³·mol⁻¹)		摩尔质量 /(g·mol⁻¹)
	873.15 K	1073.15 K	
LiF	14.0	14.7	26.01
NaF	19.37	20.43	41.99
BeF₂	23.6	24.4	47.01

将这两组实验数据带入方程(2-1)中进行计算,式(2-1)表明 d 是与 T 相关的量,但是由于实验数据少而假设其为常数,即可直接求得三个组分的状态方程常数 d 和 b,采用式(2-7)的混合法则即可求得缓发三元熔盐体系的状态方程常数 d 和 b,计算结果列于表 2-2 中。

表 2-2　三元熔盐体系及其组分的 PR 方程常数 d 和 b

熔盐	d	b
LiF	0.09933196	4.1785308×10^{-5}
NaF	0.1477248	5.8758294×10^{-5}
BeF₂	0.1218432	6.6399618×10^{-5}
三元熔盐体系	0.1328199	5.8275506×10^{-5}

2.2.2　三元熔盐体系及组分的密度

图 2-1～图 2-3 所示为三元熔盐体系及其组分的密度随温度的变化关系,图中的空心点为计算值,实线为实验拟合曲线[6]。

由图 2-1 可以看出,计算得到的 LiF 密度随温度变化趋势与实验结果近似平行但稍小,随着温度的升高,密度降低,计算结果与实验值存在大约 5% 的误差,这是因为 Li 存在两个同位素 ^{6}Li 和 ^{7}Li,计算中仅考虑了 ^{7}Li,而实验通常不会进行 Li 同位素的分离。图 2-2 显示,计算得到的 NaF 密度与实验值符合相对较好,随着温度的升高,NaF 的密度同样是降低的趋势。BeF₂ 的特殊性使得可获得的实验数据很少,图 2-3 上所给实验值为 BeF₂ 在 1073 K 下的密度,计算结果与实验值差别较大,这是因为 BeF₂ 很容易同额外的 F⁻ 离子配位生成四氟合铍酸根配离子[BeF₄]⁻,则 BeF₂ 熔盐相当于一个二元熔盐,而在计算中并未作此考虑。

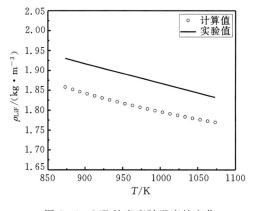

图 2-1　LiF 的密度随温度的变化

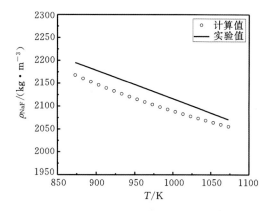

图 2-2　NaF 的密度随温度的变化

图 2-4 为三元熔盐体系的密度随温度的变化。由图可以看出,计算结果与实验值符合得较好,三元熔盐的密度随着温度的升高而降低,同时也可以发现在熔盐堆运行温度范围内,从 873 K 到 1073 K,密度变化仅 4%。由此可见,采用适当的混合法则,则 PR 方程可用于多元熔盐体系的密度计算。

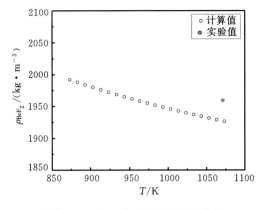

图 2-3　BeF_2 的密度随温度的变化

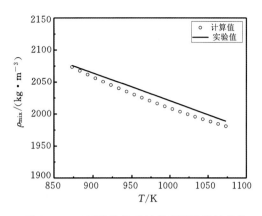

图 2-4　三元熔盐体系的密度随温度的变化

2.2.3　三元熔盐体系的密度、焓、熵、定压比热容

从 NIST 查取三元熔盐体系各组分在参考点处的静态热物性焓、熵和定压比热容的关系式和数值,列于表 2-3 中。

表 2-3　熔盐组分的参考点热物性

熔盐	c_{p^0} /(J·mol^{-1}·K^{-1})	h_{p_0,T_0} /(kJ·mol^{-1})	s_{p_0,T_0} /(J·mol^{-1}·K^{-1})
LiF	$35.08832+2.50667TT-0.517258(TT)^2$ $+0.04375(TT)^3-0.427308/(TT)^2$	-340.891	200.272
NaF	$36.9556+1.073858TT-0.105601(TT)^2$ $+0.009001(TT)^3-0.277921/(TT)^2$	-290.453	217.606
BeF_2	$61.51108+0.469968TT-0.094569(TT)^2$ $+0.006520(TT)^3-3.228179/(TT)^2$	-796.006	227.556

注:表中,$TT=T(K)/1000$。

两种方法计算得到的三元熔盐体系的焓、熵和定压比热容随温度的变化关系如图 2-5～图 2-7 所示,其中空心点代表余函数方法的计算结果,实心点则代表逸度系数方法的计算结果。

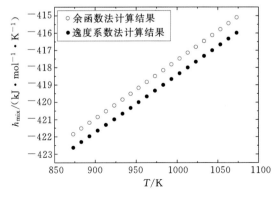

图 2-5　三元熔盐体系的焓随温度的变化

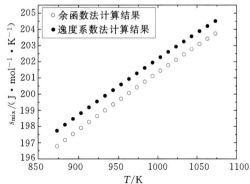

图 2-6　三元熔盐体系的熵随温度的变化

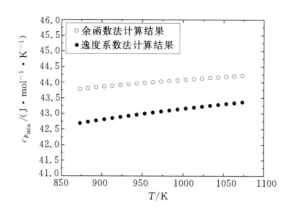

图 2-7 三元熔盐体系的定压比热容随温度的变化

从图 2-5～图 2-7 可以看出,三元熔盐体系的焓、熵均随温度的增加而增加,但是定压比热容随温度的变化幅度不大,近似为一个常数。从两种方法计算的结果比较可以看出,二者之间的偏差较小,符合得较好,这是因为两种计算方法的基础都是三元熔盐体系的状态方程和最基本的热力学关系式。

2.3 FLiBe 热物理性质评估

TMSR-SF 的参考设计使用 LiF-BeF$_4$ 二元熔盐混合物(摩尔比为 66.7∶33.3,FLiBe)作为冷却剂,工作温度范围在 600～700 ℃。20 世纪 60 年代美国橡树岭国家实验室(ORNL)的熔盐堆计划极大地促进了对 FLiBe 热物理性质的研究,但由于 FLiBe 熔点较高,对其物性进行准确的测量十分困难,相关实验数据的精确度及覆盖范围依然非常有限。目前,大多数有关 FLiBe 热物理性质的实验数据都是在 20 世纪 80 年代前获得的,其中 FLiBe 的密度实验数据较为完善,但其余热物性参数,特别是黏度、热导率等实验数据均比较稀少,且所覆盖的温度范围也较为狭窄。现今物性测量实验技术水平相比 20 世纪已有了较大进步,中国科学院应用物理研究所正计划使用新的仪器和测量方法对 FLiBe 的热物理性质进行更全面、准确的实验研究,该工作预计将给出一套更准确的 FLiBe 物性数据。本节将对 FLiBe 物性数据进行整理与讨论,相关关系式及部分原始实验数据也进行了汇总,并给出本研究所推荐的关系式及不确定度。

2.3.1 密度

密度是一个非常重要的热物性参数,在各类热物性测量中,密度测量较为直观,估算特定成分熔盐密度也较为容易,因此 FLiBe 密度的实验数据比其他热物理性质都要更丰富和准确。熔盐的密度测量通常采用阿基米德法或最大气泡压力法。已公开发表的文献中归纳总结了一系列 LiF-BeF$_4$ 盐密度计算关系式,这些关系式主要是基于 Blanke、Cantor 和 Janz 三人的实验数据拟合而得的。Blanke 等测量了 BeF$_2$ 摩尔分数为 0～55% 的 LiF-BeF$_4$ 盐密度[7],Cantor 等测量了 BeF$_2$ 摩尔分数为 50.2%、74.9%、89.2% 和 33.3% 的 LiF-BeF$_4$ 盐密度[8-10],Janz 等测量了 BeF$_2$ 摩尔分数为 33.3% 的 LiF-BeF$_4$ 盐密度[11],上述密度实验数据汇总后列于表 2-4 中。由于 TMSR-SF 参考设计使用摩尔比为 66.7∶33.3 的 LiF-BeF₄ 盐作冷却剂,下文中若无特殊说明,FLiBe 均代指摩尔比为 66.7∶33.3 的 LiF-BeF₄ 二元熔盐体系。

表 2-4 FLiBe 密度实验测量数据

Blanke[7]		Cantor[8]		Janz[11]	
温度/K	密度/(kg·m⁻³)	温度/K	密度/(kg·m⁻³)	温度/K	密度/(kg·m⁻³)
643	2018	787.7	2029	800	2023
713	1996	813.7	2015	820	2013
748	1983	838.1	2003	840	2003
801	1966	863.7	1991	860	1993
850	1948	887.8	1979	880	1984
879	1938	889.2	1978	900	1974
923	1920	940.3	1954	920	1964
1001	1894	992.7	1928	940	1954
1078	1864	1045.4	1902	960	1945
1108	1855	1067.9	1891	980	1935
1162	1828	1093.5	1879	1000	1925
1173	1821	—	—	1020	1915
—	—	—	—	1040	1905
—	—	—	—	1060	1896
—	—	—	—	1080	1886

Janz 在 20 世纪 60 年代至 80 年代针对熔盐的热物理性质做了大量研究工作,1974 年,Janz 基于其实验数据拟合了如下 FLiBe 密度关系式[11]

$$\rho = 2413 - 0.488T \qquad (2-29)$$

式中:ρ 为密度,kg·m⁻³;T 为温度,K。该式子的适用范围为 800~1080 K,标准差为 0.00046。Janz 实验数据是基于 Cantor 的工作,使用阿基米德法和膨胀测定法得到[11,12]。

1980 年 Grierszewski 等[13]给出了如下密度计算关系式

$$\rho = 2330 - 0.42T \qquad (2-30)$$

式中:ρ 为密度,kg·m⁻³;T 为温度,K。该式适用范围为 600~1200 K,不确定度为 4%[13]。该式子只参考了 Cantor 在 1968 年[10]和 Janz 在 1967 年[14]发表的实验数据,没有考虑 Janz 在 1974 年[11]发表的数据。Zaghloul[15]在 2003 年基于 Janz 的数据[11,12]进行了扩展,提出了如下公式

$$\rho = 2415.6 - 0.49072T \qquad (2-31)$$

式中:ρ 为密度,kg·m⁻³;T 为温度,K。该公式覆盖了 FLiBe 从熔点到临界点的全部温度范围(732.0~4498.8 K),可计算 FLiBe 整个液相范围内的密度。

Williams 在 2006 年[16]基于熔盐手册[14]的数据提出了如下针对 FLiBe 的密度关系式

$$\rho = 2146.7 - 0.488T \qquad (2-32)$$

式中:ρ 为密度,kg·m^{-3};T 为温度,K。该式是基于熔盐手册中单相熔盐的实验数据,参考 Lane 等人关于摩尔比为 69:31 的 LiF-BeF$_4$ 盐的密度关系式进行外推得出的。

Benes[17,18]基于 Cantor 在 1973 年的工作[8]推荐了如下关系式

$$\rho = 2413.1 - 0.4884T \tag{2-33}$$

式中:ρ 为密度,kg·m^{-3};T 为温度,K。需要注意的是,Benes 在文献[18]中给出的公式按其参考文献应与文献[8]中保持一致。

Van der Meer 等提出由于熔盐密度的实验测量数据所导出的摩尔体积结果非常理想,多元熔盐体系的密度可由单相熔盐组分的摩尔体积直接插值得出[19],但由于目前已知的液相 BeF$_2$ 摩尔体积仅有在温度为 1073 K 下的数据,不足以用来对 FLiBe 密度进行插值[17]。

表 2-5 列出了上述已公开发表的针对 FLiBe 盐的密度关系式及参考文献,不确定度以 Cantor 的实验数据[8]为基准。图 2-8 给出了表 2-4 和表 2-5 中所有实验数据及关系式的

表 2-5　FLiBe 密度关系式

密度/(kg·m^{-3})	温度范围/K	不确定度	参考文献
$\rho=2413.1-0.4884T$(推荐)	787.65~1093.45 K	±2.15%	Cantor 等,1973[8] Benes 等,2009[17],2012[18]
$\rho=2330-0.42T$	600~1200 K	±4%	Gierszewski 等,1980[13]
$\rho=2413-0.488T$	800~1080 K	—	Janz 等,1974[11],1988[12] Sohal 等,2010[20]
$\rho=2415.6-0.49072T$	732.2~4498.8 K	±2.2%	Zaghloul 等,2003[15] Sohal 等,2010[20]
$\rho=2326-0.422T$	873~1073 K	±3.5%	Williams 等,2006[16]

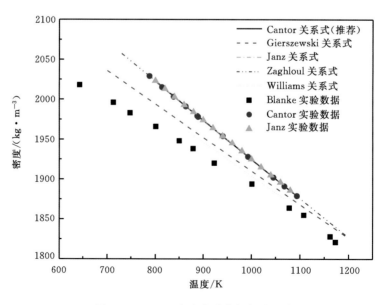

图 2-8　FLiBe 密度实验数据与关系式

对比,可见 Cantor、Janz 的实验数据及 Cantor 关系式、Zaghloul 关系式、Janz 关系式几乎完全重合。本研究推荐使用 Benes 建议的关系式(即 Cantor 等在 1973 年的工作[8])来计算 FLiBe 的密度,该式由实验测量数据直接拟合得出,在其覆盖范围内具有较好的可信度和最高的引用率,该式对实验数据的拟合精度达到了 0.025%,实验测量的不确定度为 2.15%[8,18]。

2.3.2　比热容

熔盐的体积比热容与水相当,远高于其他常见冷却剂,因此具有较好的载热能力。目前,还没有理论方法能准确的计算特定组分熔盐的比热容,但若是进行初步估算,可使用 Dulong-Petit 经验公式。该公式假定混合盐中的每摩尔各类原子对热容的贡献量均为 6 cal·K^{-1}(1 cal=4.1840 J),对熔盐则推荐修正为 8 cal·K^{-1}[21]。对于熔盐修正后的 Dulong-Petit 经验公式具体形式为

$$c_p(T) = 8 \frac{\sum X_i N_i}{\sum X_i M_i} \qquad (2-34)$$

式中:c_p 为比热容,cal·K^{-1};X_i 为组元 i 的摩尔分数;N_i 为组元 i 的每分子原子数;M_i 为组元 i 的摩尔质量,g·mol^{-1}。相关实验数据表明该公式对多元熔盐组分的热容计算误差较大,不确定度可达 ±20%[16]。对于摩尔比为 66.7:33.3 的 FLiBe 盐,该公式的估算结果为 2369.73 J·kg^{-1}·K^{-1}。

表 2-6 列出了不同文献给出的液相 FLiBe 比热容数据,其中只有 Hofman 等[27]及 Douglas 等[24]对其进行了实验测量,其余数值均是根据 Dulong-Petit 经验公式或相关实验数据二次处理所得。这些数据具有高度的一致性,最大偏差在 1% 以内。相关实验数据及评估亦均显示

表 2-6　液相 FLiBe 比热容数据

原始文献数值	比热容/ (J·kg^{-1}·K^{-1})	温度 范围/K	不确 定度	参考文献	数据来源
0.577 cal·g^{-1}·℃$^{-1}$	2414.2	—	—	Hoffman, 1959[22]	作者实验
0.56 cal·g^{-1}·℃$^{-1}$	2343.0	—	—	Douglas NBSR[23]	作者实验
0.57 cal·g^{-1}·℃$^{-1}$	2384.9	—	±3%	Cantor, 1968[10]	平均文献[22]和 [23]的实验数据
55.47 cal·mol·K^{-1}	2347.1	745.2~900	±3%	Douglas, 1969[24]	作者实验
0.577±0.008 cal·g·℃$^{-1}$	2414.2 ±33.47	773~993	±1.4%	Rosenthal, 1969[25]; Willimas, 2006[16]	引用文献[26]实验 数据
2380 J·kg^{-1}·K^{-1}	2380	600~1200	±20%	Gierszewski, 1980[13]	由相关数据修正
2.39 J·g^{-1}·K^{-1}	2390	—	—	Bene, 2009[17]	平均文献[22]和 [23]的实验数据
0.569 cal·g^{-1}·℃$^{-1}$	2380.6	—	±3%	本研究	平均文献[22]和 [23]的实验数据

FLiBe 热容随温度变化非常微小,可视为与温度无关的常数。本研究使用 Hoffman 等[10,22] 及 Douglas 等(1969 年)[24] 分别发表的实验数据,0.577 cal•g^{-1}•K^{-1}(Hoffman)及 55.47cal•mol•K^{-1} (Douglas),取平均值来进行计算,即 2380.6 J•kg^{-1}•K^{-1},参考 Cantor 的分析,该平均值不确定度应小于 3%[10]。需要指出的是原始文献中比热容单位为 cal•mol^{-1}•K^{-1},由于卡路里单位(cal)在历史上经过多次定义,在不同背景下与焦耳(J)有多种不同的换算关系[28],后续引文对其进行单位转换时偶有分歧。本研究推荐使用 Douglas 在文献[24]中指明的热力学卡路里 (cal)换算关系式进行换算,即取 1cal=4.1840 J。

对固相 FLiBe,仅有 Douglas 等对其比热容进行了测量[10,24]。Douglas 使用落滴量热法对 50～600 ℃的固相 FLiBe 熔值进行了测量,进而推定出其比热容。对温度范围为 273.15～ 745.2 K 的固相 FLiBe 其热容关系式如下式所示

$$c_p = 918.217 + 1.508T \tag{2-35}$$

式中:c_p 为比热容,J•kg^{-1}•K^{-1};T 为温度,K。参考 Cantor 的文献[10],该式的整体不确定度为 3%,本研究推荐使用该式计算固相 FLiBe 的比热容。

2.3.3 黏度

熔盐是典型的牛顿流体,并且服从 Arrhenius 方程,其黏度随温度的倒数呈指数变化,即满足如下关系式

$$\mu = A \cdot \exp\left(\frac{-E_\mu}{RT}\right) = A \cdot \exp\left(\frac{-B}{T}\right) \tag{2-36}$$

式中:E_μ 为黏性流动活化能,J•mol^{-1};R 为气体常数,J•K^{-1}•mol^{-1};T 为温度,K。由于这种特性,熔盐黏度随温度的变化相对其余热物性是最剧烈的。对于 FLiBe 的组分盐 LiF 和 BeF$_2$, LiF 的黏度相对较低,为 10^{-3} Pa•s 量级,而 BeF$_2$ 的黏度则可达 10^5 Pa•s 量级。

已有五个独立的研究团队对不同组分的液相 LiF – BeF$_2$ 盐的黏度进行了实验测量。 Blanke 等[7]、Cantor 等[29] 和 Desyatnik 等[30] 分别在较宽的温度和组分范围内了测量了液相 LiF – BeF$_2$ 盐的黏度,Cohen 等[31] 和 Abe 等[32] 分别测量了 BeF$_2$ 摩尔分数为 31% 和 32.8% 的液相 LiF – BeF$_2$ 的黏度。

Blanke 在 1956 年对摩尔比为 69:31 和 62.67:37.33 的 LiF – BeF$_2$ 二元熔盐体系的黏度进行了实验测量,温度范围分别为 760～1156 K 及 732～1073 K,相关实验数据如表 2 – 7 所示[7]。Cohen 在 1957 年发表的对摩尔比为 69:31 的 LiF – BeF$_2$ 盐黏度在 873～1073K 的范围内进行测量的相关数据列于表 2 – 8[31] 中。

Janz 等在其 1974 年的报告中基于 Cantor 等在 1969 年发表的实验数据[29] 给出了 LiF 摩尔分数为 0～64% 的 LiF – BeF$_2$ 盐的黏度数据表,表 2 – 9 列出了最接近 FLiBe 的 LiF 摩尔分数在 64% 时的数据。

Gierszewski 等于 1980 年报告了如下 LiF – BeF$_2$ 盐(FLiBe)的黏度关系式[13]

$$\mu = 0.000116 \cdot \exp\left(\frac{3760}{T}\right) \tag{2-37}$$

式中:μ 为黏度,Pa•s;T 为温度,K,范围为 600～1200 K。该文献中没有给出关系式不确定度及具体推导方法。按其描述,该式在 LiF 摩尔分数在 47%～66% 范围内不确定度小于 10%, 66%～69% 范围内不确定度在 40% 以内。

　　Abe 等于 1981 年基于震荡杯法给出了 BeF_2 摩尔分数为 32.8% 的 $LiF - BeF_2$ 盐的黏度测量数据,温度范围为 812.5~1573 K,试验点温度间隔为 20~50 K[32]。Abe 的实验数据列于表 2-10 中,其实验数据在等温线上的分布不大于 ±0.9%,计算熔盐密度时引用了密度关系式(2-30),整个黏度测量的精确度在 ±1.3% 左右。同时,Abe 基于 Arrhenius 方程的形式,使用最小平方立方拟合给出了如下关系式:

$$\mu = 0.00007803 \cdot \exp(\frac{33443}{RT}) = 0.00007803 \cdot \exp(\frac{4022.3}{T}) \qquad (2-38)$$

式中:μ 为黏度,$Pa \cdot s$;R 为气体常数,$J \cdot K^{-1} \cdot mol^{-1}$;$T$ 为温度,K;标准差为 1.0%。

　　目前,对于 BeF_2 摩尔分数为 33.3% 的 FLiBe 盐还没有直接测量的实验数据被发表。基于 Cohen[31]、Abe[32]、Blanke[7]、Cantor[9] 及 Desyatnik[30] 发表的 BeF_2 摩尔分数接近 33.3% 的 $LiF - BeF_2$ 盐黏度实验数据,Benes 等[17] 在 2009 年通过插值给出了如下针对摩尔比为 66.7:33.3 的 FLiBe 盐黏度关系式

$$\mu = 0.000116 \cdot \exp(\frac{3755}{T}) \qquad (2-39)$$

式中:μ 为黏度,$Pa \cdot s$;T 为温度,K。本研究推荐使用该式计算 FLiBe 盐黏度,该关系式没有给出其不确定度。图 2-10 给出了相关实验数据及 Benes 推荐关系式的汇总,可见 BeF_2 含量对 $LiF - BeF_2$ 盐的黏度影响巨大,在低温下不同组分黏度差别很大,随温度升高逐渐趋于一致。

表 2-7　Blanke 等测量的 $LiF - BeF_2$ 盐黏度实验数据[7]

$LiF - BeF_2$(69:31,摩尔比)		$LiF - BeF_2$(62.67:37.33,摩尔比)	
温度/K	黏度/mPa·s	温度/K	黏度/mPa·s
760.456	11.75	732.601	20.28
833.333	9.05	793.651	10.5
873	7.25	853.242	10.02
881.057	6.6	873	7.98
938.967	5.22	925.926	6.49
973	4.54	973	5.29
990.099	4.1	992.063	4.8
1041.667	3.56	1058.201	3.9
1073	3.1	1073	3.46
1096.491	3.25	—	—
1156.069	2.45	—	—

表 2-8　Cohen 等测量的 $LiF - BeF_2$ 盐(69:31,摩尔比)黏度实验数据[31]

参数	数值		
温度/K	873	973	1073
黏度/mPa·s	7.5	4.9	3.45

表 2 - 9　Cantor 等测量的 LiF - BeF$_2$ 盐(64∶36,摩尔比)黏度实验数据[9]

参数	数值						
温度/K	740	760	780	800	820	840	860
黏度/mPa·s	29.9	25.4	21.8	18.8	16.3	14.3	12.6

表 2 - 10　Abe 等测量的 LiF - BeF$_2$ 盐(67.2∶32.8,摩尔比)黏度实验数据[32]

温度/K	黏度/(mPa·s)	试验点数量
812.5	11.010	3
832.5	9.728	3
852	8.735	3
873	7.914	3
898	6.922	3
923	6.055	3
947	5.412	3
973	4.885	4
998	4.346	5
1023	4.019	5
1048	3.641	3
1073	3.295	3
1098	2.995	3
1123	2.819	4
1148	2.588	3
1173	2.405	5
1198	2.261	3
1223	2.107	5
1248	1.987	3
1273	1.856	6
1323	1.645	3
1373	1.455	4
1423	1.32	3
1473	1.92	8
1523	1.102	3
1573	0.984	2

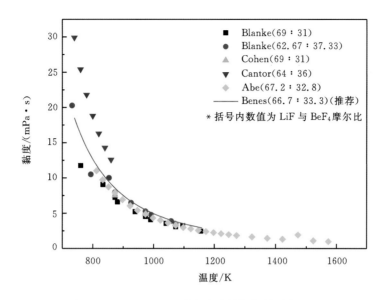

图 2 - 9　LiF - BeF$_2$盐黏度实验数据与关系式汇总

2.3.4　热导率

热导率是比较难以准确测量的物性参数,测量中需要仔细考虑自然对流对实验测量的影响,通常情况下,工质热导率的不确定性是其传热计算中最主要的误差来源之一。ORNL 在其早期研究中采用一个可变间隙的装置来测定熔盐的热导率,其实际测量结果几乎是目前被广泛接受的数据的 4 倍。随后,ORNL 改进了该装置,降低了对流和热流引起的误差,新的数据与后期用热线法及环形柱体法测得的结果基本一致。

目前用于预测熔盐热导率较为成功的模型是由 Rao 提出的,其公式最初只针对单组分熔盐,随后被扩展到熔盐混合物,具体形式如下[19]

$$\lambda = 0.119 \cdot T_m^{0.5} \cdot v_m^{2/3} \cdot (M/n)^{-7/6} \tag{2-40}$$

式中:λ 为热导率,$W \cdot m^{-1} \cdot K^{-1}$;$T_m$ 为熔点,K;v_m 为摩尔体积,$cm^3 \cdot mol^{-1}$;M 为平均分子摩尔质量,$g \cdot mol^{-1}$;n 为每化学式独立离子数。该公式由于忽略了震动机制(vibrational mechanism)对导热率的贡献,具有较大的不确定度。

Ignatiev 等于 2002 年提出了一个用于预测熔盐热导率的经验关系式[33],其热导率是温度与熔盐摩尔质量的一个简单函数,具体表达式如下

$$\lambda = -0.34 + 0.0005T + 32.0/M \tag{2-41}$$

式中:λ 为热导率,$W \cdot m^{-1} \cdot K^{-1}$;$T$ 为温度,K;M 为平均分子摩尔质量,$g \cdot mol^{-1}$。通过与部分盐的实验结果的对比,该公式对大部分盐的预测值较实验值偏高[16]。对于摩尔比为 67:33 的 FLiBe 盐,该公式形式为[20]

$$\lambda = 0.629697 + 0.0005T \tag{2-42}$$

式中:λ 为热导率,$W \cdot m^{-1} \cdot K^{-1}$;$T$ 为温度,K。在 600 ℃时该公式给出的值为 1.066 $W \cdot m^{-1} \cdot K^{-1}$。

关于 FLiBe 的热导率实验数据较少,但实验结果非常集中。Cooke 于 1968 年报告了其对 FLiBe 热导率实验的结果为 1.0 $W \cdot m^{-1} \cdot K^{-1}$,不确定度为 10%[25]。其后,更详细的数据分别于

1968 年及 1969 年被发表,相关原始实验数据如表 2-11 所示,实验的温度范围为 773~1173 K(500~900 ℃)[25]。1968 年的数据显示其热导率基本不随温度变化,1969 年更精确的测量结果显示其热导率随温度变化略微增大。Kato 等对熔盐的热扩散系数进行了测量[34],Benes基于这些数据间接推导出 FLiBe 熔盐在 673~873 K 的温度范围内的热导率为定值 1.1 W•(m•K)$^{-1}$[18],与 Cooke 等的实验结果较为吻合。Williams 等于 2001 年发表了温度为 873 K 时的测量结果 1.0 W•(m•K)$^{-1}$[20,35]。

表 2-11　Cooke 等测量的 FLiBe 盐热导率实验数据

1968 年		1969 年	
温度/K	热导率/(W•m^{-1}•K^{-1})	温度/K	热导率/(W•m^{-1}•K^{-1})
773	1.0	821	1.03125
873	1.1	825	1.0750
973	1.1	929	1.1875
1073	1.1	1025	1.1625
1173	1.1	1135	1.13125

表 2-12 汇总列出了 FLiBe 热导率的实验结果与相关关系式。按 Cantor 的分析,尽管实验结果表明 FLiBe 热导率随温度略有上升,但实验不确定度带来的影响更大[10],此外 Kato 等也在其报告中指出 FLiBe 的热扩散率可以视为不随温度变化的常数[34],因此可以认为 FLiBe 热导率随温度的变化是可以忽略的。图 2-10 给出了表 2-12 中所有实验数据及关系式的对比。基于 Cooke[25,36]、Kato[34] 及 Williams[35] 的实验结果,本研究推荐取 1.1 W•(m•K)$^{-1}$ 计算 FLiBe 的热导率,不确定度为 10%,可以覆盖所有实验点。

表 2-12　FLiBe 盐热导率实验结果与关系式

热导率/(W•m^{-1}•K^{-1})	温度范围/K	不确定度	参考文献	结果来源
1.0~1.1(表 2-11)	773~1173	—	Cooke,1968[25]	作者实验
1.031~1.131(表 2-11)	821~1135	—	Cooke,1969[36]	作者实验
1.1	673~873	—	Benes,2009[17]	引用[34]实验
1.0	873	—	Sohal,2010[20]	引用[35]实验
1.0	—	±10%	Cantor,1968[10]	引用[37]实验
$\lambda=0.629697+0.0005T$	—	—	Sohal,2010[20]	引用[33]公式
$\lambda=0.119 \cdot T_m^{0.5} \cdot v_m^{2/3} \cdot (M/n)^{-7/6}$	—	—	Rao[19]	分析
1.0	600~1200	±20%	Gierszewski,1980[13]	分析
1.1	—	±10%	本研究	引用[25,34-36]实验

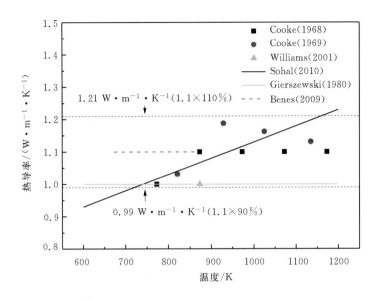

图 2-10　FLiBe 热导率实验数据与关系式

2.3.5　其他物理性质

除前述四种重要的热物理性质,本节简要讨论 FLiBe 熔盐的饱和蒸气压、表面张力、电导率及相变潜热。FLiBe 熔盐的饱和蒸气压目前没有公开发表的实验测量值,Benes 等[17] 基于其热力学数据库计算了 FLiBe 熔盐在 823~1473 K 温度区间的饱和蒸气压,其拟合关系式如下所示

$$\lg p = 11.914 - \frac{13003}{T} \tag{2-43}$$

式中:p 为饱和蒸气压,Pa;T 为温度,K。该公式覆盖了 FLiBe 熔盐在反应堆中的主要工作温度范围。

熔盐的表面张力主要影响熔盐与其相接触的电极或结构材料发生的界面反应。文献中对 FLiBe 盐的表面张力数据报道较少,Yajima 等[38] 采用最大气泡压力技术进行了相关测定,并将所获数据与 Janz 等[11] 和 Cantor 等[29] 的推荐值进行比较,提出了如下表面张力计算公式

$$\sigma = 0.295778 - 0.12 \times 10^{-3} T \tag{2-44}$$

式中:σ 为表面张力,N·m^{-1};T 为温度,K。该公式的不确定度为 ±3%。

熔盐的电导率主要使用交流电桥技术进行测量,文献[10,39-42] 给出了电导率的部分实验测量值,其中 Robbins 等[40] 的数据被广泛接受,其关系式为

$$\kappa = -3.9067 + 7.499 \times 10^{-3} T - 0.5702 \times 10^{-6} T^2 \tag{2-45}$$

式中:κ 为电导率,Ω^{-1}·cm^{-1}(1 S·m^{-1}=0.01Ω^{-1}·cm^{-1});T 为温度,K。该公式的不确定度为 ±2%,温度适用范围为 642~920 K。

2.3.6　推荐使用的物性关系式

基于上述内容,本研究推荐密度使用 Benes 的推荐关系式,即 Cantor 等 1973 年给出的关

系式[8]来计算摩尔比为 66：34 的 FLiBe 盐密度

$$\rho = 2413 - 0.4884T \qquad (2-46)$$

式中：ρ 为密度，$kg \cdot m^{-3}$；T 为温度，K。

对液相比热容，本研究使用 Hoffman 等[10,22]及 Douglas 等（1969 年）[24]发表的实验数据取平均值来进行计算，即 2380.6 $J \cdot kg^{-1} \cdot K^{-1}$，不确定度为 3%。对固相比热容，本研究使用 Douglas 等[10,24]使用落滴量热法得到的关系式，即

$$c_p = 918.217 + 1.508T \qquad (2-47)$$

式中：c_p 为比热容，$J \cdot kg^{-1} \cdot K^{-1}$；$T$ 为温度，K。温度范围为 $273.15 \sim 745.2$ K，不确定度为 3%。

黏度使用 Benes 通过插值给出的公式[17]进行计算

$$\mu = 0.000116 \cdot \exp\left(\frac{3755}{T}\right) \qquad (2-48)$$

式中：μ 为黏度，$Pa \cdot s$；T 为温度，K。该关系式没有给出其不确定度。

对于热导率，大量文献[10,34]均认为 FLiBe 盐热导率随温度的变化是可以忽略的，基于 Cooke[36]、Kato[34]及 Williams[35]的实验结果，本研究取 1.1 $W \cdot m^{-1} \cdot K^{-1}$ 来计算 FLiBe 的热导率，不确定度为 10%。本研究将所推荐使用的物性关系式汇总于表 2-13 中，当计算超过关系式的温度范围时采用外推法计算相应的物性。

表 2-13 本研究推荐使用的 FLiBe 物理性质关系式

物性	关系式（T/K）	适用范围	不确定度
密度/$kg \cdot m^{-3}$	$\rho = 2413.1 - 0.4884 \cdot T$	$800 \sim 1080$ K	$\pm 2.15\%$
液相比热容/$J \cdot kg^{-1} \cdot K^{-1}$	2380.6	液相	$\pm 3\%$
固相比热容/$J \cdot kg^{-1} \cdot K^{-1}$	$c_p = 918.217 + 1.508 \cdot T$	$273.15 \sim 745.2$ K	$\pm 3\%$
黏度/$Pa \cdot s$	$\mu = 0.000116 \exp(3755/T)$	—	—
热导率/$W \cdot m^{-1} \cdot K^{-1}$	1.1		$\pm 10\%$
饱和蒸气压/Pa	$\lg p = 11.914 - 13003/T$	$823 \sim 1473$ K	—
表面张力/$N \cdot m^{-1}$	$\sigma = 0.295778 - 0.12 \times 10^{-3} T$	—	$\pm 3\%$
电导率/$\Omega^{-1} \cdot cm^{-1}$	$\kappa = -3.9067 + 7.499 \times 10^{-3} T - 0.5702 \times 10^{-6} T^2$	$642 \sim 920$ K	$\pm 2\%$
熔化相变潜热/$kJ \cdot mol^{-1}$	43.955	733 K	—

2.4 核物理特性

本节对几种熔盐进行中子物理特性的分析，以评估各种熔盐在反应堆的正常运行条件下的影响以及主回路熔盐中子活化的长期和短期效应。

2.4.1 中子俘获与慢化

反应堆中加入慢化剂的目的是降低中子的能量，使其易于与核燃料发生裂变反应。被俘

获但没有发生裂变反应的中子称作堆芯中的链式裂变反应的寄生。石墨的中子俘获截面非常小，因此，寄生中子俘获的主要成分是液态熔盐冷却剂。寄生中子俘获率与燃料利用效率直接相关，增加的寄生中子俘获需要额外的燃料来维持系统临界。如果冷却剂也慢化中子，则可以抵消寄生俘获的影响。

在假设的反应堆事故期间，如冷却剂通道阻塞、破口事故等，可能会引起冷却剂的沸腾，此时俘获和慢化之间的关系尤其重要。在超设计基准事故情况下，当冷却剂中产生气泡时，反应性的增加应当最小化（最理想的情况是反应性减小）。

表 2-14 给出了几种材料的寄生中子俘获率（基于每单位体积的纯石墨）。表中的结果是采用 238 群的 ENDF/B-VI 截面数据库，使用 SCALE5.1 的 CENTRM 共振处理工具，采用 TRITON/NEWT 耗尽序列在栅格单元中计算产生的。LiF 成分中 ^{7}Li 的富集度为 99.995%。该表还给出了慢化比，即给定的能量范围下的材料的慢化能力与寄生中子俘获之比

$$慢化比 = \frac{\xi \sum_s \phi(\Delta E)}{\sum_c \phi(\Delta E)} \tag{2-49}$$

式中：$\xi \sum_s \phi(\Delta E)$ 为给定能量范围中子散射引起的能量损失；$\sum_c \phi(\Delta E)$ 为同样能量范围下寄生中子俘获；ΔE 为中子能量，为 $0.1 \sim 10$ eV。

表 2-14　材料的寄生中子俘获率

材料	单位体积中子俘获率（以石墨为1）	慢化比（中子能量为 $0.1\sim10$ eV）
重水	0.2	11449
轻水	75	246
石墨	1	863
钠	47	2
UCO	285	2
UO$_2$	3583	0.1
LiF－BeF$_2$	8	60
LiF－BeF$_2$－ZrF$_4$	8	54
NaF－BeF$_2$	28	15
LiF－BeF$_2$－NaF	20	22
LiF－ZrF$_4$	9	29
NaF－ZrF$_4$	24	10

由表可知，轻水（H$_2$O）的总中子俘获非常大，远大于其他传统冷却剂，然而轻水具有优良的慢化能力，比任何熔盐冷却剂有更大的慢化比。熔盐的中子捕获率比石墨的中子捕获率大得多。因此，从中子学角度来看，将堆芯中冷却剂的体积最小化将有效提高燃料利用率。BeF$_2$ 盐具有最好的中子特性（慢化比大而俘获率小），而碱性氟化物最差。当冷却剂中出现空泡时，具有低慢化比的盐具有较大的反应性增量。

2.4.2　反应性系数

熔盐冷却剂是固体燃料熔盐堆主要的中子俘获源和慢化剂之一。俘获和慢化之间的关系

在瞬态或事故条件下尤其重要,如温度驱动的密度变化导致冷却剂从堆芯被移出时,冷却剂中产生空泡时,以及主回路发生破口时等。对于这些情况,由于冷却剂密度减小而引起的反应性的增量应当最小化。

本节选用棱柱形 VHTR 反应堆系统来评估各种熔盐在事故工况下的反应性系数变化。标准的六边形燃料组件包括 TRISO 颗粒燃料(25％填充因子、15％铀富集度),直径为 1.27 cm 的燃料通道,108 个冷却剂通道和 216 个燃料通道。由于熔盐的导热性能优于氦气,因此冷却剂通道的直径减小到 0.935 cm(体积占燃料组件的 7％)。该研究的结果是采用 238 群的 ENDF/B-VI 截面数据库,使用 SCALE5.1 的 CENTRM 共振处理工具,采用 TRITON/NEWT 耗尽序列在栅格单元中计算产生的。AHTR 熔盐冷却剂用 SCALE 内的 TRITON 晶格物理序列分析,锂冷却剂中 ^{7}Li 的富集度为 99.995％。

表 2-15 显示了 AHTR 设计中的含有 Er_2O_3 毒物的各种熔盐冷却剂的密度反应性系数(冷却剂受热膨胀引起的反应性变化)和空泡反应性系数(熔盐 100％排空情况引起的反应性变化)。由表可知,除了 $LiF-BeF_2$ 之外的所有熔盐造成正的密度系数和空泡系数。通常情况下,正的反应性系数在反应堆中是不允许的。

表 2-15　熔盐的密度反应性系数及空泡反应性系数

熔盐	组成(摩尔比)	密度系数($ /100 ℃)	空泡系数($)
$LiF-BeF_2$	67∶33	−0.01	−0.11
$LiF-ZrF_4$	51∶49	0.04	1.40
$NaF-BeF_2$	57∶43	0.06	2.45
$LiF-NaF-ZrF_4$	42∶29∶29	0.06	2.04
$LiF-NaF-ZrF_4$	26∶37∶37	0.09	2.89
$NaF-ZrF_4$	59.5∶40.5	0.11	3.44
$NaF-RbF-ZrF_4$	33∶23.5∶43.5	0.15	4.91
$RbF-ZrF_4$	58∶42	0.18	6.10
$KF-ZrF_4$	58∶42	0.27	7.92

AHTR 是池式反应堆,运行压力接近大气压,所以反应堆不存在冷却剂突然丧失的降压过程。导致堆芯中的冷却剂丧失的事故工况均由温度变化引起,或者伴随有温度的变化,因此,在选择熔盐冷却剂时也应考虑系统总的温度系数。强迫循环丧失(例如主冷却剂管道破裂)将导致冷却剂温度升高,同时燃料温度也将更快地上升。反应性的阶跃引入将导致冷却剂温度升高,但是这种上升滞后于燃料温度的快速上升。因此,在计算系统总的温度系数时,应考虑冷却剂温度系数、密度系数(或总冷却剂温度系数)以及非冷却剂(燃料和石墨)的温度系数。

如果不考虑冷却剂完全排空但温度没有变化的可能性(如液态金属快堆中所假设的),则必须考虑冷却剂密度变化对于所有其他温度系数的影响。对于由快速反应性引入引起的任何工况,表现出小的负温度系数的冷却剂不能控制整个系统的响应,因为总响应受到与燃料紧密耦合的负反应性反馈的支配。对于具有正的总冷却剂温度系数的熔盐冷却剂,必须进行物理热工耦合分析(例如,与 RELAP 耦合的 PARCS 或 NESTLE)来获得净反应性反馈。所以有必要定义新参数"冷却剂安全比"，即总冷却剂温度系数与总非冷却剂温度系数之比。例如，1.9%的冷却剂安全比意味着燃料和石墨必须仅增加 1.9 ℃以抵消冷却剂温度 100 ℃的增加量。

2.4.3　短期效应

熔盐中的寄生中子俘获会活化冷却剂材料，这造成整个冷却剂回路中都会含有放射性同位素。α 和 β 辐射无法通过冷却剂管道，因此，活化产物主要关注高能 γ 发射体。许多寿命非常短的活化产物（$T_{1/2} < 1$ s）从反应堆容器中出来之前就会衰变殆尽，因此可以不予考虑。在反应堆运行期间，许多这些同位素将从冷却剂中滤出。惰性气体（氦、氩和大部分氙）将会自发在冷却剂中逸出，不需要人为去除。冷却剂中剩余少量的氙可以在还原条件下以气体形式逸出。因此在进行中子活化产物分析时，上述元素可以忽略不计。图 2-11 和图 2-12 分别示出了在照射停止后（由于冷却剂离开堆芯或者由于反应堆停堆）三个时间段内熔盐冷却剂及其组分的活化水平。水中的主要活化产物是 ^{16}N（$T_{1/2} = 7$ s）。与 ^{16}N 一样，在氟化盐中具有类似半衰期和高能量伽马放射性的两种同位素 ^{20}F（$T_{1/2} = 11$ s）和 ^{19}O（$T_{1/2} = 27$ s）。这两种同位素是活化水平最低的熔盐（LiF-BeF$_2$）中的主要放射源。因为在该盐中没有中间的活化产物，所以在一天后活化水平几乎为零，类似于水的放射性水平。然而，由于初始一分钟内熔盐的活化水平比水大 5 个量级（每单位质量），系统的在线维护仍可能受到限制。

与钠冷却剂类似，具有钠组分的盐在经受辐照后，含有较高浓度的 ^{24}Na（$T_{1/2} = 15$ h）。这将妨碍堆芯的换料操作，因为该熔盐在衰变几天之后放射性水平依然很高。钾由于有同位素 ^{40}K，所以是具有天然放射性的，其活化后又产生了大量的 ^{42}K（$T_{1/2} = 12$ h）（以及几种其他同位素），这导致在照射后的几天内熔盐的活化水平仍旧非常高。

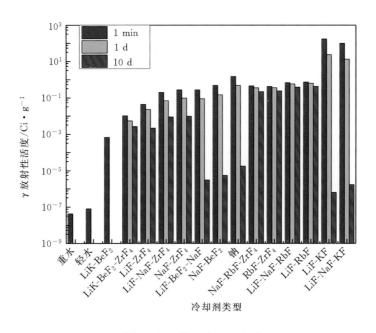

图 2-11　熔盐的活化水平

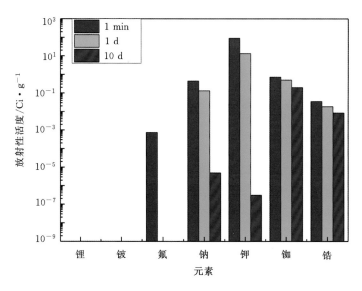

图 2 - 12　元素的活化水平

具有铷组分的冷却剂会产生几种具有较长半衰期(分别为 1 min、18 min 和 18 d)及较高能量(>0.3 MeV)γ 辐射的活化产物([86m]Rb、[88]Rb 和[86]Rb)。如图 2 - 11 和图 2 - 12 所示,由[86]Rb引起的铷盐的活化水平在 10 d 后仍显著高于没有铷的冷却剂。锆含有更多数量的具有不同半衰期(1 min、1 h、17 h、35 d 和 64 d)的活化产物([97m]Nb、[97]Nb、[97]Zr、[95]Nb、[95]Zr),但辐照后经过 10 天的衰变,放射性活度比铷小一个量级。

从放射性的角度看,应优先考虑 LiF - BeF$_2$ 盐;然而,没有铷或锆组分的盐将在几天后衰减到可接受的水平,从而可以对反应堆进行维护和换料。对于含有锆或铷的盐,可以有计划地停堆,将活化的冷却剂从堆芯泵出并用纯净的盐代替;或使用机器人进行换料,以及反应堆的维护和检查等操作。

2.4.4　长期效应

由于长期辐照产生了大量的不稳定同位素,反应堆寿期末的冷却剂处理就面临很大的技术挑战。因此,还应考虑同位素的转化以及长寿命活化产物。所有类型的辐射(α、β 和 γ 辐射)对熔盐的长期处置都很重要。

表 2 - 16 和表 2 - 17 示出了经过 60 年照射且冷却 1 或 10 年后冷却剂熔盐的放射性水平。如表 2 - 16 所示,每种冷却剂组分的活性低于 300 pCi/g,而不含锆的熔盐冷却剂的活性较之低两个量级。经过 10 年的冷却后(见表 2 - 17),放射性活度由长寿命同位素决定,其中[40]K(天然存在的同位素)是唯一的高能量 γ 放射源。[36]Cl 由[39]K 的(n,D)反应生成,是放射性活度最大的同位素。因此,在适度的冷却后,非钾盐的放射性在可接受的范围内。[22]Na 在冷却 10 年后的放射性活度很小(2 nCi/g),并具有相对短的半衰期(3 a)。因此,钠像锂一样,不会对乏燃料处理产生长期风险。

表 2 - 16　熔盐冷却 1 年后的放射性水平

放射性同位素	辐射			放射性水平/(μCi · g^{-1}),冷却				
	衰变类型	γ 辐射能/MeV	半衰期	Be	Na	K	Rb	Zr
^{10}Be	β^-		1.5×10^6 a	0.2				
^{22}Na	β^+, γ	1.3	3 a		0.02			
^{36}Cl	β^-		3×10^5 a			1		
^{40}K	β^-, γ	1.5	1×10^9 a			0.04		
^{84}Rb	β^-, γ		33 d				0.006	
^{86}Rb	β^-, γ		19 d				0.1	
^{87}Rb	β^-		5×10^{10} a				0.02	
^{89}Sr	β^-, γ	0.91	51 d				0.02	
^{91}Y	β^-, γ		59 d					0.001
^{93}Zr	β^-, γ	0.03	1.5×10^6 a					0.4
^{95}Zr	β^-, γ	0.8	64 d					60
^{93m}Nb	β^-, γ	0.03	1.5×10^6 a					0.3
^{95}Nb	β^-, γ	0.8	64 d					100
^{95m}Nb	β^-, γ	0.2	64 d					0.7
熔盐放射性				0.2	0.02	1.04	0.15	161
总放射性水平/μCi · g^{-1},冷却					162			

表 2 - 17　熔盐冷却 10 年后的放射性水平

放射性同位素	辐射			放射性水平/(μCi · g^{-1}),冷却				
	衰变类型	γ 辐射能/MeV	半衰期	Be	Na	K	Rb	Zr
^{10}Be	β^-		1.5×10^6 a	0.2				
^{22}Na	β^+, γ	1.3	3 a		0.002			
^{36}Cl	β^-		3×10^5 a			1		
^{40}K	β^-, γ	1.5	1×10^9 a			0.04		
^{87}Rb	β^-		5×10^{10} a				0.02	
^{93}Zr	β^-, γ	0.03	1.5×10^6 a					0.4
^{93m}Nb	β^-, γ	0.03	1.5×10^6 a					0.3
熔盐放射性				0.2	0.002	1.04	0.02	0.7
总放射性水平/(μCi · g^{-1}),冷却					2			

表 2-17(^{10}Be、^{36}Cl、^{93m}Nb)中列出的三种同位素在 10CFR61 关于低放射性乏燃料控制的规定中没有具体阐述[43]。^{36}Cl 在钾盐中的浓度相对较高,并且具有高的摄入剂量转换因子和环境迁移率。因此它对低放射性水平废物(Low-Level Waste,LLW)处理设施的长期迁移构成潜在风险。同时,^{36}Cl 易于从熔盐中分离出来并进行单独处理。^{10}Be 是长寿命 β 放射源,但其环境迁移性尚未明确。^{93}Zr 是 ^{93m}Nb 的母体,它具有非常长的寿命(150 万年),并且不容易从组成熔盐中去除。虽然 ^{93m}Nb 对所考虑的熔盐具有最大的长期处置风险,但在反应堆使用 60 年后其放射性水平已经足够低。

2.5 化学腐蚀特性

2.5.1 化学特性

作为高温堆的冷却剂,熔盐的选择及其有效使用取决于对其化学性质的了解。主要包括:①熔盐提纯;②熔盐混合物的相图;③酸碱效应;④熔盐的氧化还原势。

1. 熔盐纯度

熔盐是将原始组分搭配组合并熔化以产生具有所期望的物化性质的混合物。然而,大多数卤化物盐的供应商不提供可直接使用的材料,所以首先必须除去其中的水及氧化物等杂质,以防止容器的腐蚀。除杂后的熔盐必须经过处理并储存在密封容器中,以避免来自大气的污染。在 ANP 及 MSRE 运行期间,通常采用 HF/H$_2$ 鼓泡法来净化熔盐[44-48]。除了去除水和氧化物等杂质,还要去除其他卤化物,例如氯化物和硫。硫通常以硫酸盐的形式存在,并可以被还原成硫化物离子,其可以在鼓泡操作中作为 H$_2$S 被清除。

在鼓泡操作之后可以在熔盐中引入活性金属,如碱金属、铍或锆盐。虽然这些活性金属将除去氧化性杂质,如 HF、水分或氢氧化物,但它们不会影响其他的卤化物杂质。因此,无论是否向熔盐中引入活性金属,HF/H$_2$ 鼓泡处理在熔盐净化中都是必要的。

2. 相图行为

熔盐的熔点及其他性质都会影响其应用。例如,碱金属氟化物具有超过 800 ℃ 的熔点,这使得它们难以单独用作冷却剂。然而,两种或更多种熔盐的组合可以产生满足系统熔点要求的低熔点混合物。此外,通过与其他盐组合除了所得到的混合物熔点降低,单个组分的一些性质,例如黏度(纯 BeF$_2$)或蒸气压(纯 ZrF$_4$)也会降低。基于上述原因,已经对氟化盐的各种混合物的相图做了大量的研究工作。尽管许多熔盐组合在各种文献[49,50]中有记载,但用于高温冷却剂的一些盐混合物的相图尚未确定。

3. 酸碱化学

酸碱度的控制在熔盐化学中是极为重要的,因为如果不能有效控制熔盐的酸碱性质,很多化学反应就不能发生。理解酸碱性效应的关键在于理解路易斯酸碱性质,其中,酸被定义为电子对受体,碱被定义为电子对供体。熔融氟化物中路易斯酸的实例包括 ZrF$_4$、UF$_4$ 和 BeF$_2$ 等。这些酸将以下列方式与路易斯碱 F$^-$ 发生作用

$$ZrF_4 + 2F^- \rightarrow ZrF_6^{2-} \tag{2-50}$$

易失去氟离子的盐——碱金属氟化物,与接受它们的酸性盐相互作用形成络合物,如式

(2-50)所示。这种络合作用使酸性组分稳定化,并使熔盐的化学(热力学)活性降低。研究表明[51],三元碱金属氟化物(碱性盐溶液)对 Inconel 的共晶腐蚀比含有 UF_4 的 $NaF-ZrF_4$(酸性盐溶液)对 Inconel 的腐蚀更严重。这是因为碱性盐溶液中腐蚀产物通过与混合物中活性较高的氟离子络合而增加了稳定性。这种酸碱性质也表现为向酸性 BeF_2 溶液(通过 Be-F-Be 的交联而黏稠)中添加碱性组分 F^- 会使其黏度降低,因为溶液中形成了黏度较低的单体 BeF_4^{2-} 离子

$$BeF_2 + 2F^- \rightarrow BeF_4^{2-} \tag{2-51}$$

在易挥发的 ZrF_4 形成非挥发性 ZrF_6^{2-} 的过程中,也能看到酸碱效应

$$ZrF_4 + 2F^- \rightarrow ZrF_6^{2-} \tag{2-52}$$

通过多种光谱学手段可以研究离子的配位行为,以明确溶液系统中更微观的配位化学过程,从而可以定性或定量地预测化学平衡移动。因此,酸碱效应已经成为选择高温冷却剂时必须考虑的关键因素。

4. 腐蚀化学

腐蚀长期以来一直是金属使用特别是其用作容器材料时需要关注的主要问题。因此,多年来大量的研究均致力于各种介质,特别是水溶液中的腐蚀化学。实际上,熔盐对金属的腐蚀也引起了高度关注并且得到了充分的研究。

与常规的氧化介质不同,金属的氧化物可以完全溶解在腐蚀介质中[52];金属并不会被钝化,腐蚀过程只依赖于腐蚀反应的热力学驱动力[53]。因此,要形成稳定的熔融氟化盐的化学体系,需要选择对结构金属没有明显腐蚀作用的盐,并且需要容器的材料组成与盐介质接近热力学平衡。

对 Inconel 或 Hastelloy N 中各组分自由能的研究表明铬是金属组分中最活泼的元素。因此,这些镍基合金的腐蚀主要表现为熔盐对铬的选择性氧化。这种燃料盐中的氧化和选择性反应如式(2-53)~(2-56)所示。

熔融物中的杂质

$$Cr + NiF_2 \rightarrow CrF_2 + Ni \tag{2-53}$$

$$Cr + 2HF \rightarrow CrF_2 + H_2 \tag{2-54}$$

金属上的氧化膜

$$2NiO + ZrF_4 \rightarrow 2NiF_2 + ZrO_2 \tag{2-55}$$

这些反应之后就是 NiF_2 与 Cr 的反应。

将 UF_4 还原为 UF_3

$$Cr + 2UF_4 \rightarrow 2UF_3 + CrF_2 \tag{2-56}$$

当然,在冷却剂盐中没有燃料成分的情况下,反应(2-56)将不予考虑。

这些合金与熔融氟化混合物发生的氧化还原反应导致了铬的选择性腐蚀。这种从合金中腐蚀掉铬的过程主要发生在高温区域,并会使合金中出现离散的空隙[54]。这些空隙通常不限于金属中的晶界,而是相对均匀地分布在与熔融物接触的合金表面中,此时铬的腐蚀速率取决于铬向熔盐接触面的扩散速率[45]。

2.5.2 腐蚀特性

高温冷却剂熔盐对金属合金没有固有腐蚀性,这是因为氟化物组分相对于合金金属具有

热力学稳定性。金属的腐蚀均由熔盐中的杂质引起,Grimes[55]对此进行了深入研究。然而,目前基于腐蚀反应选择冷却剂的研究仍是不够的。以前的研究集中在含铀熔盐的腐蚀,其中铀是决定合金腐蚀性质和强度的关键因素(参见方程(2-56))。现已很好掌握了对燃料盐的腐蚀机理,但是冷却剂熔盐对镍基合金的长期腐蚀的精确机理尚不明确。

1. 腐蚀产物的氧化状态[56]

20世纪的美国ANP计划持续研究了不同盐中腐蚀产物(如Cr、Fe和Ni)的氧化状态。虽然这些研究按今天的标准看来是粗糙的,但是表2-18所示的氧化态稳定性的基本趋势是显而易见的,这有助于解释在燃料盐中观察到的腐蚀现象。

表2-18 熔盐中金属元素的价态

熔盐	Cr	Fe	Ni
FLiNaK	III	II/III	II
NaF/ZrF$_4$	II	II	II
FLiBe	II	II	II

2. 熔盐中铬浓度的温度依赖性[57-59]

燃料盐中溶解铬的平衡浓度已知,然而并不能直接用于冷却剂熔盐,但可以预计,腐蚀作用最小的熔盐也将是较好的冷却剂。表2-19对各种燃料盐溶解的铬含量进行了总结,结果表明,FLiNaK与其他盐相比会导致更大程度的腐蚀。由表中所示的温度敏感性可以看出,避免强酸性熔盐体系(ZrF$_4$或BeF$_2$含量高的体系),选择具有相近配位壳(Zr或Be的碱卤化物和较重碱性盐的比例为2:1)的熔盐组成混合物会减少金属的腐蚀。表2-19对于铬平衡浓度的预估计有一定的指导意义。

表2-19 燃料盐溶解的铬含量

熔盐	ZrF$_4$或BeF$_2$/%	[UF$_4$]/%	[Cr](600℃)/×10^{-6}	[Cr](800℃)/×10^{-6}
FLiNaK	0	2.5	1100	2700
LiF-ZrF$_4$	48	4.0	2900	3900
NaF-ZrF$_4$	50	4.1	2300	2550
NaF-ZrF$_4$	47	4.0	1700	2100
NaF-ZrF$_4$	41	3.7	975	1050
KF-ZrF$_4$	48	3.9	1080	1160
NaF-LiF-ZrF$_4$ (22:55:23)	23	2.5	550	750
LiF-BeF$_2$	48	1.5	1470	2260

3. 冷却剂盐的高温腐蚀实验

尽管不含铀的熔盐腐蚀实验不到腐蚀实验总数的10%,但由于实验范围广泛,这部分的工作仍具有重要意义。不含铀盐的腐蚀实验结果列于附录1中,由表A1-1易知,Hastelloy N(INOR-8)不仅是燃料盐压力边界的最优材料,也是冷却剂熔盐压力边界的最优材料。对于大多数 Inconel 回路来说,腐蚀作用非常强,腐蚀持续时间很短,因此很难判断哪种盐导致的腐蚀程度最轻。由表易知 FLiNaK 的腐蚀最严重。INOR-8 回路的腐蚀非常小,难以判断是熔盐的何种组分造成的腐蚀效应。对于 Inconel 回路,还用不同熔盐组成做了其他实验[60,61],这些熔盐中的 ZrF_4 和 BeF_2 浓度各不相同,以探索最佳的熔盐配比。然而,由于实验时间短(500 h)以及杂质的影响,这些测试并未得到确切的结论。这些实验验证了表 2-19 中所示的趋势:酸碱性强的熔盐(如 LiF-ZrF_4 和 FLiNaK)均具有较强的腐蚀能力。

4. 氧化还原控制因素

ORNL 在控制熔盐的氧化还原状态方面做了大量研究,以使结构材料腐蚀最小化。在 ANP 计划期间,上述方法的有效性得到了证实。然而该方法是难以实现的,因为强还原剂会将熔盐中的锆或铀还原成金属并镀在合金壁面上,或者会导致其他一些不期望发生的相的分离。在 MSRE 运行期间,U(Ⅲ)/U(Ⅳ) 的周期性调节可以有效限制燃料盐回路中的腐蚀。Keizer 还探讨了使用金属铍减少 LiF-BeF_2 对不锈钢腐蚀的可能性[62]。只有将固体铍浸入熔盐中这种处理才有效,然而该方法几乎没有保证熔盐的氧化还原环境平稳变化的缓冲能力。G. D. Del 等人选定并测试了可用作氧化还原缓冲液的候选试剂,以维持冷却回路中的氧化还原环境[63]。

仅凭氧化还原控制策略尚不能决定熔盐的选择,但是这可以提供一定的借鉴。对于温度较低的系统(<750 ℃),Hastelloy N 完全能够用作容器合金,甚至对于碱性氟化物(如 FLi-NaK)也是合适的,而不需要复杂的氧化还原策略。

在超过 750 ℃ 的温度条件下,对于铬含量更高的合金(即大多数高温合金),欲使金属腐蚀最小化,有必要采用还原性熔盐。Inconel 合金如果不是在还原性熔盐中则不适于长期使用。含有 ZrF_4 的熔盐只需要轻微的还原环境以防止自身被还原。在较高温度下使用还原性较强的熔盐,必须探讨材料的相容性问题,以避免合金中碳化物的形成以及渗碳/脱碳等反应,减少对材料性能的威胁。

如果熔盐的压力边界材料选用低铬或无铬合金,或者采用合适的表面包覆设计,就可以很大程度上避免熔盐选择的问题。然而,在没有该解决方案的情况下,有两种熔盐类型可供选择:①在还原性不强的条件下腐蚀最小的熔盐(某些 ZrF_4 盐、BeF_2 盐);②可以保持较强还原性的盐(FLiNaK、BeF_2 盐)。考虑到含铍盐的开发成本和难度,可以探索没有强还原剂的 ZrF_4 盐,以及具有强还原剂和/或氧化还原缓冲剂的 FLiNaK。

参考文献

[1] HAN X, CHEN G, WANG Q, et al. A review on equations of state[J]. Natural Gas Chemical Industry,2005,30(5):52.

[2] CISMONDI M, MOLLERUP J. Development and application of a three-parameter RK-PR equation of state[J]. Fluid Phase Equilibria,2005,232(1-2):74-89.

[3] CARL L Y. CHEMICAL PROPERTIES Handbook[M]. New York:McGraw-Hill Book Co. ,1999,27-29.

[4] CANTOR S. Calculation of densities of fluorides:ORNL-3262 [R]. Oak Ridge National Laboratory, Oak Ridge, TN,1962.

[5] CANTOR S. Physical Propertiesof Molten-Salt Reactor Fuel, Coolant, and Flush Salts [R]. Oak Ridge National Lab. , Tenn. ,1968.

[6] TONG J G, WU M Y, WANG P Y. Advanced engineering thermodynamics[M]. Beijing:Science Press,2006,100 – 109.

[7] BLANKE B C, BOUSQUET E N, CURTIS M L, et al. Density and Viscosity of Fused Mixtures of Lithium, Beryllium, and Uranium Fluorides[R]. Mound Lab. , Miamisburg, Ohio,1956.

[8] CANTOR S. Density and viscosity of several molten fluoride mixtures[R]. Oak Ridge National Lab. , Tenn. (USA),1973.

[9] CANTOR S, WARD W T, MOYNIHAN C T. Viscosity and density in molten BeF2-LiF solutions[J]. The Journal of Chemical Physics,1969,50(7):2874 – 2879.

[10] CANTOR S. Physical Propertiesof Molten-Salt Reactor Fuel, Coolant, and Flush Salts [R]. Oak Ridge National Lab. , Tenn. ,1968.

[11] JANZ G J, GARDNER G L, KREBS U, et al. Fluorides and Mixtures:Electrical Conductance, Density, Viscosity, and Surface Tension Data[M]. Washington, DC , USA:American Chemical Society and the American Institute of Physics for the National Bureau of Standards,1974.

[12] JANZ G J. Thermodynamic and Transport Properties for Molten Salts:Correlation Equations for Critically Evaluated Density, Surface Tension, Electrical Conductance, and Viscosity Data[M]. New York:American Chemical Society and the American Institute of Physics for the National Bureau of Standards,1988.

[13] GIERSZEWSKI P, MIKIC B, TODREAS N. Property correlations for lithium, sodium, helium, FLiBe and water in fusion reactor applications(PFC-RR-80-12)[R]. Cambridge, MA, USA: Massachusetts Institute of Technology, Plasma Fusion Center,1980.

[14] JANZ G J. Molten Salts Handbook[M]. New York:Academic Press,1967.

[15] ZAGHLOUL M R, SZE D K, RAFFRAY A R. Thermo-Physical Properties and Equilibrium Vapor-Composition of Lithium Fluoride-Beryllium Fluoride(2LiF/BeF$_2$) Molten Salt[J]. Fusion Science and Technology,2003,44(2):344 – 350.

[16] WILLIAMS D F, TOTH L M, CLARNO K T. Assessment of Candidate Molten Salt Coolants for the Advanced High-Temperature Reactor(AHTR):ORNL-TM-2006-12 [R]. Oak Ridge National Lab. , Tenn. ,2006.

[17] BENES O, KONINGS RJM. Thermodynamic Properties and Phase Diagrams of Fluoride Salts for Nuclear Applications[J]. Journal of Fluorine Chemistry,2009,130(1):22 – 29.

[18] BENES O, KONINGS RJM. Molten Salt Reactor Fuel and Coolant[M]. Karlsruhe, Germany:European Commission, Joint Research Centre, Institute for Transuranium Elements,2012.

[19] van der Meer JPM, KONINGS RJM. Thermal and Physical Properties of Molten Fluorides for Nuclear Applications[J]. Journal of Nuclear Materials,2007,360(1):16 – 24.

[20] SOHAL M S, EBNER M A, SABHARWALL P, et al. Engineering Database of Liquid Salt Thermophysical and Thermochemical Properties:Technical Report INL/EXT-10-18297 [R]. Idaho Falls:Idaho National Laboratory,2010.

[21] GRIMES W R, BOHLMANN E G, MCDUFFIE H F, et al. Reactor Chemistry Division Annual Progress Report:ORNL-3913 [R]. Oak Ridge:Oak Ridge National Laboratory,1966.

[22] HOFFMAN H W, COOKES J W. Unpublished Measurements:Mentioned in ORNL-TM-2316 [R]. Oak Ridge:Oak Ridge National Laboratory,1968:24.

[23] DOUGLAS T B, PAYNE W H. National Bureau of Standards Report No. 8186[R]. Washington, D C:National Bureau of Standards,1969:75 – 82.

[24] DOUGLAS T B, PAYNE W H. Measured Enthalpy and Derived Thermodynamic Properties of Solid and Liquid Lithium Tetrafluoroberyllate, Li_2BeF_4, from 273 to 900 K[J]. JOURNAL OF RESEARCH,1969,73A(5):479 – 485.

[25] ROSENTHAL M W, BRIGGS R B, KOSTEN P R. Molten-Salt Reactor Program Semiannual Progress Report:ORNL-4344 [R]. Oak Ridge:Oak Ridge National Laboratory,1969.

[26] POWERS W D, BLALOCK G C. Enthalpies and Heat Capacities of Solid and Molten Fluoride Mixture:ORNL-1956 [R]. Oak Ridge:Oak Ridge National Laboratory,1956.

[27] HOFFMAN H W, COOKES J W. Physical Properties of Molten-Salt Reactor Fuel, Coolant, and Flush Salts[R]. Oak Ridge National Lab. , Tenn. ,1968

[28] Wikipedia. Calorie[EB/OL]. [2018 – 01 – 31]. http://en. wikipedia. org/wiki/calorie.

[29] CANTOR S, WARD W T, MOYNTHAN C T. Viscosity and Density in Molten BeF_2-LiF Solutions[J]. Journal of Chemical Physics,1969,50(7):2874.

[30] DESYATNIK V N, NECHAEV A I, CHERVINSKII Y F. Viscosity of Fused Mixtures of Beryllium Fluoride with Lithium and Sodium Fluorides[J]. Journal of Applied Chemistry of the Ussr,1981,54(10):2035 – 2037.

[31] COHEN S I, JONES T N. ViscosityMeasurements on Molter Fluoride Mixtures: ORNL-2278 [R]. Oak Ridge:Oak Ridge National Laboratory,1957.

[32] ABE Y, KOSUGIYAMA O, NAGASHIMA A. Viscosity of LiF-BeF_2 Eutectic Mixture($XBeF_2$＝0. 328) and LiF Single Salt at Elevated-Temperatures[J]. Journal of Nuclear Materials,1981,99(2 – 3):173 – 183.

[33] IGNATIEV V, MERZLYAKOV A, AFONICHKIN V, et al. Transport properties of molten-salt reactor fuel mixtures:the case of Na, Li, Be/F and Li, Be, Th/F salts [C]//Seventh Information Exchange Meeting on Actinide and Fission Product Partitioning and Transmutation,14th – 16th October, Jeju, Republic of Korea. 2002.

[34] KATO Y, FURUKAWA K, ARAKI N, et al. Thermal Diffusivity Measurement of Molten Salts by Use of a Simple Ceramic Cell[J]. High Temperatures-High Pressures, 1982,15(2):191 – 198.

[35] WILLIAMS D F, DEL CUL G D, TOTH L M, et al. The Influence of Lewis Acid/

Base Chemistry on the Removal of Gallium by Volatility from Weapons-Grade Plutonium Dissolved in Molten Chlorides[J]. Nuclear Technology,2001,136(3):367 – 370.

[36] COOKE J W, HOFFMAN H W, KEYES J J. Thermophysical Properties in Molten-Salt Reactor Program Semiannual Progress Report: For Period Ending February 28, 1969:ORNL-4396 [R]. Oak Ridge:Oak Ridge National Laboratory,1969.

[37] COOKE J M. Unpublished Experimental Result. [R]. The method of measurement is given on p 15 in Proceedings of the Sixth Conference on Thermal Conductivity, Dayton, Ohio, Oct . 19 – 21,1966.

[38] YAJIMA K, MORIYAMA H, OISHI J, et al. Surface-Tension of Lithium-Fluoride and Beryllium Fluoride Binary Melt[J]. Journal of Physical Chemistry,1982,86(21): 4193 – 4196.

[39] ROSENTHAL M W, BRIGGS R B, KASTEN P R. Molten-Salt Reactor Program Seminnual Progress Report:ORNL-4449 [R]. Oak Ridge:Oak Ridge National Laboratory,1970.

[40] ROSENTHAL M W, BRIGGS R B, KASTEN P R. Molten-Salt Reactor Program Seminnual Progress Report:ORNL-4548 [R]. Oak Ridge:Oak Ridge National Laboratory,1970.

[41] GRIMES W R. Usaec Annual Progress Report:ORNL-4229 [R]. Oak Ridge:Oak Ridge National Laboratory,1968.

[42] GRIMES W R. Usaec Annual Progress Report:ORNL-1970 [R]. Oak Ridge:Oak Ridge National Laboratory,1970.

[43] ROBERTSON D E, THOMAS C W, PRATT S L, et al. Low-Level Radioactive Waste Classification, Characterization, and Assessment:Waste Streams and Neutron-Activated Metals: NUREG/CR-6567 [R] Richland: Pacific Northwest National Laboratory,2000.

[44] GRIMES W R, CUNEO D R. Molten Salts as Reactor Fuels[M]//Tipton CR. Reactor Handbook,2nd ed. , Vol. 1:Materials. New York:Interscience Publishers, Inc. ,1960.

[45] DEVAN J H. Effect of alloying additions on corrosion behavior of nickel-molybdenum alloys in fused fluoride mixtures[R]. Oak Ridge National Lab. (ORNL), Oak Ridge, TN(United States),1969.

[46] SHAFFER J H. Preparation and Handling of Salt Mixtures for the Molten Salt Reactor Experiment:ORNL-4616[R] Oak Ridge:Oak Ridge National Laboratory,1971.

[47] BRIGGS R B. Molten Salt Reactor Program Semiannual Progress Report for Period Ending Feb 28, 1962: ORNL-3282 [R]. Oak Ridge: Oak Ridge National Laboratory,1962.

[48] GRIMES W R. Materials Problems in Molten Salt Reactors[M]//Simnad M T and Zumwalt L R. Materials and Fuels for High-Temperature Nuclear Energy Applications, Proceedings of the National Topical Meeting on the American Nuclear Society. Cambridge:MIT Press,1962.

[49] MCMURDIE H F. Phase Diagrams for Ceramists[R] Westerville, Ohio: American Ceramic Society. National Bureau of Standards multivolume compilation starting in 1964 and continuing to the present.

[50] THOMA R E. Phase Diagrams of Binary and Ternary Fluoride Systems[M]//Braunstein J. Advances in Molten Salt Chemistry. New York: Plenum Press, 1975.

[51] GRIMES W R. Aircraft Nuclear Propulsion Project Quarterly Progress Report for Period Ending June 10: ORNL-2106[R]. Oak Ridge: Oak Ridge National Laboratory, 1956.

[52] MANLY W D, COOBS J H, DEVAN J H, et al. Metallurgical problems in molten fluoride systems[R]. Oak Ridge National Lab. , Tenn. , 1958.

[53] EVANS III R B, DEVAN J H, WATSON G M. Self-diffusion of chromium in nickel-base alloys [R]. Oak Ridge National Lab. (ORNL), Oak Ridge, TN (United States), 1961.

[54] RICHARDSON L S, VREELAND D E, MANLY W D. Corrosion by Molten Fluorides: ORNL-1491[R]. Oak Ridge National Laboratory, Oak Ridge, TN, 1953.

[55] GRIMES W R. Chemical Researchand Development for Molten-Salt Breeder Reactors [R]. Oak Ridge National Lab. , Tenn. , 1967.

[56] ORNL. Chemical Reactions in Molten Salts: Stability of Structural Metal Fluorides [R]// ORNL. Aircraft Nuclear Propulsion Project Quarterly Progress Reports: ORNL-1816. Oak Ridge, TN: Oak Ridge National Laboratory, 1955.

[57] JORDAN W H, CROMER S, MILLER A, et al. Aircraft Nuclear Propulsion Project Quarterly Progress Report for period ending June 10, 1956: ORNL-2106[R]. Oak Ridge National Laboratory, Oak Ridge, TN, 1956: 95.

[58] JORDAN W H, CROMER S, MILLER A, et al. Aircraft Nuclear Propulsion Project Quarterly Progress Report for period ending Sept. 10, 1956: ORNL-2157 [R]. Oak Ridge National Laboratory, Oak Ridge, TN, 1956: 107.

[59] JORDAN W H, CROMER S, MILLER A, et al. Aircraft Nuclear Propulsion Project Quarterly Progress Report for period ending December 31, 1956: ORNL-2221[R]. Oak Ridge National Laboratory, Oak Ridge, TN, 1957: 125.

[60] JORDAN W H, CROMER S, MILLER A, et al. Aircraft Nuclear Propulsion Project Quarterly Progress Report for period ending September 10, 1956: ORNL-2157[R]. Oak Ridge National Laboratory, Oak Ridge, TN, 1956: 145.

[61] JORDAN W H, CROMER S, MILLER A, et al. Aircraft Nuclear Propulsion Project Quarterly Progress Report for period ending December, 31, 1956: ORNL-2221[R]. Oak Ridge National Laboratory, Oak Ridge, TN, 1957: 182.

[62] KEISER J R, DEVAN J H, MANNING D L. Corrosion resistance of type 316 stainless steel to Li 2BeF 4[R]. Oak Ridge: Oak Ridge National Lab. , 1977.

[63] DEL CUL G D, WILLIAMS D F, TOTH L M, et al. Redox Potential of Novel Electrochemical Buffers Useful for Corrosion Prevention in Molten Fluorides[J]. ECS Proceedings Volumes, 2002, 2002: 431 – 436.

第3章　液体燃料熔盐堆中子物理分析

液体燃料熔盐堆内的燃料是液态氟化锂、氟化铍、氟化钠等氟化物溶剂以及溶解在其中的钍或铀的氟化物的融合物。液体燃料可在反应堆堆芯及整个主回路中循环运行,其流动特性使得液体燃料反应堆的中子物理特性与传统固体燃料反应堆的物理特性有着很大的不同。在对其进行分析的时候,原有的适用于固体燃料反应堆的中子物理分析模型已不再适用,必须针对液体燃料反应堆的特点建立新的理论分析模型[1]。

Van Dam 在流化床裂变反应堆中子物理研究中,通过在缓发中子先驱核平衡方程中加入一个扩散项来修正缓发中子先驱核流动的影响[2],采用扩散方法描述流动问题,这在物理机理上是不准确的。部分研究者采用点堆模型来分析次临界驱动系统或临界非平衡反应堆液体堆芯的中子物理问题,研究表明该方法在反应性微小扰动情况下可以对堆芯的宏观参数功率进行比较有效的计算[3-6],但是对于通量及缓发中子先驱核的空间分布却无能为力。修正的准静态方法也曾被少数研究者用来研究液体燃料反应堆的中子物理问题[7-9],但是由于方程求解的难度和工作量问题很难得到普遍的应用。与固体燃料反应堆中子物理研究类似,液体燃料反应堆中子物理研究最普遍采用的方法是中子扩散理论[10-15],但是大多数文献中均保持固体燃料反应堆中子物理研究中的中子通量方程不变,仅对缓发中子先驱核方程在定常速度下进行修正,并未显示出其最基本的物理机理。本研究从最基本的粒子守恒原理出发,建立适用于任意液体燃料反应堆的中子扩散模型。

3.1　液体燃料反应堆的中子物理模型

与传热学、流体动力学或空气动力学中的守恒定律类似,反应堆内的链式反应遵循"粒子守恒"的基本原理,即在一定的体积 ΔV 内,粒子总数对时间的变化率应等于该体积内粒子产生率减去该体积内的粒子消失率。采用中子输运理论可以得到反应堆内精确的中子平衡方程,即玻尔兹曼方程。但是该方程在求解和实际应用中均存在很大的困难,通常采用近似的方法将其简化,在此基础上形成了很多理论,最普遍的是中子扩散理论。中子扩散方程可以从对玻尔兹曼方程在全空间方向角 Ω 上积分获得,也可由"粒子守恒"原理直接推得[16]。下面简要介绍根据中子扩散理论建立的适用于液体燃料反应堆的通用中子扩散模型。

3.1.1　连续能量的中子通量密度模型

在如图 3-1 所示的三维直角坐标系中推导液体燃料反应堆的中子扩散模型,假设空间 r 处一微元体 $\Delta V = \Delta x \Delta y \Delta z$,如果 $n(r, E, t)$ 表示 t 时刻在 r 处能量为 E 的中子密度,则在 ΔV 内中子数守恒的方程可写为

$$\frac{\partial}{\partial t}\big[n(r,E,t)\Delta x\Delta y\Delta z\big]=中子产生率-中子消失率 \qquad (3-1)$$

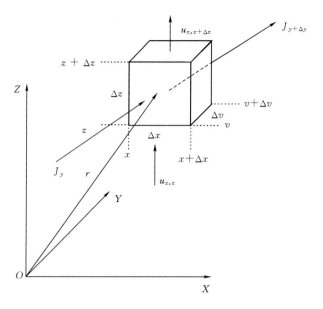

图 3-1　液体燃料反应堆中子扩散理论模型推导示意图

中子的产生主要来自外中子源项 $S(r,E,t)$、裂变产生项(包括瞬发裂变和缓发裂变)和散射源项,分别表示为

$$S(r,E,t)\ \Delta x\Delta y\Delta z \qquad (3-2)$$

$$\chi_p(E)\int_{E'}(1-\beta)\nu\Sigma_f(r,E')\cdot\phi(r,E',t)\mathrm{d}E'\ \Delta x\Delta y\Delta z+\sum_{i=1}^{I}\chi_{d,i}(E)\lambda_iC_i(r,t)\ \Delta x\Delta y\Delta z \qquad (3-3)$$

$$\int_{E'}\Sigma_s(r,E'\rightarrow E)\phi(r,E',t)\mathrm{d}E'\ \Delta x\Delta y\Delta z \qquad (3-4)$$

式中:$C_i(r,t)$表示 t 时刻在 r 处第 i 组缓发中子先驱核浓度。

中子消失主要由于吸收、散射、泄漏和流动的作用,其中流动作用是液体燃料反应堆不同于固体燃料反应堆而特有的,这四项可分别表示如下

$$\Sigma_a(r,E)\phi(r,E,t)\Delta x\Delta y\Delta z \qquad (3-5)$$

$$\Sigma_s(r,E)\phi(r,E,t)\Delta x\Delta y\Delta z \qquad (3-6)$$

$$\big[J_{x+\Delta x}(r,E,t)-J_x(r,E,t)\big]\Delta y\Delta z+\big[J_{y+\Delta y}(r,E,t)-J_y(r,E,t)\big]\Delta x\Delta z+ \\ \big[J_{z+\Delta z}(r,E,t)-J_z(r,E,t)\big]\Delta x\Delta y \qquad (3-7)$$

$$\{[u_xn(r,E,t)]_{x+\Delta x}-[u_xn(r,E,t)]_x\}\Delta y\Delta z+\{[u_yn(r,E,t)]_{y+\Delta y}- \\ [u_yn(r,E,t)]_y\}\Delta x\Delta z+\{[u_zn(r,E,t)]_{z+\Delta z}-[u_zn(r,E,t)]_z\}\Delta x\Delta y \qquad (3-8)$$

将式(3-2)~式(3-8)代入方程(3-1)中,左右两边同时除以 $\Delta x\Delta y\Delta z$ 可得以下方程式

$$\frac{\partial n(r,E,t)}{\partial t}=S(r,E,t)+\chi_p(E)\int_{E'}(1-\beta)\nu\Sigma_f(r,E')\cdot\phi(r,E',t)\mathrm{d}E'$$

$$+ \sum_{i=1}^{I} \chi_{d,i}(E)\lambda_i C_i(r,t) + \int_{E'} \Sigma_s(r,E' \to E)\phi(r,E',t)\mathrm{d}E'$$

$$- \Sigma_a(r,E)\phi(r,E,t) - \Sigma_s(r,E)\phi(r,E,t) - \nabla \cdot J(r,E,t) - \nabla \cdot [Un(r,E,t)]$$

$$(3-9)$$

假设界面上的中子流密度满足 Fick 定律,则

$$J(r,E,t) = -D(r,E)\nabla\phi(r,E,t) \tag{3-10}$$

同时由于

$$\Sigma_t(r,E) = \Sigma_a(r,E) + \Sigma_s(r,E), n(r,E,t) = \frac{\phi(r,E,t)}{v(E)}$$

因此,连续能量中子通量密度方程最终可写为

$$\frac{1}{v(E)}\frac{\partial\phi(r,E,t)}{\partial t} = S(r,E,t) + \chi_p(E)\int_{E'}(1-\beta)\nu\Sigma_f(r,E') \cdot \phi(r,E',t)\mathrm{d}E'$$

$$+ \sum_{i=1}^{I} \chi_{d,i}(E)\lambda_i C_i(r,t) + \int_{E'}\Sigma_s(r,E' \to E)\phi(r,E',t)\mathrm{d}E'$$

$$- \Sigma_t(r,E)\phi(r,E,t) + \nabla \cdot D(r,E)\nabla\phi(r,E,t) - \frac{1}{v(E)}\nabla \cdot [U\phi(r,E,t)]$$

$$(3-11)$$

在稳态和无源情况下,方程(3-11)就变为

$$\frac{1}{v(E)}\nabla \cdot [U\phi(r,E)] = \nabla \cdot D(r,E)\nabla\phi(r,E) - \Sigma_t(r,E)\phi(r,E)$$

$$+ \chi_p(E)\int_{E'}(1-\beta)\nu\Sigma_f(r,E') \cdot \phi(r,E')\mathrm{d}E'$$

$$+ \sum_{i=1}^{I} \chi_{d,i}(E)\lambda_i C_i(r) + \int_{E'}\Sigma_s(r,E' \to E)\phi(r,E')\mathrm{d}E'$$

$$(3-12)$$

需要指出的是,上式只有对临界系统才是成立的,对任意给定系统大小和材料成分情况下,上式并不一定成立,即反应堆并不自动处于稳态。通常采用在方程裂变源项中除以有效增殖系数 k_{eff},从而人为地使其达到临界平衡状态,这样对于任意系统都可以写出与能量相关的稳态中子扩散方程如下

$$\frac{1}{v(E)}\nabla \cdot [U\phi(r,E)] = \nabla \cdot D(r,E)\nabla\phi(r,E) - \Sigma_t(r,E)\phi(r,E)$$

$$+ \frac{\chi_p(E)}{k_{\mathrm{eff}}}\int_{E'}(1-\beta)\nu\Sigma_f(r,E') \cdot \phi(r,E')\mathrm{d}E'$$

$$+ \sum_{i=1}^{I} \chi_{d,i}(E)\lambda_i C_i(r) + \int_{E'}\Sigma_s(r,E' \to E)\phi(r,E')\mathrm{d}E'$$

$$(3-13)$$

其中:

$$k_{\mathrm{eff}}^{(n)} = \frac{\int_V\int_E \nu\Sigma_f(r,E) \cdot \phi^{(n)}(r,E)\mathrm{d}E\mathrm{d}V}{1/k_{\mathrm{eff}}^{(n-1)}\int_V\int_E \nu\Sigma_f(r,E) \cdot \phi^{(n-1)}(r,E)\mathrm{d}E\mathrm{d}V} \tag{3-14}$$

3.1.2　缓发中子先驱核浓度模型

对于任意 i 族缓发中子先驱核浓度,满足粒子守恒原理,采用与中子通量密度类似的方法推导缓发中子先驱核浓度方程。同样在如图 3-1 所示的三维笛卡儿坐标系中空间 r 处的微元体 $\Delta V = \Delta x \Delta y \Delta z$,在 ΔV 内缓发中子先驱核数的守恒方程可写为

$$\frac{\partial}{\partial t}(C_i(r,t)\Delta x \Delta y \Delta z) = 产生率 - 消失率 \tag{3-15}$$

缓发中子先驱核的产生率可表示为

$$\beta_i \int_E \nu \Sigma_f(r,E) \cdot \phi(r,E,t) \mathrm{d}E \ \Delta x \Delta y \Delta z \tag{3-16}$$

而消失率则包括缓发中子先驱核的衰变和液体燃料盐的流动作用带出微元控制体的部分,其中流动作用是液体燃料反应堆不同于固体燃料反应堆所特有的,分别表示如下

$$-\lambda_i \cdot C_i(r,t) \ \Delta x \Delta y \Delta z \tag{3-17}$$

$$\{[u_i C_i(r,t)]_{x+\Delta x} - [u_i C_i n(r,t)]_x\}\Delta y \Delta z + \{[u_j C_j(r,t)]_{y+\Delta y} -$$
$$[u_j C_j(r,t)]_y\}\Delta x \Delta z + \{[u_k C_i(r,t)]_{z+\Delta z} - [u_k C_i(r,t)]_z\}\Delta x \Delta y \tag{3-18}$$

将表达式(3-16)～式(3-18)代入方程(3-15),方程两边同除以 $\Delta x \Delta y \Delta z$ 可得缓发中子先驱核控制方程如下

$$\frac{\partial C_i(r,t)}{\partial t} = \beta_i \int_E \nu \Sigma_f(r,E) \cdot \phi(r,E,t) \mathrm{d}E - \lambda_i C_i(r,t) - \nabla \cdot [U C_i(r,t)] \tag{3-19}$$

在稳态情况下,与稳态下的中子通量密度的处理方法相同,在右端裂变项中除以有效增殖系数 k_{eff},则方程变为

$$\nabla \cdot [U C_i(r)] = \frac{\beta_i}{k_{eff}} \int_E \nu \Sigma_f(r,E) \cdot \phi(r,E) \mathrm{d}E - \lambda_i C_i(r) \tag{3-20}$$

3.1.3　多群中子扩散模型

以上建立能量-时间-空间相关的中子通量方程,要解析地求解出中子通量密度对能量、时间和空间的连续依赖关系是非常困难的,通常应用近似方法求解。在反应堆物理分析中对能量变量 E 的近似最常用的是"分群"理论,它是反应堆核设计最广泛采用的有效方法。

在分群扩散理论中,把中子能量区域按能量的大小划分成 G 个能区,最高能量记为 E_0,最低能量记为 E_G,每一个能量区间称为一个能群,能群的编号 $g = 1, 2, \cdots, G$ 随着中子能量的下降而增加,如图 3-2 所示。

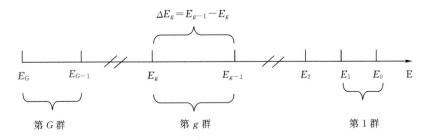

图 3-2　多群理论下中子能群的划分

在每一能量区间 ΔE_g 内对方程(3-12)进行积分,这样就消去了方程中的变量 E,于是得到 G 个不含能量变量的扩散方程,其中第 g 群的扩散方程为

$$\frac{\partial}{\partial t}\int_{\Delta E_g}\frac{\phi}{v}\mathrm{d}E = \int_{\Delta E_g}S\mathrm{d}E + \int_{\Delta E_g}\chi_p\mathrm{d}E\int_{E'}(1-\beta)v\Sigma_f(r,E')\cdot\phi(r,E',t)\mathrm{d}E'$$

$$+\int_{\Delta E_g}\sum_{i=1}^{I}\chi_{d,i}(E)\lambda_iC_i(r,t)\mathrm{d}E + \int_{\Delta E_g}\mathrm{d}E\int_{E'}\Sigma_s(r,E'\to E)\phi(r,E',t)\mathrm{d}E'$$

$$-\int_{\Delta E_g}\Sigma_t\phi\mathrm{d}E + \nabla\cdot\int_{\Delta E_g}D\nabla\phi\mathrm{d}E - \int_{\Delta E_g}\frac{1}{v}\nabla\cdot[U\phi]\mathrm{d}E$$

$$(3-21)$$

采用分群扩散理论,通过定义各群变量和参数,可以使方程(3-21)简化为如下中子通量密度的多群扩散方程

$$\frac{1}{v_g}\frac{\partial\phi_g}{\partial t} = S_g + \chi_{p,g}(1-\beta)\sum_{g'=1}^{G}(v\Sigma)_{f,g'}(r)\phi_{g'}(r,t) + \sum_{i=1}^{I}\chi_{d,i,g}\lambda_iC_i(r,t)$$

$$+\sum_{g'=1}^{G}\Sigma_{g'\to g}(r)\phi_{g'}(r,t) - \Sigma_{t,g}\phi_g(r,t) + \nabla\cdot D_g(r)\nabla\phi_g(r,t) - \frac{1}{v_g}\nabla\cdot[U\phi_g(r,t)]$$

$$(3-22)$$

式中

$$\phi_g(r,t) = \int_{E_g}^{E_{g-1}}\phi(r,E,t)\mathrm{d}E,\frac{1}{v_g} = \frac{1}{\phi_g(r,t)}\int_{\Delta E_g}\frac{\phi(r,E,t)}{v(E)}\mathrm{d}E,$$

$$S_g(r,t) = \int_{\Delta E_g}S(r,E,t)\mathrm{d}E,\chi_{p,g} = \int_{\Delta E_g}\chi_p(E)\mathrm{d}E,\chi_{d,i,g} = \int_{\Delta E_g}\chi_{d,i}(E)\mathrm{d}E,$$

$$(v\Sigma)_{f,g'}(r) = \overline{v\Sigma_f(r,E')}^{E'} = \frac{1}{\phi_{g'}}\int_{E'}v\Sigma_f(r,E')\cdot\phi(r,E',t)\mathrm{d}E',\qquad(3-23)$$

$$\Sigma_{g'\to g}(r) = \frac{1}{\phi_{g'}}\int_{\Delta E_g}\mathrm{d}E\int_{\Delta E_g}\Sigma_s(r,E'\to E)\phi(r,E',t)\mathrm{d}E',$$

$$\Sigma_{t,g}(r) = \frac{1}{\phi_g}\int_{\Delta E_g}\Sigma_t(r,E)\phi(r,E,t)\mathrm{d}E,D_g(r) = \frac{\int_{\Delta E_g}D(r,E)\nabla\phi(r,E,t)\mathrm{d}E}{\int_{\Delta E_g}\nabla\phi(r,E,t)\mathrm{d}E}$$

根据上面的定义,缓发中子先驱核方程可以表示成如下形式

$$\frac{\partial C_i(r,t)}{\partial t} = \beta_i\sum_{g'=1}^{G}(v\Sigma)_{f,g'}(r)\phi_{g'}(r,t) - \lambda_iC_i(r,t) - \nabla\cdot[UC_i(r,t)]\qquad(3-24)$$

同理可得,稳态无源情况下中子通量密度的多群扩散方程和缓发中子先驱核方程如下

$$\frac{1}{v_g}\nabla\cdot[U\phi_g(r)] = \frac{\chi_{p,g}(1-\beta)}{k_{\mathrm{eff}}}\sum_{g'=1}^{G}(v\Sigma)_{f,g'}(r)\phi_{g'}(r) + \sum_{i=1}^{I}\chi_{d,i,g}\lambda_iC_i(r)$$

$$+\sum_{g'=1}^{G}\Sigma_{g'\to g}(r)\phi_{g'}(r) - \Sigma_{t,g}\phi_g(r) + \nabla\cdot D_g(r)\nabla\phi_g(r)\qquad(3-25)$$

$$\nabla\cdot[UC_i(r)] = \frac{\beta_i}{k_{\mathrm{eff}}}\sum_{g'=1}^{G}(v\Sigma)_{f,g'}(r)\phi_{g'}(r) - \lambda_iC_i(r)\qquad(3-26)$$

其中

$$k_{\text{eff}}^{(n)} = \frac{\displaystyle\int_V \sum_{g=1}^{G} (\nu\Sigma_f)_g(r) \cdot \phi_g^{(n)}(r)\mathrm{d}V}{\left(1/k_{\text{eff}}^{(n-1)}\right)\displaystyle\int_V \sum_{g=1}^{G} (\nu\Sigma_f)_g(r) \cdot \phi_g^{(n)}(r)\mathrm{d}V} \tag{3-27}$$

方程(3-22)～方程(3-27)中参数 D_g、$\Sigma_{t,g}$、$\Sigma_{g'\to g}$ 等表示该能群的平均参数,称为群常数。分群扩散理论所得结果的精度在很大程度上依赖于所采用的群常数的精度,所以"群常数"的计算是反应堆中子物理分析中一个非常重要的内容,下面将介绍群常数的计算方法。

3.2　群常数的计算

从 3.1.3 节中群常数的定义可以发现,要计算群常数必须先要知道中子通量密度 $\phi(r,E,t)$,而它恰恰是建立的扩散方程所要求解的函数,因此这是一个非线性问题,在计算群常数之前先要通过一些近似的方法获得一个近似的能谱分布。目前常用的方法一般采用两步近似的方法,即先制作与具体反应堆能谱无关的多群微观常数,然后再根据具体反应堆栅格的几何和材料组成,在多群常数库的基础上,来计算其具体的中子能谱和少群常数。

首先是多群常数库的建立。通常是将所讨论的能量区间划分成很多窄的能群,一般群数可达 25～100 群甚至更多,从评价核数据库的连续能量点核截面数据出发,由专门程序(如 NJOY)处理产生的多群常数库。实践证明,只要能群足够多,多群常数就可以做到与具体的堆型、系统的具体成分及几何形状大小等没有密切关系,而中子通量密度随空间的变化也可以忽略,即假定一个近似的无限介质能谱,g 能群微观群截面可以写成

$$\sigma_{x,g} = \frac{1}{\phi_g}\int_{\Delta E_g} \sigma_x(E)\phi(E)\mathrm{d}E \quad (x=a,f,s,\cdots) \tag{3-28}$$

然后是少群常数的计算。由于能群的区间比较大(能群的数目一般在 2～4 群以内),中子截面和中子能谱变化比较显著,而且与具体的反应堆结构和成分关系密切,若用一个与堆型无关的统一的近似能谱来描述势必带来大的误差。因此必须根据实际的堆芯或栅元结构求出中子能量密度的能谱分布。通常的做法是利用已建立的多群微观常数库,对所讨论的堆芯栅元或燃料组件求解多群中子输运方程,求出近似的栅元或组件的多群中子通量密度的能谱分布 $\phi_n(r)$ $(n=25～100)$,然后根据群常数的定义按以下公式归并,产生出所需要的少群常数

$$\Sigma_{x,g} = \frac{\displaystyle\sum_{n\in g}\Sigma_n\phi_n}{\displaystyle\sum_{n\in g}\phi_n} (x=a,f,s,\cdots), \Sigma_{g'\to g} = \frac{\displaystyle\sum_{n\in g}\sum_{n'\in g'}\Sigma_{n'\to n}\phi_{n'}}{\displaystyle\sum_{n'\in g'}\phi_{n'}}, D_g = \frac{1}{3\cdot\Sigma_{tr,g}} \tag{3-29}$$

式中:符号 n 和 g 分别表示多群和少群的群号。

综上所述,可将群常数的计算流程归纳为如图 3-3 所示。

多群常数库的制作一般由专业的核数据工作者完成,不同组件计算程序对多群常数库的格式要求不同。在本研究中,采用组件计算程序 DRAGON[17] 进行多群能谱计算,DRAGON 可以读取 MATXS、WIMS-D4、WIMS-AECL 和 APOLLO 四种不同格式的多群微观截面数据库。本研究采用由 IAEA 发布的 172 群 WIMS-D4 格式多群微观截面数据库[18],在此基础上采用 DRAGON 程序计算扩散方程所需的少群常数。

图 3-3　群常数计算流程示意图

DRAGON 程序由加拿大蒙特利尔理工学院(Ecole Polytechnique de Montreal)研究中心研制开发,得到加拿大自然科学和工程研究协会(Natural Science and Engineering Research Council of Canada,NSERC)、加拿大原子能公司(Atomic Energy of Canada Limited,AECL)和加拿大 CANDU 拥有者组织(CANDU Owners Group,COG)的大力支持。DRAGON 采用模块化结构,其主要模块包括:共振自屏计算模块、几何分析及产生概率计算所需的跟踪文件模块、多群概率计算模块、用碰撞概率法求解多群输运方程模块、用特征线法求解多群输运方程模块、同位素计算模块和编辑模块。DRAGON 程序的核心是多群通量求解器,提供多种算法对空间和角方向相关的通量输运方程进行求解,主要算法模型包括:JMP 模型,采用穿透概率法求解积分输运方程;SYBIL 模型,运用碰撞概率法求解积分输运方程,只能处理简单的一维和二维几何;Excell 模型,运用碰撞概率法求解积分输运方程,可以处理复杂二维几何和三维几何,包括棒束以及矩形圆柱混合几何。图 3-4 给出了 DRAGON 程序计算流程。

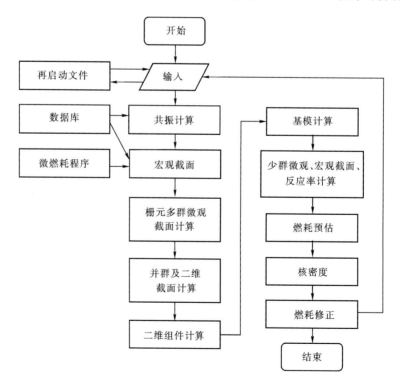

图 3-4　DRAGON 程序计算流程图

3.3　数值计算方法

3.3.1　方程的统一

中子扩散模型的瞬态方程(3-22)、(3-24)可以写成如下统一的矢量形式

$$\frac{\partial \rho \Phi}{\partial t} + \nabla \cdot (\rho U \Phi) = \nabla \cdot \Gamma_\Phi \nabla \Phi + S_\Phi \tag{3-30}$$

式中：Φ 为任意求解变量 $\phi_g(g=1-G)$、$C_i(i=1-I)$ 等；Γ_Φ 表示变量 Φ 对应的广义扩散系数；$S_\Phi = S_P \Phi + S_C$ 表示线性化的广义源项，堆芯物理分析中各计算变量对应方程(3-30)的广义参数如表 3-1 所示。当 $t \to \infty$ 时，稳态方程(3-25)、(3-26)亦可以写成方程(3-30)的形式。

表 3-1　堆芯物理分析中各计算变量对应方程(3-30)中的广义参数

变量	ρ	Γ_Φ	S_P	S_C
$\phi_g(g=1-G)$	$\dfrac{1}{v_g}$	D_g	$-\Sigma_{r,g}$	$\dfrac{\chi_{p,g}(1-\beta)}{k_{eff}} \sum\limits_{g'=1}^{G} (\nu_p\Sigma)_{f,g'} \phi_{g'} + \sum\limits_{i=1}^{I} \chi_{d,i,g}\lambda_i C_i + \sum\limits_{g'=1,g'\neq g}^{G} \Sigma_{g'\to g}\phi_{g'}$
$C_i(i=1-I)$	1	0	$-\lambda_i$	$\dfrac{\beta_i}{k_{eff}} \cdot \sum\limits_{g=1}^{2} \cdot (\nu\Sigma_f)_g \cdot \phi_g$

为了便于方程的离散，将通用矢量方程(3-30)写成通用微分方程，直角坐标和圆柱坐标下统一的方程形式如下

$$\frac{\partial \rho \Phi}{\partial t} + \frac{\partial \rho u_z \Phi}{\partial z} + \frac{1}{r}\frac{\partial r\rho u_y \Phi}{\partial y} = \frac{\partial}{\partial z}\left(\Gamma_\Phi \frac{\partial \Phi}{\partial z}\right) + \frac{1}{r}\frac{\partial}{\partial y}\left(r\Gamma_\Phi \frac{\partial \Phi}{\partial y}\right) + S_\Phi \tag{3-31}$$

对于直角坐标，$r=1$；对于圆柱坐标，$r=y$。

3.3.2　方程的离散

采用内节点方法(方法 B)离散计算区域，控制容积的界面位于相邻两个节点中间。由于中子扩散模型与速度场是耦合的，采用交错网格，群常数及各计算标量 $\phi_g(g=1-G)$、$C_i(i=1-I)$ 等存于主网格上，这些参数所代表的计算单元空间为主控制容积；速度 u_z 存于主控制容积的东西界面上，速度 u_y 存于主控制容积的南北界面上，u_z、u_y 各自的控制容积则是以速度所在位置为中心、与主控制容积在 z、y 方向有半个网格步长错位的单元空间。

采用有限容积法(FVM)离散方程(3-31)，图 3-5 所示为圆柱坐标下典型主控制容积 P。将方程(3-31)中各个方向的对流扩散项合到一起，方程可改写为

$$\frac{\partial \rho \Phi}{\partial t} + \frac{\partial}{\partial z}\left(\rho u_z \Phi - \Gamma_\Phi \frac{\partial \Phi}{\partial z}\right) + \frac{1}{r}\frac{\partial}{\partial y}\left(r\rho u_y \Phi - r\Gamma_\Phi \frac{\partial \Phi}{\partial y}\right) = S_\Phi \tag{3-32}$$

引入对流-扩散通量密度 J，令 $J_z = \rho u_z \Phi - \Gamma_\Phi \dfrac{\partial \Phi}{\partial z}$，$J_y = \rho u_y \Phi - \Gamma_\Phi \dfrac{\partial \Phi}{\partial y}$，于是有

$$\frac{\partial \rho \Phi}{\partial t} + \frac{\partial J_z}{\partial z} + \frac{1}{r}\frac{\partial r J_y}{\partial y} = S_\Phi \tag{3-33}$$

将上式中时间项采用全隐格式离散，并对图 3-5 所示的控制容积积分

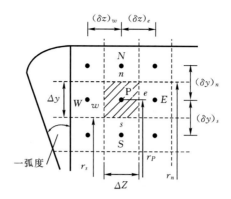

图 3 - 5　圆柱坐标下典型主控制容积

$$\int_s^n \int_w^e \frac{(\rho\Phi)_P - (\rho\Phi)_P^0}{\Delta t} r\,\mathrm{d}y\mathrm{d}z + \int_s^n rJ_z\big|_w^e \mathrm{d}y + \int_w^n rJ_y\big|_s^n \mathrm{d}z = \int_s^n \int_w^e S_\Phi r\,\mathrm{d}y\mathrm{d}z \quad (3-34)$$

采用阶梯形型线,即假设:J_z 在 w 及 e 界面上分别为常数;J_y 在 s 和 n 界面上分别为常数;S_Φ 用线性函数 $S_\Phi = S_P\Phi_P + S_C$ 表示,其中 Φ_P 为被求量在 P 点之值,在控制容积 P 内 S_C、S_P 可分别作为常数处理。则有

$$\frac{(\rho\Phi)_P - (\rho\Phi)_P^0}{\Delta t}\Delta V + J_e - J_w + J_n - J_s = (S_P\Phi_P + S_C)\Delta V \quad (3-35)$$

其中:

$$J_e = J_{z,e} r_P \Delta y, \quad J_w = J_{z,w} r_P \Delta y, \quad J_n = J_{y,n} r_n \Delta z, \quad J_s = J_{y,s} r_s \Delta z, \quad \Delta V - r_P \Delta y \Delta z \ (3-36)$$

当采用中心差分、迎风格式、混合格式、指数格式或乘方格式中任何一种离散格式时,界面上通量均可以用界面两侧节点上的值及界面上的流量来表示[19],即

$$J_e = (a_E + F_e)\Phi_P - a_E\Phi_E, J_w = -(a_W + F_w)\Phi_P + a_W\Phi_W$$
$$J_n = (a_N + F_n)\Phi_P - a_N\Phi_N, J_s = -(a_S + F_s)\Phi_P + a_S\Phi_S \quad (3-37)$$

则最终可得对任意标量场 Φ 在任意五种离散格式下的离散方程为

$$a_P\Phi_P = a_E\Phi_E + a_W\Phi_W + a_N\Phi_N + a_S\Phi_S + b \quad (3-38)$$

其中:

$$a_P = a_E + a_W + a_N + a_S + a_P^0 - S_P\Delta V, a_E = D_e A(|P_{\Delta e}|) + [\![-F_e, 0]\!],$$
$$a_W = D_w A(|P_{\Delta w}|) + [\![F_{\Delta w}, 0]\!], a_N = D_n A(|P_{\Delta n}|) + [\![-F_n, 0]\!], \quad (3-39)$$
$$a_S = D_s A(|P_{\Delta s}|) + [\![F_s, 0]\!], a_P^0 = \rho_P^0 \Delta V/\Delta t, b = S_C\Delta V + a_P^0\Phi_P^0$$

这里 ρ_P^0 和 Φ_P^0 指已知 t 时刻的值,而其他所有量(Φ_P、Φ_E、Φ_W、Φ_N、Φ_S 等)均为未知时刻 $t+\Delta t$ 的值。界面上的流量、扩散导数及 Peclet 数的定义如下

$$F_e = (\rho u)_e r_P \Delta y, F_w = (\rho u)_w r_P \Delta y, F_n = (\rho v)_n r_n \Delta z, F_s = (\rho v)_s r_s \Delta z$$
$$D_e = \frac{\Gamma_e r \Delta y}{(\delta z)_e}, D_w = \frac{\Gamma_w r \Delta y}{(\delta z)_w}, D_n = \frac{\Gamma_n r \Delta z}{(\delta y)_n}, D_s = \frac{\Gamma_s r \Delta z}{(\delta y)_s} \quad (3-40)$$
$$P_{\Delta e} = \frac{F_e}{D_e}, P_{\Delta w} = \frac{F_w}{D_w}, P_{\Delta n} = \frac{F_n}{D_n}, P_{\Delta s} = \frac{F_s}{D_s}$$

函数 $A(|P_\Delta|)$ 对于不同的离散格式有不同的表达形式,文献通常推荐使用的乘方格式如下

$$A(|P_\Delta|)=\left[\kern-0.15em\left[\,0,(1-0.1|P_\Delta|)^5\,\right]\kern-0.15em\right] \tag{3-41}$$

3.3.3　方程的求解及程序的编制

离散方程(3-38)为五对角方程组,可以采用五对角阵算法(Pentagonal Matrix Algorithm,PDMA)对其直接求解[20,21],但是该方法计算量比较大。为了避免直接求解法带来的计算量巨大的问题,采用交替方向算法(Tridiagonal Matrix Algorithm,TDMA)对建立的五对角方程进行求解,即在每个坐标方向上分别采用 TDMA 进行求解,而其他方向则按显式处理的交替方向隐式方法(Alternating Direction Implict,ADI)[22]进行求解。

针对以上离散方程的统一格式,编制了标准的物理计算程序,稳态、瞬态计算流程图分别如图 3-6 和图 3-7 所示。对于稳态计算,式(3-39)中的时间步长 Δt 取为 10^{25} s;而对瞬态计算,每一个时间步长内都要经过多次的迭代计算,相当于一次准稳态计算。

该程序可以用于熔盐流动情况下的稳态、瞬态堆芯物理计算,如果将全场速度赋为零,则程序还可以推广到无流动情况下的常规固体燃料物理问题计算。

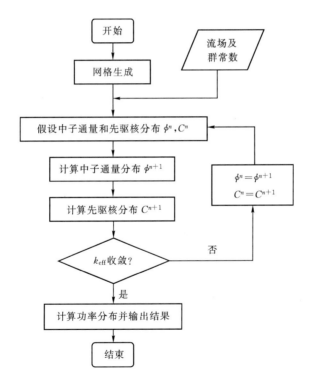

图 3-6　液体燃料熔盐堆稳态中子物理计算流程图

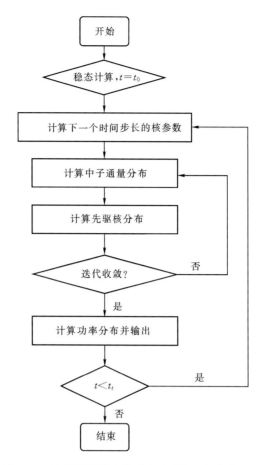

图 3-7 液体燃料熔盐堆瞬态中子物理计算流程图

3.4 中子物理模型的校核与验证

3.4.1 群常数计算程序验证

由于熔盐堆与传统的水堆有很大的不同,在采用 DRAGON 程序对其计算之前需要对 DRAGON 程序进行验证。采用日本为 Pu 燃料循环熔盐堆的基础物理研究开发的基准题[23],验证 DRAGON 程序对熔盐堆计算的有效性和可行性,基准题的描述见附录 2。

采用 DRAGON 程序的 JMP 模型对基准题进行计算,不同网格下的有效增殖系数 k_{eff} 如图 3-8 所示,可以得到 k_{eff} 的网格独立解为 1.14085。将本研究采用 DRAGON 的计算结果与东京大学应用 SWAT 的计算结果、名古屋大学应用 SRAC-95 的计算结果和丰桥技术大学应用 SRAC 和 ORIGEN-2 的计算结果进行比较,所有计算结果列于表 3-2,其中"比较"一行表示 DRAGON 计算结果与其他结果比较的相对误差。由表 3-2 可以看出,DRAGON 计算结果与其他三个单位计算结果非常接近,相对误差在 1% 以内,从而证明了应用 DRAGON 程序和 IAEA-172 多群常数库对熔盐堆进行中子物理计算是可行的。在以下的计算中,主要用其获得扩散计算所需要的少群常数。

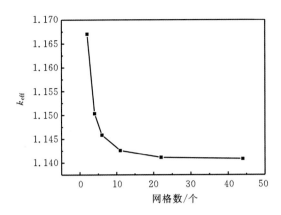

图 3-8 Pu 燃料循环熔盐堆基准题计算的 k_{eff} 随网格变化

表 3-2 Pu 燃料循环熔盐堆基准题计算结果比较

	SWAT	SRAC-95	SRAC/ORIGEN-2	DRAGON
k_{eff}	1.14850	1.14165	1.13229	1.14085
比较	0.67%	0.07%	0.76%	—

3.4.2 稳态计算验证

比较以上建立的适用于液体燃料反应堆的中子扩散模型与固体燃料反应堆的中子扩散模型,可以发现液体燃料反应堆的中子扩散模型多了一个对流项,它反映了液体燃料的流动特性。在此基础上编制的程序也有相应的特点,如果假设其中的流速为零,则此程序也适用于固体燃料反应堆的计算。因为目前还没有熔盐堆的中子扩散基准题,故将编制的程序应用到固体燃料反应堆的基准题计算,计算中核心模块即五对角方程求解器不会因计算条件的变化而变化,故通过这种方法是可以验证程序的正确性的。本文选用 TWIGL Seed-Blanket 基准问题[24]对程序进行验证,基准题描述见附录 3。

采用四套网格对 TWIGL 稳态基准题进行计算,计算得到的有效增殖系数 k_{eff} 与基准解的比较列于表 3-3 中,从中可以看出即使采用较粗的网格(2.0 cm 网距),得到的有效增殖系数与基准解相比误差也仅有 0.0124%,网格越精细,计算结果越精确。

表 3-3 TWIGL 稳态基准题有效增殖系数 k_{eff} 随网格的变化及其与基准解的比较

	基准解	网格 1/2.0 cm	网格 2/1.0 cm	网格 3/0.8 cm	网格 4/0.4 cm
k_{eff}	0.913214	0.913101	0.913176	0.913188	0.913196
误差/%	—	0.0124	0.0042	0.0028	0.00197

对于某一区间的归一化功率采用如下方法计算

$$f_s = \frac{\sum_{i \in s, j \in s}^{s} E_f \cdot \Sigma_f(i,j) \cdot \phi_g(i,j) \cdot \Delta V(i,j)}{V_s \cdot p_{r,0}} \quad (3-42)$$

$$p_{r,0} = \frac{\sum\limits_{i \in V_T, j \in V_T}^{V_T} E_f \cdot \Sigma_f(i,j) \cdot \phi_g(i,j) \cdot \Delta V(i,j)}{V_T} \qquad (3-43)$$

TWIGL 基准问题计算的稳态归一化功率分布及对比如图 3-9 所示,计算结果表明,计算值与参考值符合得很好,区域最大归一化功率偏差不超过 0.1%。

参考值 计算值 偏差/%		0.0932 0.0932 −0.0408
	1.5771 1.5771 0.0004	0.2862 0.2862 0.0742
1.2628 1.2638 0.0760	2.0268 2.0262 −0.0273	0.3916 0.3918 0.0429

图 3-9　TWIGL Seed-Blanket 基准问题稳态归一化功率分布及对比

计算得到的快、热中子通量密度分布在下边界上的计算值与 DOT-IV 计算结果的比较如图 3-10 所示,从中可以看出,两者相符得很好。从而可以证明所编制的用于中子物理稳态计算的程序是可行的。

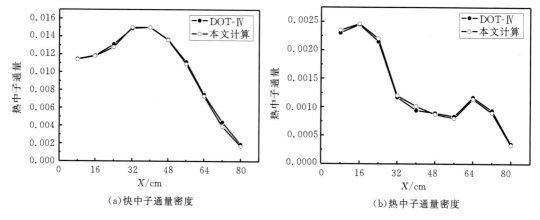

(a)快中子通量密度　　　　　　　　(b)热中子通量密度

图 3-10　TWIGL 基准题计算结果与 DOT-IV 结果比较

3.4.3　瞬态计算验证

采用 TWIGL 瞬态基准题对本研究的瞬态计算进行验证,基准题的描述见附录 3。首先是阶跃扰动的计算结果及与基准解的比较,如图 3-11 所示。图 3-11(a)给出了时间步长为 1 ms,三种网距分别为 1 cm、2 cm 和 4 cm 的计算结果,可以看出采用三种不同网距的结果完全重合,并与基准解符合得很好。图 3 - 11(b)给出了网距为 1 cm,三种时间步长分别为 10 ms,1 ms 和 0.5 ms 的计算结果,可以看出时间步长为 1 ms 和 0.5 ms 下的计算结果与基准解符合较好,而 10 ms 的时间步长在瞬态初期与基准解差别较大,后期也趋近于基准解。从而可以看出,在合适的网距和时间步长下,采用开发的程序可以得到比较正确可信的结果。

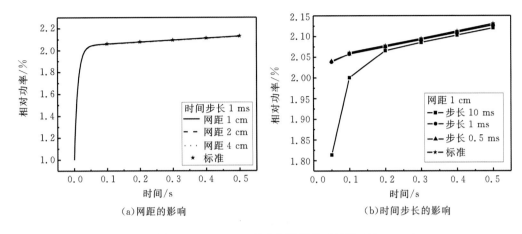

(a)网距的影响　　　　　　　　(b)时间步长的影响

图 3 - 11　TWIGL 基准题阶跃扰动计算对比

线性扰动的计算结果与基准解的比较如图 3 - 12 所示,可以发现与阶跃扰动相似的现象,即采用三种不同网距的结果均与基准解符合较好,时间步长为 1 ms 和 0.5 ms 的结果与基准解符合较好,从而可以得到与阶跃扰动相同的结论。

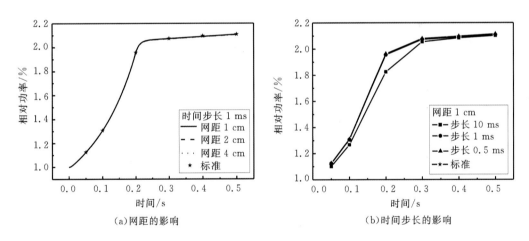

(a)网距的影响　　　　　　　　(b)时间步长的影响

图 3 - 12　TWIGL 基准题线性扰动计算对比

3.5　典型液态燃料熔盐堆的中子物理学分析

3.5.1　中子能谱计算

中子能谱可以反映核反应堆最基本的核反应机制,提供反应堆类型最基本的信息。本研究采用 MCNPX2.5.0 程序[25] 和 ENDF60 基础核数据库计算了静态情况下 MOSART 的中子能谱结构。计算中假设堆芯结构为 20 cm 石墨反射层包裹的封闭圆柱腔室,且熔盐不流动。

图 3-13 所示为 MOSART 的能谱结构,其中(a)为本研究的计算结果,(b)为 SCK-CEN 的计算结果,两者比较接近。由计算结果可以看出在 MOSART 反应堆中,很大一部分中子是能量在 1 eV 以上的中能中子和快中子,这是因为在 MOSART 中石墨仅作反射层,在堆芯内部没有石墨作为慢化剂,而燃料中慢化能力较强的 Be 的含量又比较小。因此从 MOSART 的中子能谱结构可以确定 MOSART 快中子堆的本质,这对于嬗变反应堆来说是一个非常重要的性质。能谱在 10 eV 和 10000 eV 左右的波谷分别是因为 Pu 和 Na 在这两个能量处有很强的共振峰,能谱在低能区的波动是由于燃料重核在该能量区的共振,而能谱在高能区的波动则是轻核的影响,燃料中各个元素截面与能量的关系见附录 4。

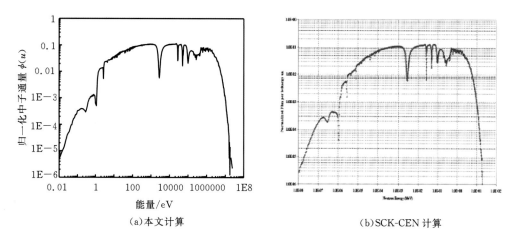

(a)本文计算　　　　　　　　　　(b)SCK-CEN 计算

图 3-13　MOSART 的能谱结构

将堆芯燃料区分成四个区间,从堆芯轴线开始,分别为 $r=0\sim50$ cm,$r=50\sim140$ cm,$r=140\sim155$ cm 和 $r=155\sim170$ cm,四个区间的能谱结构如图 3-14 所示,由图可以看出,在靠近石墨反射层的区间 $r=155\sim170$ cm 内,低能中子的份额比其他区间内的份额高得多,这是因为石墨具有很强的慢化能力。但是,从整体上来说,MOSART 仍然是一个快谱反应堆。

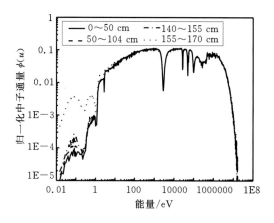

图 3-14　MOSART 堆芯不同区域的能谱结构

3.5.2　能群的划分

在采用分群扩散理论进行堆芯物理分析时,首先要进行的是能群划分,分析不同的能群划分对堆芯物理的影响,从而最终确定堆芯物理分析所采用的能群数。本研究在对 MOSART 进行堆芯物理分析时,首先将中子按能量划分成两个能群($G=2$)和四个能群($G=4$)分别进行计算,得到了各群通量分布及功率分布,并比较了两群和四群工况下功率密度沿径向和轴向的分布。

在对 MOSART 静态物理进行研究时,欧盟合作国给出的基准解是基于平衡载荷下的等温堆芯,假设堆芯为在轴向和径向均有 0.2 m 石墨反射层的封闭圆柱腔室,在计算 k_{eff} 时,堆芯和反射层的温度分别为 900 K 和 950 K,且不考虑缓发中子先驱核,本研究采用相同的假设。由于堆芯成轴对称结构,取其一半进行计算,中轴线处取对称边界条件,堆芯外壁面处取真空边界条件。计算得到的两群情况下群常数列于表 3 - 4 中,四群下的群常数列于表 3 - 5 中。

表 3 - 4　MOSART 两群群常数

材料	燃料盐		石墨	
能群	1	2	1	2
$\chi_{p,g}$	1.0	0.0	0.0	0.0
$(\nu\Sigma_f)_g$	$3.003390E-03$	$2.518897E-02$	0.0	0.0
$\Sigma_{f,g}$	$9.826352E-04$	$8.311723E-03$	0.0	0.0
D_g	$1.289548E+00$	$1.267082E+00$	$1.078215E+00$	$0.773144E+00$
$\Sigma_{r,g}$	$4.514852E-03$	$2.469415E-02$	$5.410607E-03$	$1.526940E-04$
$\Sigma_{s,\text{up}}$	0.0	0.0	0.0	0.0
$\Sigma_{s,\text{down}}$	0.0	$1.631547E-03$	0.0	$5.401225E-03$

表 3 - 5　MOSART 四群群常数

材料	燃料盐			
能群	1	2	3	4
$\chi_{p,g}$	$9.999982E-01$	$1.704912E-06$	0.0	0.0
$(\nu\Sigma_f)_g$	$1.386652E-03$	$7.943512E-03$	$2.235783E-02$	$3.333859E-02$
$\Sigma_{f,g}$	$4.489612E-04$	$2.613335E-03$	$7.493173E-03$	$1.066799E-02$
D_g	$1.279840E+00$	$1.319211E+00$	$1.293771E+00$	$1.176290E+00$
$\Sigma_{r,g}$	$5.992398E-03$	$1.479934E-02$	$3.332173E-02$	$4.530827E-02$
$\Sigma_{s,\text{up}}$	0.0	$2.551161E-08$	$1.420388E-04$	0.0
$\Sigma_{s,\text{down}}$	0.0	$4.843318E-03$	$6.616920E-03$	$1.573947E-02$

材料	石墨			
能群	1	2	3	4
D_g	1.151055E＋00	0.825257E＋00	0.826054E＋00	0.772985E＋00
$\Sigma_{r,g}$	6.968613E－03	2.416322E－02	5.116142E－02	1.534659E－04
$\Sigma_{s,\mathrm{up}}$	0.0	0.0	3.516754E－07	0.0
$\Sigma_{s,\mathrm{down}}$	0.0	6.957910E－03	2.415843E－02	5.114878E－02

在以上计算的两群和四群群常数的基础上,对 MOSART 堆芯进行分群扩散计算,得到两群情况下的有效增殖系数 k_{eff} 为 0.986191,而四群情况下得到的有效增殖系数 k_{eff} 为 0.984824,两者非常接近。

两群和四群情况下的堆芯总通量分布如图 3－15 所示,比较两种分群方法下的通量分布,可以发现二者非常接近。图 3－16 给出了两种情况下的堆芯功率分布(MW·m^{-3}),比较发现二者差别很小。

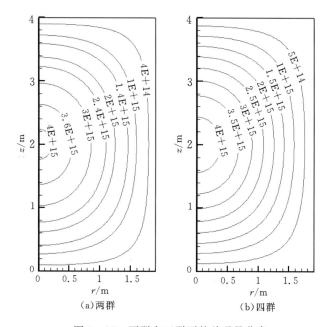

图 3－15　两群和四群下的总通量分布

为了定量上比较两群和四群情况下堆芯的功率分布,分别截取堆芯轴向 2 个截面 $r=0.13$ m 和 $r=1.31$ m,径向 2 个截面 $z=0.21$ m 和 $z=2.91$ m。比较两群和四群情况下功率沿轴向和径向的变化,分别如图 3－17 和图 3－18 所示,由图中四个截面上功率密度的比较,可以看出两群和四群工况下的功率分布几乎重合。

通过上面两群和四群情况下的有效增殖系数 k_{eff}、总通量分布和功率密度分布的比较,可以看出两种分群情况下的计算结果非常接近,更精细的能群划分对结果影响不大,因此在以后堆芯中子物理计算中将取两群中子能群进行计算。另外,由两群和四群的群常数列表中可以看出,由低能群向高能群的散射截面非常小,因此在以后的计算中忽略不计。

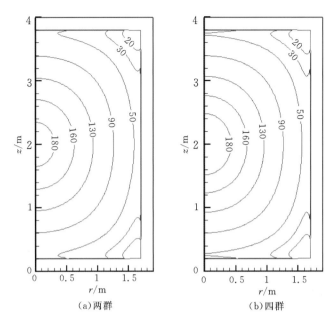

（a）两群　　　　　　　　　　（b）四群

图 3-16　两群和四群下的功率分布

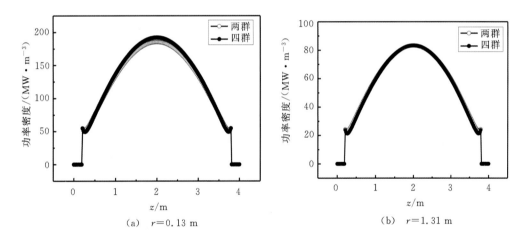

（a）　$r=0.13$ m　　　　　　　　（b）　$r=1.31$ m

图 3-17　两群和四群下功率密度沿轴向的比较

3.5.3　不同温度下群常数的计算

由于群常数与原子核密度密切相关,而材料的密度直接决定着材料的原子核密度,为了进一步计算熔盐堆的安全参数,如各种反应性反馈系数等,需要计算不同材料密度下的群常数。同时,在进行中子物理与热工耦合计算时,中子物理计算为热工计算提供堆芯的功率分布,而热工计算为中子物理计算提供堆芯的流场分布和温度场分布,其中温度用于材料的密度计算,从本质上来说,群常数是由温度决定的。因此,本研究计算了温度分别为 300 K、600 K、900 K、1200 K、1500 K、2100 K 和 3000 K 下的两群群常数,其中 2100 K 和 3000 K 是在反应

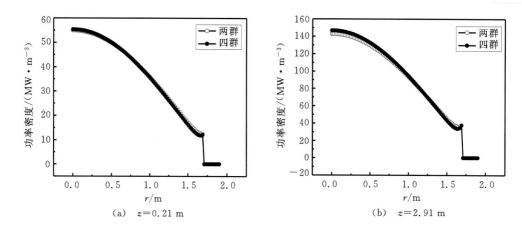

图 3-18 两群和四群下功率密度沿径向的比较

堆事故工况下可能出现的温度。

如图 3-19 所示为燃料盐快群的扩散系数、宏观裂变截面、移出截面及快群向热群的散射截面随温度的变化。由图 3-19 可以看出，各群常数在 300～1500 K 和 1500～3000 K 之间均呈良好的线性关系，两者在 1500 K 处出现转折，是因为熔盐处于两个不同的状态，之前为液态，之后为蒸气态。对于燃料盐热群群常数及石墨的两群群常数，都有类似的规律。

为了便于计算结果的使用，将计算获得的燃料盐和石墨的群常数制作成数据表格，对于介于上述温度之间的温度点，采用插值的方法获得。燃料盐和石墨的两群群常数见附录 5。

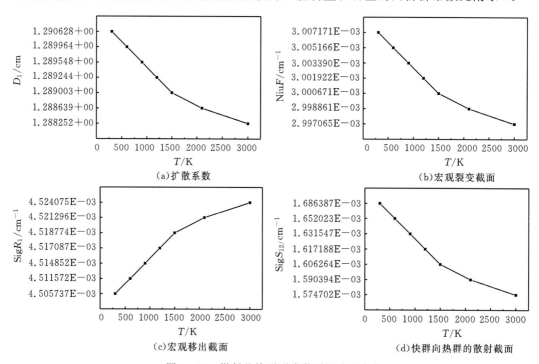

图 3-19 燃料盐快群群常数随温度的变化

3.5.4　有效增殖系数的计算

欧盟合作国提供了 MOSART 一维和二维情况下的有效增殖系数基准解,本研究采用开发的程序分别计算了一维 z 方向、一维 r 方向和二维 r-z 方向的有效增殖系数,并研究了其对计算网格的敏感性。三种情况下有效增殖系数随网格数的变化如图 3-20 所示。

图 3-20(a)表明,在一维 z 方向下,随着网格的加密,有效增殖系数 k_{eff} 逐渐增大,最后收敛在 1.01533,网格数 100,即认为在网距 0.02 m 的情况下可得到网格独立解。图 3-20(b)为一维 r 方向下的计算结果,有效增殖系数 k_{eff} 最后收敛在 0.98855,此时网格数为 95。图 3-20(c)为二维 r-z 方向下的有效增殖系数 k_{eff} 随网格数的变化,其中网格数为 r 方向网格数与 z 方向网格数的乘积。由图可以看出,二维情况下有效增殖系数 k_{eff} 最后收敛在 0.99994,认为在网格数 6400 的情况下即可得到网格独立解。

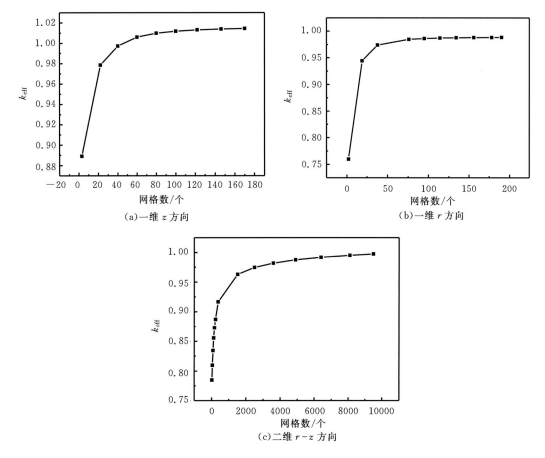

图 3-20　MOSART 有效增殖系数的网格敏感性考核

将三种情况下的计算结果与基准解进行比较,如表 3-6 所示。比较表中各个单位的计算结果可以看出,计算结果与基准解非常接近,从而验证了本研究建立的模型和编制的程序的正确性和合理性。同时,由于计算是在燃料盐静态的假设下进行的,计算获得的有效增殖系数非常接近于 1.0。

表 3 – 6　MOSART 有效增殖系数 k_{eff} 的计算结果与基准解的比较

单位	计算工况	k_{eff}
BME	MCNP4C+JEFF3.1	1.00905
	1D172gr.+JEFF3.1	1.01984
	MCNP4C+JEF2.2	0.96462
FZK	2D560gr.+JEFF3.0	0.99285
	2D560gr.+JENDL3.3	1.01023
	2D560gr.+ENDF6.8	0.98474
	2D560gr.+JEF2.2	0.96498
NRG	MCNP4C+JEFF3.1	1.00887±0.0003
	MCNP4C+JEFF3.0	0.99335±0.00041
Polito	2D4gr.+JEFF3.1	0.99595
RRC-KI	MCNP4B+ENDF5.6	0.99791
	MCU+MCUDAT	0.9893
SCK-CEN	MCNPX250	1.00904
	JEFF3.1	0.96581
本研究	1D-z+DRAGON,IAEA172gr.	1.01533
	1D-r+DRAGON,IAEA172gr.	0.98855
	2D-rz+DRAGON,IAEA172gr.	0.99994

3.5.5　反应性系数计算

1. 反射层的反馈系数计算

设计中的 MOSART 反应堆带有 0.2 m 石墨反射层,本研究计算了它的温度反馈系数。在计算中假设堆芯任何位置的石墨温度相同,计算得到不同石墨温度下的有效增殖系数如图 3 – 21 所示。

由图 3 – 21 可以看出,有效增殖系数随石墨的温度近似线性减小,说明石墨的反馈系数为负的,根据反馈系数的定义

$$\alpha = \frac{\partial \rho}{\partial T} = \frac{1}{k_{eff}} \frac{\partial k_{eff}}{\partial T} - \frac{k_{eff}-1}{k_{eff}^2} \frac{\partial k_{eff}}{\partial T} \tag{3-44}$$

从而可以得到石墨反射层的温度反馈系数 $\alpha_{ref} = -0.0414303 \times 10^{-5}$/K,石墨负的温度反馈系数对反应堆安全有利,是反应堆设计所期望的。同时石墨反射层的负温度反馈系数也是熔盐堆的独特优点之一,因为通常情况下,堆芯布置的石墨温度反馈系数是正的,如高温气冷堆的石墨温度反馈系数为 $+1.0 \times 10^{-5}$/K,虽然这个正值很小,但是可能会造成反应堆的致命安全问题。将本研究计算结果与基准解进行比较,列于表 3 – 7 中,其中基准解是在石墨温度分别

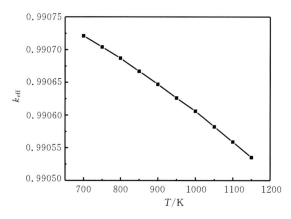

图 3-21　MOSART 有效增殖系数随石墨反射层温度的变化

为 950 K 和 1550 K 两组数据下得到的结果。通过与基准解的比较可以看出,本研究计算结果与基准解比较接近,是合理的。

表 3-7　MOSART 石墨反射层温度反馈系数的计算值与基准解的比较

	单位	BME	FZK	Polito	本研究
α_{ref}	$10^{-5} K^{-1}$	-0.05	-0.05	-0.04	-0.0414303

2. 燃料盐的反馈系数计算

在保持其他计算条件不变,仅改变燃料盐的温度的情况下,计算得到燃料盐的温度反馈系数,基准解在燃料盐温度分别为 900 K 和 1200 K 的条件下计算得到。本研究在两群中子和四群中子工况下,带有石墨反射层和不带石墨反射层两种堆芯结构,计算了燃料盐温度 900 K 和 1200 K 时的有效增殖系数,从而得到温度反馈系数,列于表 3-8 中。计算结果表明,四种情况下计算均得到负的燃料盐温度反馈系数,能群对反馈系数的影响不大,而在有石墨反射层的情况下,燃料盐的负温度反馈系数的绝对值较大,这是因为在石墨反射层附近中子被慢化成热中子,而燃料盐中的 ^{240}Pu 对于能量靠近热能的中子有很强的共振吸收峰。

表 3-8　四种计算条件下 MOSART 燃料盐的温度反馈系数

能群数	有无石墨反射层	温度/K	k_{eff}	$\alpha_f/10^{-5} K^{-1}$
两群	有	900	0.986191	-1.607667
		1200	0.981368	
	无	900	0.972973	-1.584
		1200	0.968221	
四群	有	900	0.984824	-1.613333
		1200	0.979986	
	无	900	0.973268	-1.584667
		1200	0.968514	

　　将计算结果与基准解进行比较,列于表3-9中。通过与基准解的比较可以看出,本研究的计算结果与基准解比较接近,MOSART作为快堆,具有高的燃料温度反馈系数,是其独特的安全特性,以钠冷快堆为例,其燃料温度反馈系数仅为$-0.25\sim-0.1$。

表3-9　MOSART燃料盐的温度反馈系数的计算值与基准解的比较

单位/计算条件	BME	FZK JEFF3.0 /ENDF6.8 /JEF2.2	NRG	Polito	RRC-KI MCNP4B /MCU	SCK-CEN	本研究 2gr. /4gr.
α_f, $10^{-5}\mathrm{K}^{-1}$	-1.67	$-1.52/-1.53$ $/-1.46$	-1.42	-1.73	-1.62 $/-1.09$	-1.69	-1.607667 $/-1.613333$

　　在获得多个温度下的宏观截面后,可以更加深入地研究燃料盐的温度反馈系数。图3-22给出了多个燃料盐温度下,有效增殖系数随燃料盐温度的变化。

　　由图3-22可以看出,有效增殖系数随燃料盐的温度变化并不是线性的。根据经验,快堆的有效增殖系数k_{eff}通常与燃料温度的自然对数成线性变化,而热堆的有效增殖系数与燃料温度的$1/2$次方成线性变化,下面作出了k_{eff}随$\ln T$和k_{eff}随$T^{1/2}$的变化关系,如图3-23所示。由图可以看出,有效增殖系数随$\ln T$成非常好的线性变化,这论证了MOSART的快堆本质,与前面中子能谱计算的结论相一致。

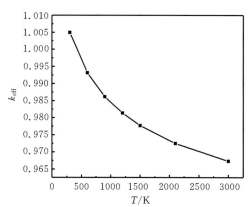

图3-22　MOSART有效增殖系数随燃料盐温度的变化

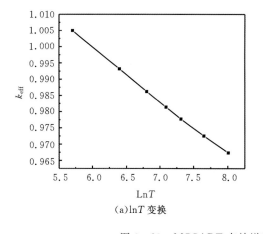

(a)$\ln T$变换

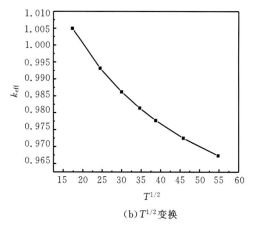

(b)$T^{1/2}$变换

图3-23　MOSART有效增殖系数随温度的变换关系图

3.5.6　缓发中子先驱核对中子物理特性的影响

以上为了与基准解进行比较,计算是基于燃料盐静态、堆芯封闭的假设下进行的。下面将MOSART 堆芯近似为如图 3 - 24 所示结构(堆芯为轴对称结构,取一半计算),对其静态、动态中子物理特性进行计算,并考察缓发中子先驱核和流动的影响。计算中,中子通量和缓发中子先驱核在中线处均取对称边界条件,外壁处均取真空边界条件,中子通量在进、出口界面上也取真空边界条件;缓发中子先驱核由于可随燃料盐在堆芯回路中流动和衰变,其进、出口条件要特别处理,在出口处按流动方向坐标的局部单向化处理,假设燃料盐在回路中运行时间为 τ_{loop},则其入口边界条件可表示为 $C_{i,\text{in}} = C_{i,\text{in}} \cdot e^{-\lambda_i \cdot \tau_{\text{loop}}}$。

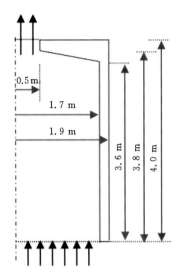

图 3 - 24　MOSART 近似堆芯结构

为了考察流动的影响,计算前必须获得堆芯的流场分布,通常为了简单可以通过假设堆芯流场为平流场或抛物流场,在没有进行堆芯热工水力计算之前,这种方法对于定性的机理研究是可以的。为了计算的准确,本节中子物理分析中所用的堆芯流场分布采用热工水力计算获得的计算结果。但是在堆芯热工水力计算时,堆芯的内热源即堆芯的功率分布需要本节中子物理分析提供,两者之间存在着数据的交换。在单独进行中子物理分析和热工水力分析时,为了尽量保证计算的精确可信,采用如下的方法进行计算:首先在常密度下采用热工水力计算程序计算堆芯的流场(此次仅进行堆芯流场计算,不计算温度场),在常温下计算群常数,从而可以进行堆芯的中子物理分析,获得堆芯的功率分布,输出相应的结果文件;再次进行堆芯的热工水力计算,堆芯热源采用中子物理分析输出的功率分布结果文件,计算获得堆芯的温度场和新的流场,输出温度场和流场的结果文件,此流场即作为本章物理分析的基本输入数据文件。需要指出的是,在瞬态计算中,进行中子物理分析的时候将假设稳态计算时热工分析的参数不变,进行热工分析的时候则假设保持物理分析的参数不变。

下面分别计算了无缓发中子先驱核下堆芯中子物理特性和考虑缓发中子先驱核下的堆芯中子物理特性,比较两者的计算结果,从而研究分析缓发中子先驱核对堆芯中子物理特性的影响,其中静态时六组缓发中子先驱核参数如表 3 - 10 所示。如图 3 - 25 所示为两种情况下有效增殖系数 k_{eff} 随迭代次数的变化,由图可以看出,k_{eff} 最后都收敛在一个稳定值,其中无缓发 k_{eff} 为 0.9708046,而考虑缓发情况下的 k_{eff} 为 0.9695663,两者相差很小。计算二者的反应性,可得由于考虑缓发中子先驱核的作用,将产生 -131×10^{-5} 的反应性损失。

图 3 - 26 和图 3 - 27 给出了无缓发和考虑缓发两种计算条件下快、热中子通量和功率因子在整个堆芯内的分布情况。由图可以看出各物理量的峰值均出现在堆芯的中心部位,热中子通量在石墨反射层附近由于石墨的慢化作用会有升高。比较两种计算条件下的计算结果,发现二者非常接近。

表 3 - 10　　静态时缓发中子先驱核参数

组 i	1	2	3	4	5	6
$\beta_i/10^{-5}$	7.786	77.248	54.944	118.150	61.030	20.842
$\lambda_i/\mathrm{s}^{-1}$	0.0129	0.0301	0.1216	0.3350	1.2930	3.2070
β_i/λ_i	603.57	2566.38	451.84	352.69	47.20	6.50
t_i/s	77.5194	33.2226	8.2237	2.9851	0.7734	0.3118

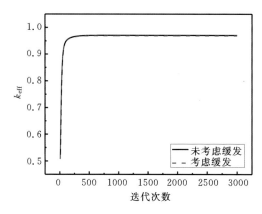

图 3 - 25　　无缓发和考虑缓发时的有效增殖系数

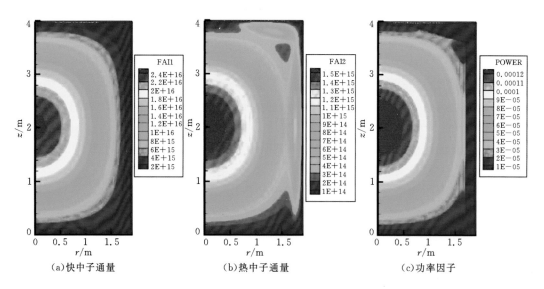

(a)快中子通量　　　　　　　(b)热中子通量　　　　　　　(c)功率因子

图 3 - 26　　无缓发时的快、热中子通量($\mathrm{n \cdot cm^{-2} \cdot s^{-1}}$)及功率因子(%)的分布

　　为了进一步比较两种计算条件下各物理量的差别,分别取两种情况下堆芯纵、横截面 $r=$ 0.05 m 和 $z=1.01$ m 上的快、热中子通量及功率因子沿轴向和径向分布进行比较,如图 3 - 28 所示。由图可以看出,考虑缓发中子先驱核下的快、热中子通量密度相对于未考虑缓发时向流动方向有微小的移动,但是峰值几乎没变,这是由于缓发中子先驱核由于流动的作用向下游方

向移动。功率分布因子与快、热中子通量密度的变化规律相对应,也有相似的变化。

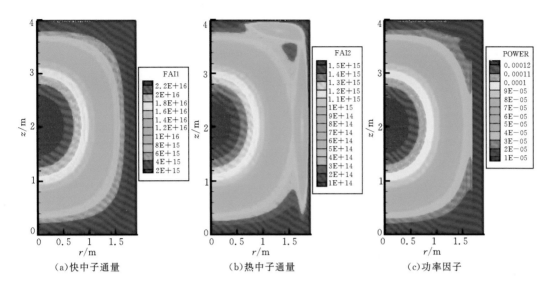

图 3-27　考虑缓发时的快、热中子通量($n \cdot cm^{-2} \cdot s^{-1}$)及功率因子(%)的分布

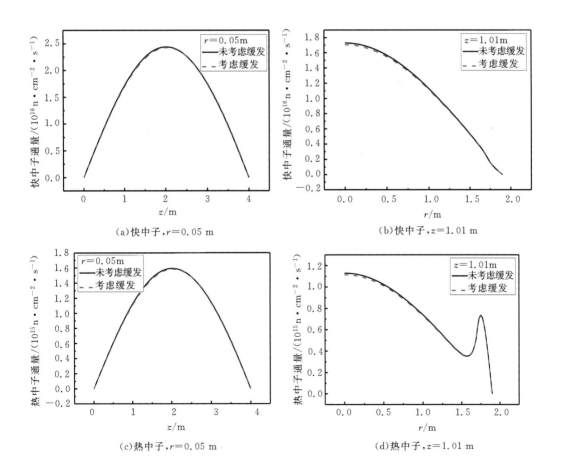

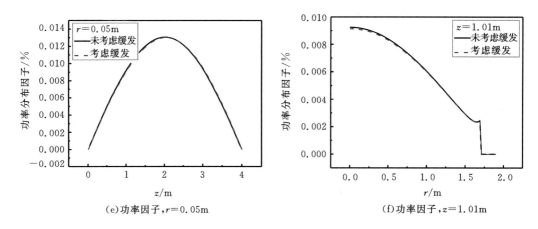

(e)功率因子,$r=0.05$m   (f)功率因子,$z=1.01$m

图 3-28　无缓发和考虑缓发时的快、热中子通量和功率分布因子沿轴向和径向分布比较

3.5.7　流动对堆芯中子物理特性的影响

计算缓发中子不流动时的堆芯中子物理特性,与前面的流动下的缓发中子工况进行比较,从而分析流动对堆芯中子物理的影响。如图 3-29 所示为两种情况下有效增殖系数 k_{eff} 随迭代次数的变化,由图可以看出,k_{eff} 最后都收敛在一个稳定值,其中静态缓发中子先驱核时的 k_{eff} 为 0.9708043,而考虑流动情况下的 k_{eff} 为 0.9695663,略有减小。将二者转化为反应性,可得由于考虑缓发中子先驱核的作用,将产生 -131×10^{-5} 的反应性损失。同时也可以看出,考虑静态缓发中子先驱核时的 k_{eff} 与不考虑缓发中子先驱核时的 k_{eff} 几乎相同,这正是固体燃料反应堆中静态中子物理研究时往往忽略缓发中子先驱核的原因。而对于液体燃料反应堆,缓发中子先驱核可以随燃料在反应堆整个回路内循环,因此即使在稳态情况下,也要考虑缓发中子先驱核。

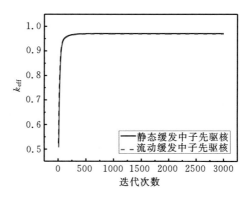

图 3-29　缓发中子先驱核静态和流动时的有效增殖系数

图 3-30 所示为静态缓发中子先驱核时快、热中子通量和功率因子在堆芯内的分布,可以看出,各物理量的分布与图 3-26 所示的各物理量分布几乎相同,而与图 3-27 所示的各物理量分布也非常接近。

为了进一步分析缓发中子先驱核流动对 MOSART 堆芯中子物理的影响,分别取两种情况下堆芯纵、横截面 $r=0.05$ m 和 $z=1.01$ m 上的快、热中子通量及功率因子沿轴向和径向的比较,如图 3-31 所示。由图可以发现,由于缓发中子先驱核的流动,快、热中子通量均沿流动方向向下游稍有移动;与快、热中子通量相关的功率分布因子也有类似的现象。

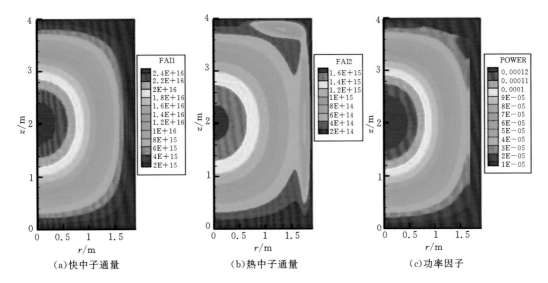

(a)快中子通量　　　　(b)热中子通量　　　　(c)功率因子

图 3-30　静态缓发中子先驱核时快、热中子通量($n \cdot cm^{-2} \cdot s^{-1}$)和功率因子(%)的分布

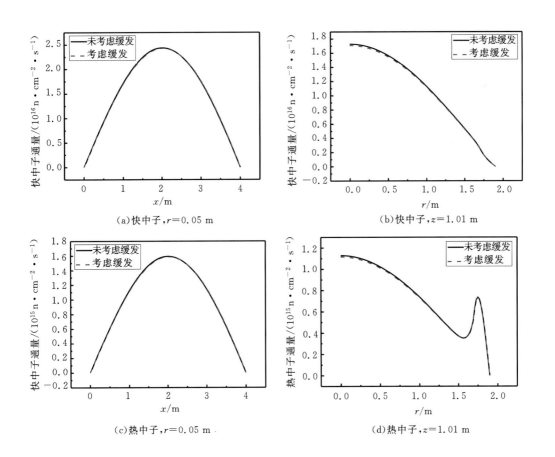

(a)快中子,$r=0.05$ m　　　　　　　(b)快中子,$z=1.01$ m

(c)热中子,$r=0.05$ m　　　　　　　(d)热中子,$z=1.01$ m

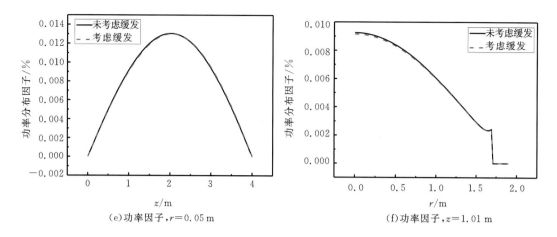

(e)功率因子,$r=0.05$ m

(f)功率因子,$z=1.01$ m

图 3-31 缓发中子先驱核静态和流动时的快、热中子通量密度分布比较

图 3-32 和图 3-33 给出了静态和流动时六组缓发中子先驱核在堆芯内的分布。由图 3-32可以看出静态情况下,所有缓发中子先驱核的峰值均出现在堆芯的中心,分布形式与快

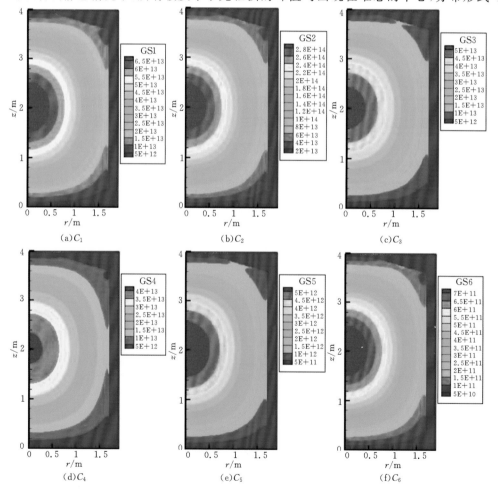

(a)C_1

(b)C_2

(c)C_3

(d)C_4

(e)C_5

(f)C_6

图 3-32 缓发中子先驱核静态时分布图($n \cdot cm^{-3}$)

中子通量密度的分布很相似;而在流动情况下,缓发中子先驱核沿流动方向向下游流动,峰值也随之向下游移动,可见流动对缓发中子先驱核分布影响很大。比较图 3-33 中各组缓发中子先驱核分布还可以看出,缓发中子先驱核的衰变常数越小,流动对其影响越大。

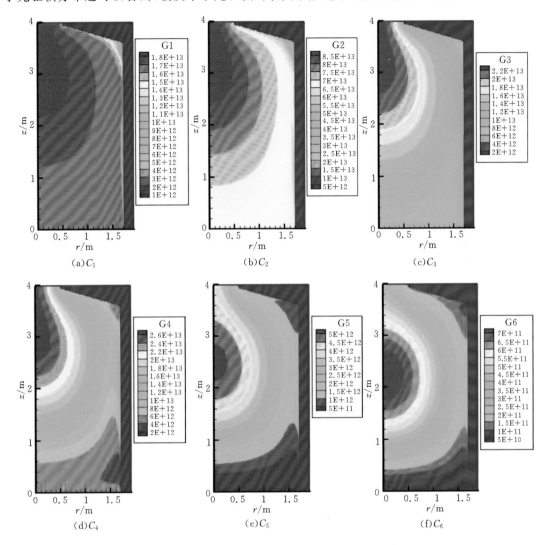

图 3-33　缓发中子先驱核流动时分布图($n \cdot cm^{-3}$)

比较各组缓发中子先驱核静态和流动情况下在纵、横截面 $r=0.05$ m 和 $z=1.01$ m 上的分布,如图 3-34 所示。由图可以看出,流动使得缓发中子先驱核在堆芯内的分布趋于平缓,且大量的缓发中子先驱核随燃料盐流出堆芯,缓发中子先驱核的衰变常数越小,流动对其影响越大。

3.5.8　堆芯瞬态中子物理分析

在不考虑反应性反馈效应的情况下,计算了三种工况下的瞬态堆芯中子物理问题,分别为反应性阶跃升高 50×10^{-5}、100×10^{-5}、150×10^{-5},反应性阶跃降低 50×10^{-5}、100×10^{-5}、150×10^{-5},指定区域内热群吸收截面阶跃降低 5% 和 10%。

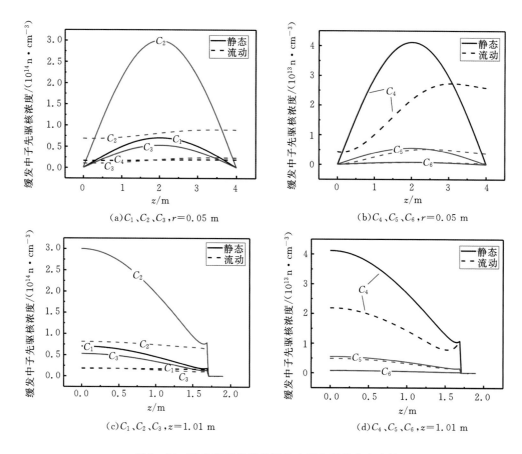

(a)C_1、C_2、C_3，$r=0.05$ m　　　　　　(b)C_4、C_5、C_6，$r=0.05$ m

(c)C_1、C_2、C_3，$z=1.01$ m　　　　　　(d)C_4、C_5、C_6，$z=1.01$ m

图 3 - 34　静态和流动时的缓发中子先驱核分布比较

1. 反应性阶跃升高

计算了反应性阶跃升高 50×10^{-5}、100×10^{-5}、150×10^{-5} 三种工况下瞬态堆芯中子物理特性。以反应性阶跃升高 50×10^{-5} 为例，图 3 - 35 为该工况下，堆芯相对功率 $p_r(t)/p_r(0)$ 随时间的变化。由图可以看出，在引入阶跃升高的反应性扰动后，功率开始时突然迅速升高，但经过一小段时间后，开始以一稳定的速度相对缓慢地增加。由核反应堆动力学可知，在反应性阶跃引入时，中子密度可以表示成

$$n(t) = n_0(A_1 \mathrm{e}^{\omega_1 t} + A_2 \mathrm{e}^{\omega_2 t} + \cdots + A_7 \mathrm{e}^{\omega_7 t})$$
$$= n_0 \sum_{j=1}^{7} A_j \mathrm{e}^{\omega_j t} \qquad (3-45)$$

在引入正反应性扰动时，方程(3 - 45)中只有 ω_1 是正的，亦即只有第一项是指数增加项，其他六个 ω_j 均为负值，因而其所对应方程中其余六项

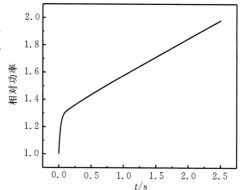

图 3 - 35　反应性阶跃升高 50×10^{-5} 时堆芯相对功率

都是指数衰减项。因此这些项在开始时对中子密度有短暂的影响,经过一段很短的时间后,这些衰变项便先后衰减趋于消失。最后只剩下唯一的第一项指数,这时中子密度将按稳定周期($T_1=1/\omega_1$)增长。通过多项式拟合,可得反应性阶跃升高 50×10^{-5} 工况下的反应堆周期约为 11 s。

分别取 $t=1$ s、$t=2$ s 时的快、热中子通量密度和各缓发中子先驱核浓度在堆芯纵截面 $r=0.05$ m 上的值与初始时刻 $t=0$ s 时的值进行比较,从而分析该瞬态工况下,各变量的变化特性。三个时刻的快、热中子通量密度沿轴向的分布如图 3-36 所示,缓发中子先驱核浓度的分布如图 3-37 所示。

图 3-36 三个时刻中子通量密度沿轴向分布的比较表明,随着时间的增加,快、热中子通量密度都在升高,但是在相同时间的间隔内变化幅度不同,从 $t=0$ s 到 $t=1$ s 的变化较大,而从 $t=1$ s 到 $t=2$ s 的变化较小,这一现象与功率变化是类似的,即在瞬态初期快速增加,而经过一段时间后缓慢增加。图 3-36 还表明,不同时刻快、热中子通量密度的形状没有多大变化,这是因为快、热中子通量密度分布形状受堆芯结构和材料分布影响,计算中这两个因素没有变化。

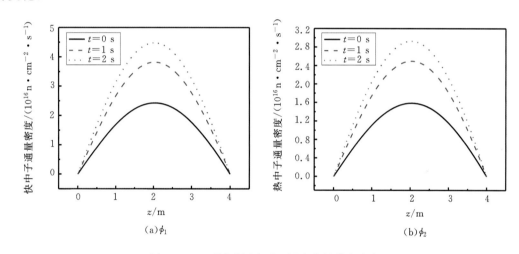

图 3-36　不同时刻中子通量密度沿轴向分布

不同时刻缓发中子先驱核浓度沿轴向分布表明,随着时间的增加,缓发中子先驱核浓度都在升高。与中子通量密度不同的是,在相同的时间间隔内,第 1~4 组缓发中子先驱核浓度从 $t=0$ s 到 $t=1$ s 的变化幅度比从 $t=1$ s 到 $t=2$ s 的变化幅度小,而第 5、6 组缓发中子先驱核浓度相反。这是因为缓发中子先驱核浓度受自身衰变影响,由表 3-10 可知,第 1~4 组缓发中子先驱核的平均寿命大于 1 s,衰变缓慢,因此从 $t=0$ s 到 $t=1$ s 的时间间隔内,先驱核浓度受之前浓度的影响变化缓慢,随着时间的增加,初始影响变小,先驱核浓度的变化加快;而第 5、6 组的寿命小于 1 s,分别为 0.77 s 和 0.31 s,衰变迅速,因此呈现与快、热中子通量密度变化相同的趋势。由图 3-37 也可以看出三个不同时刻下,六组缓发中子先驱核浓度的分布形状变化不大,这是因为缓发中子先驱核的分布形状主要受流场的影响,在此计算中流场不变化。

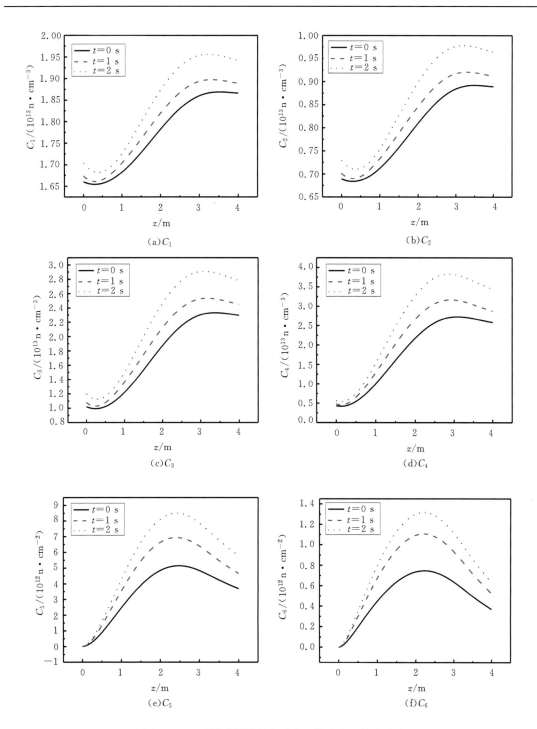

图 3-37　不同时刻缓发中子先驱核浓度沿轴向分布

反应性阶跃升高 50×10^{-5}、100×10^{-5} 和 150×10^{-5} 三种工况下，堆芯相对功率随时间的变化如图 3-38 所示。由图可以看出，三个反应性阶跃升高工况下相对功率随时间的变化规律很类似，都是在开始时突然升高，在经过一小段时间后，开始以一稳定的速度较缓慢地增加；

阶跃反应性升高越大,初始阶段的功率升高越高,后期的功率增长速度越快。这是因为,阶跃反应性越大,方程(3-45)中的 ω_1 越大,对应的增长周期 T_1 越小。反应性阶跃升高 50×10^{-5}、100×10^{-5} 和 150×10^{-5} 三种工况对应的反应堆周期分别为 11 s、2.5 s 和 0.7 s。

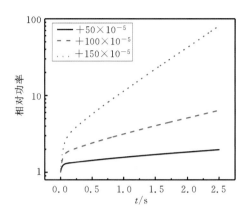

图 3-38　反应性阶跃升高三种工况下相对功率随时间变化比较

2. 反应性阶跃降低

计算了反应性阶跃降低 50×10^{-5}、100×10^{-5}、150×10^{-5} 三种工况下瞬态堆芯中子物理特性。以反应性阶跃降低 50×10^{-5} 为例,图 3-39 为该工况下,堆芯相对功率 $p_r(t)/p_r(0)$ 随时间的变化。

由图 3-39 可以看出,反应性阶跃降低时堆芯相对功率变化与反应性阶跃升高时堆芯相对功率变化趋势相反,即在引入阶跃降低的反应性扰动后,功率开始时突然迅速降低,但经过一小段时间后,开始以一稳定的速度相对缓慢地减小。在阶跃引入负反应性时,中子密度的表达依然可以用方程(3-45)表示。与引入正反应性扰动不同的是,当引入负的阶跃反应性时,方程(3-45)中所有 ω_j 均为负值,七项都是指数衰减项,但是 $|\omega_1| < |\omega_2| < \cdots < |\omega_7|$,各项衰减的速度不同,经过一段时间后,衰减较快的后六项先后趋于消失,最后只剩下

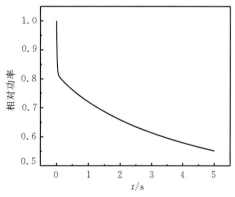

图 3-39　反应性阶跃降低 50×10^{-5} 时堆芯相对功率随时间变化

衰减最慢的第一项,这时中子密度将按 $T_1 = 1/|\omega_1|$ 的渐近周期指数衰减。

分别取 $t=1$ s、$t=2$ s 时的快、热中子通量密度和各缓发中子先驱核浓度在堆芯纵截面 $r=0.05$ m 上的值与初始时刻 $t=0$ s 时的值进行比较,从而分析该瞬态工况下,各变量的变化特性。三个时刻的快、热中子通量密度沿轴向的分布如图 3-40 所示,缓发中子先驱核浓度的分布如图 3-41 所示。可以发现与反应性阶跃升高类似的现象,即随着时间的增加,快、热中子通量和缓发中子先驱核浓度都在降低,对于快、热中子通量和第 5、6 组缓发中子先驱核,从 $t=0$ s 到 $t=1$ s 时间间隔内的变化比从 $t=1$ s 到 $t=2$ s 时间间隔内的变化快,而对于第 1~4

组缓发中子先驱核,从 $t=1$ s 到 $t=2$ s 时间间隔内的变化比从 $t=0$ s 到 $t=1$ s 时间间隔内的变化稍明显,但是它们的分布形状均没有太大变化。

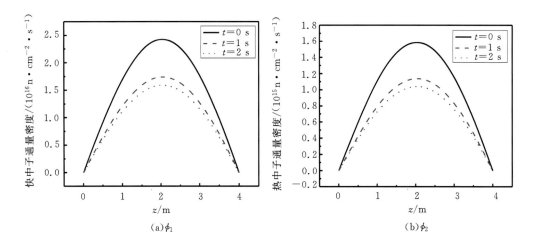

(a)ϕ_1　　　　　　　　　　　(b)ϕ_2

图 3-40　不同时刻中子通量密度沿轴向分布

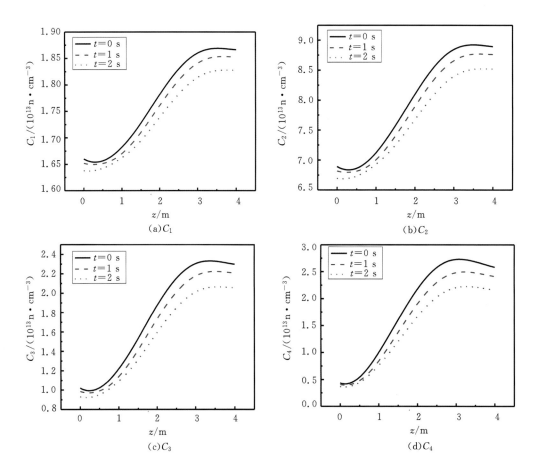

(a)C_1　　　　　　　　　　　(b)C_2

(c)C_3　　　　　　　　　　　(d)C_4

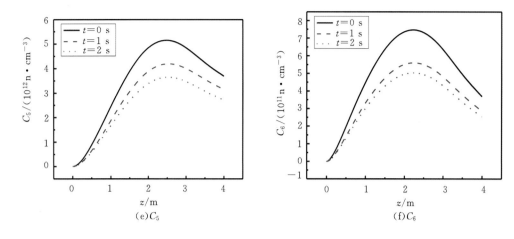

(e)C_5 (f)C_6

图 3-41 不同时刻缓发中子先驱核浓度沿轴向分布

反应性阶跃降低 50×10^{-5}、100×10^{-5} 和 150×10^{-5} 三种工况下,堆芯相对功率随时间的变化如图 3-42 所示。由图可以看出,三个反应性阶跃降低工况下相对功率随时间的变化规律很类似,都是在开始时突然降低,在经过一小段时间后,开始以一稳定的速度较缓慢地减小;阶跃反应性降低越大,初始阶段的功率降低越大,后期的功率降低速度越快。这是因为,阶跃反应性越大,方程(3-45)中的 ω_1 越大,对应的增长周期 T_1 越小。

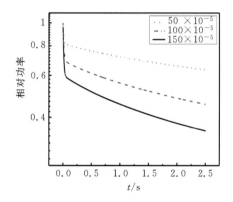

图 3-42 反应性阶跃降低三种工况下相对功率随时间变化比较

3. 热群吸收截面降低

假设堆芯 $r=0$ 到 $r=0.2$ m 的区域内,热群的吸收截面突然降低,计算了截面降低 5% 和 10% 两种工况下的堆芯瞬态中子物理特性。以截面降低 5% 为例,图 3-43 给出了该工况下,堆芯相对功率随时间的变化。由图可以看出,此工况下相对功率的变化规律与反应性阶跃升高时的变化规律很相似,即功率在瞬态开始的一小段时间内非常迅速地升高,随后以一稳定的速度较缓慢地升高。这是因为,吸收截面降低会使有效增殖系数升高,而反应性与有效增殖系数成正比关系,因此吸收截面降低的瞬态工况的本质是反应性升高瞬态。

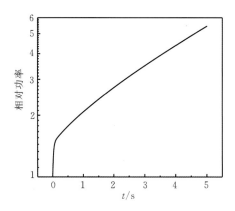

图 3-43 热群吸收截面降低 5% 时堆芯相对功率变化

分别取 $t=1$ s、$t=2$ s 时的快、热中子通量密度和各缓发中子先驱核浓度在堆芯纵截面 $r=0.05$ m 上的值与初始时刻 $t=0$ s 时的值进行比较,从而分析该瞬态工况下,各变量的变化特性。三个时刻的快、热中子通量密度沿轴向的分布如图 3-44 所示,缓发中子先驱核浓度的分布如图 3-45 所示。由于此工况本质上是反应性阶跃升高,因此不同时刻快、热中子通量和缓发中子先驱核浓度随时间的变化规律是类似的,可以得到相同的结论,此处不再赘述。

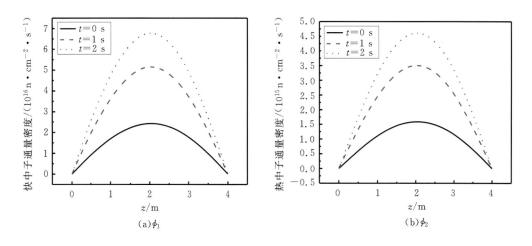

图 3-44 不同时刻中子通量密度沿轴向分布

热群吸收截面在指定区域内降低 5% 和 10% 两种工况下,堆芯相对功率随时间的变化如图 3-46 所示。两个工况下相对功率随时间变化规律相似,即在瞬态初始阶段功率突然升高,经过一小段时间后以一个稳定速度缓慢升高。吸收截面降低越大,初始功率升高越高,后期功率升高速度越快,这与反应性阶跃升高瞬态工况的规律是一致的。

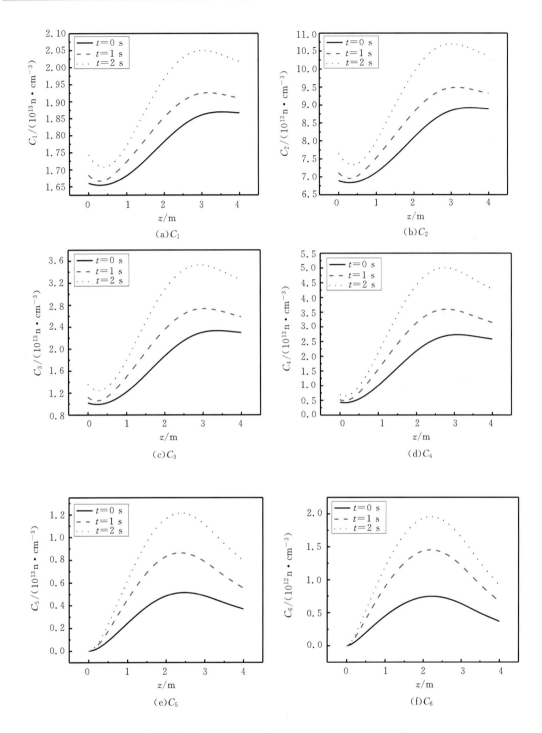

图 3-45　不同时刻缓发中子先驱核浓度沿轴向分布

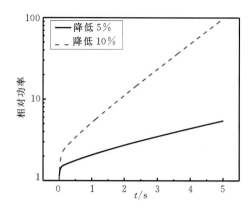

图 3-46 吸收截面降低 5% 和 10% 两种工况下相对功率变化

参考文献

[1] DIAMOND D J. Research needs for generation IV nuclear energy systems[C]//Proceeding of the International Conference on the New Frontiers of Nuclear Technology: Reactor Physics, Safety and High-Performance Computing, PHYSOR'02, Seoul, Korea, 2002: 7-10.

[2] VAN DAM H. Delayed neutron effectiveness in a fluidized bed fission reactor[J]. Annals of Nuclear Energy, 1996, 23(1): 41-46.

[3] MITACHI K, YAMANA Y, SUZUKI T, et al. Neutronic examination on plutonium transmutation by a small molten salt fission power station: IAEA-TECDOC-840 [R]. Vienna: IAEA, 1995.

[4] MATTIODA F, RAVETTO P, RITTER G. Effective delayed neutron fraction for fluid-fuel systems[J]. Annals of Nuclear Energy, 2000, 27: 1523-1532.

[5] LAPENTA G, MATTIODA F, RAVETTO P. Point kinetic model for fluid fuel systems[J]. Annals of Nuclear Energy, 2001, 28: 1759-1772.

[6] SCHIKORR W M. Assessment of the kinetic and dynamic transient behavior of sub-critical systems(ADS) in comparison to critical reactor systems[J]. Nuclear Engineering and Design, 2001, 210: 95-123.

[7] WANG S, RINEISKI A, MASCHEK W. Development and verification of the SIMMER-III code for molten salt reactors[C]. //Proceedings of the 2003 ANS/ENS International Winter Meeting(GLOBAL'03), Hyatt Regency, New Orleans, LA, USA, November 16-20, 2003.

[8] DULLA S, RAVETTO P, ROSTAGNO M. Neutron kinetics of fluid-fuel systems by the quasi-static method[J]. Annals of Nuclear Energy, 2004, 31: 1709-1733.

[9] RINEISKI A, MASCHEK W. Kinetics models for safety studies of accelerator driven systems[J]. Annals of Nuclear Energy, 2005, 32: 1348-1365.

［10］ LECARPENTIER D，LECARPENTIER V. A neutronic program for critical and non-equilibrium study of mobile fuel reactors：the Cinsf1D code［J］. Nuclear Science and Engineering，2003，143：33－46.

［11］ KREPEL J，GRUNDMANN U，ROHDE U. DYN1D-MSR dynamics code for molten salt reactors［J］. Annals of Nuclear Energy，2005，32：1799－1824.

［12］ KREPEL J，GRUNDMANN U，ROHDE U. DYN3D-MSR spatial dynamics code for molten salt reactors［J］. Annals of Nuclear Energy，2007，34：449－462.

［13］ YAMAMOTO T，MITACHI K，SUZUKI K. Steady state analysis of small molten salt reactor(effect of fuel salt flow on reactor characteristics)［J］. JSME International Journal B：Fluid and Thermal Engineering，2005，48：610－617.

［14］ YAMAMOTO T，MITACHI K，IKEUCHI K，et al. Transient characteristics of small molten salt reactor during blockage accident［J］. Heat Transfer- Asian Research，2006，35：434－450.

［15］ NICOLINO C，LAPENTA G，DULLA S，et al. Coupled dynamics in the physics of molten salt reactors［J］. Annals of Nuclear Energy，2008，35：314－322.

［16］ OTT K O，BEZELLA W A. Introductory nuclear reactor statics［M］. Revised edition. La Grange Park，Illinois：American Nuclear Society，1989.

［17］ MARLEAU G，HEBERT A，ROY R. A user's guide for dragon：Report IGE-174 ［P］. Montreal：Ecole Polytechnique de Montreal，1996.

［18］ IAEA. The basic nuclear data file［EB/OL］. ［2018－01－30］ http：//www：nds. iaea. org.

［19］ PATANKAR S V. Numerical heat transfer and fluid flow［M］. New York：Hemisphere Publishing Corporation，McGRAW-HILL BOOK COMPANY，1980：92－98.

［20］ MINKOWYCZ W J，SPARROW E M，SCHNEIDER G E，et al. Handbook of numerical heat transfer［M］. New York：John Wiley，1988.

［21］ GASKELL P H，LAU A K C，WRIGHT N G. Comparison of two solution strategies for use with higher-order discretization schemes in fluid flow simulation［J］. International Journal of Numerical Methods Fluids，1988，8：1203－1215.

［22］ GAO C，WANG Y S. A general formulation of Peaceman and Rachford ADI method for the N-dimensional heat diffusion equation［J］. Int Comm Heat Mass Transfer，1996，23(6)：845－854.

［23］ HIRAKAWA N，ABOANBER A I，MITACHI K，et al. Molten salt reactor benchmark problem to constrain plutoniu［C］// Proceedings of three IAEA meetings held in Vienna in 1997，1998 and 1999，International Atomic Energy Agency，Vienna，Austria，IAEA-TECDOC—1319：198－206.

［24］ BANDINI B R. Three-dimensional Transient Neutronics Routine for the TRAC-PFI Reactor Thermal Hydraulic Computer Code［D］. Pennsylvania：Pennsylvania State University，1990.

［25］ DENISE B P. MCNPX user's manual：LA-CP-05-0369 ［P］. Los Alamos：Los Alamos National Laboratory，2005.

第 4 章　液体燃料熔盐堆热工水力分析

4.1　液体燃料熔盐堆热工水力模型

美国橡树岭国家实验室的早期研究及 RRC-KI 的研究表明,液体燃料熔盐堆使用的熔融氟化盐从流动和传热的观点来看与水没有本质区别[1,2],因此,在用熔盐物性程序替代水物性之后,常规固体燃料反应堆的热工水力程序可以方便地推广到熔盐堆的热工水力分析,如 Krepel 等将轻水堆的热工水力程序 DYN 推广到 MSRE 的计算[3-6],Wang 等将 FZK、JNC 和 CEA 联合开发的用于钠冷快堆的分析程序 SIMMER-Ⅲ 应用到 MOSART 的分析[7,8],Mandin 等则采用多通道模型对 TMSR 和 CSMSR 的热工水力进行分析[9,10]。

本研究采用目前得到广泛发展的 CFD 方法对熔盐堆堆芯的热工水力特性进行计算研究,需要特别指出的是,熔盐堆燃料盐在堆芯的流动换热是有内热源的换热,其内热源为中子的裂变能,由堆芯的中子物理计算提供。基本的 CFD 计算模型包括质量守恒方程、动量守恒方程和能量守恒方程,圆柱坐标下的各守恒方程如下。

质量守恒方程

$$\frac{\partial \rho}{\partial t}+\frac{\partial(\rho u)}{\partial z}+\frac{1}{r}\frac{\partial(\rho r v)}{\partial r}=0 \tag{4-1}$$

动量守恒方程

$$\frac{\partial(\rho u)}{\partial t}+\frac{\partial(\rho u \cdot u)}{\partial z}+\frac{1}{r}\frac{\partial}{\partial r}(r\rho v \cdot u)=-\frac{\partial p}{\partial z}+\frac{\partial}{\partial z}(\eta\frac{\partial u}{\partial z})+\frac{1}{r}\frac{\partial}{\partial r}(\eta r\frac{\partial u}{\partial r})+S_u \tag{4-2}$$

$$\frac{\partial(\rho v)}{\partial t}+\frac{\partial(\rho u \cdot v)}{\partial z}+\frac{1}{r}\frac{\partial}{\partial r}(r\rho v \cdot v)=-\frac{\partial p}{\partial r}+\frac{\partial}{\partial z}(\eta\frac{\partial v}{\partial z})+\frac{1}{r}\frac{\partial}{\partial r}(\eta r\frac{\partial v}{\partial r})-\frac{\eta \cdot v}{r^2}+S_v \tag{4-3}$$

能量守恒方程

$$\frac{\partial(\rho T)}{\partial t}+\frac{\partial(\rho u \cdot T)}{\partial z}+\frac{1}{r}\frac{\partial}{\partial r}(r\rho v \cdot T)=\frac{\partial}{\partial z}(\frac{\lambda}{c_p}\frac{\partial T}{\partial z})+\frac{1}{r}\frac{\partial}{\partial r}(\frac{\lambda}{c_p}r\frac{\partial T}{\partial r})+\frac{S_T}{c_p} \tag{4-4}$$

以上方程为 CFD 计算的通用方程,其中式(4-2)和式(4-3)是 N-S 方程,S_u 和 S_v 为动量方程的广义源项,当流动为层流时 S_u 和 S_v 为零;而当流动为湍流时,动量方程的源项不再为零,其中层流与湍流转换的判断标准为入口 $Re=3448$[11]。关于湍流运动与传热的数值计算方法主要有三类[12]:直接模拟方法(DNS)、大涡模拟方法(LES)和应用 Reynolds 时均方程的模拟方法。目前 Reynolds 时均方程方法得到了广泛的应用,本研究采用标准 k-ε 模型和壁面函数法进行熔盐堆堆芯内流动换热模拟[12]。标准 k-ε 模型描述如下

$$\frac{\partial(\rho \Phi)}{\partial t}+\frac{\partial(\rho u \Phi)}{\partial z}+\frac{1}{r}\frac{\partial}{\partial r}(r\rho v \Phi)=\frac{\partial}{\partial z}(\Gamma_\Phi\frac{\partial \Phi}{\partial z})+\frac{1}{r}\frac{\partial}{\partial r}(r\Gamma_\Phi\frac{\partial \Phi}{\partial r})+S_\Phi \tag{4-5}$$

式中:Γ_Φ 和 S_Φ 表示广义扩散系数和广义源项,各变量与方程(4-5)对应的这两项列于表 4-1 中。

表 4-1　k-ε 模型各变量对应方程 (4-5) 中的 Γ_Φ 和 S_Φ

变量	Γ_Φ	S_Φ
u	$\Gamma = \eta_{\text{eff}} = \eta + \eta_t$	$S_u = -\dfrac{\partial p}{\partial z} + \dfrac{\partial}{\partial z}\left(\eta_{\text{eff}}\dfrac{\partial u}{\partial z}\right) + \dfrac{1}{r}\dfrac{\partial}{\partial r}\left(r\eta_{\text{eff}}\dfrac{\partial u_r}{\partial z}v\right) + \rho g$
v	$\Gamma = \eta_{\text{eff}} = \eta + \eta_t$	$S_v = -\dfrac{\partial p}{\partial r} + \dfrac{\partial}{\partial z}\left(\eta_{\text{eff}}\dfrac{\partial u}{\partial r}\right) + \dfrac{1}{r}\dfrac{\partial}{\partial r}\left(r\eta_{\text{eff}}\dfrac{\partial v}{\partial r}\right) - \dfrac{2\eta_{\text{eff}}v}{r^2}$
k	$\Gamma = \eta + \eta_t/\sigma_k$	$S_k = \rho G_k - \rho\varepsilon,\ G_k = \dfrac{\eta_t}{\rho}\left\{2\left[\left(\dfrac{\partial u}{\partial z}\right)^2 + \left(\dfrac{\partial v}{\partial r}\right)^2\right] + \left(\dfrac{\partial u}{\partial r} + \dfrac{\partial v}{\partial z}\right)^2\right]\right\}$
ε	$\Gamma = \eta + \eta_t/\sigma_\varepsilon$	$S_\varepsilon = \dfrac{\varepsilon}{k}(c_1\rho G_k - c_2\rho\varepsilon)$
T	$\Gamma = \eta/Pr + \eta_t/\sigma_t$	$S_T = \left(E_f\sum\limits_{g=1}^{G}\Sigma_{f,g}\phi g\right)/c_p$

4.2　数值计算方法

以上热工水力的所有控制方程均可以写成方程 (3-30) 所示的统一形式,对于标量(如堆芯中子物理分析中的中子通量密度、缓发中子先驱核或热工水力分析中的温度、脉动动能和脉动耗散等)方程的离散,已经在第 3 章作了详细的介绍。而对于动量方程的离散,也可以采用与上述标量方程类似的离散方法进行离散,不同的是,速度 u、v 要在其相应的控制容积上进行积分,而不是主控制容积。在第 3 章提到了,采用交错网格的布置形式,这是为了克服压力与速度间的失耦。所谓交错网格,就是指把速度 u、v 及压力 p(包括其他所有标量场及物性参数)分别存储于三套不同网格上的网格系统。其中速度 u 存于压力控制容积的东、西界面上,速度 v 存于压力控制容积的南、北界面上,u、v 各自的控制容积则是以速度所在位置为中心的。从而 u 控制容积与主控制容积(即压力的控制容积之间)在 x 方向上有半个网格步长的错位,而 v 控制容积与主控制容积之间则在 y 方向上有半个步长的错位。

将以 u 和 v 为变量的动量方程在它们各自的控制容积内进行离散,同时为了推出压力的控制方程,将压力项从源项中分离出来,得到动量方程的离散方程

$$a_e u_e = \sum a_{nb} u_{nb} + b + (p_P - p_E)A_e \tag{4-6}$$

$$a_n v_n = \sum a_{nb} v_{nb} + b + (p_P - p_N)A_n \tag{4-7}$$

在获得动量方程的离散形式后,如果采用 u、v、p 同时求解的方法,则需将连续性方程在主控制体上离散,然后用直接解法计算在给定的一组系数下各节点上的 u、v、p 值。根据计算所得的新值,改进代数方程的系数,再用直接法解出与新的系数相应的 u、v、p 值。如此反复,直到收敛。这种 u、v、p 在全域范围内求解的方法由于要耗费巨大的计算机资源,因此尚未在工程数值计算中获得应用。通常采用分离式求解方法,该方法的关键是如何求解压力场,或者在给定了一个压力场后如何改进它。目前广泛采用的压力修正法就是用来改进压力场的一类计算方法。本研究采用 Patankar 提出的压力修正方法——SIMPLER 算法[13]。

从质量守恒方程出发,建立压力和压力修正值的控制方程。动量方程 (4-6) 可写成

$$u_e = \underbrace{\frac{\sum a_{nb}u_{nb}+b}{a_e}}_{\hat{u}_e} + d_e(p_P - p_E) \tag{4-8}$$

在已知（或假定）了速度分布后，上式右端第一项 $\hat{u}_e$ 可以算出，则

$$u_e = \hat{u}_e + d_e(p_P - p_E) \tag{4-9}$$

类似有

$$v_n = \hat{v}_n + d_n(p_P - p_N) \tag{4-10}$$

将上两式代入离散的连续性方程，可得压力控制方程

$$a_P p_P = a_E p_E + a_W p_W + a_N p_N + a_S p_S + b \tag{4-11}$$

式中

$$a_E = (\rho A d)_e, a_W = (\rho A d)_w, a_N = (\rho A d)_n, a_S = (\rho A d)_s \tag{4-12}$$

$$a_P = \sum a_{nb} \tag{4-13}$$

$$b = [(\rho \hat{u} A)_w - (\rho \hat{u} A)_e]\Delta y + [(\rho \hat{v} A)_s - (\rho \hat{v} A)_n]\Delta x \tag{4-14}$$

在此基础上求解动量方程，获得速度分布 u^*、v^*，假设压力修正值为 p'，则改进后的速度为

$$u_e = u^* + d_e(p'_P - p'_E) \tag{4-15}$$

$$v_n = v^* + d_n(p'_P - p'_N) \tag{4-16}$$

将上两式代入离散的连续性方程，即可得压力修正值的控制方程为

$$a_P p'_P = a_E p'_E + a_W p'_W + a_N p'_N + a_S p'_S + b \tag{4-17}$$

上式与压力方程的形式完全相同，除源项外，其他系数计算式也相同，压力修正值控制方程的源项为

$$b = [(\rho u^* A)_w - (\rho u^* A)_e]\Delta y + [(\rho v^* A)_s - (\rho v^* A)_n]\Delta x \tag{4-18}$$

SIMPLER 算法的计算步骤如下[12,14]：①假设一个速度场 u^0、v^0，计算动量方程的系数；②据已知的速度计算假拟速度 $\hat{u}$、$\hat{v}$；③求解压力方程；④把解出的压力作为 p^*，求解动量方程，得 u^*、v^*；⑤据 u^*、v^* 求解压力修正值 p'；⑥利用 p' 修正速度，但不修正压力；⑦利用改进后的速度，计算动量方程的系数，重复第②步到第⑦步的计算，直到收敛。

4.3　热工分析模型的校核和验证

4.3.1　稳态计算验证

顶盖驱动流是最常见的检验流动换热计算程序正确与否的基准题，本研究选用 Ghia 在 20 世纪 80 年代末期用密网格计算所得的结果作为基准解，相应的问题描述见文献[15]。定义无量纲量 $Re = \rho U_{lid} L / \mu$，计算了三种不同 Re 情况下的流场分布，下面首先给出 $Re = 100$ 时的计算结果。取 $x = 0.5$ m 处和 $y = 0.5$ m 处计算所得的速度 u、v 分布，分别与 Ghia 的基准解进行比较，结果如图 4-1 所示。图 4-2 同样采用 Ghia 的计算结果作为基准解，计算了 $Re = 5000$ 时的顶盖驱动流的流场分布。取 $x = 0.5$ m 处和 $y = 0.5$ m 处计算所得的速度 u、v 分布，分别与 Ghia 的基准解进行了比较。

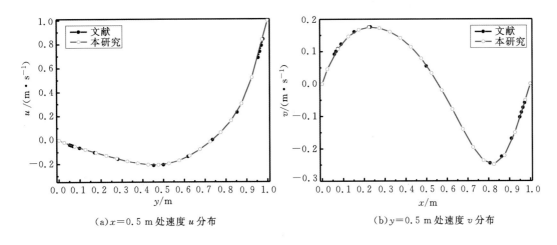

(a)$x=0.5$ m 处速度 u 分布 (b)$y=0.5$ m 处速度 v 分布

图 4-1 顶盖驱动流层流计算结果与比较

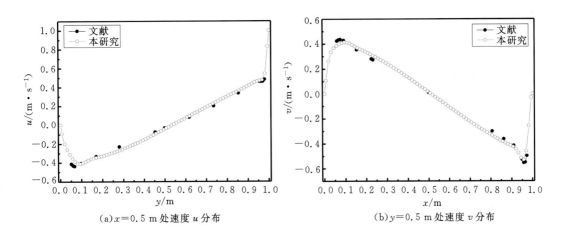

(a)$x=0.5$ m 处速度 u 分布 (b)$y=0.5$ m 处速度 v 分布

图 4-2 顶盖驱动流湍流计算结果与比较

由图 4-1 和图 4-2 可以看出:计算结果与基准解符合得很好,从而证明了模型和程序的正确性。

4.3.2 瞬态计算验证

采用方腔内的瞬态自然对流作为基准题对瞬态计算程序进行验证,其问题和几何描述见文献[16]。计算壁面和横向中心线上的努塞尔数随时间的变化,将计算结果与基准解比较,如图 4-3 所示。由图可以看出,计算的壁面处 Nu 数与基准解符合很好,而横向中心线处 Nu 数在瞬态的初始阶段与基准解稍有差别,而在后期符合较好。因此,此基准题的计算可以证明瞬态计算模型和程序的正确性。

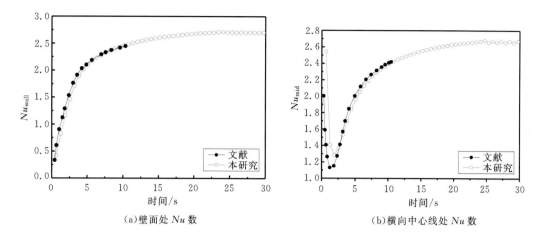

(a)壁面处 Nu 数 　　　　　　　　(b)横向中心线处 Nu 数

图 4-3　方腔内瞬态自然对流计算结果与比较

4.4　典型液体燃料熔盐堆的热工水力分析

4.4.1　稳态计算

MOSART 的堆芯部分是一个圆柱体腔室,本研究计算了三种类似的堆芯结构,入口相同,均从分流板开始计算,出口所在壁面的布置稍有变化,即:①出口壁面为直角布置;②出口壁面为阶梯形布置;③出口壁面为锥面布置。三种堆芯结构的简化示意图如图 4-4 所示。三者均为对称圆柱结构,故可在圆柱坐标下对其一半进行计算,如前一节介绍的数学方法,采用均分交错网格下的 SIMPLER 算法,同时为了计算的方便,采用区域扩充法将固体区域视为黏性无穷大的流体,从而使得计算区域成为规则的圆柱体区域。边界条件的设置如下。

(1)入口边界:$u=u_{in}$,$v=0$,k 取入口平均动能的 1.0%,$\varepsilon=\eta\rho k^2/\eta_t$,其中 η 为经验常数取

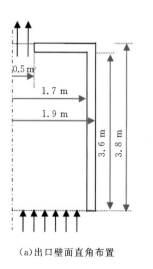
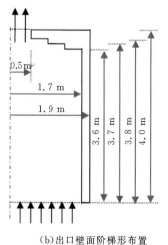
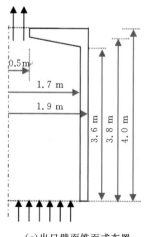

(a)出口壁面直角布置　　　　(b)出口壁面阶梯形布置　　　　(c)出口壁面锥面式布置

图 4-4　三种结构下的堆芯布置

为 0.09，η_t 可从 $\rho\eta L/\eta_t = 100 \sim 1000$ 计算获得，$T = T_{in}$。

（2）出口边界：速度、k 和 ε 均按坐标局部单向化处理，且流动满足整体质量守恒。

（3）中心线处：所有参数按对称边界条件处理。

（4）壁面处：采用壁面函数法处理[12]。

能量守恒方程求解中所需的内热源 S_T（即堆芯功率分布）通过第 3 章的中子物理分析

计算获得：$S_T = E_f \sum_{g=1}^{G} \Sigma_{f,g}\phi_g$，对于单独热工水力计算时需要与中子物理计算进行的数据交换

采用 3.5.6 节所述的方法。

在这三种堆芯结构下，计算了熔盐堆 MOSART 的热工水力特性，计算收敛条件均为所有控制体中质量守恒方程中最大的误差值 SMAX 收敛到 10^{-7}，得到了熔盐在堆芯的速度和温度分布。

1. 出口壁面直角布置计算结果

质量守恒方程中最大误差值 SMAX 随迭代次数的关系如图 4-5(a)所示。计算得到的堆

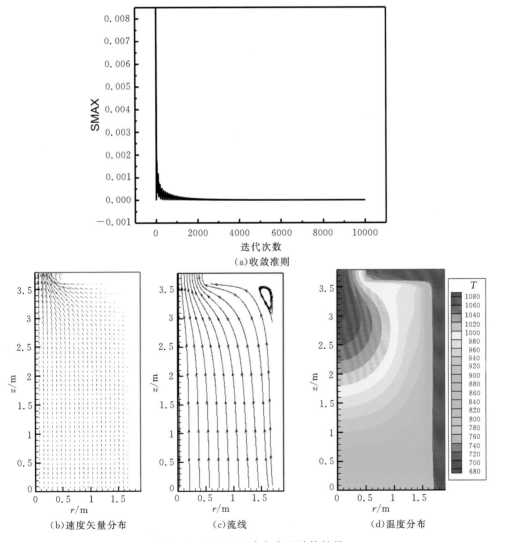

（a）收敛准则

（b）速度矢量分布　　　（c）流线　　　（d）温度分布

图 4-5　出口壁面直角布置计算结果

芯内速度矢量分布、流线及温度场的分布如图 4-5(b)～(d)所示。

　　由图 4-5(b)速度矢量分布及(c)流线的分布可以看出,在堆芯出口前的流动接近于均匀分布,在出口处由于突缩作用速度突然增大。同时由(c)可以看出,流动在出口壁面的拐角处会形成一个涡旋,且会出现一个流动的滞止区。由图(d)可以看出,从堆芯入口到出口,温度逐渐增大,出口温度为 1080 K,在出口壁面拐角处并没有形成热集中。

2. 出口壁面阶梯形布置计算结果

　　计算收敛条件如图 4-6(a)所示,计算得到的堆芯内速度矢量分布、流线及温度场的分布如图 4-6(b)～(d)所示。

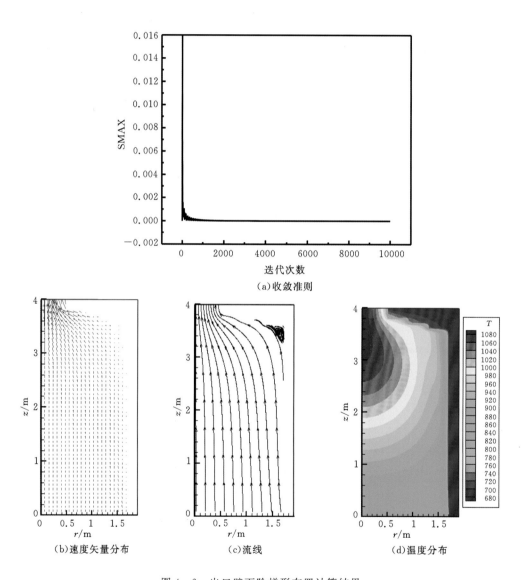

(a)收敛准则

(b)速度矢量分布　　　　(c)流线　　　　(d)温度分布

图 4-6　出口壁面阶梯形布置计算结果

　　由图 4-6(b)速度矢量分布及(c)速度场和流线的分布可以看出,在堆芯出口前的流动接近于均匀分布,在出口处由于突缩作用速度突然增大。同时由(c)可以看出,流动在出口壁面三个阶梯的拐角处会形成小涡旋,同时出现流动的滞止区。由图(d)可以看出,从堆芯入口到出口,温度逐渐增大,出口温度为 1080 K,在出口壁面三个阶梯拐角处并没有形成热集中。

3. 出口壁面锥面布置计算结果

图 4-7 给出了出口壁面锥面式布置的计算收敛条件、堆芯内速度矢量分布、流线及温度场的分布。

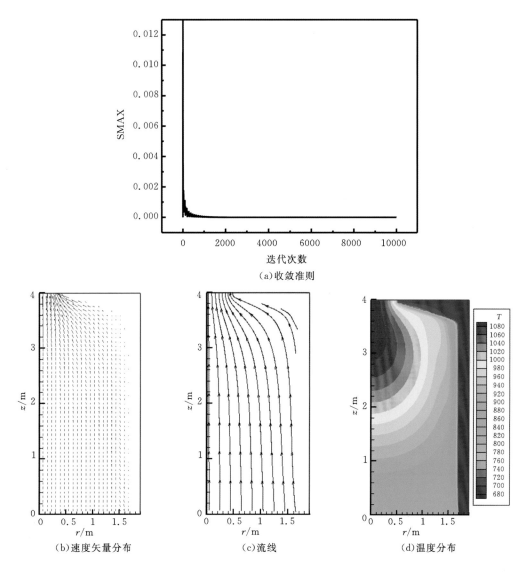

（a）收敛准则

（b）速度矢量分布　　　（c）流线　　　（d）温度分布

图 4-7　出口壁面锥面式布置计算结果

由图 4-7(b)速度矢量分布及(c)速度场和流线的分布可以看出,在堆芯出口前的流动接近于均匀分布,在出口处由于突缩速度作用突然增大。与前两种结构不同的是,图 4-7(c)中显示,流动在出口壁面拐角处不会形成小涡旋,也没有出现流动的滞止区。由图(d)可以看出,从堆芯入口到出口,温度逐渐增大,出口温度为 1080 K,在出口壁面拐角处也没有形成热集中。

对于熔盐堆的热工水力设计,要求堆芯满足两个重要的要求[17]:①流体燃料盐的温度不得高于其沸点温度,固体反射层的温度不得高于其熔点温度;②堆芯内应尽量避免出现回流和流动滞止区。比较上面三种结构下的计算结果可以看出,三种结构均满足要求①,但是仅有出口截面锥面式布置满足要求②。因此在实际的堆芯结构设计中,采用出口壁面锥面式布置的结构是合理的。

4.4.2 瞬态计算

本研究针对失流事故,计算了入口速度指数降低的瞬态工况,堆芯入口速度的变化规律如下

$$u_{in}(t) = u_{in}(0) e^{-\tau_{pump} \cdot t} \tag{4-19}$$

堆芯横截面($z = 2.01$ m)上的 Re 数随时间的变化如图 4-8 所示。

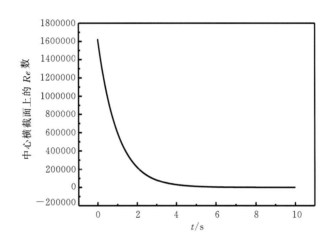

图 4-8 瞬态流动下堆芯中心横截面上的 Re 数

如图 4-8 所示,Re 数随时间近似成指数衰减,这是因为入口速度随时间指数衰减的规律也反映了堆芯内流量的变化,堆芯质量守恒使得某一个截面的平均速度的变化规律与流量的变化规律相同,从而使得 Re 数的变化规律相同。

进入瞬态 2 s 和 4 s 后,堆芯入口速度分别降低到 0.072 m/s 和 0.0098 m/s,两个时间下的堆芯流场和速度场分布如图 4-9 和图 4-10 所示。与初始稳态时的堆芯流场分布比较,可以看出,流动最大的变化是在靠近堆芯侧壁面和上壁面拐角的区域内出现了涡流,而且随着流动的减弱,涡流强度增大。随着流动的减弱,温度迅速地升高,瞬态后 2 s 堆芯最高温度达到 1100 K,4 s 后堆芯最高温度达到 1150 K,而且温度升高的速度有增加的趋势。观察图4-10 的温度场分布还可以发现,由于流动减弱,已无法充分将堆芯的热量带出堆芯,温度的分布受功率分布的影响增强。

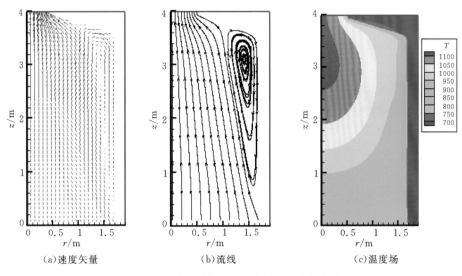

|（a）速度矢量|（b）流线|（c）温度场|

图 4-9　进入瞬态 2 s 后流场及温度场分布

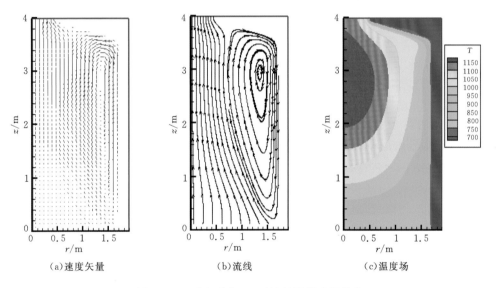

|（a）速度矢量|（b）流线|（c）温度场|

图 4-10　进入瞬态 4 s 后流场及温度场分布

参考文献

［1］HOSNEDL P，IGNATIEV V，MATAL O. Material for MSR［C］// ALISIA final meeting，Paris，March 04，2008.

［2］BRIANT R C，WEINBERG A M. Molten Fluorides as Power Reactor Fuels［J］. NUCLEAR SCIENCE AND ENGINEERING，1957，2：797－803.

［3］KREPEL J，GRUNDMANN U，ROHDE U. DYN1D-MSR dynamics code for molten salt reactors［J］. Annals of Nuclear Energy，2005，32：1799－1824.

［4］KREPEL J，GRUNDMANN U，ROHDE U. DYN3D-MSR spatial dynamics code for molten salt reactors[J]. Annals of Nuclear Energy,2007, 34:449 – 462.

[5] KREPEL J, ROHDE U, GRUNDMANN U. Simulation of molten salt reactor dynamics [C]// International Coference Nuclear Energy for New Europe'05, Bled, Slovenia, September 5 – 8,2005.

[6] KREPEL J, ROHDE U, GRUNDMANN, et al. Dynamics of molten salt reactors[J]. Nuclear Technology,2008,164:34 – 44.

[7] WANG S, FLAD M, RINEISKI A, et al. Extension of the SIMMER-III code for analysing molten salt reactors[C]//In:Proceedings of the Jahrestagung Kerntechnik'03, Berlin, Germany, May 20 – 22,2003.

[8] WANG S, RINEISKI A, MASCHEK W. Molten salt related extensions of the SIMMER-III code and its application for a burner reactor[J]. Nuclear Engineering and Design,2006,236:1580 – 1588.

[9] AYSEN E M, SEDOVL A, SUBBOTIN A S. Studies of Thermal Hydraulics and Heat Transfer in Cascade Subcritical Molten Salt Reactor[C]//The 11th International Topical Meeting on Nuclear Reactor Thermal-Hydraulics(NURETH-11), Log Number:027, Popes Palace Conference Center, Avignon, France, October 2 – 6,2005.

[10] MANDIN P, BELACHGAR H, PICARD G. Hydrothermal Modeling for The Molten Salt[C]//The 11th International Topical Meeting on Nuclear Reactor Thermal-Hydraulics(NURETH-11), Log Number:227, Popes Palace Conference Center, Avignon, France, October 2 – 6,2005.

[11] YAMAMOTO T, MITACHI K, NISHIO M. REACTOR CONTROLLABILITY OF 3-REGION-CORE MOLTEN SALT REACTOR SYSTEM- A STUDY ON LOAD FOLLOWING CAPABILITY[C]//Proceeding of International Coference on Nuclear Engineering 14, July 17 – 20, Miami, Florida, USA, Paper No. ICONE14 – 89440.

[12] 陶文铨. 数值传热学[M]. 2 版. 西安:西安交通大学出版社,2001.

[13] PATANKAR S V. Numerical heat transfer and fluid flow[M]. New York:Hemisphere Publishing Corporation,1980:92 – 98.

[14] IGVATIEV V. Integrated Study of Molten Na, Li, Be/F Salts for LWR Waste Burning in Accelerator Driven and Critical Systems[C]//Proc. GLOBAL'05, Tsukuba, Japan, October 9 – 13,2005.

[15] GHIA U, GHIA K N, SHIN C T. High-Re Solutions for incompressible flow using the Navier-Stokes equations and a multigrid method[J]. Journal of Computer Physics, 1982, 48:387 – 410.

[16] CLESS C M, PRESCOTT P J. Effect of time marching schemes on predictions of oscillatory natural convection in fluid of low prandtl number[J]. Numerical heat transfer, Part A, Applications,1996,29(6):575 – 597.

[17] MASCHEK W, STANCULESCU A. Studies of Advanced Reactor Technology Options for Effective Incineration of Radioactive Waste[R]. Viena:IAEA-TECDOC Coordinated Research Program,2008.

第5章 液体燃料熔盐堆物理热工耦合及安全特性分析

在反应堆堆芯分析中,中子物理和热工分析从来都不是完全独立的。在常规的固体燃料反应堆中,中子物理分析需要热工分析提供堆芯的温度场分布(群常数计算),热工分析需要中子物理分析提供堆芯的功率分布(内热源);而在熔盐堆及所有液体燃料反应堆中,中子物理分析还需要热工分析提供堆芯的流场分布(缓发中子先驱核计算),即二者之间存在着数据的交换。由于两者的分析方法和计算程序不同,通常将它们分开进行,两者之间的数据交换通过输出和读取的方式进行。如第3章和第4章进行中子物理分析和热工分析所采用的方法:首先在常密度下计算堆芯的流场,在常温下计算群常数,从而可以进行堆芯的中子物理分析,获得堆芯的功率分布,输出相应的结果文件,再进行热工分析时读取该文件,计算获得堆芯的温度场和新的流场,输出温度场和流场的结果文件,再进行一次堆芯的中子物理分析,堆芯稳态的物理和热工分析即到此为止。而对于瞬态的计算,进行中子物理分析的时候将假设稳态计算时热工分析的参数不变,进行热工分析的时候则假设保持中子物理分析的参数不变。

由上可见,在进行堆芯稳态的物理和热工分析的时候,实际上通过输出输入的数据传递完成了一次手动的耦合计算。经验表明,在稳态工况下,即使采用平均参数代替其在整个空间上的分布,上述方法计算获得的结果也是可以接受的,因此在单独的中子物理分析和热工水力分析中被广泛采用。但是对于瞬态工况,在各瞬态触发条件的作用下,堆芯中子物理和热工参数随时间的变化显著,特别是热工参数对中子物理分析的反应性反馈强烈,这就要求进行中子物理和热工的完全耦合计算,从而可以更准确地预测瞬态时的物理现象。同时由上可知,在通常的中子物理和热工分析中,需要输出和读取的数据传递方式,比较复杂、费时,稳态计算尚可接受,瞬态计算很难进行,中子物理和热工的耦合计算可以直接避免这一问题,而且可以方便地进行全堆芯直接计算,考察主要参数的影响。

本章在第3章中子物理分析和第4章热工分析的基础上,实现了堆芯中子物理与热工的耦合计算,在稳态工况下,考察了堆芯入口温度、速度和燃料盐流经堆外管道所需时间的影响;瞬态工况下,计算了反应性升高事故和泵停转事故两个熔盐堆的假想事故,并将耦合计算的反应性升高结果与单独中子物理分析时的计算结果进行了比较。

5.1 耦合方法

第3、4章的中子物理分析和热工分析表明,中子物理模型和热工模型的求解都是采用迭代的方法进行的,即在给定初场的情况下,计算得到一个新的场分布,然后将其作为新的初场,计算下一次的场分布,如此反复迭代计算,最后得到收敛的计算结果。因此,在进行物理热工的稳态耦合时,可以先给定一个均匀的温度场和流场,进行初始的物理计算,得到堆芯的功率分布,将其传给堆芯热工计算,得到新的堆芯的温度场和流场,并将这个新的温度场和流场用于下一次的中子物理计算,如此反复,最终可得到相恰的堆芯中子物理计算和热工计算结果。稳态物理热工耦合计算的流程如图 5-1 所示。

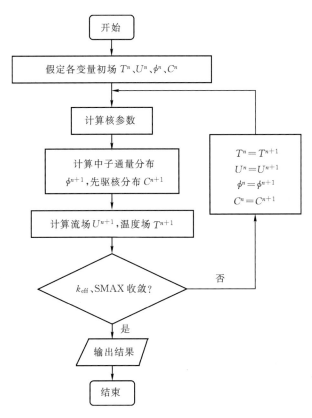

图 5-1　稳态物理热工耦合计算流程

对于反应堆堆芯物理热工计算的瞬态耦合,通常来说,可以采用两种方法[1,2]:显式耦合方法和隐式耦合方法。显式耦合方法假定 t_n 时刻的堆芯功率分布和热工状态已经求出,采用一次通过的过程来得到 t_{n+1} 时刻的结果。即对 t_{n+1} 时刻,首先利用瞬态条件和反馈计算模型计算出 t_{n+1} 时刻的宏观截面,其中反馈计算所需的热工条件来自于 t_n 时刻,然后用堆芯物理程序计算 t_{n+1} 时刻堆芯功率分布,最后把计算得到的 t_{n+1} 时刻堆芯功率分布传给热工计算程序,计算出 t_{n+1} 时刻的热工状态,至此认为 t_{n+1} 时刻的计算完成。整个过程只作了一次中子物理计算和一次热工计算,没有进行迭代,当时间步长非常小时,这种方法的精度是可以接受的。

与显式耦合不同,对 t_{n+1} 时刻采用隐式耦合方法时,须在中子物理计算和热工计算之间进行迭代,即用上次迭代计算出来的热工状态重新计算 t_{n+1} 时刻的宏观截面,然后用这些截面重新计算 t_{n+1} 时刻的堆芯功率分布,所求出的堆芯功率分布再传给热工计算程序,计算出 t_{n+1} 时刻本次迭代的热工状态,如此反复迭代,直到满足给定的收敛判据为止,常采用的收敛判据是堆芯功率分布收敛。由此可见,在瞬态耦合的隐式方法中,实质上是在每个时刻均进行一次准稳态的耦合计算。隐式瞬态物理热工耦合计算的流程如图 5-2 所示。

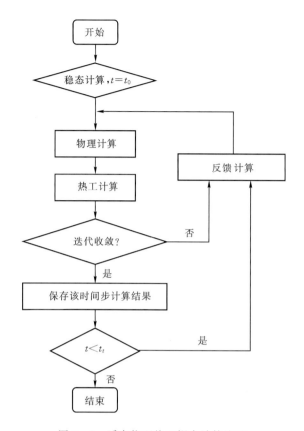

图 5-2 瞬态物理热工耦合计算流程

5.2 MOSART 堆芯稳态物理热工耦合计算

5.2.1 稳态计算结果

稳态物理热工耦合计算得到的快、热中子通量密度分布、速度场和温度场分布以及六组缓发中子先驱核浓度分布如图 5-3～图 5-5 所示。由图 5-3 可以看出,快、热中子通量密度的分布与一般固体燃料反应堆的分布类似,即峰值出现在堆芯的中心部位。对于热中子通量密度,在靠近石墨反射层处会有突起,这是因为石墨的慢化作用会使热中子裂变截面升高。将此处耦合计算的快、热中子通量密度的分布与第 3 章中子物理分析的计算结果(图 3-26(a)(b))比较,可以看出,二者差别很小,这也是在本章开篇所说的对于稳态工况,一次手动耦合计算方法和结果被采用和接受的原因。对于其它的计算结果(如流场、温度场和缓发中子先驱核浓度分布)与第 3 章和第 4 章单独进行中子物理分析和热工分析时计算结果的比较也有类似的现象,即在稳态工况下,耦合计算结果与单独进行中子物理分析和热工分析时的计算结果接近,这也证明了本研究所开发的耦合计算程序是可行的。

图 5-4(a)、(b)的速度矢量和流线表明,流动在堆芯从进口到接近出口的大部分区域内是比较均匀的,在出口处由于突缩作用,速度会升高,但是由于出口处堆芯壁面的锥形设计,在

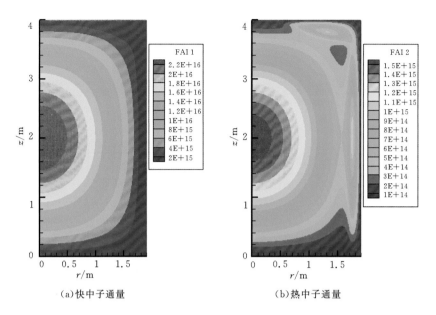

(a)快中子通量   (b)热中子通量

图 5-3 稳态物理热工耦合时中子通量密度的分布(n•cm^{-2}•s^{-1})

堆芯拐角处未出现涡流。图 5-4(c)的温度分布与堆芯的速度分布相适应,堆芯温度从入口到出口逐渐升高,最高温度为 1060 K。因此在稳态工况下,堆芯流动可以充分带出堆芯的热量,保证堆芯的安全。

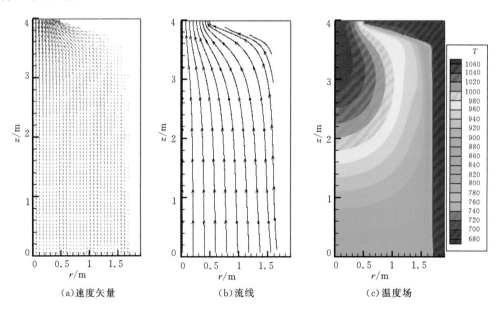

(a)速度矢量   (b)流线   (c)温度场

图 5-4 稳态物理热工耦合时速度场和温度场分布

图 5-5 六组缓发中子先驱核分布表明,燃料盐的流动作用,使得缓发中子先驱核沿流动方向整体向下游移动,峰值不像固体燃料反应堆会出现在堆芯的中心。缓发中子先驱核向下游移动的程度反映了流动对其影响程度,比较六组缓发中子先驱核浓度的分布可以看出,缓发

中子先驱核的衰变常数越小,流动对其影响越大。

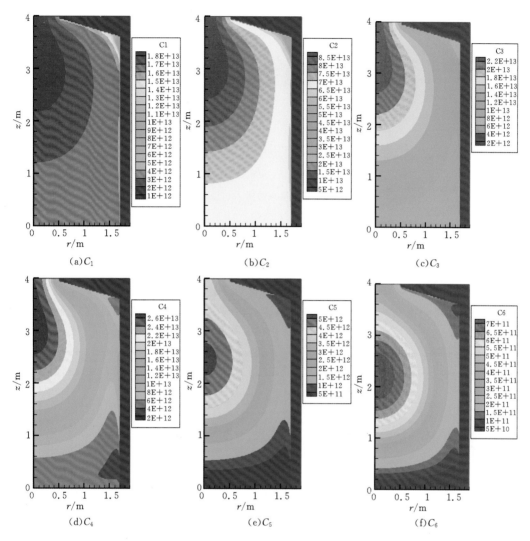

图 5-5　稳态物理热工耦合时缓发中子先驱核的分布($n \cdot cm^{-3}$)

堆芯稳态物理热工耦合计算时,需要特别考察堆芯入口温度、堆芯入口速度和燃料盐在堆芯外的滞留时间这三个宏观参数对堆芯特性的影响。在计算某个参数的影响效应时,采用仅仅改变该参数,而保持其他所有参数和计算条件不变的方法,进行稳态耦合计算,获得堆芯有效增殖系数随该参数的变化。

5.2.2　入口温度效应

在反应堆失热阱事故中,由于堆芯热量无法顺利传出堆芯,可能导致堆芯入口温度的升高。不同入口温度下的有效增殖系数变化如图 5-6 所示,由图可以看出,在计算的温度范围内,有效增殖系数随着入口温度的增加近似线性减小,表明入口温度对于反应堆的反应性会产生负反馈效应。入口温度负反应性反馈效应对反应堆安全是有利的,当堆芯入口温度升高时,其负反馈效应会使得堆芯功率降低,缓解和降低事故的危害。

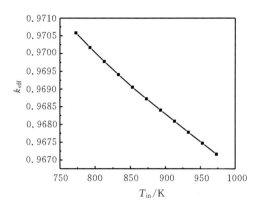

图 5-6　有效增殖系数随入口温度的变化

　　图 5-7 给出了入口温度分别为 793 K 和 893 K 时,快、热中子通量沿轴向(纵截面 $r=0.05$ m)和径向(横截面 $z=2.1$ m)的分布,其中虚线表示入口温度为 893 K 的计算结果,实线为入口温度 793 K 下的计算结果。由图可以看出,两个入口温度条件下的快、热中子通量分布几乎是重合的,这是因为在这两种工况下堆芯的总功率是相同的。局部放大发现,较高入口温度下的快中子通量稍微高一点,这是因为燃料盐的快中子裂变截面随着温度的升高而降低,而对于热中子通量趋势相反。

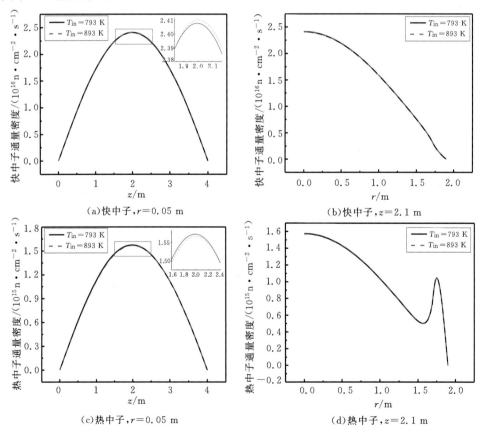

图 5-7　入口温度对中子通量分布的影响

图 5-8 给出了不同入口温度下缓发中子先驱核浓度沿轴向($r=0.05$ m)和径向($z=2.1$ m)的变化。结果表明,两种工况下计算得到的缓发中子先驱核是重合的。由中子先驱核的控制方程可知,中子先驱核浓度取决于快、热中子通量的分布。入口温度效应对缓发中子先驱核的影响是通过中子通量传递的,由于入口温度对中子通量的影响很小,因此对缓发中子先驱核的影响更小。

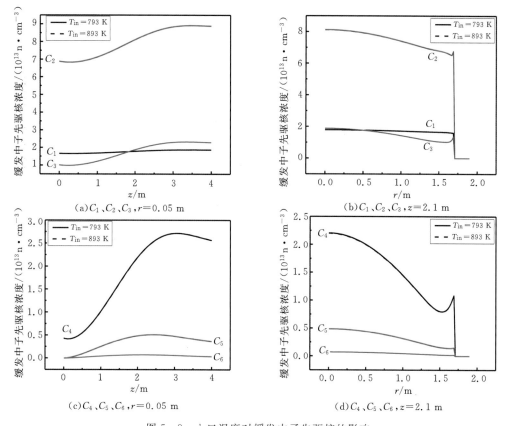

图 5-8　入口温度对缓发中子先驱核的影响

图 5-9 和图 5-10 是不同入口温度工况下,堆芯温度和速度沿轴向($r=0.05$ m)和径向

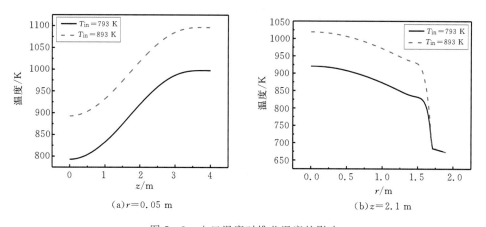

图 5-9　入口温度对堆芯温度的影响

($z=2.1$ m)的变化。

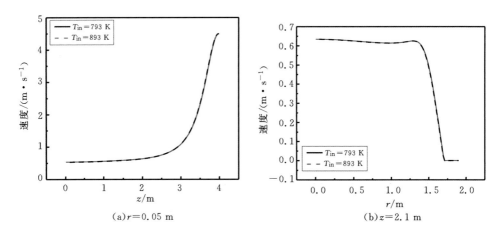

(a)$r=0.05$ m

(b)$z=2.1$ m

图 5-10　入口温度对堆芯速度的影响

由图 5-9 可以看出堆芯温度沿轴向逐渐升高,而且两个入口温度下计算得到的堆芯温度几乎是平行的。从堆芯的传热模型可以看出,堆芯温度主要取决于热源和入口边界条件。图 5-7 表明入口温度对中子通量影响很小,即堆芯温度的热源对其几乎没有影响,所以它只受入口边界条件的影响。图 5-10 表明堆芯速度的分布受入口温度变化的影响非常小,这是因为速度场的变化受密度变化的影响,密度在反应堆运行工况下受温度的影响很小,对于高雷诺数的强迫对流换热来说,其影响是很小的,因此速度不会大幅变化。

5.2.3　入口速度效应

在泵启动和泵停转等瞬态工况中都会出现堆芯流量的变化,通过计算堆芯入口速度的变化来研究流量变化对堆芯安全的影响,在此计算中保持堆芯其他参数不变,仅改变堆芯的入口速度。

入口速度对有效增殖系数的影响如图 5-11 所示,由图可见有效增殖系数随着入口速度的升高迅速升高,而后逐渐平缓,最后趋于一个稳定值。当入口速度升高时,堆芯内整个流动加快,缓发中子先驱核随燃料盐流出堆芯的份额增大,这会导致有效增殖系数降低,将这一效应定义为流动效应。另外一方面,入口速度升高,带出堆芯的热量增加,必然导致堆芯温度降低,这会使得有效增殖系数升高(温度负反馈效应),将这一效应定义为扩散效应。由图 5-11 可以判断,在入口速度低于某一速度时,扩散效应远强于流动效应,使得入口速度升高,有效增殖系数也随之升高;但是随着入口速度的进

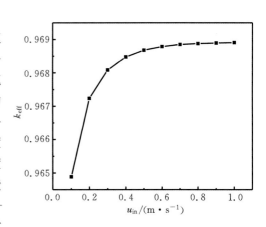

图 5-11　有效增殖系数随入口速度的变化

一步升高,流动效应逐渐增强,逐渐平衡扩散效应引起的有效增殖系数升高,最终两种效应达到平衡,促使有效增殖系数保持稳定。

在泵启动过程中,入口速度逐渐升高,有效增殖系数逐渐升高,堆芯反应性也将随之升高,但是当入口速度达到某一数值时,反应性不再变化,因此不会引起非常迅速的反应性升高,这对于反应堆安全和控制是非常有利的。

在泵停转事故中,有效增殖系数随着入口速度的降低而降低,反应性也随之降低,使得堆芯功率降低,从而保证堆芯的安全。

入口速度对中子通量的影响如图 5-12 所示,由图可以看出,两种入口速度下的快、热中子通量几乎是重合的,这表明入口速度对中子通量的影响非常小。另外,入口速度 0.8 m/s 时的中子通量比 0.4 m/s 时的通量稍微向下游移动,这是因为,当入口速度升高时,更多的缓发中子先驱核向下游移动并在下游衰变。根据以上的结果,0.8 m/s 时的流动效应强于 0.4 m/s 时的流动效应。

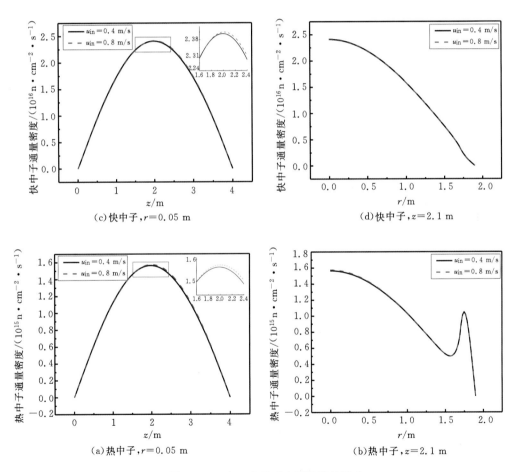

图 5-12　入口速度对中子通量的影响

图 5-13 给出了入口速度效应对缓发中子先驱核的影响,由图可以看出,两种入口速度下的缓发中子先驱核差别很大,较高速度下得到的缓发中子先驱核浓度较小,这是因为高的流动

速度使得燃料盐带出堆芯的缓发中子先驱核增多。比较六组缓发中子先驱核还可以发现，入口速度对具有较大 β_i/λ_i 的缓发中子先驱核的影响较大，其中 β_i 为第 i 组缓发中子的份额，而 λ_i 反映了缓发中子先驱核的衰变快慢。

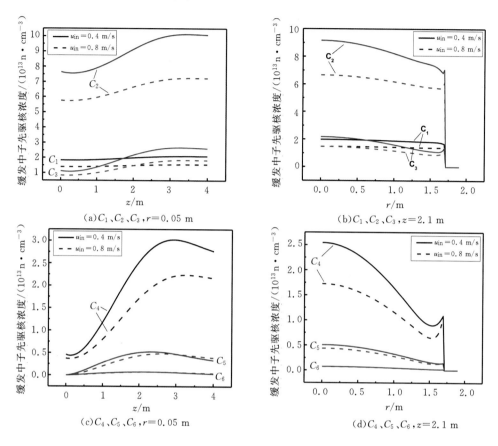

图 5-13 入口速度对缓发中子先驱核的影响

图 5-14 和图 5-15 给出了入口速度对堆芯温度和速度分布的影响。由图 5-14 可以看

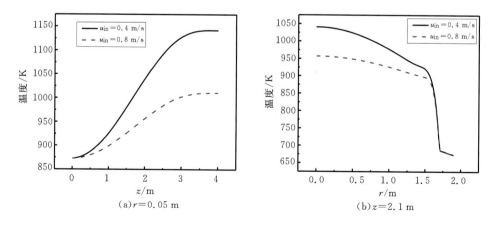

图 5-14 入口速度对堆芯温度的影响

出 0.4 m/s 入口速度下的出口温升高达 270 K,远远高于 0.8 m/s 入口速度下的温升。但是两个入口速度下的最高温度都小于燃料盐的沸腾温度。温升随着入口速度的升高而降低,燃料盐的流动具有足够的能力移出堆芯的裂变热,保证堆芯的安全。图 5-15 表明入口速度改变后,堆芯内速度会随之改变,但是分布形式比较近似,这是因为对于堆芯内的流动受堆芯形状和边界条件的影响,在此计算中仅有入口边界的改变。

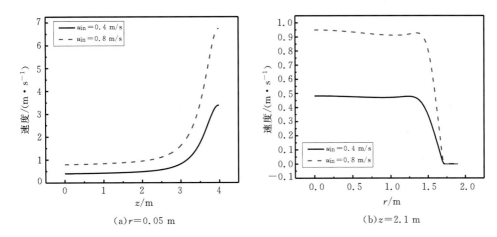

(a) $r=0.05$ m　　　　　　　　(b) $z=2.1$ m

图 5-15　入口速度对堆芯速度的影响

5.2.4　燃料盐在堆外滞留时间的影响

缓发中子先驱核可以随燃料盐的流动进入堆芯外部回路,并在回路中衰变,从而影响堆芯的中子物理特性。燃料盐的堆外运行时间可以反映外部回路的长短和一回路的流量,在计算中保持其他所有参数不变,仅改变燃料盐在堆外的滞留时间,研究其对堆芯特性的影响。

图 5-16 给出了有效增殖系数随燃料盐在堆外滞留时间的变化,由图可以看出,有效增殖系数开始迅速降低,在大概 80 s 后就基本保持不变。这是因为六组缓发中子先驱核中最长寿命($t_i=1.0/\lambda_i$)为 77.5 s,当燃料盐在堆芯外滞留的时间超过这一时间,流出堆芯的所有缓发

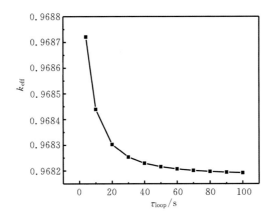

图 5-16　有效增殖系数随熔盐在堆外滞留时间的变化

中子先驱核将全部衰变,没有流回堆芯的部分,从而使得有效增殖系数保持不变。

　　熔盐在堆外的滞留时间对快、热中子通量的影响如图 5 - 17 所示,两个工况下的滞留时间分别为 10 s 和 40 s。由图可以看出燃料盐在堆外滞留时间为 40 s 时,快、热中子通量密度略大于燃料盐在堆外滞留时间为 10 s 时的值,这是因为燃料盐在堆外滞留时间越长,缓发中子先驱核在堆外衰变越多,从而对堆芯内通量的贡献越小,为了维持堆芯的功率不变,中子通量密度会稍微升高,但是又因为缓发中子先驱核的份额非常小,因此燃料盐在堆外不同滞留时间下的通量相差不大。

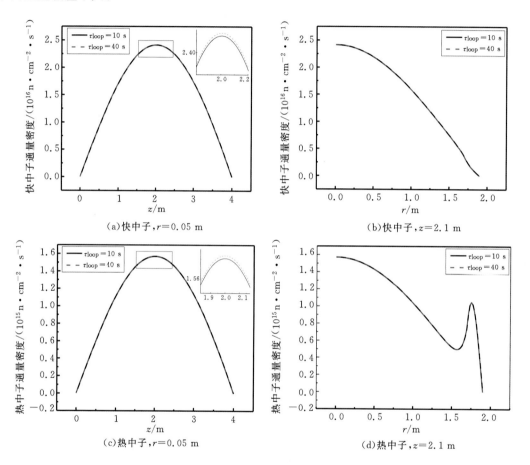

图 5 - 17　熔盐在堆外滞留时间对中子通量的影响

　　图 5 - 18 给出了熔盐在堆外滞留时间对缓发中子先驱核的影响,图 5 - 18(a)和(b)表明 40 s 工况下的 1～3 组缓发中子先驱核浓度远远小于 10 s 工况下的先驱核浓度,但是 4～6 组缓发中子先驱核的浓度在两种工况下相差不是很大。这是因为 4～6 组缓发中子先驱核的寿命很短,意味着当其流出堆芯后会在很短的时间内衰变完,而它们在堆外的滞留时间相对于它们的寿命长得多。也正因为这个原因,燃料盐在堆芯外运行的时间对具有长寿命短缓发中子先驱核的影响较大,但是对短寿命的先驱核影响很小。

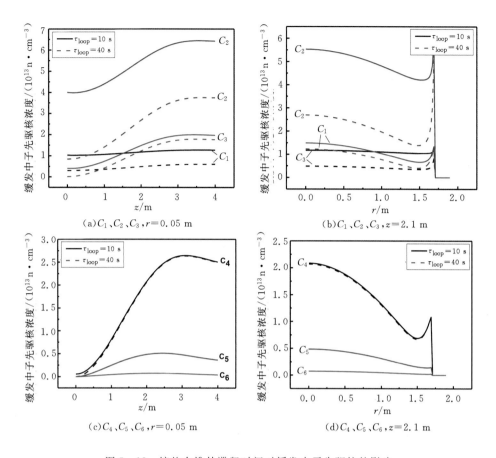

图 5-18　熔盐在堆外滞留时间对缓发中子先驱核的影响

图 5-19 和图 5-20 给出了燃料盐在堆芯外部回路的滞留时间对堆芯温度和速度分布的影响,由图可以看出两种工况下的温度分布、速度分布都是重合的。对于温度分布,这是因为

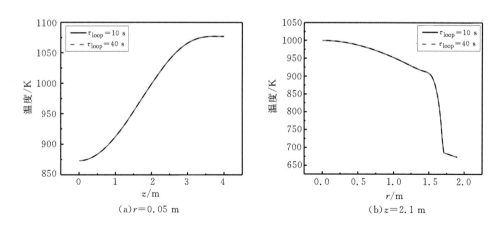

图 5-19　熔盐在堆外滞留时间对堆芯温度的影响

堆芯温度分布受中子通量和入口边界条件的影响,由以上的分析可知,这两种工况下,中子通量密度变化非常微小,而边界条件没有改变,因此堆芯温度的分布不会变化。而对于速度分布,其受堆芯结构和边界条件影响,在此工况下,这两个影响因素都没有改变。

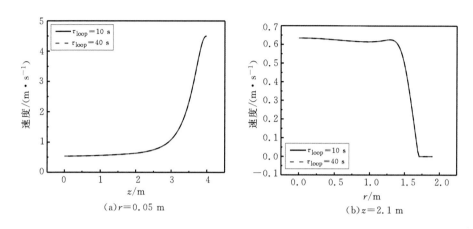

(a)$r=0.05$ m

(b)$z=2.1$ m

图 5-20 熔盐在堆外滞留时间对堆芯速度的影响

5.3 MOSART 堆芯瞬态物理热工耦合计算

MOSART 瞬态物理热工耦合,计算了 MOSART 两种典型的假想事故:反应性升高事故和泵停转事故,下面为两种瞬态工况的计算结果和分析。

5.3.1 反应性升高事故

在该事故工况中,假设反应性在 $t=0$ s 时阶跃升高 100×10^{-5},反应堆相对功率随时间变化如图 5-21 中实线所示,作为对比,图 5-21 中同时用虚线给出了堆芯中子物理计算反应性阶跃升高 100×10^{-5} 但无热工反馈时的相对功率随时间的变化(图 3-35)。由图可以看出,反应性阶跃升高 100×10^{-5} 时,在瞬态工况的初始阶段,物理热工耦合计算下的堆芯功率变化与

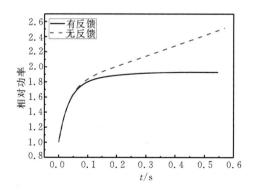

图 5-21 反应性阶跃升高 100×10^{-5} 时相对功率随时间变化

单纯的无反馈物理计算下的堆芯功率变化几乎是相同的,堆芯功率都在非常短的时间内迅速
升高,由图可以看出在瞬态初始阶段两条曲线是重合的。功率经过瞬态初始阶段的迅速升高
后,对无反馈热工物理计算,其会以一个稳定的速度一直升高下去;但是,对于物理热工耦合计
算,由于热工的反馈作用,功率开始非常缓慢地升高,并最终稳定在一个恒定的功率水平不再
变化(稳态功率的 1.8 倍)。由此可见,热工对物理的强反馈作用,可以促进堆芯功率的稳定,
有利于反应堆的安全性。

　　下面给出瞬态过程中 $t=0$ s、$t=0.1$ s 和 $t=0.2$ s 时刻各计算变量在堆芯纵截面 $r=0.05$ m
上沿轴向的分布。图 5-22 为三个时刻快、热中子通量密度的轴向分布,由图可以看出,从 $t=0$ s
到 $t=0.1$ s 二者均非常快速的升高,而从 $t=0.1$ s 到 $t=0.2$ s 仅有微小的升高,这与堆芯的功率
随时间的变化是对应的,即在瞬态初始阶段快、热中子通量密度会快速升高,而之后会缓慢
升高。

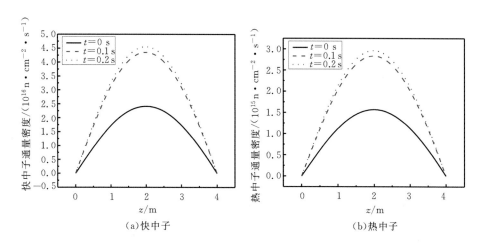

$$\text{(a)快中子}\qquad\qquad\text{(b)热中子}$$

图 5-22　不同时刻中子通量沿轴向分布

　　三个时刻六组缓发中子先驱核浓度在纵截面 $r=0.05$ m 上沿轴向的分布如图 5-23 所
示,可以发现第 1~4 组缓发中子先驱核的变化很小,而第 5、6 组的变化相对较大,这是因为第
1~4 组缓发中子先驱核的寿命远远长于 0.1 s 的时间间隔,某一时刻的先驱核浓度受之前的
影响大,并且随着时间的推进初始浓度的影响变小,因此从 $t=0.1$ s 到 $t=0.2$ s 先驱核浓度的
变化强于从 $t=0$ s 到 $t=0.1$ s 的变化。而对于第 5、6 组缓发中子先驱核,其寿命与 0.1 s 的
时间间隔相差不大(但仍然比 0.1 s 长),因此某一时刻之前的先驱核由于衰变对该时刻的影
响相对较小,但从 $t=0.1$ s 到 $t=0.2$ s 先驱核浓度的变化仍稍强于从 $t=0$ s 到 $t=0.1$ s 的
变化。

　　图 5-24 所示为纵截面 $r=0.05$ m 上三个时刻的温度和速度分布,由图(a)可以看出随着
时间的推进,温度只有微小的升高,尽管如此,由于燃料盐较高的温度负反馈系数,可以保证堆
芯功率不致升得太高。由于温度变化较小,流动边界条件未变,因此三个时刻的速度分布几乎
是重合的。

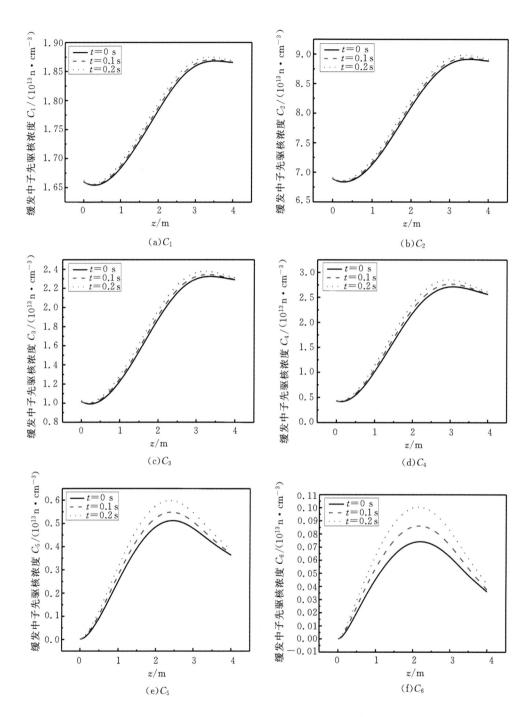

图 5-23　不同时刻缓发中子先驱核沿轴向分布

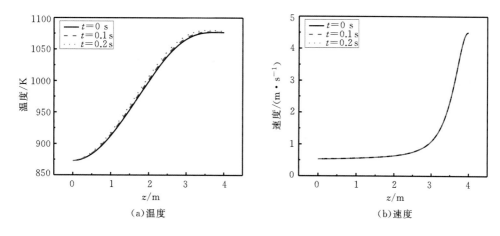

（a）温度　　　　　　　　　　　　　　（b）速度

图 5-24　不同时刻温度和速度的轴向分布

5.3.2　泵停转事故

在 MOSART 泵停转假想事故中,RRC-KI 研究所在其全系统设计中设计了在泵停转后,一回路存在着相当于初始流量 5% 的自然循环能力,由于本研究进行的仅为 MOSART 堆芯的研究,无法进行回路的自然循环计算,因此在该事故中假设泵的转速先按指数衰减到初始流量的 5% 之后保持不变,对应的入口速度与时间的关系式如下

$$u_{in}(t) = \begin{cases} u_{in}(0)e^{-\tau_{pump}\cdot t} & (t < 3\ s) \\ 0.05u_{in}(0) & (t \geqslant 3\ s) \end{cases} \tag{5-1}$$

式中:τ_{pump} 为泵的惰转周期 1.0 s;0.05 为设定的自然对流循环流量系数。

图 5-25 中虚线表示相对流量(与初始流量比较)随时间的变化,实线为相应的堆芯相对功率随时间的变化。由图可以看出堆芯流量在进入瞬态 3 s 时降低到初始流量的 5%,而功率随之在瞬态初期非常迅速地降低到初始功率的 20% 左右,而后缓慢降低,经过较长时间的衰减,达到与堆芯相对流量相近的相对功率水平。

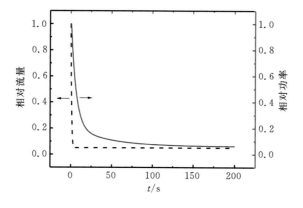

图 5-25　泵停转事故中相对功率和相对流量变化

　　为了显示瞬态过程中各物理量的变化,图 5-26 和图 5-27 分别给出了瞬态工况开始后
10 s 和 20 s 时,快、热中子通量密度、速度和温度以及六组缓发中子先驱核的全场分布情况。
将进入瞬态工况 10 s 和 20 s 后的快、热中子通量密度与初始稳态时的快、热中子通量密度比
较,可以看出,从 $t=0$ s 到 $t=10$ s 快中子通量密度的峰值从 2.2E+16 迅速下降到 7.5E+15,
热中子通量密度的峰值从 1.5E+15 下降到 5E+14;而在 $t=20$ s 时,快、热中子通量密度的峰
值分别为 4E+15 和 2.8E+14,很明显,从 $t=0$ s 到 $t=10$ s 快、热中子通量的降低比从 $t=$
10 s 到 $t=20$ s 的降低快得多,这与功率的变化是对应的。

　　初始 $t=0$ s 时刻堆芯的最高温度为 1060 K,10 s 后,堆芯最高温度迅速升高到 1250 K,20 s
后达到 1350 K,由此可见,在第一个 10 s 时间间隔内,温度升高非常快,达到 190 K,而在第二个

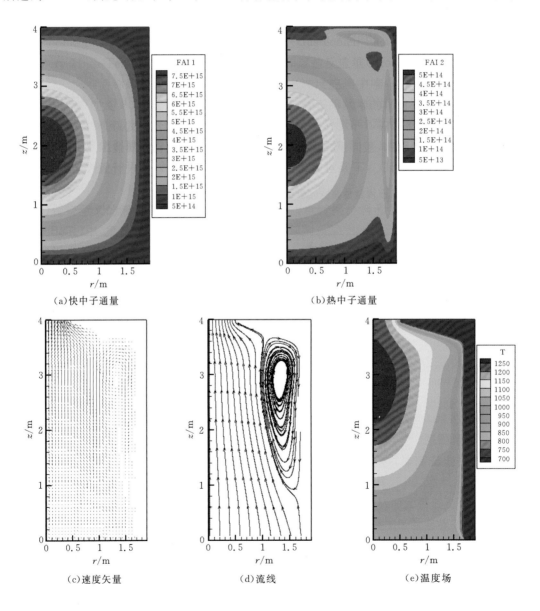

(a)快中子通量　　　　　　　　　　　(b)热中子通量

(c)速度矢量　　　　　　　　(d)流线　　　　　　　　(e)温度场

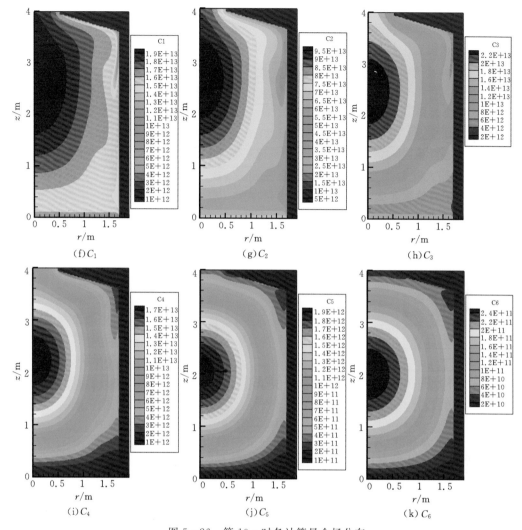

图 5 - 26　第 10 s 时各计算量全场分布

10 s 时间间隔内,温度升高的速度明显减慢,仅有 100 K。堆芯温度的变化受流场和功率分布的影响,在该瞬态工况下,入口速度的降低导致堆芯流量的降低,带出堆芯的热量减少,使得堆芯温度快速升高。由于燃料盐温度的负反馈效应,使得中子通量密度快速降低,从而使得堆芯功率降低,堆芯功率的降低又反馈到温度的分布,随着这两个反馈作用的进行,温度的升高变缓,功率的降低变缓,最后达到与速度场平衡的功率分布和温度分布。

　　初始时刻堆芯的入口速度为 0.5326 m/s,3 s 后,入口速度达到初始速度的 5% 不再变化,在 10 s 和 20 s 后的入口速度均为 0.02652 m/s,因此这两个时刻的速度分布非常接近,与稳态时速度分布不同的是,在这两个时刻,在堆芯上壁面和侧壁面的拐角处出现了涡流。

　　由于受速度场分布的强烈影响,在第 10 s 和第 20 s,六组缓发中子先驱核的分布变化明显,呈现与速度场相恰的分布情况,由于速度的降低,缓发中子先驱核向下游移动的趋势减小。同时由于快、热中子通量密度的减小,缓发中子先驱核浓度亦相应减小。

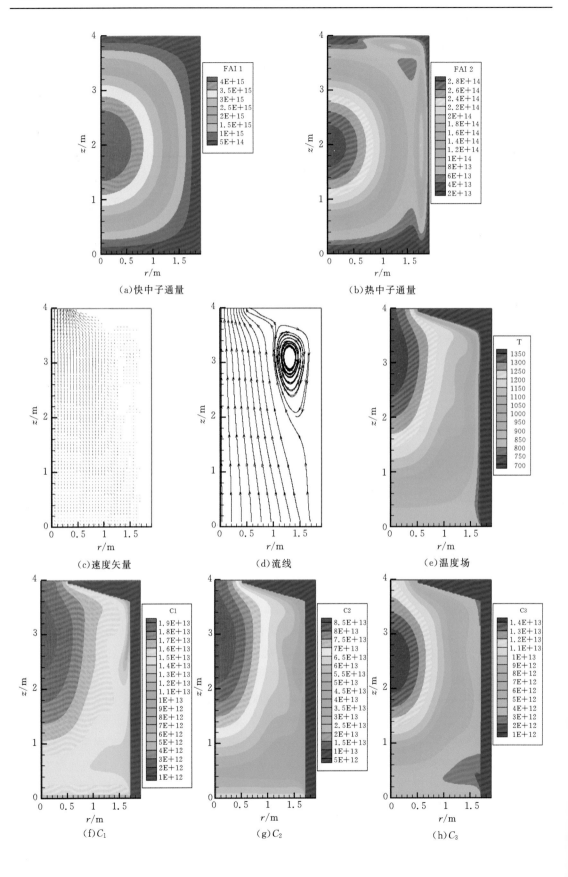

(a)快中子通量

(b)热中子通量

(c)速度矢量

(d)流线

(e)温度场

(f)C_1

(g)C_2

(h)C_3

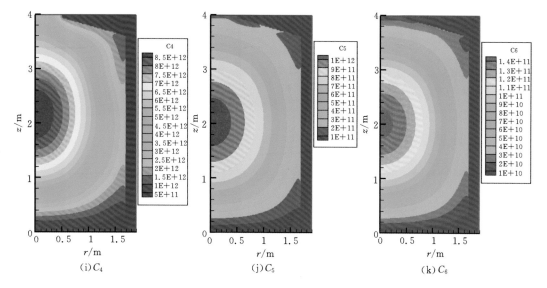

图 5 - 27　第 20 s 时各计算量全场分布

5.4　液体燃料反应堆的精确点堆动力学模型推导

熔盐堆的核安全准则与所有反应堆的通用核安全准则相同,即在所有情况下,包括正常运行或反应堆停闭状态、故障工况或事故状态,均可有效地控制反应性、确保堆芯冷却和包容放射性产物。反应堆安全分析的核心问题是如何快速求解瞬态过程中的功率变化。固体燃料反应堆的实践表明点堆动力学模型是一种比较简单有效的近似处理方法,但是液体燃料反应堆燃料盐的流动特性,使得适用于固体燃料反应堆的点堆动力学模型不再适用于液体燃料反应堆,因此,必须从液体燃料反应堆最基本的中子动力学方程开始重新推导其点堆动力学模型。

点堆动力学模型最简单的推导方法是从核反应堆的单群时空动力学方程出发,假定中子通量密度 $\phi(r,t)$ 和先驱核浓度 $C_i(r,t)$ 可以直接分解成空间形状函数或形状因子 $\varphi(r)$、$g_i(r)$ 与时间相关的幅函数 $p_r(t)$ 和 $c_i(t)$ 的乘积的形式,同时假设先驱核的浓度分布具有与中子通量密度分布相同的分布函数,即 $g_i(r)/\varphi(r)=1$[3]。其中第二条假设对于固体燃料反应堆是适用的,而对于液体燃料反应堆,从第 3 章的物理分析可以看出是不可行的。Henry 首次从固体燃料反应堆的能量、时间、空间相关的中子动力学模型出发,无任何假设的条件下,推导了精确的点堆动力学模型[4],之后这个方法得到了很大的发展[3,5,6]。本研究采用类似的方法,通过微扰理论,从液体燃料反应堆的能量、时间、空间相关的中子扩散方程出发(Henry 使用的是中子输运方程),推导适用于液体燃料反应堆的精确点堆动力学模型。

由第 3 章的分析可知,液体燃料反应堆的通量控制方程中的对流项由于燃料流动速度远远小于中子运动速度,可以忽略不计,采用算子形式将其描述如下

$$\frac{1}{v(E)}\frac{\partial \phi(r,E,t)}{\partial t} = (1-\beta)\chi_p(E)\mathbf{F}\phi(r,E,t) - \mathbf{M}\phi(r,E,t) + \sum_i \chi_{di}(E)\lambda_i C_i(r,t)$$

$$(5-2)$$

缓发中子先驱核浓度方程亦采用算子形式表达

$$\frac{\partial C_i(r,t)}{\partial t} + \nabla \cdot [UC_i(r,t)] = -\lambda_i C_i(r,t) + \beta_i \mathbf{F}\phi(r,E,t)$$

$$(5-3)$$

其中：

$$\boldsymbol{F}\phi(r,E,t)=\int_{E'}\nu\Sigma_f(r,E',t)\phi(r,E',t)\mathrm{d}E' \tag{5-4}$$

$$\boldsymbol{M}\phi(r,E,t)=-\nabla\cdot D(r,E,t)\,\nabla\phi(r,E,t)+\Sigma_t(r,E,t)\phi(r,E,t)$$
$$-\int_{E'}\Sigma_s(r,E'\rightarrow E,t)\phi(r,E',t)\mathrm{d}E' \tag{5-5}$$

5.4.1　通量幅函数方程

首先推导通量幅函数的精确动力学方程。在方程(5-2)的右边加、减缓发中子项 $\beta\chi_d(E)$
$\boldsymbol{F}\phi(r,E,t)$ 可得

$$\frac{1}{v(E)}\frac{\partial\phi(r,E,t)}{\partial t}=\chi(E)\boldsymbol{F}\phi(r,E,t)-\boldsymbol{M}\phi(r,E,t)$$
$$-\beta\chi_d(E)\boldsymbol{F}\phi(r,E,t)+\sum_i\chi_{di}(E)\lambda_iC_i(r,t) \tag{5-6}$$

其中：

$$\chi(E)=(1-\beta)\chi_p(E)+\beta\chi_d(E) \tag{5-7}$$

在方程(5-6)左右两边同时乘以权重函数 W，并对能量和空间积分得

$$\frac{\partial}{\partial t}(W,\frac{\phi}{v(E)})=(W,\chi(E)\boldsymbol{F}\phi)-(W,\boldsymbol{M}\phi)-(W,\beta\chi_d(E)\boldsymbol{F}\phi)+(W,\sum_i\chi_{di}(E)\lambda_iC_i(r,t))$$
$$\tag{5-8}$$

其中：(,)表示内积。

在式(5-9)所示的约束条件下，可将中子通量 $\phi(r,E,t)$ 分解成时间相关的幅函数 $p_r(t)$
和能量、时间、空间相关的形状函数 $\psi(r,E,t)$ 的乘积的形式，如式(5-10)所示。

$$(W,\frac{\psi(r,E,t)}{v(E)})=\mathrm{const}=K_0 \tag{5-9}$$

$$\phi(r,E,t)\equiv p_r(t)\cdot\psi(r,E,t) \tag{5-10}$$

将式(5-10)代入方程(5-8)可得

$$\frac{\partial}{\partial t}(W,\frac{p_r(t)\psi(r,E,t)}{v(E)})=(W,\chi(E)\boldsymbol{F}\psi(r,E,t)p_r(t))-(W,\boldsymbol{M}\psi(r,E,t)p_r(t))$$
$$-(W,\beta\chi_d(E)\boldsymbol{F}\psi(r,E,t)p_r(t))+(W,\sum_i\chi_{di}(E)\lambda_iC_i(r,t)) \tag{5-11}$$

将方程(5-11)中的各项展开可得

$$(W,\frac{\psi(r,E,t)}{v(E)})\frac{\mathrm{d}p_r(t)}{\mathrm{d}t}+p_r(t)\frac{\partial}{\partial t}(W,\frac{\psi(r,E,t)}{v(E)})=(W,\chi(E)\boldsymbol{F}\psi(r,E,t))p_r(t)-$$
$$(W,\boldsymbol{M}\psi(r,E,t))p_r(t)-(W,\beta\chi_d(E)\boldsymbol{F}\psi(r,E,t))p_r(t)+$$
$$(W,\sum_i\chi_{di}(E)\lambda_iC_i(r,t)) \tag{5-12}$$

由约束条件(5-9)可知

$$\frac{\partial}{\partial t}(W,\frac{\psi(r,E,t)}{v(E)})=0 \tag{5-13}$$

将此约束条件应用于方程(5-12)，同时在方程两边同除以权重函数加权了的裂变中子准

稳态源项(见式(5-14)),可将其化为方程(5-15)。

$$Y = (W, \chi(E) \boldsymbol{F}\psi(r, E, t)) \tag{5-14}$$

$$\frac{(W, \frac{\psi}{v(E)})}{Y} \frac{\mathrm{d}p_r(t)}{\mathrm{d}t} = \frac{[(W, \chi(E)\boldsymbol{F}\psi) - (W, \boldsymbol{M}\psi)]}{Y} p_r(t) \tag{5-15}$$

$$- \frac{(W, \beta \chi_d(E)\boldsymbol{F}\psi(r, E, t))}{Y} p_r(t) + \frac{(W, \sum_i \chi_{di}(E)\lambda_i C_i(r, t))}{Y}$$

定义如下参数

$$\Lambda(t) = \frac{(W, \frac{\psi}{v(E)})}{Y} \tag{5-16}$$

$$\rho(t) = \frac{[(W, \chi(E)\boldsymbol{F}\psi) - (W, \boldsymbol{M}\psi)]}{Y} \tag{5-17}$$

$$\widetilde{\beta}(t) = \frac{(W, \beta \chi_d(E)\boldsymbol{F}\psi(r, E, t))}{Y} = \sum_{i=1} \widetilde{\beta}_i \tag{5-18}$$

$$s_d(t) = \frac{(W, \sum_i \chi_{di}(E)\lambda_i C_i(r, t))}{Y} = \sum_{i=1} \lambda_i \frac{(W, \chi_{di}(E) C_i(r, t))}{Y}$$

$$= \Lambda(t) \sum_{i=1} \lambda_i c_i(t) \tag{5-19}$$

$$c_i(t) = \frac{(W, \chi_{di}(E) C_i(r, t))}{K_0} = \frac{(W, \chi_{di}(E) C_i(r, t))}{\Lambda(t) \cdot Y} \tag{5-20}$$

将式(5-16)~式(5-20)代入方程(5-15),两边同时除以 $\Lambda(t)$ 即得通量幅函数的点堆动力学方程如下

$$\frac{\mathrm{d}p_r(t)}{\mathrm{d}t} = \frac{\rho(t) - \widetilde{\beta}(t)}{\Lambda(t)} p_r(t) + \sum_{i=1} \lambda_i c_i(t) \tag{5-21}$$

方程(5-21)表明液体燃料反应堆通量幅函数的点堆动力学方程的形式与固体燃料反应堆的点堆动力学方程形式相同,这是因为液体燃料反应堆中子时空动力学方程忽略了对流项后,与固体燃料反应堆的中子时空动力学方程完全相同。

5.4.2 有效缓发中子先驱核方程

采用类似的方法推导有效缓发中子先驱核浓度 $c_i(t)$ 的控制方程。首先在方程(5-3)两边同时乘以 $\chi_{di}(E)$ 和权重函数 W,引入中子通量的分解式(5-10),再将方程对空间和能量积分得

$$\frac{\partial}{\partial t}(W, \chi_{di}(E) C_i(r, t)) = -\lambda_i(W, \chi_{di}(E) C_i(r, t)) + (W, \chi_{di}(E)\beta_i \boldsymbol{F}\psi(r, E, t)) p_r(t)$$

$$- (W, \chi_{di}(E) \nabla \cdot [\vec{U} C_i(r, t)]) \tag{5-22}$$

方程(5-22)左右两边同时除以 $(W, \frac{\psi(r, E, t)}{v(E)})$(即 K_0)得

$$\frac{\partial}{\partial t} \frac{(W, \chi_{di}(E) C_i(r, t))}{K_0} = -\lambda_i \frac{(W, \chi_{di}(E) C_i(r, t))}{K_0} + \frac{(W, \beta_i \chi_{di}(E) \boldsymbol{F}\psi(r, E, t))}{K_0} p_r(t)$$

$$- \frac{(W, \chi_{di}(E) \nabla \cdot [UC_i(r,t)])}{K_0} \qquad (5-23)$$

定义第 i 组缓发中子先驱核的有效份额 $\tilde{\beta}_i$ 为

$$\tilde{\beta}_i = \frac{(W, \beta_i \chi_{di}(E) F \psi)}{Y} \qquad (5-24)$$

同时将有效缓发中子先驱核浓度 $c_i(t)$ 的定义式(5-20)和式(5-24)代入方程(5-23),即可得有效缓发中子先驱核浓度方程为

$$\frac{\mathrm{d}}{\mathrm{d}t} c_i(t) = -\lambda_i c_i(t) + \frac{\tilde{\beta}_i}{\Lambda(t)} p_r(t) - \frac{(W, \chi_{di}(E) \nabla \cdot [\overrightarrow{UC_i(r,t)}])}{K_0} \qquad (5-25)$$

方程(5-25)表明,有效缓发中子先驱核浓度依然与空间相关的缓发中子先驱核浓度 $C_i(r,t)$ 有关,方程(5-20)和方程(5-25)构成的点堆动力学模型并不闭合,需要同时求解 $C_i(r,t)$ 的控制方程,即方程(5-3),这是一个含有空间变量的方程,计算时需要考虑其边界条件。如果缓发中子先驱核在反应堆外部回路中运行衰变的时间为 τ_l,则入口边界条件为

$$C_i(r=\text{inlet}, t) = C_i(r=\text{outlet}, t-\tau_l) e^{-\lambda_i \tau_l} \qquad (5-26)$$

而出口边界条件可采用

$$\frac{\partial C_i(r,t)}{\partial n} \Big|_{r=\text{outlet}} = 0 \qquad (5-27)$$

由上可得方程(5-20)、(5-25)、(5-3)及其相应边界条件即构成了液体燃料反应堆的精确点堆动力学模型。

在这里需要特别指出的是,采用式(5-24)计算有效缓发中子份额,需要将缓发中子先驱核的组群划分得非常细密方可。由于 $\lambda_i C_i = \beta_i F \psi$,因此可以采用下式计算有效缓发中子份额

$$\tilde{\beta}_i = \frac{(W, \chi_{di}(E) \lambda_i C_i)}{Y} \qquad (5-28)$$

5.4.3　固体燃料反应堆点堆动力学模型的拓展

目前常用的反应堆安全分析软件中的点堆动力学模型都是只适用于固体反应堆的,如何使其方便地拓展到液体燃料反应堆,是一个有意义的研究点。Rineiski 在将准静态方法拓展到嬗变概念反应堆时,首次提出了将缓发中子先驱核 $C_i(r,t)$ 纯粹从数学意义上分成标准项 $C_{s,i}(r,t)$ 和可移动项 $C_{m,i}(r,t)$ [7,8]。本小节在此基础上寻找液体燃料反应堆点堆动力学模型与固体燃料反应堆的点堆动力学模型的联系。首先分离 $C_i(r,t)$ 如下

$$C_i(r,t) = C_{s,i}(r,t) + C_{m,i}(r,t) \qquad (5-29)$$

则 $C_i(r,t)$ 的控制方程(5-3)可以分解成关于 $C_{s,i}(r,t)$ 和 $C_{m,i}(r,t)$ 两个变量的方程,如下

$$\frac{\partial C_{s,i}(r,t)}{\partial t} = -\lambda_i C_{s,i}(r,t) + \beta_i F \phi(r,E,t) \qquad (5-30)$$

$$\frac{\partial C_{m,i}(r,t)}{\partial t} = -\lambda_i C_{m,i}(r,t) - \nabla \cdot [UC_{m,i}(r,t)] \qquad (5-31)$$

采用 5.4.1 节及 5.4.2 节中相同的推导方法,同时定义有效缓发中子先驱核浓度的标准项和可移动项如下

$$c_{s,i}(t) = \frac{(W, \chi_{di}(E) C_{s,i}(r,t))}{K_0} = \frac{(W, \chi_{di}(E) C_{s,i}(r,t))}{\Lambda(t) \cdot Y} \qquad (5-32)$$

$$c_{m,i}(t) = \frac{(W, \chi_{di}(E)C_{m,i}(r,t))}{K_0} = \frac{(W, \chi_{di}(E)C_{m,i}(r,t))}{\Lambda(t) \cdot Y} \tag{5-33}$$

则最后可得分离后的点堆动力学方程组如下

$$\frac{dp_r(t)}{dt} = \frac{\rho(t) - \tilde{\beta}(t)}{\Lambda(t)} p_r(t) + \sum_{i=1} \lambda_i c_{s,i}(t) + \sum_{i=1} \lambda_i c_{m,i}(t) \tag{5-34}$$

$$\frac{d}{dt} c_{s,i}(t) = -\lambda_i c_{s,i}(t) + \frac{\tilde{\beta}_i}{\Lambda(t)} p_r(t) \tag{5-35}$$

$$\frac{dc_{m,i}(t)}{dt} = -\lambda_i c_{m,i}(t) - \frac{(W, \chi_{d,i}(E) \nabla \cdot [UC_{m,i}(r,t)])}{K_0} \tag{5-36}$$

定义：

$$\beta_{\text{loss}} = \frac{\Lambda(t)}{p_r(t)} \sum_{i=1} \lambda_i c_{m,i}(t) \tag{5-37}$$

则方程(5-34)可写成

$$\frac{dp_r(t)}{dt} = \frac{\rho(t) - (\tilde{\beta}(t) - \beta_{\text{loss}})}{\Lambda(t)} p_r(t) + \sum_{i=1} \lambda_i c_{s,i}(t) \tag{5-38}$$

对比方程(5-38)、(5-35)与固体燃料反应堆的点堆动力学方程组,可以看出它们具有相同的形式。故在求解时,只需要在固体燃料反应堆的点堆动力学方程基础上,将先驱核浓度可移动项引入的 β_{loss} 作为反应性反馈,而不需要改变方程的求解过程。而移动项控制方程的求解可与热工水力计算配合求解。

5.4.4 权重函数与中子价值

前面三小节精确点堆动力学模型的推导中有一个很重要的变量——权重函数,在反应堆物理中,通常采用中子价值作为权重函数。中子价值反映了不同位置的中子对链式反应或反应堆功率的贡献或"重要程度"。理论研究表明,中子价值方程是稳态中子物理方程的共轭方程,也就是共轭通量密度,即为中子价值。由于缓发中子的份额很小,对反应堆功率的影响不大,因此,可以忽略缓发中子的价值,得到任意 g 群中子价值 ϕ_g^+ 的控制方程如下

$$\nabla \cdot D_g \nabla \phi_g^+ - \Sigma_{r,g} \phi_g^+ + (\nu\Sigma_r)_g \sum_{g'=1}^{G} \chi_{g'} \phi_{g'}^+ + \sum_{g'=1, g' \neq g}^{G} \chi_{g \to g'} \phi_{g'}^+ = 0 \tag{5-39}$$

中子价值方程的边界条件为在入口、出口和堆芯外壁面处中子价值为零,即

$$\phi_g^+(z=\text{inlet}) = \phi_g^+(z=\text{outlet}) = \phi_g^+(r=\text{out surface}) = 0 \tag{5-40}$$

观察方程(5-39),可以看出它也可以化成第 3 章方程(3-30)的统一形式,因此对中子价值的计算可以采用与第 3 章介绍的求解中子通量密度相同的方法。

5.5 液体燃料反应堆的近似点堆动力学模型

上一节推导了液体燃料反应堆的精确点堆动力学模型,由于使用空间相关的有效缓发中子先驱核控制方程,需要耦合求解,从而增加了计算时间。以上的精确点堆动力学模型可以进一步简化,最简单的简化方法是直接采用固体燃料反应堆的点堆动力学模型,而将其中的缓发中子先驱核份额采用液体燃料反应堆的有效值[9]。Shimazu 等考虑了缓发中子先驱核在外部

回路中衰变后回到堆芯和从堆芯流出的这两个液体燃料反应堆特有的过程,采用如下方程修正了有效缓发中子先驱核浓度的控制方程[10-13]

$$\frac{\mathrm{d}c_i}{\mathrm{d}t} = \frac{\beta_i}{\Lambda} n(t) - \lambda_i c_i - \frac{1}{\tau_c} c_i + \frac{\exp(-\lambda_i \tau_l)}{\tau_c} c_i(t - \tau_l) \qquad (5-41)$$

式中:右边第三项表示流出堆芯的先驱核,最后一项表示经过回路衰变重新回到堆芯的先驱核。

在精确模型的基础上通过适当的简化,推导一种适用于液体燃料反应堆的近似点堆动力学模型。首先将缓发中子先驱核浓度 $C_i(r,t)$ 分成两部分,一部分在堆芯内,一部分在回路内,分别表示为 $C_{c,i}(r,t)$ 和 $C_{l,i}(r,t)$,则方程(5-3)可以分解成相应的两个控制方程

$$\frac{\partial C_{c,i}(r,t)}{\partial t} + \nabla \cdot [\boldsymbol{U} C_{c,i}(r,t)] = -\lambda_i C_{c,i}(r,t) + \beta_i \boldsymbol{F}\phi(r,E,t) \qquad (5-42)$$

$$\frac{\partial C_{l,i}(r,t)}{\partial t} + \nabla \cdot [\boldsymbol{U} C_{l,i}(r,t)] = -\lambda_i C_{l,i}(r,t) \qquad (5-43)$$

同时假设权重函数 $W=1$,很容易推得中子幅函数方程与固体燃料反应堆中子幅函数的形式相同,如方程(5-22)所示。而有效缓发中子先驱核浓度与固体燃料反应堆不同的是对流项的体积积分,对于 $C_{c,i}(r,t)$ 有

$$\int_V \nabla \cdot [\boldsymbol{U} C_{c,i}(r,t)] \mathrm{d}V = \int_S [\boldsymbol{U} C_{c,i}(r,t)] \cdot n \mathrm{d}S = (uC_{c,i}A)\mid_{\mathrm{out}} - (uC_{c,i}A)\mid_{\mathrm{in}} \quad (5-44)$$

其中

$$(uC_{c,i}A)\mid_{\mathrm{out}} = \frac{L_{\mathrm{core}} uC_{c,i}A}{L_{\mathrm{core}}} = \frac{L_{\mathrm{core}} AC_{c,i}}{L_{\mathrm{core}}/u} = \frac{c_{c,i}}{\tau_c}, (uC_{c,i}A)\mid_{\mathrm{in}} = c_{l,i}\frac{1}{\tau_l}\left(\frac{V_l}{V_c}\right) \qquad (5-45)$$

从而可得堆芯内有效缓发中子先驱核浓度方程为

$$\frac{\mathrm{d}c_{c,i}}{\mathrm{d}t} = \frac{\beta_i}{\Lambda} p_r(t) - \lambda_i c_{c,i} + c_{l,i}\frac{1}{\tau_l}\left(\frac{V_l}{V_c}\right) - c_{c,i}\frac{1}{\tau_c} \qquad (5-46)$$

而对于 $C_{l,i}(r,t)$

$$(uC_{l,i}A)\mid_{\mathrm{out}} = \frac{c_{l,i}}{\tau_l}, (uC_{l,i}A)\mid_{\mathrm{in}} = c_{c,i}\frac{1}{\tau_c}\left(\frac{V_c}{V_l}\right) \qquad (5-47)$$

可得外部回路中有效缓发中子先驱核浓度方程为

$$\frac{\mathrm{d}c_{l,i}}{\mathrm{d}t} = -\lambda_i c_{l,i} + c_{c,i}\frac{1}{\tau_c}\left(\frac{V_c}{V_l}\right) - c_{l,i}\frac{1}{\tau_l} \qquad (5-48)$$

最终,方程(5-22)、方程(5-46)和方程(5-48)构成了液体燃料反应堆的近似点堆动力学模型。

5.6　堆芯热传输模型

从前面建立的精确或近似点堆动力学模型可以看出,反应性 $\rho_r(t)$ 是一个重要的参数。反应堆在带功率运行时,必须考虑反应性反馈效应。反应性反馈产生于堆内温度、压力和流量的变化。但是一般压力效应很小,可以忽略不计;流量的变化引起的反应性变化可以通过有效缓发中子先驱核浓度方程进行计算;温度对反应性的影响是一项主要的反馈效应,对其处理可以采用与近似点堆动力学模型相类似的原理,以一个集总参量模型代替对空间变量的描述,从而避免直接求解整套热工水力方程的复杂性。采用能量守恒原理建立堆芯的热传输模型,对于

液体燃料盐

$$M_f C_{p,f} \frac{\mathrm{d}T_f}{\mathrm{d}t} = F_f P_r - 2w(t) C_{pf}(T_f - T_{in}) + h_{fg} A_{fg}(T_g - T_f) \tag{5-49}$$

对于堆芯石墨的能量守恒方程为

$$M_g C_{p,g} \frac{\mathrm{d}T_g}{\mathrm{d}t} = F_g P_r + h_{fg} A_{fg}(T_f - T_g) \tag{5-50}$$

其中传热系数 h_{fg} 可选择适当的 Nu 关系式进行计算,对于熔盐燃料,ORNL 在实验数据的基础上得到了如下关系式[14]

$$Nu = 0.089(Re^{2/3} - 125) Pr^{0.33} \left(\frac{\mu_{\text{bulk}}}{\mu_{\text{surf}}}\right)^{0.14} \tag{5-51}$$

在第 3 章反应性温度系数计算的基础上,可通过下式计算燃料盐温度和石墨温度对反应性的反馈

$$\rho_{r,T}(t) = \alpha_f(T_f - T_{f0}) + \alpha_g(T_g - T_{g0}) \tag{5-52}$$

5.7　不同点堆动力学模型的比较

以上建立了液体燃料反应堆的精确和近似点堆动力学模型,对比 Shimazu 建立的点堆动力学模型及仅改变参数的固体燃料反应堆的点堆动力学模型,可以看出:所有模型中中子幅函数方程的形式是一样的,不同的是有效缓发中子先驱核的模化方程。下面在假设中子通量和裂变源形状不变的情况下,将以上所有模型应用于 MOSART 概念反应堆的无保护失流事故(ULOF),从而比较不同点堆动力学模型中有效缓发中子先驱核模化方法的异同。以下将精确模型表示成 SM,近似模型表示成 MPMS,Shimazu 的模型表示成 MPM,采用静态缓发中子参数的固体点动力学模型表示成 PMS,而使用有效参数的模型表示成 PME,其中 PME 的有效缓发中子先驱核份额来自 SM 的计算结果。

首先在稳态工况下分析先驱核的流动效应。液体燃料反应堆的初始反应性 $\rho_r(0)$ 与移出堆芯的有效缓发中子先驱核份额(β_{loss})在数值上相等但符号相反,缓发中子先驱核的流动效应用 $\beta_{\text{loss}}/\beta_{\text{static}}$ 表示,其中 MOSART 的 $\beta_{\text{static}} = 339.8 \times 10^{-5}$。MPM、MPMS 和 PMS 模型的初始反应性可以通过消除控制方程的时间项求得,分别表示如下

$$\rho_{r,\text{MPM}}(0) = \sum_{i=1}^{6} \beta_i \left[1 - \frac{\lambda_i}{\lambda_i + \frac{1}{\tau_c}(1 - \exp(-\tau_l \lambda_i))}\right] \tag{5-53}$$

$$\rho_{r,\text{MPMS}}(0) = \sum_{i=1}^{6} \beta_i \left[1 - \frac{\lambda_i}{\lambda_i + \frac{1}{\tau_c}(1 - \frac{1/\tau_l}{\lambda_i + 1/\tau_l})}\right] \tag{5-54}$$

$$\rho_{r,\text{PMS}}(0) = 0 \tag{5-55}$$

对于 SM 模型的初始反应性,可以通过计算移出堆芯的有效缓发中子先驱核份额 β_{loss} 来获得;而 PME 模型的有效缓发中子先驱核份额来自 SM 模型,初始反应性为 0。

计算结果列于表 5-1 中,MPM 和 MPMS 模型计算的缓发中子先驱核流动效应很接近,这是因为这两个模型的本质是一致的。而 SM 模型计算的缓发中子先驱核流动效应偏大,这是因为 SM 模型考虑了空间作用,堆芯中心价值高的中子流出堆芯的概率高,这个结果与

MSRE 的实验结果(33%)比较接近。

表 5 - 1　各模型初始反应性

模型	反应性/$\times 10^{-5}$	$\beta_{loss}/\beta_{static}$
SM	127	37.8%
PMS	0	0
PME	0	37.8%
MPM	82	24%
MPMS	72	22%

　　ULOF 瞬态工况下,堆芯流量由初始的 10000 kg/s 在 7 s 内降低到初始值的 4%,如图 5 - 28所示,图中也给出了该工况下堆芯相对功率随时间的变化。由图可以看出,所有模型计算的堆芯功率均迅速下降,在 80 s 后稳定在初始值的 4%左右,与流量匹配;与泵停转事故下的堆芯相对功率变化类似,即流量降低后,堆的功率会随之降低,并最后达到与流量相匹配的新的功率水平;两个计算相互印证,证明了物理热工耦合计算与安全计算的正确性。

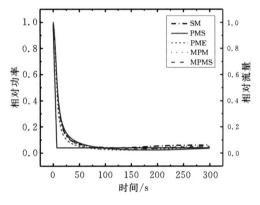

图 5 - 28　ULOF 工况下相对功率和流量

　　图 5 - 29 和图 5 - 30 给出了燃料盐和石墨的平均温度,从中可以看出燃料盐的平均温度先升高,达到一个最大值之后又降低,最后达到稳定,其中 PMS 模型得到的最高温度为 751℃,PME 模型得到的最高温度为 722℃,另外三个模型得到的最高温度比较接近,介于这两个模型计算结果之间。PMS 和 PME 模型得到的燃料盐最终温度基本相同,这是因为这两个模型的本质是一样的,没有考虑流动对缓发中子先驱核的影响;MPM 和 MPMS 模型得到的燃料盐最终温度也基本相同;SM 模型得到的燃料盐最终温度稍高,这与其计算的功率是对应的。各模型计算的石墨平均温度随时间的变化趋势都是逐渐降低的,可以发现与燃料盐温度变化类似的现象。

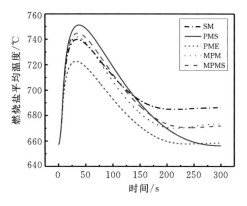
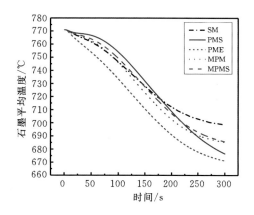

图 5-29　ULOF 工况下燃料盐平均温度　　　图 5-30　ULOF 工况下石墨平均温度

燃料盐温度和石墨温度引起的反应性变化分别如图 5-31 和图 5-32 所示,由于它们的温度负反馈系数,它们引起的反应性的变化与温度变化的趋势是相反的,由于石墨的温度反应性系数很小,其引起的反应性反馈比燃料盐的温度反应性反馈小得多。

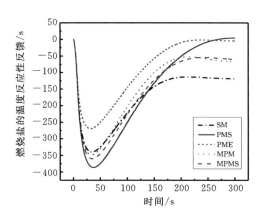
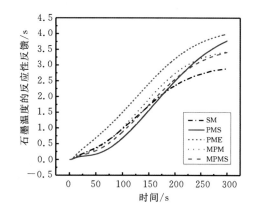

图 5-31　ULOF 工况下燃料盐的温度反应性反馈　　　图 5-32　ULOF 工况下石墨的温度反应性反馈

为了考察有效缓发中子先驱核对反应性的贡献,将中子幅函数方程改写成如下形式

$$\frac{\Lambda}{p_r(t)}\frac{\mathrm{d}p_r(t)}{\mathrm{d}t} = \rho - \beta + \frac{\Lambda}{p_r(t)}\sum_{i=1}^{6}\lambda_i c_i(t) \qquad (5-56)$$

式中:最后一项即为有效缓发中子先驱核对反应性的贡献。

所有模型计算结果如图 5-33 所示,作为对比,图中同时给出了总的温度反应性反馈。由图可以看出有效缓发中子先驱核对反应性的贡献是先增大后减小,这个趋势与温度对反应性反馈的趋势相反。有效缓发中子先驱核对反应性的贡献由两个因素决定:一个是功率,一个是流量。流量降低使得流出堆芯的有效缓发中子先驱核减少,从而使得反应性升高;而流量降低使得功率降低,又会使反应性降低。有效缓发中子先驱核对反应性贡献的变化趋势表明,在初始阶段流量变化引起的反应性变化占主导地位,而到事故后期功率的影响起主要作用。

为了考察流动对反应性的影响,采用 5.4.3 节中的方法进行计算,流动对反应性的影响可以表示成有效缓发中子先驱核中的移动项对反应性的贡献,它和标准项对反应性贡献的表达

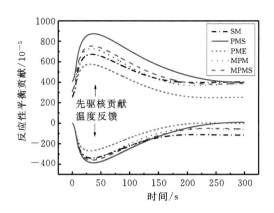

图 5-33　ULOF 工况下反应性平衡贡献

式分别为：$-\dfrac{\Lambda}{p_r(t)}\sum\limits_{i=1}^{6}\lambda_i c_{m,i}(t)$ 和 $\dfrac{\Lambda}{p_r(t)}\sum\limits_{i=1}^{6}\lambda_i c_{s,i}(t)$。计算结果如图 5-34 所示，由图可以看出流动带出的反应性先增大后减小，在堆芯流量稳定后亦稳定到接近于零，由于流动的影响，实际的有效缓发中子先驱核对反应性的贡献等于采用标准模型得到反应性贡献减去有效先驱核流动带出的反应性。

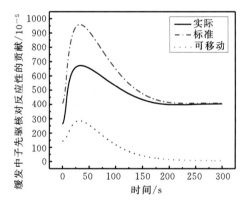

图 5-34　ULOF 中缓发中子先驱核对反应性的贡献

5.8　典型液体燃料熔盐堆的安全分析

5.8.1　中子价值和有效缓发中子份额

图 5-35 所示为 MOSART 堆芯中不同位置上的快、热中子价值，由图可以发现，快、热中子价值分布很相似，在反应堆堆芯中间部分价值最高，从中心部分向四周扩展，中子价值逐渐降低。与快、热中子通量密度的空间分布比较发现，快中子价值的空间分布与其通量密度的分布类似；尽管热中子通量密度在靠近石墨的附近区域会有升高，但是在该处的价值并没有因此而升高。

MOSART 静态时，六组缓发中子的基本参数如表 3-10 所示。第 4 章在流场的基础上计

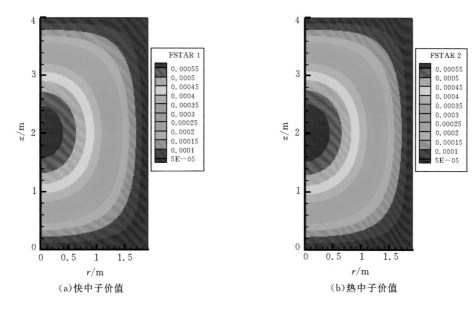

图 5-35　MOSART 快、热中子价值分布

算了有效缓发中子份额,将其与其他流动条件下的基准解进行比较,如表 5-2 所示。其中不流动情况下的缓发中子份额是 MOSART 静态参数,是其他流动计算的基本参数。由表可以看出,平流和抛物流假设下的缓发中子先驱核损失率($\beta_{loss}/\beta_{eff,static}$)分别为 33.7% 和 38.4%,后者比前者大,这是因为抛物流流动情况下,堆芯中心部分的流速高,带出价值高的中子份额也高。RRC-KI 和本研究计算流场下的缓发中子先驱核损失率分别为 41.8% 和 37.8%,本研究计算流场下的有效缓发中子损失率接近于抛物流下的计算结果,从而也表明了本研究计算的流场可能比较接近于抛物流,而 RRC-KI 计算的流场在堆芯中心区域应该更强。该种方式计算的反应性损失为 -127.0×10^{-5},与第 3 章中采用有效增殖系数变化计算得到的反应性损失 -131×10^{-5} 比较接近,从而也证明了计算方法的正确性。

表 5-2　不同流场下有效缓发中子份额

速度场	$\Delta\rho/10^{-5}$	$\beta_1/10^{-5}$	$\beta_2/10^{-5}$	$\beta_3/10^{-5}$	$\beta_4/10^{-5}$	$\beta_5/10^{-5}$	$\beta_6/10^{-5}$	$\beta_{eff}/10^{-5}$	$\beta_{loss}/10^{-5}$	$\beta_{loss}/\beta_{eff,static}$
不流动	0.0	7.8	77.2	54.9	118.1	61.0	20.8	339.8	0.0	0.0%
平流	-115.2	3.7	37.3	28.9	78.4	56.4	20.5	225.2	114.6	33.7%
抛物流	-131.8	3.6	36.4	27.1	69.3	53.0	20.1	209.5	130.3	38.4%
RRC-KI	-143.4	2.8	29.4	24.1	68.5	53.1	19.9	197.8	142.0	41.8%
本研究	-127.0	3.6	36.3	27.5	70.5	53.5	20.1	211.5	128.3	37.8%

采用 5.4.3 节中的方法,将缓发中子先驱核分成标准项和流动项两项,从而可以计算相应的六组缓发中子的有效份额,列于表 5-3 中。其中 C_s 表示标准项缓发中子对应的有效份额,C_m 表示流动项缓发中子的对应值,C_m/C_s 反映了流动对各组缓发中子先驱核的影响,比较各个数值,可以看出,缓发中子的衰变常数越大(即寿命越短),流动对其影响越小,这与第 3 章计算的结论是相同的。

表 5 - 3　流动对有效缓发中子先驱核的影响

	$\beta_1/10^{-5}$	$\beta_2/10^{-5}$	$\beta_3/10^{-5}$	$\beta_4/10^{-5}$	$\beta_5/10^{-5}$	$\beta_6/10^{-5}$	$\beta_{\text{eff}}/10^{-5}$
C_{ms}	3.61614	36.29579	27.46395	70.53406	53.51157	20.09738	211.51891
C_{s}	7.75137	76.90438	54.69960	117.6245	60.75852	20.74929	338.48761
C_{m}	4.13523	40.60859	27.23565	47.09039	7.246952	0.651905	126.96870
$C_{\text{m}}/C_{\text{s}}$	53.348%	52.804%	49.791%	40.035%	11.927%	3.142%	37.511%

5.8.2　MOSART 可能的初因事故

液体燃料反应堆的安全要求与所有反应堆是一样的,即较小的反应性变化不会引起大的功率波动,并可很容易被控制;不会出现较大会引起破坏性的温度升高或压力膨胀的反应性变化。对于 MOSART,可能存在的引起反应性变化的初因事故有:燃料循环过程中流量的变化导致堆芯有效缓发中子先驱核变化所引起的反应性变化,如无保护失流事故(ULOF);在线燃料处理过程中引起的燃料成分、浓度或密度的变化,从而导致的无保护反应性引入事故(UTOP);堆芯入口温度降低引起的主回路无保护过冷事故(UOC)。其中,ULOF 在 5.7 节中作为基准事故采用多种模型进行了分析,从而确定不同有效缓发中子先驱核方程模化的异同。在 UOC 模型中,假设堆芯入口温度在 60 s 内降低 100 ℃,对该瞬态工况进行模拟。在无保护反应性注入事故中计算了针对熔盐堆可能存在的四种瞬态工况,包括:①反应性为 200×10^{-5} 的未溶解燃料盐颗粒注入反应堆,并保持反应性不变停留在堆芯;②反应性为 200×10^{-5} 的未溶解燃料盐颗粒注入反应堆,并在整个回路中流动;③反应性为 500×10^{-5} 的未溶解燃料盐颗粒注入反应堆,并保持反应性不变停留在堆芯;④反应性为 500×10^{-5} 的未溶解燃料盐颗粒注入反应堆,并在整个回路中流动。

5.8.3　模型的验证

采用 5.5 节和 5.6 节建立的点堆动力学模型分析 MOSART 可能存在的反应性初因事件,在使用该模型之前首先采用 MSRE 的启泵和停泵基准题对模型进行验证,MSRE 的主要参数如表 5 - 4 所示[15]。

表 5 - 4　MSRE 的主要参数

参数	数值	参数	数值	参数	数值
堆芯燃料质量/kg	1535.8981	λ_1/s^{-1}	0.0124	$\beta_1/\times 10^{-5}$	22.3
回路燃料质量/kg	3037.6249	λ_2/s^{-1}	0.0305	$\beta_2/\times 10^{-5}$	145.7
堆芯石墨质量/kg	3715	λ_3/s^{-1}	0.111	$\beta_3/\times 10^{-5}$	130.7
堆芯燃料体积/m³	0.6787	λ_4/s^{-1}	0.301	$\beta_4/\times 10^{-5}$	262.8
回路燃料体积/m³	1.3423	λ_5/s^{-1}	1.14	$\beta_5/\times 10^{-5}$	76.6
基准流量/(kg·s⁻¹)	181.6	λ_6/s^{-1}	3.01	$\beta_6/\times 10^{-5}$	28
中子寿命/s	0.00024				

　　MSRE 启泵和停泵基准题的计算结果如图 5-36 所示。比较两个基准题下的计算结果与实验结果,可以看出两者符合得较好,从而证明了模型和程序的正确性。

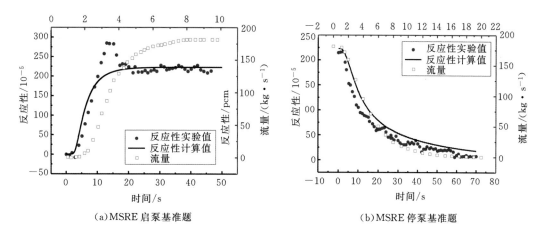

(a)MSRE 启泵基准题　　　　　　　　　(b)MSRE 停泵基准题

图 5-36　MSRE 启泵、停泵基准题计算

5.8.4　典型事故分析

1. 无保护堆芯入口过冷事故(UOC)

　　在堆芯入口过冷事故下,假设堆芯的入口温度在 60 s 内降低 100 ℃,而堆芯质量流量保持不变。计算得到了堆芯功率、燃料盐平均温度、燃料盐出口温度、石墨反射层平均温度、反应性及有效缓发中子份额等重要参量随时间的变化,并将堆芯功率、堆芯各温度的计算结果与 FZK 研究中心的 SIM-ADS[16] 计算结果比较,如图 5-37 所示。

　　由图 5-37(a)可以看出,堆芯入口温度在 60 s 内线性降低 100 ℃,对应的堆芯功率近似线性升高到初始功率的 2.7 倍,在堆芯入口温度保持不变后,堆芯功率也维持在初始功率的 2.7 倍不再变化。图 5-37(b)给出了燃料盐入口、平均和出口温度及石墨平均温度随时间的变化,由图可以看出,堆芯功率的升高,导致燃料盐的出口温度随之先近似线性升高然后保持不变,而燃料盐的平均温度则近似保持不变。燃料盐进口温度的快速降低,引入快速升高的正反应性,使得堆芯功率快速升高;堆芯功率的升高使得堆芯燃料盐的温度升高,引入负的反应性,使得燃料盐的温度反应性反馈降低。同时,堆芯功率的升高使得石墨反射层的温度缓慢升高,引入一定的负反应性,最终使得功率趋于平衡。燃料盐和石墨温度变化引入的反应性变化如图 5-37(c)所示,燃料盐和石墨的负温度反馈系数使得温度反应性反馈的变化趋势与温度的变化趋势相反,而石墨的温度反馈系数比燃料盐的温度反馈系数低得多,因此其引起的反应性也比较小。图 5-37(d)给出了反应性平衡的两个主要贡献,一个是温度反馈,一个是缓发中子先驱核的贡献,由图可以看出两者的变化趋势是相反的。图 5-37(a)和图 5-37(b)空心点给出了 FZK 研究中心采用 SIM-ADS 计算的结果,比较发现本程序计算结果与其计算结果非常接近,从而证明建立的数学模型和编制程序的正确性。

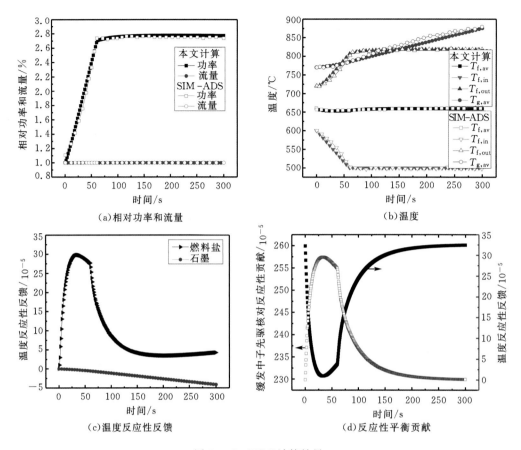

（a）相对功率和流量　　　　　　　（b）温度

（c）温度反应性反馈　　　　　　　（d）反应性平衡贡献

图 5-37　UOC 计算结果

2. 无保护反应性引入事故 UTOP1——200×10⁻⁵ 反应性阶跃引入

在此计算工况下，初始时刻反应性为 200×10^{-5} 的未溶解燃料盐颗粒注入反应堆，并保持反应性不变停留在堆芯，堆芯流量和入口温度保持不变。计算得到了堆芯功率、燃料盐平均温度、燃料盐出口温度、石墨反射层平均温度、反应性及有效缓发中子份额等重要参量随时间的变化，并将堆芯功率、堆芯各温度的计算结果与 FZK 的 SIM-ADS 计算结果进行比较，如图 5-38 所示。

由图 5-38(a)可以看出，反应性瞬时注入后，堆芯功率瞬间升高到初始功率的 4.5 倍。对应如图 5-38(b)中的温度变化可以看出，燃料盐的出口、平均温度也迅速升高，但是变化的速度比功率变化慢，温度的升高引入负的反应性，从而使得堆芯的功率开始下降。石墨温度的缓慢升高又引入一个小的负反应性，功率在负反应性的驱动下最后稳定在初始功率的 1.7 倍。燃料盐和石墨对应的反应性如图 5-38(c)所示，其变化趋势与相应的温度变化趋势相反。图 5-38(d)给出了反应性平衡的两个贡献，从中可以看出，中子先驱核对反应性的贡献与温度反应性反馈的变化趋势是相反的。图(a)、(b)中空心点给出了 FZK 研究中心采用 SIM-ADS 计算的结果，比较可以看出，燃料盐出口、平均温度及石墨反射层的平均温度与其计算结果符合得较好，反应堆功率在下降段有所偏差。

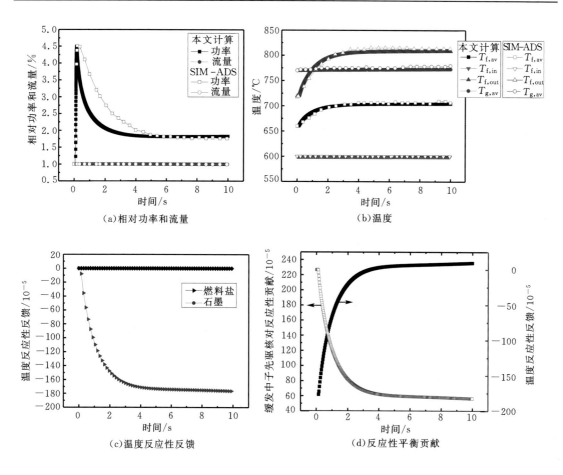

（a）相对功率和流量 （b）温度

（c）温度反应性反馈 （d）反应性平衡贡献

图 5-38 200×10^{-5} 反应性阶跃注入的 UTOP 事故计算结果

3. 无保护反应性引入事故 UTOP2——200×10^{-5} 反应性循环引入

在此计算工况下，反应性为 200×10^{-5} 的未溶解燃料盐颗粒注入反应堆，并在整个回路中流动，其中堆芯时间为 7 s，回路时间为 4 s，堆芯流量和入口温度保持不变。计算得到了堆芯功率、燃料盐平均温度、燃料盐出口温度、石墨反射层平均温度、反应性及有效缓发中子份额等重要参量随时间的变化，如图 5-39 所示。

由工况的描述可知，带有反应性的燃料盐颗粒在堆芯及回路中作反复循环，循环一次假设为一个周期。由图 5-39(a) 可以看出，与反应性的周期注入对应，堆芯功率也以相同的周期变化，第一个周期开始时，堆芯功率瞬间升高到初始功率的 4.2 倍，然后下降到初始功率的 1.7 倍左右，然后在第二个周期堆芯功率升高到原功率的 3.0 倍，随后下降。在以后的各个周期内，堆芯功率的峰值逐渐变小。对应如图 5-39(b) 中的温度变化可以看出，燃料盐的出口、平均温度也相应作周期性变化，但是变化的速度比功率变化慢，温度的升高引入负的反应性，如图 5-39(c) 所示。石墨温度的缓慢升高又引入一个小的负反应性，这就是堆芯功率峰值逐渐变小的原因。

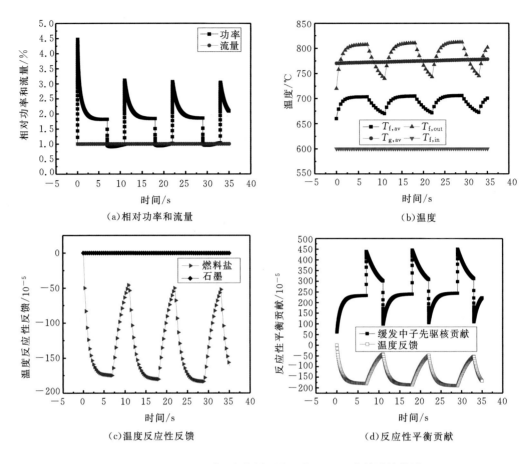

图 5 - 39　200×10⁻⁵ 反应性循环注入的 UTOP 事故计算结果

图 5 - 39　200×10^{-5} 反应性循环注入的 UTOP 事故计算结果

4. 无保护反应性引入事故 UTOP3——500×10^{-5} 反应性阶跃引入

此计算工况与计算工况 1 类似,不同的是,未溶解燃料盐带有的反应性为 500×10^{-5},同样堆芯流量和入口温度保持不变。计算得到了堆芯功率、燃料盐平均温度、燃料盐出口温度、石墨反射层平均温度、反应性及有效缓发中子份额等重要参量随时间的变化,如图 5 - 40 所示。

由图 5 - 40(a)可以看出,反应性瞬时注入后,堆芯功率瞬间升高到初始功率的 500 倍。对应如图 5 - 40(b)中的温度变化可以看出,燃料盐的出口、平均温度也瞬间升高,温度的升高引入负的反应性,从而使得堆芯的功率开始下降。石墨温度的缓慢升高又引入一个小的负反应性,功率在负反应性的驱动下最后稳定在初始功率的 3 倍。燃料盐和石墨对应的反应性如图(c)所示,而反应性平衡贡献如图(d)所示。与计算工况 UTOP1 的计算结果比较可以看出,堆芯功率升高非常高,而且燃料盐出口、平均温度升高也很快,但是即使在这种工况下,燃料的温度还是在安全限值以下(温度限值为燃料盐的沸腾温度 1400 ℃)。

5. 无保护反应性引入事故 UTOP4——500×10^{-5} 反应性循环引入

此计算工况与计算工况 2 类似,不同的是未溶解燃料盐颗粒引入的反应性为 500×10^{-5},同样堆芯流量和入口温度保持不变。计算得到了堆芯功率、燃料盐平均温度、燃料盐出口温

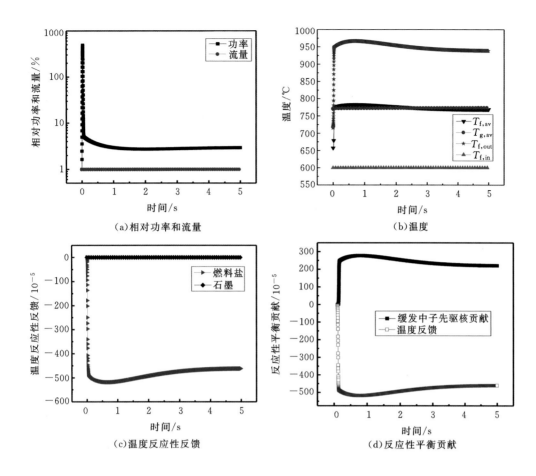

图 5-40　+500×10⁻⁵反应性阶跃注入的 UTOP 事故计算结果

度、石墨反射层平均温度、反应性及有效缓发中子份额等重要参量随时间的变化,如图 5-41 所示。

与计算工况 UTOP2 类似,此工况也是带有反应性的燃料盐颗粒在堆芯及回路中反复循环。由图 5-41(a)可以看出,与反应性的周期注入对应,堆芯功率也以相同的周期变化,第一个周期开始时,堆芯功率瞬间升高到初始功率的 500 倍,然后下降到初始功率的 3 倍左右,在第二个周期堆芯功率升高到原功率的 150 倍,随后下降。在以后的各个周期内,堆芯功率的峰值逐渐变小。对应如图 5-41(b)中的温度变化可以看出,燃料盐的出口、平均温度也相应作周期性变化,但是变化的速度比功率变化得慢,温度的升高引入负的反应性,如图 5-41(c)所示。温度反馈和缓发中子先驱核对反应性平衡的贡献如图 5-41(d)所示,两者的变化趋势是相反的。石墨温度的缓慢升高又引入一个小的负反应性,这就是堆芯功率峰值逐渐变小的原因。与计算工况 UTOP2 的计算结果比较,两者的趋势是相似的,不同的是峰值不同,但是即使在这种计算工况下,燃料的温度还是在温度限值以下,即处于安全状态。

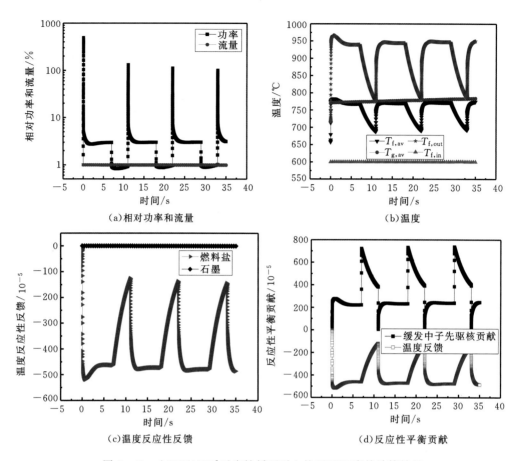

图 5 - 41　+500×10⁻⁵反应性循环引入的 UTOP 事故计算结果

参考文献

[1] BANDINI B R. Three-dimensional Transient Neutronics Routine for the TRAC-PFI Reactor Thermal Hydraulic Computer Code[D]. University Park, Pennsylvania: Pennsylvania State University, 1990.

[2] CLESS C M, PRESCOTT P J. Effect of time marching schemes on predictions of oscillatory natural convection in fluid of low prandtl number[J]. Numerical heat transfer, Part A, Applications, 1996, 29(6): 575 - 597.

[3] OTT K O, NEUHOLD R J. Introductory NUCLEAR REACTOR DYNAMICS[M]. La Grange Park, Illinois: AMERICAN NUCLEAR SOCIETY, 1985: 21 - 37.

[4] HENRY A F. The Application of Reactor Kinetics to the Analysis of Experiments[J]. NUCLEAR SCIENCE AND ENGINEERING, 1958, 3: 52 - 70.

[5] HENRY A F, CURLEE N J. Verification of a Method for Treating Neutron Space-Time Problem[J]. NUCLEAR SCIENCE AND ENGINEERING, 1958, 4: 727 - 744.

[6] OTT K O, MENELEY D A. Accuracy of the Quasistatic Treatment of Spatial Reactor

Kinetics[J]. NUCLEAR SCIENCE AND ENGINEERING,1969, 36:402 - 411.

[7] RINEISKI A, MASCHEK W. Kinetics models for safety studies of accelerator driven systems[J]. Annals of Nuclear Energy,2005, 32:1348 - 1365.

[8] RINEISKI A, SINITSA V, MASCHEK W, et al. KINETICS AND CROSS-SECTION DEVELOPMENTS FOR ANALYSES OF REACTOR TRANSMUTATION CONCEPTS WITH SIMMER[C]//Proc. Mathematics and Computation, Supercomputing, Reactor Physics and Nuclear and Biological Applications, Avignon, France, September 12 - 15,2005.

[9] MERLE-LUCOTTE E, HEUER D, ALLIBERT M, et al. Optimization and simplification of the concept of non-moderated Thorium Molten Salt Reactor[C]//Proc. PHYSOR'08, Interlaken, Switzerland, September 14 - 19,2008.

[10] SHIMAZU Y. Nuclear Safety Analysis of a Molten Salt Breeder Reactor[J]. Journal of Nuclear Science and Technology,1978,15(7):514 - 522.

[11] SHIMAZU Y. Locked Rotor Accident Analysis in a Molten Salt Breeder Reactor[J]. Journal of Nuclear Science and Technology,1978,15(12):935 - 940.

[12] SUZUKI N, SHIMAZU Y. Preliminary Safety Analysis on Depressurization Accident without Scram of a Molten Salt Reactor[J]. Journal of Nuclear Science and Technology,2006, 43(7):720 - 730.

[13] SUZUKI N, SHIMAZU Y. Reactivity-Initiated-Accident Analysis without Scram of a Molten Salt Reactor[J]. Journal of Nuclear Science and Technology,2008, 45(6):575 - 581.

[14] COX. Conceptual design study of a single fluid molten salt breeder reactor:ORNL-4449:85, and ORNL-4396:119[R]. Oak Ridge:Oak Ridge National Laboratory,1969.

[15] PRINCE B E, ENGEL J R, BALL S J, et al. Zero-power physics experiments on the molten-salt reactor experiment[R]. Oak Ridge:ORNL MSRE Semi-Annual Reports, June,1969.

[16] SCHIKORR M. Latest results of transiet analyses of the MOSART molten salt reactor design[C]//IAEA CRP Meeting, Chennei, India, January 15 - 19,2007.

第6章 固体燃料熔盐堆中子物理分析

6.1 TMSR-SF 堆芯设计

TMSR-SF 的堆芯外径为 242.0 cm,高为 240.6 cm。堆芯结构主要由石墨块堆砌而成,由内而外主要分为以下几个区域:①堆芯中心石墨通道组,含 2 个控制棒通道和 2 个硼吸收球通道;②活性区,位于中心石墨通道组以外石墨反射层以内,该区域为燃料球和堆芯冷却剂所在区域,燃料球为规则堆积,其外围边界由反射层内边界构成;③石墨反射层区,包括侧面反射层和上、下反射层,另外在反射层中具有如控制棒通道、硼吸收球通道、实验通道、冷却剂管路等其他部件;④堆芯容器。

图 6-1 给出了 TMSR-SF 堆芯纵向截面示意图,其各区域描述如下:红色部分为燃料球;蓝色部分为冷却剂;深灰色为石墨反射层;中心浅灰色为中心通道石墨反射层;白色部分为堆芯通道,包括中心石墨通道和反射层通道;黑色部分为堆芯容器。

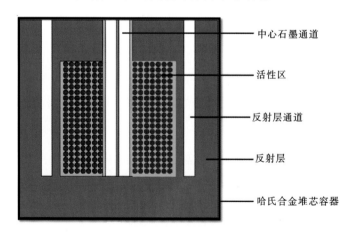

图 6-1　TMSR-SF 堆芯纵向截面示意图

图 6-2 给出了 TMSR-SF 堆芯横截面示意图。堆芯中心石墨通道组包含 4 个通道,其中包括 2 个控制棒通道、2 个硼吸收球通道,边长均为 13.0 cm。石墨反射层中的通道共有 16 个,直径均为 13.0 cm,皆位于靠近活性区八边形边缘 10.0 cm 处,其中有 8 个对称间隔分布的控制棒通道、6 个硼吸收球通道、2 个实验通道。

表 6-1 给出了 TMSR-SF 堆芯主要结构参数。

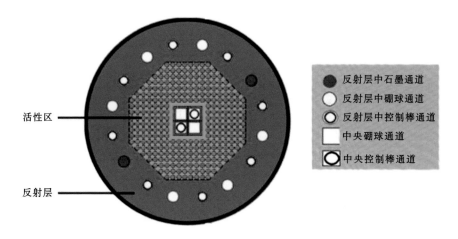

图 6-2　TMSR-SF 堆芯横截面示意图

表 6-1　TMSR-SF 堆芯主要结构参数

区域	属性	数值
堆芯中心石墨通道组	外壁(长×宽×高)	35.0 cm×35.0 cm×189.6 cm
	通道(长×宽×高)	13.0 cm×13.0 cm×189.6 cm
	控制棒通道数	2
	硼吸收球通道数	2
活性区	高度	138.6 cm
	八边形对边距离	139.0 cm、134.69 cm
	体积	2.15 m³
石墨反射层区	高度	238.6 cm
	外直径	240.0 cm
	上、下及侧面厚度	50.0 cm
	通道直径/与活性区边缘距离	13.0 cm/10.0 cm
	控制棒通道数	8
	硼吸收球通道数	6
	实验通道数	2
堆芯容器	Hastelloy N 合金厚度	1.0 cm
堆芯总体	高度	240.6 cm
	直径	242.0 cm
	体积	11.1 m³

　　TMSR-SF 具有 2 套反应性控制系统,分别为控制棒系统与硼吸收球系统。其中控制棒

系统既作为反应性调节系统,也作为停堆系统;硼吸收球系统为备用停堆系统,作为紧急状态下的停堆系统。堆芯控制棒通道个数为 10 个,硼吸收球通道个数为 8 个。

6.1.1　控制棒系统

控制棒通道的个数为 10 个,其中 2 个位于堆芯中心石墨通道,8 个位于侧面石墨反射层中。图 6-3 给出了控制棒的结构示意图,控制棒为两个中空的不锈钢套管内外嵌套而成,内外不锈钢套管之间的夹层放置 B_4C 毒物。表 6-2 给出了控制棒轴向材料和尺寸数据。与 PB-FHR 不同,控制棒有效毒物控制长度为 188.6 cm,外管直径为 11.0 cm,可根据需要分为几段连接而成。

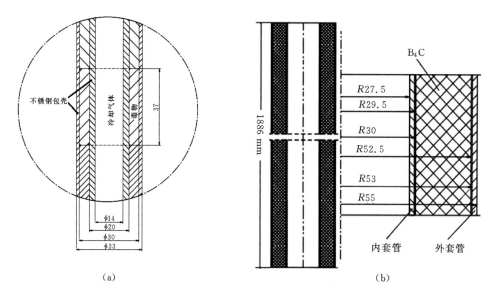

（a）　　　　　　　　　　　　　　　（b）

图 6-3　控制棒结构示意图

表 6-2　控制棒尺寸与材料成分

轴向半径/mm	材质	密度/(g·cm⁻³)	材料组分/%
27.5	冷却气体		
29.5	不锈钢	7.9	Cr(18)-Fe(68.1)-Ni(10)-Si(1)-Mn(2)-C(0.1)-Ti(0.8)
30.0	真空	0	
52.5	B_4C	1.7	$^{10}B(19.8)-^{11}B(80.2)$
53.0	真空	0	
55.0	不锈钢	7.9	Cr(18)-Fe(68.1)-Ni(10)-Si(1)-Mn(2)-C(0.1)-Ti(0.8)

6.1.2　硼吸收球系统

硼吸收球通道数为 8 个,其中 2 个位于堆芯中心石墨通道,6 个位于侧面石墨反射层中。硼吸收球的直径为 5.0 mm,质量为 1.9 g/cm³(B_4C,^{10}B 富集度为 19.8%)。

6.2　重要物理参数计算

6.2.1　几何模型

图 6-4 给出了 TMSR-SF 燃料球与 TRISO 颗粒的结构示意图。燃料球内 TRISO 颗粒在燃料球内的分布形式采用简单立方堆积(SC),图 6-5 给出了 TRISO 颗粒的堆积及简单立方栅元示意图。

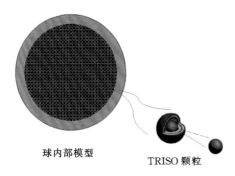

球内部模型　　　　TRISO 颗粒

图 6-4　TMSR-SF 燃料球与 TRISO 颗粒示意图

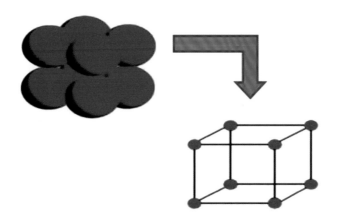

图 6-5　TRISO 颗粒的堆积及简单立方栅元示意图

堆芯活性区仅有燃料球,无石墨球堆积。对于燃料球堆积,根据堆芯的结构设计参数(见表 6-3),堆芯体积填充率为 68.06%,因此采用的规则堆积形式为体心立方堆积(BCC)(见图 6-5)。

根据堆芯设计参数(见表 6-3),运用 MCNP 建立活性区、熔盐区、石墨反射层、反射层中通道、控制棒等部分的几何模型。图 6-1、图 6-2 给出了堆芯几何模型纵截面与横截面示意图。

表 6 - 3　主要材料参数

参数	TMSR-SF
燃料球	
燃料球直径/cm	6.0
燃料区域直径/cm	5.0
石墨基体和石墨壳密度/$(g \cdot cm^{-3})$	1.73
^{235}U 质量分数/%	17.08
TRISO 填充因子	7.5%
燃料球占空比	68.06%
燃料颗粒	
燃料颗粒半径/mm	0.25
UO_2 密度/$(g \cdot cm^{-3})$	10.5
燃料颗粒外包覆层	
包覆层材料(从里到外)	PyC/PyC/SiC/PyC
包覆层厚度/mm	0.095/0.04/0.035/0.04
包覆层密度/$(g \cdot cm^{-3})$	1.05/1.9/3.18/1.9
冷却剂	
冷却剂组分	$2LiF - BeF_2(99.995\%\ ^7Li)$
密度/$(g \cdot cm^{-3})$	1.9870@600℃;1.9821@610℃
反射层	
密度/$(g \cdot cm^{-3})$	1.76
哈氏合金	
组分	Fe - Mo - Cr - Fe - Mn - Si - Al
质量分数/%	Bal - 16.50 - 7.03 - 4.24 - 0.50 - 0.32 - 0.19
密度/$(g \cdot cm^{-3})$	8.86

6.2.2　堆芯中子能谱分布

根据 6.2.1 部分建立的几何模型,填写 MCNP 输入卡片,进行堆芯关键物理参数的计算。本书计算初始零功率(0 MW,熔盐温度 600℃)、初始热态(2 MW,熔盐 620℃)、氙与钐平衡状态,计算结果与从 SINAP 给出的设计结果进行对比。

表 6 - 4 给出有效增殖因子、堆芯剩余反应的计算结果。

表 6 - 4　初始有效增殖因子 k_{eff}

	初始零功率	初始热态	氙与钐平衡
有效增殖因子	1.11909	1.11578	1.09726
剩余反应性/10^{-5}	10642	10377	8864

进行堆芯中子能谱计算时,选取活性区燃料球区域作为 MCNP 程序的统计区域。基于

MCNP 程序的特点,对中子能谱进行归一化处理,图 6 - 6 给出了初始热态归一化中子通量分布。

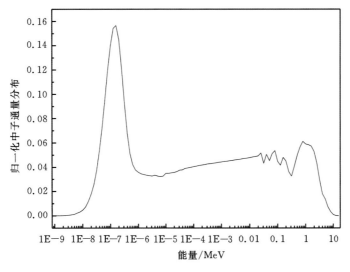

图 6 - 6　TMSR-SF 堆芯中子通量分布

TMSR-SF 堆芯活性区中子能谱峰值出现于低能区(指 $E \leqslant 1$ eV),堆芯燃料采用裂变核素富集^{235}U,在低能区对应的裂变反应截面也最大。

6.2.3　功率分布

对堆芯进行径向与轴向的功率分布的计算。基于堆芯结构八边形棱柱形式,求解径向功率分布时只进行径向控制体划分,轴向取平均值。图 6 - 7 给出了初始热态工况下径向功率密度分布云图。

图 6 - 8 给出$(Y = 0, X \geqslant 0)$时功率密度分布图。径向功率峰因子 $K_{H_r} = 1.25$。径向功率

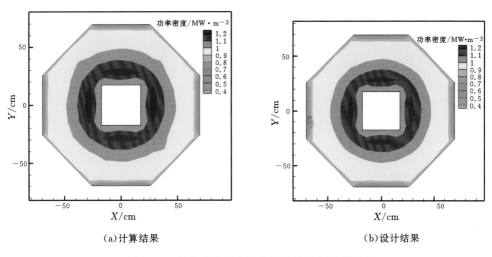

(a)计算结果　　　　　　　　　　　(b)设计结果

图 6 - 7　径向功率密度分布计算结果与设计结果

最大值出现在靠近中心石墨通道附近($X=28$ cm),总体功率从堆芯活性区中心向外减小,由于周围石墨反射层的中子反射作用,减少了中子泄漏,功率密度径向变化较小,在靠近反射层处($X=63$ cm)略有升高,降低了径向功率峰因子,提高了反应堆的经济性与安全性。

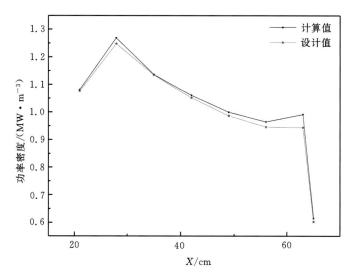

图 6 - 8　　TMSR-SF 径向功率密度分布($Y=0,X\geqslant 0$)

轴向功率分布计算只进行轴向控制体划分,径向求平均值。图 6 - 9 给出了轴向功率分布,轴向功率峰因子 $K_{H_a}=1.115$。

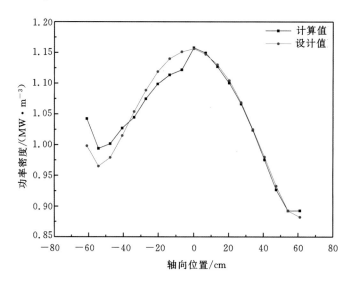

图 6 - 9　　TMSR-SF 轴向功率密度分布

图 6 - 9 中,靠近顶端与底端反射层附近,轴向功率因为反射层反射效应,功率密度值略有升高。功率密度最大值出现于活性区中间部分($Z=0$ cm)。本章计算值在活性区上半部分($Z\geqslant 0$ cm)处符合很好,但在活性区下半部分有些差别。计算值在底部功率密度值偏高,而在活性区中下部分则略偏低。

6.2.4 控制系统

TMSR-SF 有两套控制系统。TMSR-SF 堆芯中心有 4 个中心石墨通道,分别为 2 个控制棒通道与 2 个硼吸收球通道。

1. 控制棒系统

TMSR-SF 控制棒系统包括中心石墨通道中的 2 个控制棒通道与石墨反射层中的 8 个控制棒通道。考虑到堆芯结构,中心通道单根控制棒的积分价值要远大于石墨反射层中的单根控制棒积分价值,本章分别计算了初始热态和氙与钐平衡态下单根控制棒与全部控制棒全部插入时的积分价值。图 6 - 10、图 6 - 11 给出了控制棒系统的微分价值和积分价值分布示意图。

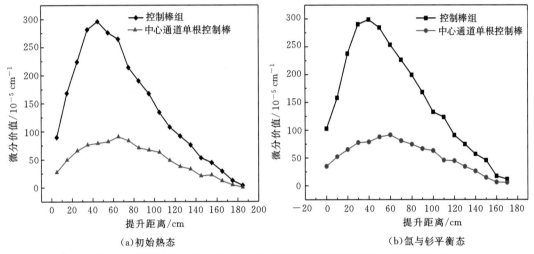

(a)初始热态   (b)氙与钐平衡态

图 6 - 10   TMSR-SF 热态高功率与氙平衡控制棒系统微分价值分布图

由图 6 - 10 可以看出,控制棒微分价值在堆芯活性区中间部分(提升距离为 60 cm 附近)最大,在活性区底部与堆芯上部最小。这是因为在堆芯活性区中间部分中子通量密度最大,控制棒插入时对中子通量的影响也相对最大。由图 6 - 11 可以看出,控制棒积分价值随着提升

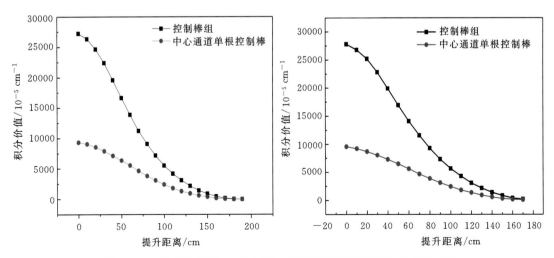

图 6 - 11   TMSR-SF 热态高功率与氙平衡控制棒系统积分价值分布图

距离增加而减小。

表 6-5 给出了控制棒系统的积分价值,可以看出中心石墨通道单根控制棒的积分价值占总的控制棒组的积分价值比例较高。表明中心石墨通道的单根控制棒的价值在控制棒组中最大。

表 6-5　TMSR-SF 控制棒系统积分价值

类型	初始热态/10^{-5}	氙与钐平衡/10^{-5}
中心石墨通道单根控制棒	9334	9558
控制棒组	27226	27811

2. 硼吸收球系统

硼吸收球系统通道包括中心石墨通道中的 2 个硼吸收球通道与石墨反射层中 6 个硼吸收球通道。本书计算了当全部硼吸收球通道注满硼吸收球时引入的反应性的值。

表 6-6 给出了硼吸收球通道全部注满硼吸收球时引入的反应性。与表 6-4 中堆芯所有控制棒插入引入的反应性相比较,硼吸收球系统引入的负反应性(绝对值)要更大,这表明硼吸收球系统作为紧急停堆系统,能够满足紧急停堆的功能要求。

表 6-6　TMSR-SF 硼吸收球系统引入的反应性

	k_{eff}	$\rho/10^{-5}$	$\Delta\rho/10^{-5}$
全部通道	0.85427	−17059	−27678

3. 停堆裕量

对于 TMSR-SF,中心石墨通道中控制棒价值最大,故计算停堆裕量时,假设中心石墨通道一根控制棒卡在堆芯外,考虑剩余反应性、温度效应、氙效应等因素。表 6-7 给出了停堆裕量的计算值。

表 6-7　TMSR-SF 停堆裕量计算值

停堆状态		反应性/10^{-5}
	控制棒(中心单根控制棒失效)总价值	18252
	考虑 10% 不确定性	1825
	多普勒效应	274
冷停堆	慢化剂温度效应	812
	冷却剂温度效应	63
	Xe	1513
	堆芯剩余反应性	8864
	停堆裕量	4901

6.2.5　反应性系数

反应性反馈主要由堆芯温度、压力、流量变化产生。正常运行工况下,流量处于稳定状态,所以流量的影响可以忽略；堆芯压力的变化很小，其影响相对于其他温度反馈如冷却剂温度变化，亦很小；因此主要考虑温度反馈的影响。温度反馈主要包括多普勒效应，冷却剂、慢化剂温度的影响等。

针对 TMSR-SF，进行四种反应性系数的计算：①燃料的温度系数；②冷却剂的温度系数；③慢化剂的温度系数；④冷却剂空泡系数。

单位温度变化引起的反应性变化称为反应性温度系数，以 α_T 表示，计算公式如下

$$\alpha_T = \frac{\rho_{T_2} - \rho_{T_1}}{T_2 - T_1} \tag{6-1}$$

式中：α_T 表示反应性温度系数；ρ_{T_2}、ρ_{T_1} 分别表示 T_2、T_1 下的反应性。计算温度系数时改变对应组分温度，同时保持其他温度不变，计算堆芯反应性，从而计算出温度系数值。

考虑堆芯冷却剂的组分为 LiF-BeF$_2$（摩尔比为 66∶34），冷却剂温度系数（CTRC）的计算与燃料温度系数有些不同，计算燃料温度系数时，燃料密度变化随温度变化很小，忽略不计；而计算冷却剂温度系数时，冷却剂密度受冷却剂温度变化影响较大，密度计算公式[1]为

$$\rho_{\text{density}} = 2.280 - 0.000488T \tag{6-2}$$

式中：ρ_{density} 为冷却剂密度，单位为 g/cm^3；T 为温度，单位为 ℃。

空泡系数（VRC）不同于温度系数，指在反应堆中冷却剂的空泡份额变化百分之一所引起的反应性变化。运用 MCNP 计算空泡系数，根据 Massimiliano[2] 的研究，通过改变冷却剂密度，即改变 LiF-BeF$_2$（摩尔比为 66∶34）的密度，将密度减小 20%，计算有效增殖因子 k_{eff} 的值。空泡反应性系数计算公式为

$$\alpha_{\text{void}} = \frac{\rho_{\text{void2}} - \rho_{\text{void1}}}{p_{\text{void2}} - p_{\text{void1}}} \tag{6-3}$$

式中：α_{void} 为空泡反应性系数；ρ_{void2}、ρ_{void1} 分别表示不同空泡份额下的反应性；p_{void2}、p_{void1} 分别表示不同空泡份额（百分比）。

表 6-8 给出了初始热态与氙平衡态四种反应性系数计算结果。

表 6-8　TMSR-SF 反应性系数计算结果

参数	热态高功率	氙平衡态
燃料温度系数/10^{-5} K^{-1}	−2.38	−1.64
冷却剂温度系数/10^{-5} K^{-1}	−1.00	−0.45
慢化剂温度系数/10^{-5} K^{-1}	−5.47	−5.45
冷却剂空泡系数/10^{-5}/%	−26.88	−26.06

TMSR-SF 初始热态与氙与钐平衡状态燃料温度系数均为负值，因为温度升高，多普勒效应使共振积分增加，逃脱共振俘获概率减小，有效增殖因子下降，反应性下降，故燃料温度系数为负值。

堆芯两种状态下冷却剂温度系数计算值分别为 -1.00×10^{-5}/K 与 -0.45×10^{-5}/K。温度升高时，对于 LiF-BeF$_2$（摩尔比为 66∶34）冷却剂，能谱效应起主要作用，使有效增殖因子下降，反应性下降，故冷却剂温度系数为负值。

堆芯两种状态下慢化剂温度系数值分别为 -5.47×10^{-5}/K 与 -5.45×10^{-5}/K。慢化剂（石墨基体＋石墨壳＋TRISO 颗粒包覆层）温度升高，中子能谱硬化，引起 ^{238}U、^{240}Pu 低能部分

共振吸收增加,同时也使^{235}U、^{239}Pu 的俘获裂变比 α 值下降,引起反应性负反馈。

堆芯两种状态下冷却剂空泡系数均为负值,即冷却剂出现空泡时慢化能力降低,造成中子能谱变硬,对 TMSR-SF 形成了负反馈。堆芯总的温度系数为负值,表明 TMSR-SF 堆芯核设计满足堆芯固有安全性的要求,为反应堆安全运行提供保障。

6.2.6 有效缓发中子份额

有效缓发中子份额 β_{eff} 是重要的反应堆动态参数。β_{eff} 的计算方法有很多种,其中 Bretscher 提出了比较简便的计算方法——Prompt Method,β_{eff} 的计算公式为[3]

$$\beta_{\text{eff}} = \frac{k_{\text{eff}} - k_{\text{p}}}{k_{\text{eff}}} \tag{6-4}$$

式中:β_{eff} 表示缓发中子份额;k_{eff} 表示有效增殖系数;k_{p} 表示只考虑瞬发中子时的有效增殖系数。计算获得 TMSR-SF 有效缓发中子份额,用 MCNP 计算初始热态时缓发中子份额为 0.72%。

6.3 TMSR-SF 源项计算

TMSR-SF 目前尚处于设计阶段,系统设计尚未成熟。因此,TMSR-SF 的全面源项分析十分困难,事故工况的源项分析无法有效开展。本节基于已有的 2 MW TMSR-SF 堆芯设计资料,开展了堆芯源项计算,确定了堆芯源项及其计算方法。同时,通过合理假设,还进行了乏燃料的相关源项计算。本节的源项计算能为 TMSR-SF 的后续安全审评工作提供有效的参考和技术支持。

6.3.1 计算程序 MCORE 简介

堆芯源项计算所采用的计算程序为 MCORE。MOCRE 是由西安交通大学热工水力研究室自主编写的 MCNP-ORIGEN 耦合系统程序,能够实现堆芯三维中子输运和燃耗耦合计算。在对程序进行适当修改,并加入相关功能模块之后,MCORE 程序能够较为出色地进行 TMSR-SF 堆芯源项计算。

为实现中子输运和燃耗的耦合计算,需要 MCNP 和 ORIGEN 交替运行,并能利用对方的计算结果。MCNP 程序统计得到反应率、各燃耗区的相对中子注量率、能量沉积率和反应率,通过耦合系统进行功率分配,计算绝对中子注量率及各种截面;ORIGEN 程序得到各燃耗区各同位素的含量。

程序的运算过程如下:用 MCNP 计算某时刻的反应性、中子通量和功率分布,并计算主要锕系核素和裂变产物的辐射俘获截面、裂变截面、$(n,2n)$ 截面、$(n,3n)$ 截面及 (n,p) 截面;自动形成各燃耗区截面替换文件(TAPE3)和 ORIGEN 输入文件(TAPE5),然后用 TAPE3 替换 ORIGEN 本身数据库中的对应值,再利用 ORIGEN 计算某一时间段各燃耗区的燃耗,得到同位素成分;自动形成下一时刻 MCNP 的输入文件,再运行 MCNP。如此交替计算,来模拟堆芯的燃耗过程,计算流程图如图 6-12 所示。

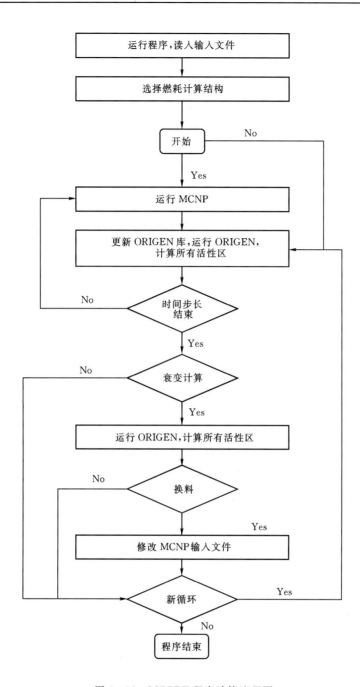

图 6-12　MCORE 程序计算流程图

6.3.2　堆芯建模

考虑到堆芯结构的对称性,只需要对堆芯的八分之一进行建模并计算即可。MCORE 程序 TMSR-SF 堆芯八分之一模型示意图如图 6-13 所示。图中,球之间的蓝色区域为 FLiBe 冷却剂,黄色区域为石墨反射层,两个沿直径方向的纵截面为对称面。燃料球按照体心立方结构规则堆积,排布示意图如图 6-5 所示,长、宽、高分别为 7 cm、7 cm 和 6.7824 cm。本次研究中八分之一堆芯内共有 1540 个燃料球(其中与对称面交界处的燃料球实际几何形状为半球),每一个燃料球的燃料区都是 MCORE 程序的燃耗计算区。

　　TMSR-SF 源项计算最主要的困难是燃料球中的双重不均匀性的处理问题。由于 TRISO 颗粒本身具有多层结构,同时 TRISO 颗粒弥散分布在燃料区的石墨基中,这两种因素共同导致了双重不均匀性的产生。综合了各方面因素,研究采用的处理方式是将燃料球燃料区进行整体均匀化处理,也就是将石墨基与 TRISO 颗粒均匀混合。燃料球模型如图 6-14 所示,外层球壳为石墨包层,厚 0.5 cm,内层为直径 5 cm 的均匀球形燃料区。

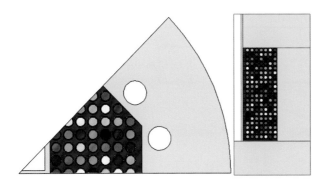

图 6-13　TMSR-SF 八分之一堆芯模型示意图　　　图 6-14　燃料球模型示意图

6.3.3　堆芯源项分析

1. 有效增殖因子

　　由于目前掌握的 2 MW TMSR-SF 设计中没有堆芯换料系统相关设计,因此本次研究首先计算了 TMSR-SF 的 k_{eff}(有效增殖因子)的变化情况,以粗略判断一次装料后反应堆能够运行的时间。本次计算获得的 k_{eff} 变化情况如图 6-15 所示。从图中可以看出,经过一次装料在

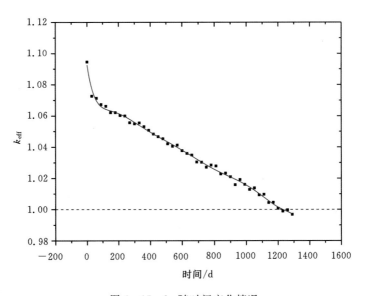

图 6-15　k_{eff} 随时间变化情况

没有采取控制措施的情况下,反应堆初始 k_{eff} 为 1.0945,能够运行约 1230 天。

2. 堆芯成分随时间变化

TMSR-SF 燃料为 UO_2,燃耗链与压水堆差异不大。计算主要考查了每个燃料球燃料区内的 140 种核素(包括主要的锕系元素和裂变产物)。结合相关的源项计算文献,针对其中较为重要的核素绘制出其核子密度随时间的变化情况。

由 MCORE 程序计算结果,可以得出 ^{235}U 的质量随时间的变化情况,如图 6-16 所示。

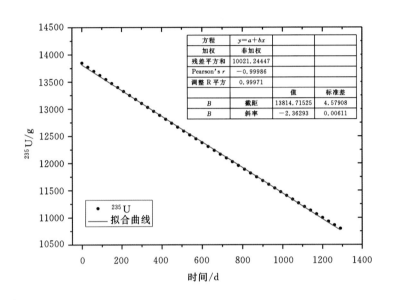

图 6-16　^{235}U 消耗曲线

通过曲线可得,^{235}U 的消耗速率为 2.36293 g/d。由理论计算公式[4]

$$G = 4.48 \times 10^{-12} \times (1+\alpha)P \times A \times 10^3 \tag{6-5}$$

式中:α 为 0.169;功率 P 为 2×10^6 W;A 为 235.0439,计算得出 ^{235}U 消耗速率的理论值为 2.46191 g/d,二者基本接近。

在反应堆的运行过程中,堆芯中包含了数百种不同核素,其中大多数核素都会带有不同程度的放射性。这些具有放射性的核素是反应堆辐射防护设计中需要重点考虑的对象。本次计算以 SCAC2006[5] 燃耗链为基础,采用 ENDF/B-VII 处理得到的数据库,计算堆芯中重要锕系元素和裂变产物的浓度变化以及其中部分核素在堆芯内的分布情况,由此重要锕系元素(U、Th、Pu、Np、Am 和 Cm)及裂变产物(Nd、Cs、Pm、Pd、Sm、I 和 Rh 等)计算结果可得。其中 ^{135}Xe 和 ^{149}Sm 为反应堆重要的中子毒物,在熔盐堆中需要重点考虑[6]。二者核素浓度随时间的变化情况如图 6-17 和图 6-18 所示。从曲线图中可以看出,^{135}Xe 和 ^{149}Sm 在反应堆启动后迅速积累,然后又缓慢减少,没有保持在较稳定的状态。这是由于二者的燃耗链(见图 6-19)中,两种核素的主要消耗途径都为吸收中子,发生 (n,γ) 反应[7]。而随着反应堆运行,燃料不断消耗,导致总裂变截面减小,为保证反应堆稳定功率运行,堆内中子通量必然会上升。因此,由于中子通量随时间不断上升,导致 ^{135}Xe 和 ^{149}Sm 的消耗率不断增加,所以二者核子密度会随时间缓慢降低。

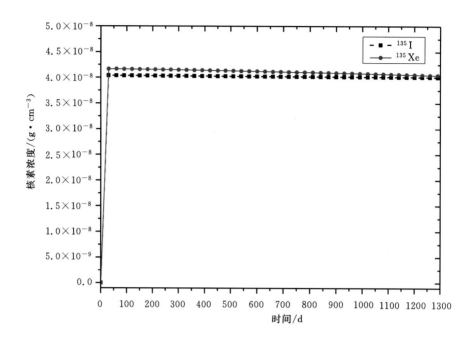

图 6-17　^{135}Xe 核素浓度随时间变化曲线

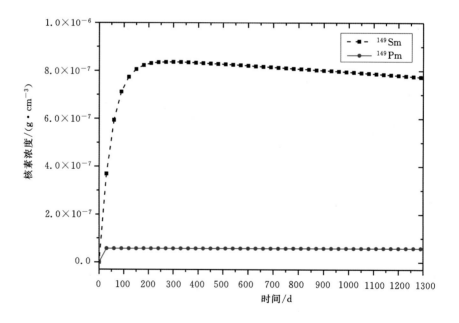

图 6-18　^{149}Sm 核素浓度随时间变化曲线

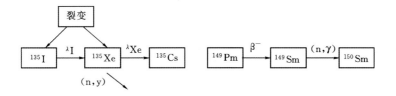

图 6-19　^{135}Xe 和 ^{149}Sm 燃耗链

3. 核素浓度径向分布

^{235}U 径向分布如图 6-20 所示,可以看出由于堆芯径向功率分布不均匀[8],^{235}U 在堆芯中央密度较低,外侧密度较高。堆芯中央功率密度高,^{235}U 消耗较快,导致燃耗深度高,^{235}U 核素浓度低;功率沿半径方向先逐步降低,后由于石墨反射层作用,功率密度在活性区外围略有上升,这就导致 ^{235}U 核素浓度先增大再略微降低。

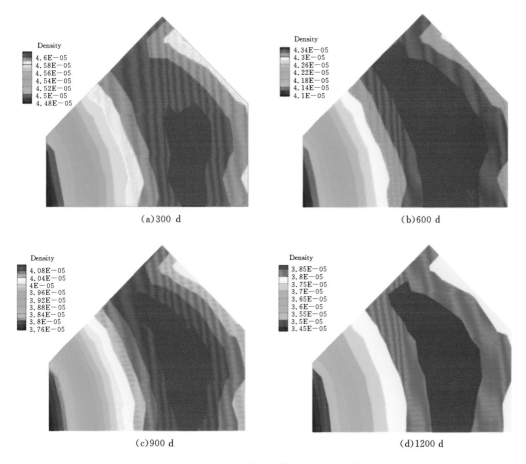

图 6-20　各时刻堆芯内 ^{235}U 径向分布情况

如图 6-21 至图 6-23 所示,计算结果表明,对于 ^{131}I 和 ^{135}Xe,核子密度在堆芯中由内到外逐步降低,而 ^{149}Sm 则是先上升再降低。

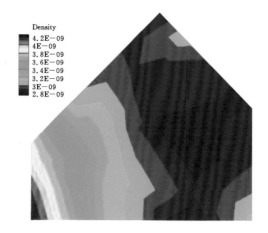

图 6 - 21　第 1200 d，^{131}I 在堆芯中部径向分布情况（图中单位：个/10^{-24}cm^3）

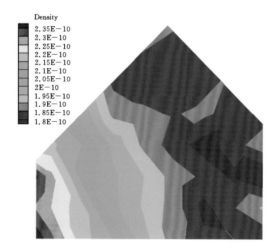

图 6 - 22　第 1200 d，^{135}Xe 在堆芯中部径向分布情况（图中单位：个/10^{-24}cm^3）

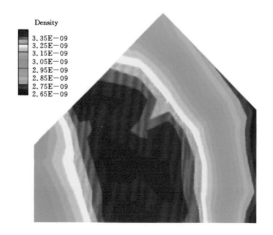

图 6 - 23　第 1200 d，^{149}Sm 在堆芯中部径向分布情况（图中单位：个/10^{-24}cm^3）

4. 氚产率

氚是源项分析中需要重点考虑的核素。氚的产生途径[9]包括 3 条:快中子与 ^{7}Li 反应,热中子与 ^{6}Li 反应以及三分核裂变反应。热中子与 ^{6}Li 反应截面比快中子与 ^{7}Li 的反应截面大四个数量级,同时三分核裂变反应产氚的量相比而言较少。在反应堆系统中,氚的危害主要有两点:一是形成 HT 和 TF 等,对管道造成腐蚀损伤;二是本身释放到环境后被人体吸入造成危害。

计算采用 MCNP 中的 Fm 卡,计算 FLiNaK 冷却剂中的氚产率(快中子与 ^{7}Li 以及热中子与 ^{6}Li)。氚产率的计算包括两部分内容:一是堆芯初始时刻,冷却剂中 ^{7}Li 富集度对氚产率的影响;二是随着反应堆的运行,冷却剂的氚产率随时间的变化情况。本次研究分别计算了 ^{7}Li 富集度由 99.90% 增加至 99.999% 时,冷却剂中的氚产率的变化情况,计算结果如图 6-24 所示。由图可知,^{7}Li 富集度越高,FLiNaK 冷却剂的氚产率就越低。2 MW TMSR-SF 所采用的 FLiNaK 冷却剂中的 ^{7}Li 富集度为 99.995%,氚产率为 11.10 Ci/d。

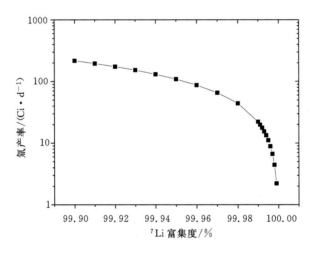

图 6-24　氚产率随 ^{7}Li 富集度的变化

不同堆型的氚产率差别较大,AHTR 为 5000 Ci/d,LWR 约为 50 Ci/d,HWR 为 3500~6000 Ci/d。随着反应堆运行,中子注量率逐步上升,导致氚产率不断升高。通过在 MCORE 中添加氚产率计算模块,获得 TMSR-SF 氚产率随时间变化情况,如图 6-25 所示。从图中可以看出,初始时刻,堆芯冷却剂中氚产率为 11.10 Ci/d;到接近堆芯运行末期,冷却剂氚产率提高至约 12.60 Ci/d。

6.3.4　乏燃料源项分析

本研究采用 ORIGEN 进行乏燃料衰变计算。但是由于目前掌握的设计资料中并没有堆芯换料相关方面的设计,因此本研究需要对 TMSR-SF 的乏燃料初始成分进行适当假设。假设当 TMSR-SF 的 k_{eff} 降为 1 时(第 1230 天),堆芯内各燃料球燃料区成分平均值为乏燃料球燃料区成分,燃料球外层依旧为石墨包壳。此时一个燃料球的平均质量约为 203.13 g。

反应堆运行末期,一个乏燃料球的平均质量为 203.13 g。通过 ORIGEN 衰变计算,获得了单个乏燃料球内各核素的放射性活度和燃料球的衰变热功率。

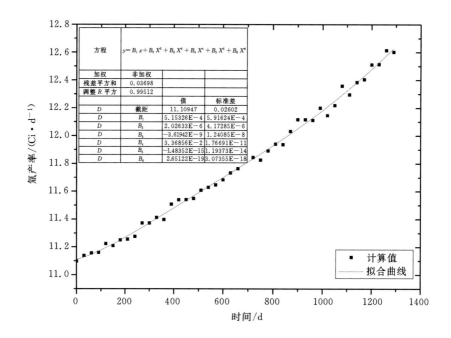

方程	$y = B_1 x + B_2 X^2 + B_3 X^3 + B_4 X^4 + B_5 X^5 + B_6 X^6$		
加权	非加权		
残差平方和	0.03698		
调整 R 平方	0.99512		
		值	标准差
D	截距	11.10947	0.02602
D	B_1	5.15326E−4	5.91624E−4
D	B_2	2.02633E−6	4.17285E−6
D	B_3	−3.61942E−9	1.24085E−8
D	B_4	3.36856E−2	1.76691E−11
D	B_5	−1.48352E−15	1.19373E−14
D	B_6	2.65122E−19	3.07355E−18

■ 计算值
— 拟合曲线

图 6-25　冷却剂氚产率随反应堆运行时间的变化

1）各放射性核素活度

考察的核素包括锕系元素以及重要裂变产物[10-12]，计算结果见附录 6 和 7。

2）乏燃料衰变功率

本研究计算出的乏燃料衰变热功率变化情况如图 6-26 所示。

从图中可以看出，乏燃料衰变总热功率总体趋势为随时间逐步降低。初期 AP＋FP 的热

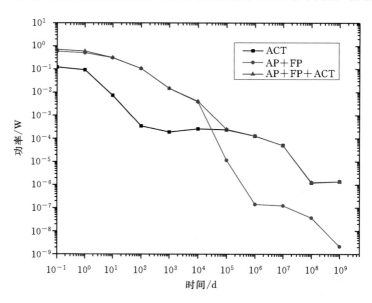

图 6-26　乏燃料衰变热功率随时间变化
（ACT：锕系元素；AP：活化产物；FP：裂变产物）

功率较高,后期 ACT 的热功率占主导地位。由于 AP 与 FP 的半衰期相比 ACT 普遍较低,因此其功率降低较快。在约 10^3 天的时候,锕系核素衰变功率出现跃升。这是因为锕系核素存在多代链式衰变,而子代核素衰变有更多能量放出[13]。

参考文献

[1] WILLIAMS D F. Assessment of Candidate Molten Salt Coolants for the Advanced High Temperature Reactor(AHTR):ORNL/TM-2006/12 [R]. United States:Oak Ridge National Laboratory,2006.

[2] FRATONI M. Development and Applications of Methodologies for the Neutronic Design of the Pebble Bed Advanced High Temperature Reactor(PB-AHTR) [D]. Berkeley:University of California,2008.

[3] BRETSCHER M. Evaluation of Reactor Kinetic Parameters without the Need for Perturbation Codes:ANL/TD/CP-95381[R]. United States:Argonne National Laboratory,1998.

[4] 谢仲生,吴宏春,张少弘. 核反应堆物理分析[M].西安:西安交通大学出版社,2000.

[5] KEISUKE O, TERUHIKO K, KUNIO K, et al. SRAC2006:A Comprehensive Neutronics Calculation Code System:JAEA-Data/Code 2007-004 [R]. Japan:Japan Atomic Energy Agency,2007.

[6] ORNL-CF-62-11-69:Preliminary Equations to Describe Iodine and Xenon Behavior in the MSRE[R]. Oak Ridge National Lab. ,1962.

[7] 黄高峰,李京喜,曹学武. AP1000 小破口失水始发严重事故的源项研究[J].原子能科学技术,2009, 43(52):371 - 374.

[8] 刘利民,张大林,郑美银,等.固态钍基熔盐堆堆芯物理参数计算[J].原子能科学技术,2015,49(z1):126 - 131.

[9] 张志宏,夏晓彬,朱兴望,等. 含在线处理的熔盐堆源项计算[J]. 核技术,2014,37(2):62 - 68.

[10] 吕焱燊. 乏燃料临界安全和剂量分布计算[D].哈尔滨:哈尔滨工程大学,2012.

[11] 林灿生. 浅谈核燃料后处理[J]. 中国核工业,2006(10):45 - 47.

[12] 史永谦. 核电站乏燃料对生物圈的影响及 ADS 对策[J].原子核物理评论,2007,24(2):151 - 155.

[13] 孔军红,徐銤. 实验快堆 FFR 燃料的衰变热计算[J].核动力工程,1993,14(5):469 - 472.

第7章 固体燃料熔盐堆热工水力分析

7.1 系统分析主要数学物理模型

7.1.1 流体动力学模型

系统分析程序一般不直接采用流体力学微分形式的 Navier-Stokes 方程,而是通过采用积分守恒定律[1],对 Navier-Stokes 方程进行时间和空间平均,可以获得宏观的守恒方程,以此为基础可以采用较粗的网格来对系统建模,模拟预测系统响应特性。由于采用空间和时间平均模型,被忽略的小尺度现象则需要由合理的封闭模型补充修正。本研究采用基本不可压缩流体的宏观守恒模型,即质量、动量和能量守恒方程,在能量守恒方程中不考虑流体剪切力引起的黏性耗散以及流体动能的变化影响;质量守恒方程考虑热膨胀效应,保留密度随时间的导数。重力项考虑了不同倾斜角对重力项的贡献。状态方程中,密度是压力和焓的函数 $\rho = \rho(p, H)$。

质量守恒方程

$$\frac{\partial \rho}{\partial t} + \frac{1}{A}\frac{\partial W}{\partial z} = 0 \tag{7-1}$$

动量守恒方程

$$\frac{\partial W}{\partial t} + \frac{\partial}{\partial t}\left(\frac{W^2}{\rho A}\right) = -A\frac{\partial p}{\partial z} - \rho g A \sin\theta - \frac{\partial P_{\text{pump}}}{\partial z} + \left(\frac{f}{D_e} + \frac{k}{\partial z}\right)\frac{\rho A |u|}{2} \tag{7-2}$$

能量守恒方程

$$\frac{\partial(\rho H)}{\partial t} + \frac{\partial(\rho u H)}{\partial z} = \frac{q''_w}{A} + \frac{\partial p}{\partial t} \tag{7-3}$$

状态方程

$$\frac{\partial \rho}{\partial t} = \frac{\partial \rho(p, H)}{\partial H}\frac{\partial H}{\partial t} + \frac{\partial \rho(p, H)}{\partial p}\frac{\partial p}{\partial t} \tag{7-4}$$

7.1.2 热构件模型

固体燃料钍基熔盐堆采用与高温气冷堆 HTR-10 类似的球形燃料组件,直径为 6 cm。如图 7-1 所示,燃料元件的传热过程可被分为三部分:燃料区内的导热、石墨包壳内的导热、燃料元件表面与外界的换热。其中燃料元件表面与外界的换热包括与冷却剂的对流换热及球床自身之间通过接触导热、流体导热、辐射换热进行的热量交换。对这两部分别列出一维球坐标系下的稳态传热方程如下。

基于有内热源的导热方程,燃料区导热微分方程为

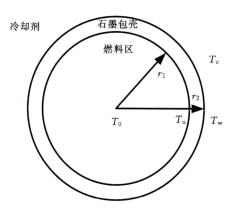

图 7-1　TMSR-SF 燃料元件模型

$$\frac{\mathrm{d}^2 T}{\mathrm{d}r^2} + \frac{2}{r}\frac{\mathrm{d}T}{\mathrm{d}r} + \frac{q_v}{\lambda_{\mathrm{core}}} = 0 \tag{7-5}$$

石墨包壳内可忽略其内热源,导热方程为

$$\frac{1}{r^2}\frac{\mathrm{d}T}{\mathrm{d}r}(\lambda_{\mathrm{shell}}r^2\frac{\mathrm{d}T}{\mathrm{d}r}) = 0 \tag{7-6}$$

对应边界条件如下。

1)轴对称条件

$$\left.\frac{\mathrm{d}T}{\mathrm{d}r}\right|_{r=0} = 0 \tag{7-7}$$

2)燃料区和石墨包壳间的热流连续性条件

$$q(r_{\mathrm{core}}) = q(r_{\mathrm{shell,in}}) \tag{7-8}$$

即

$$\left.\lambda_{\mathrm{core}}\frac{\mathrm{d}T}{\mathrm{d}r}\right|_{r=r_1} = \left.\lambda_{\mathrm{shell}}\frac{\mathrm{d}T}{\mathrm{d}r}\right|_{r=r_{2,\mathrm{in}}} \tag{7-9}$$

3)燃料元件外表面边界条件

$$-\left.\lambda_{\mathrm{shell}}\frac{\mathrm{d}T}{\mathrm{d}r}\right|_{r=r_{2,\mathrm{out}}} = q(r_{\mathrm{shell,out}}) \tag{7-10}$$

上述式子中:λ_{core} 为燃料区热导率,$W \cdot m^{-1} \cdot K^{-1}$;$\lambda_{\mathrm{shell}}$ 为石墨包壳材料热导率,$W \cdot m^{-1} \cdot K^{-1}$;$q_v$ 为燃料元件燃料区体积释热率,$W \cdot m^{-3}$;r_1 为燃料区外径,m;$r_{2,\mathrm{in}}$ 为燃料元件球壳区内径,m;$r_{2,\mathrm{out}}$ 为燃料元件球壳区外径,m;q 为燃料元件外表面热流密度,$W \cdot m^{-2}$,由冷却剂的对流换热及球床自身之间通过接触导热、流体导热、辐射换热进行的热量交换决定。应当注意的是,燃料元件表面温度和热流分布是不均匀的,这种效应对燃料中心最高温度的影响可使用 CFD 方法在后续工作中进行进一步分析。

燃料元件内的 TRISO 颗粒由 UO_2 裂变核心及其外层四层包覆材料构成(见图 7-2):疏松热解碳缓冲层、内层密实热解碳涂层、碳化硅涂层、外部密实热解碳涂层。同燃料元件导热计算相同,可列出如下导热方程。

UO_2 核心部分的导热微分方程为

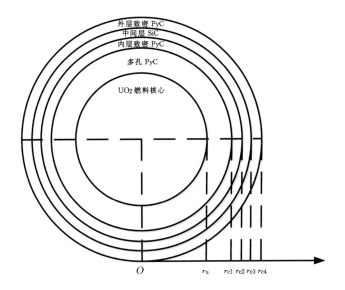

图 7 - 2　TRISO 颗粒燃料涂层示意图

$$\frac{d^2 T}{dr^2} + \frac{2}{r}\frac{dT}{dr} + \frac{q_v}{\lambda_u} = 0 \tag{7-11}$$

涂层部分可忽略其内热源，所以其导热方程为

$$\frac{1}{r^2}\frac{dT}{dr}(\lambda_c r^2 \frac{dT}{dr}) = 0 \tag{7-12}$$

由于 UO_2 核心和涂层的几何尺寸都很小，内外表面温度的变化不大，可忽略其热导率随温度的变化，于是有

$$\frac{1}{r^2}\frac{dT}{dr}(\lambda_u r^2 \frac{dT}{dr}) + q_v = 0 \tag{7-13}$$

$$\frac{\lambda_c}{r^2}\frac{dT}{dr}(r^2 \frac{dT}{dr}) = 0 \tag{7-14}$$

对应边界条件如下。

1）轴对称条件

$$\left.\frac{dT}{dr}\right|_{r=0} = 0 \tag{7-15}$$

2）UO_2 核心和涂层间的热流连续性条件

$$q(r_u) = q(r_{c1,in}) \tag{7-16}$$

$$q(r_{c1,out}) = q(r_{c2,in}) \tag{7-17}$$

$$q(r_{c2,out}) = q(r_{c3,in}) \tag{7-18}$$

$$q(r_{c3,out}) = q(r_{c4,in}) \tag{7-19}$$

即

$$\lambda_u \left.\frac{dT}{dr}\right|_{r=r_u} = \lambda_{c1} \left.\frac{dT}{dr}\right|_{r=r_{c1,in}} \tag{7-20}$$

$$\lambda_{c1} \left.\frac{dT}{dr}\right|_{r=r_{c1,out}} = \lambda_{c2} \left.\frac{dT}{dr}\right|_{r=r_{c2,in}} \tag{7-21}$$

$$\lambda_{c2} \frac{dT}{dr}\bigg|_{r=r_{c2,out}} = \lambda_{c3} \frac{dT}{dr}\bigg|_{r=r_{c3,in}} \quad (7-22)$$

$$\lambda_{c3} \frac{dT}{dr}\bigg|_{r=r_{c3,out}} = \lambda_{c4} \frac{dT}{dr}\bigg|_{r=r_{c4,in}} \quad (7-23)$$

3）涂层外表面取当地燃料区石墨基体温度

$$-\lambda_{c4} \frac{dT}{dr}\bigg|_{r=r_{c4,out}} = Q_{TRISO} \quad (7-24)$$

$$T_{r=r_{c4,out}} = T_{core,local} \quad (7-25)$$

上述式子中：λ_u 为 UO$_2$ 核心热导率，$W \cdot m^{-1} \cdot K^{-1}$；$\lambda_c$ 为 TRISO 涂层热导率，$W \cdot m^{-1} \cdot K^{-1}$；$q_v$ 为 UO$_2$ 核心体积释热率，$W \cdot m^{-3}$；r_{in} 为各区域内径，m；r_{out} 为各区域外径，m；Q_{TRISO} 为 TRISO 总发热功率，W；$T_{core,local}$ 为燃料元件燃料区当地温度，K；A 为换热面积，m^2。

瞬态工况下，球形燃料元件外表面温度随时间的变化由下式给出

$$\sum M_i C_i \frac{dT_w}{dt} = Q_{pebble} - h \cdot A(T_w - T_c) \quad (7-26)$$

式中：M_i 为各组分质量，包括 TRISO 燃料核心、涂层和石墨基体，kg；C_i 为各组分比热容，$J \cdot kg^{-1} \cdot K^{-1}$；$T_w$ 为燃料元件表面温度，℃；t 为时间，s；Q_{pebble} 为燃料元件功率，W；h 为熔盐与球床换热系数，$W \cdot m^{-2} \cdot K^{-1}$；$A$ 为换热面积，m^2；T_c 为冷却剂主流温度，℃。

TMSR-SF 燃料元件释放的热量除了由与冷却剂的对流换热导出外，还有以下三种途径在球形燃料元件之间进行热交换：燃料元件间的接触导热、燃料元件间通过空隙间冷却剂的导热、燃料元件间通过空隙的辐射换热。燃料球床自身的导热会对堆芯的热工过程造成一定影响，以下对这三种换热过程的有效导热系数分别进行考虑。

1）燃料元件间接触导热有效导热系数

该有效接触导热系数用于描述燃料元件间通过燃料元件表面直接接触的区域进行热传导的能力。Hertzian 弹性形变理论[2] 给出了两个球体之间接触面的计算关系式，在此基础上，Chen 和 Tien 分析了三种密实排列方式下球床接触导热热阻，给出了如下关系式[3]

$$\frac{\lambda_e^c}{\lambda_f} = \left[\frac{3(1-\mu_p^2)}{4E_s} fR \right]^{\frac{1}{3}} \frac{1}{0.531S} \left(\frac{N_A}{N_L} \right) \quad (7-27)$$

$$f = p \frac{S_F}{N_A} \quad (7-28)$$

式中：λ_f 为燃料元件导热系数，$W \cdot m^{-1} \cdot K^{-1}$；$\mu_p$ 为横向变形系数（poisson ratio）；E_s 为杨氏模量（Young modules），Pa；N_A 为单位面积球个数；N_L 为单位长度球个数；P 为外部压力，Pa。对于典型的球床排列方式，式中主要参数如表 7-1 所示。

表 7-1　球床接触导热系数关系式参数计算表

参数	简单立方（SC）	体心排列（BC）	面心排列（FC）
ε	0.476	0.32	0.26
N_L	$1/(2R)$	$3^{1/2}/(2R)$	$(3/8)^{0.5}/R$
N_A	$1/(4R^2)$	$3/(16R^2)$	$1/(2 \times 3^{1/2} R^2)$
S	1	0.25	1/3
S_F	1	$3^{1/2}/4$	$1/6^{1/2}$

2)燃料元件间辐射换热有效导热系数

燃料元件间辐射换热模型是基于 Zehner 和 Schluender 提出的蜂窝模型建立的。在蜂窝模型中球床被视为一个由大量同类型单元模块组成的排列,单元模块间通过空隙内的辐射和燃料元件内的导热来进行热交换。本研究使用 G. Breitbach 和 H. Barthels 基于蜂窝模型提出的关系式[4]来计算球床内辐射换热有效导热系数

$$\lambda_e^t = \left\{ \left[1 - (1-\varepsilon)^{1/2} \right]\varepsilon + \frac{(1-\varepsilon)^{1/2}}{2/\varepsilon_r - 1} \cdot \frac{B+1}{B} \frac{1}{1 + \frac{1}{(2/\varepsilon_r - 1)\Lambda}} \right\} 4\sigma T^3 d \qquad (7-29)$$

其中:

$$B = 1.25 \left(\frac{1-\varepsilon}{\varepsilon} \right)^{10/9} \qquad (7-30)$$

$$\Lambda = \frac{\lambda_f}{4\sigma T^3 d} \qquad (7-31)$$

式中:λ_f 为燃料元件导热系数,$W \cdot m^{-1} \cdot K^{-1}$;$B$ 为变形因子(deformation factor);Λ 为等效导热率;ε 为孔隙率;ε_r 为燃料元件发射率。式(7-29)中 $\left[1 - (1-\varepsilon)^{\frac{1}{2}} \right]\varepsilon$ 代表辐射换热,并且在高温下占主要份额。

3)燃料元件间通过流体导热有效导热系数

该有效换热系数用于描述球床小球间通过空隙内的工质进行的导热。Zehner 和 Schlunder 基于球形颗粒堆积床一维导热模型,给出了如下适用于滞止工况下,球床通过流体导热的有效导热系数计算关系式[4]

$$\frac{\lambda_e^g}{\lambda_g} = 1 - \sqrt{1-\varepsilon} + \frac{2\sqrt{1-\varepsilon}}{1-\lambda B} \left[\frac{1-\lambda}{(1-\lambda B)^2} \ln\left(\frac{1}{\lambda B}\right) - \frac{B+1}{2} - \frac{B-1}{1-\lambda B} \right] \qquad (7-32)$$

其中:

$$\lambda = \frac{\lambda_g}{\lambda_f} \qquad (7-33)$$

式中:λ_f 为燃料元件导热系数,$W \cdot m^{-1} \cdot K^{-1}$;$\lambda_g$ 为流体导热系数,$W \cdot m^{-1} \cdot K^{-1}$;$B$ 为变形因子(deformation factor),计算方式同式(7-29);ε 为孔隙率。该式由 V. Prasad 等进行了实验验证[5]。

7.1.3 堆芯功率模型

点堆方程用于堆芯裂变功率的计算[6],考虑六组缓发中子,如式(7-34)和式(7-35)所示

$$\frac{dN(t)}{dt} = \frac{\rho(t) - \beta}{\Lambda} N(t) + \sum_{i=1}^{6} \lambda_i C_i(t) \qquad (7-34)$$

$$\frac{dC_i(t)}{dt} = \frac{\beta_i}{\Lambda} N(t) - \lambda_i C_i(t) \qquad i = 1, 2, \cdots, 6 \qquad (7-35)$$

式中:$N(t)$ 为堆芯裂变功率,W;$\rho(t)$ 为反应性,$\times 10^{-5}$;Λ 为瞬发中子每代的时间,s;β 为六组缓发中子总的份额;λ_i 为第 i 组缓发中子衰变常数,s^{-1};$C_i(t)$ 为第 i 组缓发中子先驱核裂变功率,W;β_i 为第 i 组缓发中子份额。

反应性 $\rho(t)$ 由下式给出

$$\rho(t)=\rho_0+\rho_{ex}(t)+\alpha_c(\bar{T}_c(t)-\bar{T}_c(0))+$$
$$\alpha_f(\bar{T}_f(t)-\bar{T}_f(0))+\alpha_g(\bar{T}_g(t)-\bar{T}_g(0)) \tag{7-36}$$

式中:ρ_0 为初始时刻的反应性,10^{-5};ρ_{ex} 为显式反应性,代表控制棒引入的反应性,10^{-5};α 为反应性反馈系数,$10^{-5}\cdot K^{-1}$;$\bar{T}$ 为由体积功率密度计算的平均温度,K;c 为下标,冷却剂;f 为下标,燃料元件;g 为下标,石墨反射层。反应性反馈考虑燃料多普勒反馈和慢化剂温度反馈。

反应堆停堆之后,堆芯功率包含两部分:裂变功率和衰变功率。剩余裂变功率可以通过下面的式子估算[7]

$$N_1(\tau)=N_0\cdot0.15e^{-0.1\cdot\tau} \tag{7-37}$$

式中:N_1 为剩余裂变功率,W;τ 为停堆以后的时间,s;N_0 为额定运行功率,W。

堆芯衰变功率的计算采用应用广泛的 Glasstone 关系式。该关系式考虑了裂变物和中子俘获产物合在一起的衰变。计算获得的衰变功率偏高,安全分析的结果较为保守

$$\frac{N_{\beta,\gamma}(\tau)}{N_0}=0.1\{[(\tau+10)^{-0.2}-(\tau+t_0+10)^{-0.2}]$$
$$-0.87[(\tau+2\times10^7)^{-0.2}-(\tau+t_0+2\times10^7)^{-0.2}]\} \tag{7-38}$$

7.2　封闭辅助模型

7.2.1　管道流动换热模型

1. 流动模型

管道模型是系统模型的基础,通过管道链接不同的系统构件。管道内的流型分为层流、过渡流区域、湍流。管道内的壁面粗糙度对于层流影响小,层流常采用 Hagen-Poiseuille 显式公式[8]表示

$$f_L=\frac{64}{Re\phi_s} \tag{7-39}$$

式中:f_L 为 Darcy 层流摩擦系数;ϕ_s 为管道几何因子,用来考虑非圆管情形,对于圆管 $\phi_s=1$,环管如公式(7-40)。层流公式适用范围为 $0<Re<2200$。

$$\phi_s=\frac{1+\left(\dfrac{D_i}{D_o}\right)^2+\dfrac{1-\left(\dfrac{D_i}{D_o}\right)^2}{\ln\left(\dfrac{D_i}{D_o}\right)}}{\left(1-\dfrac{D_i}{D_o}\right)^2} \tag{7-40}$$

式中:D_i 为管内径;D_o 为管外径。

Zigrang-Sylvester 基于 Colebrook-White 公式提出湍流显式经验关系式

$$\frac{1}{\sqrt{f_T}}=-2\lg\left(\frac{\varepsilon}{3.7D}+\frac{2.51}{Re}\left[1.114-2\lg\left(\frac{\varepsilon}{D}+\frac{21.25}{Re^{0.9}}\right)\right]\right) \tag{7-41}$$

式中:f_T 为 Darcy 湍流摩擦系数;ε 为管道壁面粗糙度,例如常用钢材 $\varepsilon=0.03\times10^{-3}$,公式适

用范围 $Re > 3000$。

从层流向湍流的过渡区域,没有成熟的经验关系式,工程不确定性大,所以实际工程设计尽量避免在此流型区域运行或者加强边界层的破坏,缩短过渡区域。目前广泛采用的是插值层流和湍流模型[9]

$$f_{L,T} = \left(3.75 - \frac{8250}{Re}\right)(f_{T,3000} - f_{L,2200}) + f_{L,2200} \tag{7-42}$$

以上都是基于管道内等温情况,横截面流体黏性均匀分布,管道内非等温情况如下

$$\frac{f}{f_{iso}} = 1 + \frac{P_H}{P_W}\left[\left(\frac{\mu_{wall}}{\mu_{bulk}}\right)^D - 1\right] \tag{7-43}$$

式中: f 为 Darcy 非等温条件下的摩擦系数; f_{iso} 为 Darcy 等温条件下的摩擦系数,基于管内横截面平均温度; P_H 为换热表面湿周; P_W 为控制体内湿周; μ_{wall} 为传热表面温度的动力黏度; μ_{bulk} 为管内横截面平均温度的动力黏度; D 为用户输入参数,0:不考虑非均匀黏性影响;流体层流:0.50~0.58;流体湍流:0.25。

2. 管道控制体换热模型

管内流体在层流充分发展时,可以假定管内流速为抛物线分布,均匀热流密度时, $Nu = 4.36$。不考虑壁面温度的湍流采用 Dittus-Boelter 模型[10]

$$Nu = 0.023 Re^{0.8} Pr^n = h\frac{D}{K} \tag{7-44}$$

式中: Nu 为努塞尔数; Re 为以管道直径为特征值的雷诺数; Pr 为普朗特数; D 为管道直径; K 为液体导热系数。当加热时, $n = 0.4$;当冷却时, $n = 0.3$。公式适用范围: $0.6 < Pr < 160$, $Re > 10000$, $L/D > 10$。考虑壁面温度效应时采用 Sider-Tate 模型[11]

$$Nu = 0.027 Re^{0.8} Pr^{0.3}\left(\frac{\mu_b}{\mu_s}\right)^{0.14} \tag{7-45}$$

式中: μ_b 为流体横截面平均温度流体动力黏度; μ_s 为管道壁面温度流体动力黏度。公式适用范围: $Re > 10000$, $0.7 < Pr < 16700$, $L/D > 10$。

高 Pr 数条件下,当 Ra 数高时局部自然循环效应显著,流型处在自然对流区域,采用 Churchill 和 Chu 模型

$$Nu_L = \left\{0.825 + \frac{0.387 (Ra)^{1/6}}{\left[1 + \left(\frac{0.492}{Pr}\right)^{9/16}\right]^{8/27}}\right\} = h_L\frac{L}{k} \tag{7-46}$$

式中: Nu_L 为自然对流长度为特征值的努塞尔数; Ra_L 为瑞利数 $Gr_L \cdot Pr$; Gr_L 为 $\rho^2 g\beta(T_w - T_b)L^3/\mu^2$; L 为自然对流长度; h_L 为换热系数; T_w 为壁面温度; T_b 为流体平均温度;液膜特征温度为 $T_f = (T_w + T_\infty)/2 = (T_w + T_b)/2$。

如图 7-3 所示,换热模型在不同流型过渡区域数值差别较大,换热系数突变,会导致求解压力场的系数矩阵突变,有潜在的引发数值计算震荡的风险。为了避免流型过渡区域突变引入数值阶跃变化,所以本研究采用最大值平滑函数处理每个时间步长内相应控制体内的换热系数,降低数值震荡风险。

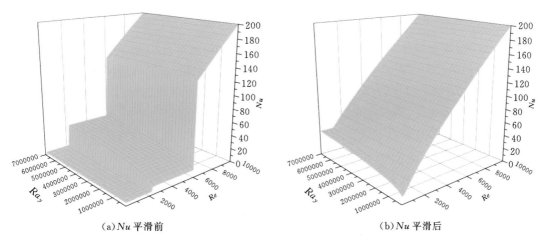

（a）Nu 平滑前　　　　　　　　　　　　（b）Nu 平滑后

图 7-3　Nu 数值平滑前后

7.2.2　堆芯多孔介质换热模型

多孔介质换热模型采用 Wakao 模型[12]

$$Nu = 2 + 1.1 Pr^{1/3} Re^{0.6} \qquad (7-47)$$

式中：Nu 为努塞尔数；Re 为以颗粒直径、表观速度为特征值的雷诺数，表观速度 $U = V/(\pi D_c^2/4)$，D_c 为堆芯直径；V 为体积流量；Pr 为普朗特数。Wakao 模型考虑燃料球导热，并通过与传质模型类比获得，与 Dittus-Boelter 模型相似，公式适用范围：$10 < Re < 100000$。

Handley Heggs 换热模型

$$Nu = (0.255/\varepsilon) Pr^{1/3} Re_p^{2/3} \qquad (7-48)$$

式中：Nu 为努塞尔数；Re_p 为以颗粒直径、表观速度为特征值的雷诺数；Pr 为普朗特数；ε 为孔隙率。公式适用范围：$100 < Re_p < 500$。

由于氟盐属于高 Pr 数流体，目前缺少高 Pr 数多孔介质换热实验数据。根据 Dowtherm A 高 Pr 数导热油 PS-HT² 模化球床验证的多孔介质换热模型，发现 Wakao 和 Handley Heggs 属于保守模型[13]，目前本研究采用 Wakao 换热模型作为保守安全分析估计模型。多孔介质流动传热模型与实验对比如图 7-4 所示。

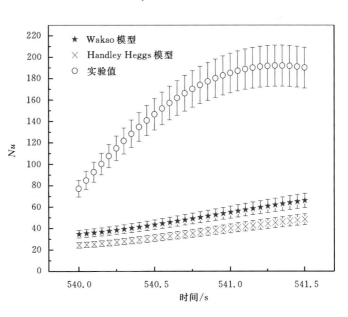

图 7-4　多孔介质流动传热模型与实验对比[13]

7.2.3 堆芯多孔介质流动阻力模型

堆芯内主要由随机分布的燃料球组成,球床的几何结构相对复杂,采用复杂的孔隙流道结构,球表面的边界层没有充分发展就被相邻燃料球破坏。如图 7-5 所示,根据 Fand 研究模型[14],采用颗粒直径为特征长度定义雷诺数 $Re_d = ud/v$,Darcy 区域黏性力主导,惯性力忽略,流量与压降梯度成正比;随着流速增加,边界层逐渐被破坏,流体进入 Forchheimer 区域,惯性力主导,过渡区域较短,进入湍流区域。多孔介质模型的压降主要由几何参数、孔隙率、渗透率、流体物性决定。

Darcy 流型区域	Forchheimer 区域	过渡区域	湍流区域
$Re_d = 2.3$	$5 \leqslant Re_d < 80$	$80 \leqslant Re_d \leqslant 120$	$Re_d > 120$

图 7-5 多孔介质流型图

多孔介质压降早期采用解析解,但是目前工程应用的主要是半经验实验模型,使用比较广泛的有如下模型。

1. Macdonald 模型[15]

$$f = \frac{(1-\varepsilon)}{\varepsilon^3}\left(\frac{180(1-\varepsilon)}{Re} + 1.8\right) \tag{7-49}$$

式中:f 为摩擦系数(Darcy 摩擦系数的一半 $F_D = 2f$);$f = \frac{\Delta p/\Delta L}{\rho V_0^2}D_{eq}$,$D_{eq} = 6\frac{v_p}{s_p}$,等效球的平均直径,$\frac{v_p}{s_p}$ 是体积面积比;ε 为孔隙率;Re 为以颗粒直径为特征值的雷诺数。

德国核能安全标准委员会 KTA 的模型[16]

$$f_D = \frac{1-\varepsilon}{\varepsilon^3}\left[\frac{320}{\left(\dfrac{Re}{1-\varepsilon}\right)} + \frac{6}{\left(\dfrac{Re}{1-\varepsilon}\right)^{0.1}}\right] \tag{7-50}$$

式中:F_D 为 Darcy 摩擦系数;$f = \frac{\Delta p/\Delta L}{\rho V_0^2}D_{eq}$,$f = \frac{1}{2}f_D$;$\varepsilon$ 为孔隙率($0.36 < \varepsilon < 0.42$);$Re$ 为以颗粒直径为特征值的雷诺数;公式适用范围:$1 < Re/(1-\varepsilon) < 10^5$。

2. Ergun 模型[17]

$$f = \frac{1-\varepsilon}{\varepsilon^3}\left(\frac{150(1-\varepsilon)}{Re} + 1.75\right) \tag{7-51}$$

式中:f 为摩擦系数(Darcy 摩擦系数一半 $f_D = 2f$);Re 为以颗粒直径为特征值的雷诺数;公式适用范围:$0.1 < Re/(1-\varepsilon) < 200$。

如图 7-6 和图 7-7 所示,采用 PREX 实验数据对上述公式进行验证[18],预测精度在 $2\% \sim 20\%$ 之间,不确定性主要来源于壁面效应以及球床的排列方式,采用 Ergun 可以满足目前模型精确度的需要。

(a)球床流动模化 PREX 3.1 实验[19]　　　　(b)球床模化换热实验 PS－HT2[13]

图 7-6　PREX 球床模化实验装置图

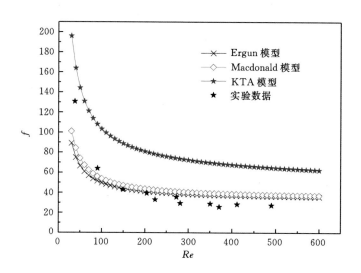

图 7-7　不同多孔介质流动阻力模型摩擦因子数与 PREX 实验数据对比[18]

7.3　模型校核与验证

7.3.1　流体动力学模型校核

流体动力学模型采用解析解校核,稳态条件下流体动力学解析解如公式(7-52),并转化成无量纲的形式(7-53),其中雷诺数采用质量流量表示 $Re=mD/A\mu$。如表 7-2 所示,选取三组不同几何尺寸数据,定义了解析解及数值求解的算例,比较等温条件下解析解与数值解。

$$\Delta p = \int_0^L \rho_m g \, dz + \int_0^L \frac{f G_m |G_m|}{2 D \rho_m} dz + \sum_i \frac{K_{in} G_m |G_m|}{2 \rho_m} + G_m^2 \left[\frac{1}{\rho_L} - \frac{1}{\rho_0} \right] \quad (7-52)$$

$$f \frac{L}{D} + K = \frac{2 \rho D^2 \Delta P}{Re^2 \mu^2} \quad (7-53)$$

表 7-2　流体动力学校核相关几何参数

	控制体长度/m	当量水力直径/m	流通面积/m²	倾斜角度/°
校核数据 A 组	1.64	0.006	0.00036	90
校核数据 B 组	1.18	0.005	0.00094	90
校核数据 C 组	1.15	0.012	0.0013	90

如图 7-8 所示,通过对比三组不同校核数据,发现在稳态常温条件下,本研究采用的流体动力学数值求解模型与解析解吻合良好。本研究采用的流体动力学模型含有时间惯性项,所以稳态求解是指计算参数达到稳定状态,不随时间变化。对流体动力学模型时间步长进行敏感性分析,如表 7-3 所示,可知流体动力学模型稳态解对时间步长的变化不敏感。同时值得注意的是,由于流体动力学模型采用半隐式压力修正,时间步长需要时刻满足柯朗数的条件限制,从而保证数值求解稳定性。同时数值计算要求获得网格独立解[20],本研究对网格密度进行敏感性分析,如表 7-4 所示,可以发现在稳态等温条件下,由于流体物性参数为常数,流体动力学数值模型对网格密度不敏感。通过与解析解对比及敏感性分析可知,流体动力学数值求解模型准确度满足要求,可以为下一步实验数据的验证提供基础。

表 7-3　时间步长敏感性分析(最大相对误差)

时间步长	校核数据 A 组/%	校核数据 B 组/%	校核数据 C 组/%
1.0	1.27	0.63	0.47
0.1	1.27	0.63	0.47
0.01	1.27	0.63	0.47
0.001	1.27	0.63	0.47

表 7-4　网格密度敏感性分析(最大相对误差)

网格控制体节点	校核数据 A 组/%	校核数据 B 组/%	校核数据 C 组/%
15	1.27	0.63	0.47
30	1.27	0.63	0.47
40	1.27	0.63	0.47
50	1.27	0.63	0.47

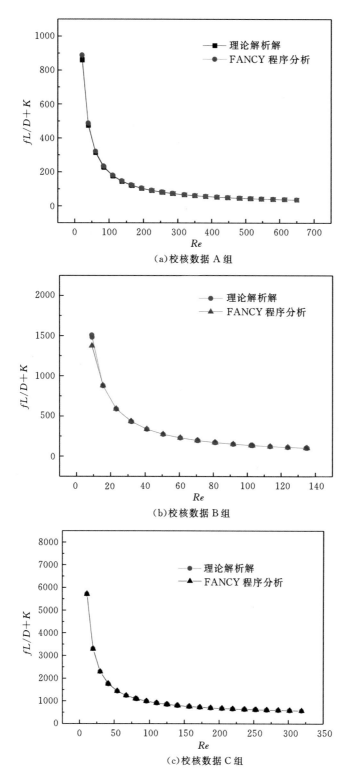

（a）校核数据 A 组

（b）校核数据 B 组

（c）校核数据 C 组

图 7-8　不同几何条件下数值解与解析解对比（注：FANCY 程序为本研究开发的数值分析程序）

7.3.2　热构件模型校核

热构件数值解分别与不同几何条件的解析解比较来校核数值解准确度,如表 7-5 所示,定义了不同几何条件解析解及数值求解的算例。不同几何条件下解析解公式如表 7-6 所示。本研究对热构件数值求解的时间步长以及网格密度进行了敏感性分析。

表 7-5　定义热构件校核基本问题及边界条件

左边界(r_1)/m	0.015	右边界(r_2)	0.065
左边界温度(T_1)/℃	80	右边界温度(T_1)/℃	40
热构件厚度/m	0.05	温差/℃	40
导热系数	0.046		

表 7-6　热构件校核解析解

	平板	圆柱体	球体
导热公式	$\dfrac{d^2 T}{dx^2}=0$	$\dfrac{1}{r}\dfrac{d}{dr}\left(r\dfrac{dT}{dr}\right)=0$	$\dfrac{1}{r^2}\dfrac{d}{dr}\left(r^2\dfrac{dT}{dr}\right)=0$
温度分布解析解	$T_1-\Delta T\dfrac{x}{L}$	$T_2+\Delta T\dfrac{\ln(r/r_2)}{\ln(r_1/r_2)}$	$T_1-\Delta T\dfrac{1-(r_1/r)}{1-(r_1/r_2)}$

如图 7-9 所示比较了不同几何条件下解析解与数值解的大小,数值求解精度满足要求,可以以较高的精度模拟出不同几何条件下的温度分布。

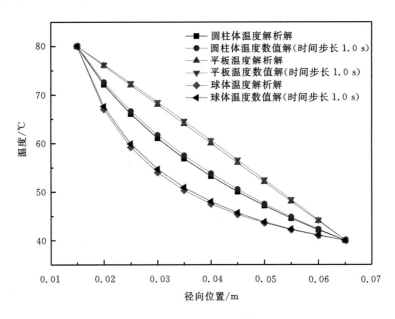

图 7-9　不同几何结构下热构件数值解与解析解对比

如图 7-10 所示比较了时间步长对数值求解的影响,由于本研究采用全隐式数值求解模型,数值解的稳定性不依赖于时间步长的选取,如表 7-7 所示,各种几何条件下,最大相对误差均小于 1.3%,其中平板相对误差最小,球体相对误差最大。

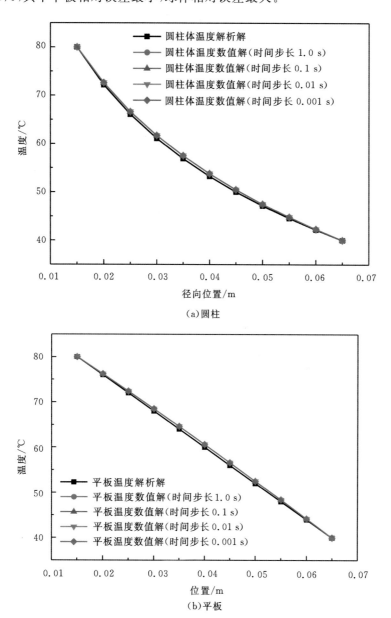

(a)圆柱

(b)平板

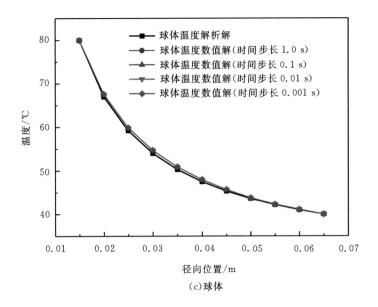

（c）球体

图 7-10　热构件数值解时间步长敏感性分析

表 7-7　时间步长敏感性分析（最大相对误差）

时间步长	平板/%	圆柱/%	球体/%
1.0	1.07	1.08	1.30
0.1	1.07	1.08	1.30
0.01	1.07	1.08	1.30
0.001	1.07	1.08	1.30

　　如图 7-11 所示，比较了网格节点数对数值求解的影响，在不同网格数量条件下，求解精度的相对误差影响较小，如表 7-8 所示，平板几何结构的数值求解对网格节点不敏感。圆柱

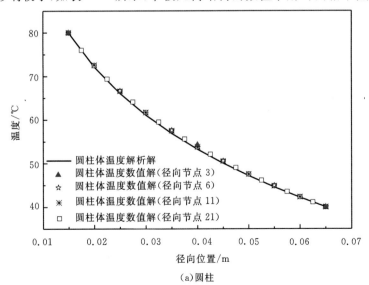

（a）圆柱

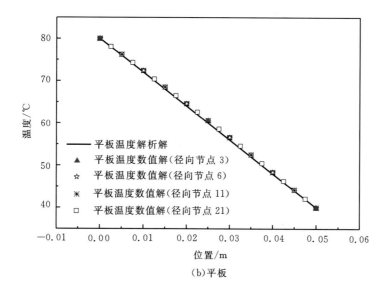

（b）平板

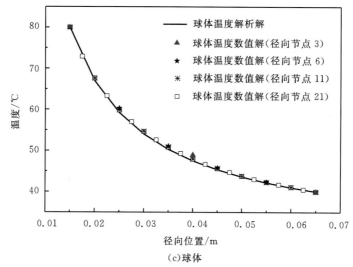

（c）球体

图 7 - 11　热构件数值网格节点敏感性分析

几何结构的数值求解对网格节点数相对敏感，当节点数量大于 11 时，达到网格独立解。球体
几何结构的数值求解对网格节点数更敏感，网格数量越大，相对误差越小。

表 7 - 8　网格节点数敏感性分析（最大相对误差）

网格节点（间隔数）	平板/%	圆柱/%	球体/%
3(2)	1.07	1.98	3.16
6(5)	1.07	1.25	1.62
11(10)	1.07	1.08	1.30
21(20)	1.07	1.08	1.11

7.3.3　程序模型实验验证

如图7-12所示,本研究采用模化设计的氟盐冷却高温堆整体性能实验台架CIET实验[21]数据验证本研究研制的程序物理模型的准确性[22],实验台架参数见表7-9。CIET采用Dowtherm A作为流动工质,实验设计可以保证普朗特数、格拉晓夫数、雷诺数相似,可以在低温条件(45~105 ℃)下模拟熔盐(520~700 ℃)流动换热特性。

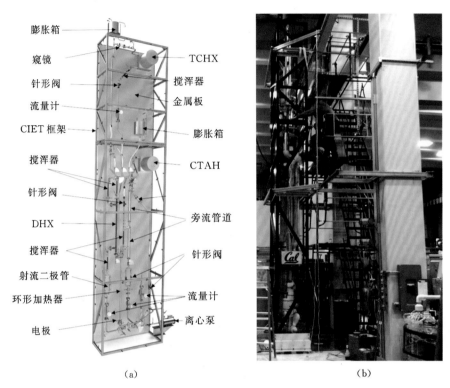

（a）　　　　　　　　　　　　　　（b）

图7-12　FHR整体实验台架设计图以及实验装置照片CIET[23]

表7-9　CIET主要设计参数[21]

主要设计参数	
高度/宽度/m	7.6/1.8
最高运行功率/kW	10
液体工质	Dowtherm A
主回路运行温度/℃	80~111
DRACS系统运行温度/℃(正常运行)	44~58
DRACS系统运行温度/℃(自然循环运行)	46~71
高度模化比	1:2
功率模化比	0.1
流通面积比	1:190
时间比	1:1.4

　　图 7 - 13 所示为 CIET 主要构件的控制体节点划分图,根据 CIET 台架设计,用程序进行数值模拟,主要由流体动力学模型以及附着的热构件组成,换热器热构件两侧附着流体动力学模型;管道热构件由管道、保温棉构成,由于保温棉的温度梯度小,采用相对粗网格。

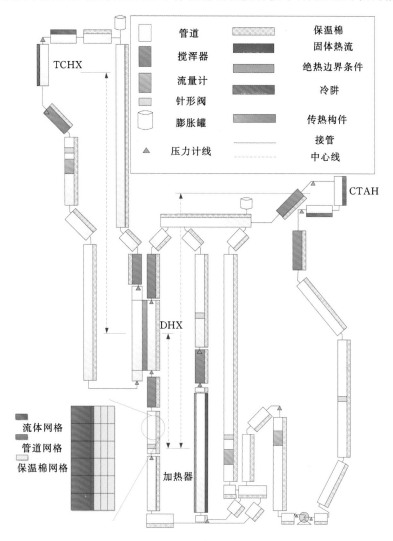

图 7 - 13　CIET 实验台架控制体节点划分图

　　本研究自然循环分为单回路自然循环和双回路耦合自然循环。单回路自然循环是指回路中有唯一的热源和冷源,构成单一的自然循环回路,例如 DRACS 系统中由 DHX 作为热源,由 TCHX 作为最终冷源。双回路耦合自然循环是指存在两个自然循环回路,通过中间换热器耦合起来,例如 CIET 中一回路自然循环是由电加热器作为热源,DHX 作为冷源,构成一回路自然循环,同时又由 DHX 作为热源,TCHX 作为最终冷源,构成二回路自然循环,一回路与二回路自然循环通过中间换热器 DHX 耦合。单回路自然循环流量的影响因素主要是热源功率、回路中摩擦及局部阻力压降、管道的寄生热损失,而对于双回路耦合自然循环流量还与中间换热器 DHX 的换热性能相关。由于单回路自然循环影响因素较小,所以本研究首先分析验证程序预测单回路自然循环特性,在此基础上再分析验证程序预测耦合双回路自然循环特性。单回路以及双回路自然循环实验数据分别由三组 CIET 实验数据构成,三组实验数据由不同的冷源出口温度及功率决定,实验数据如表 7-10 所示。

表 7-10　非能动自然循环 CIET 实验工况

	A组: 冷源(TCHX)出口 温度(35℃)		B组: 冷源(TCHX)出口 温度(40℃)		C组: 冷源(TCHX)出口 温度(46℃)	
	单回路热源 功率/W	双回路热源 功率/W	单回路热源 功率/W	双回路热源 功率/W	单回路热源 功率/W	双回路热源 功率/W
功率 1	454	799	582	1000	931	1499
功率 2	766	1199	785	1249	1088	1750
功率 3	1004	1500	971	1500	1338	2000
功率 4	1211	1750	1185	1749	1470	2250
功率 5	1409	2000	1369	2000	1699	2500
功率 6	1607	2250	1584	2250	1876	2750
功率 7	1804	2501	1763	2500	2136	3000
功率 8	2004	2750	1970	2751		
功率 9	2211	3000	2177	3000		

　　如图 7-14 所示,采用三组单回路自然循环实验数据,分别比较了不同功率条件下,不同冷源出口温度边界条件下,程序预测自然循环流量与实验条件下自然循环流量的大小。通过对比发现,程序预测的单回路自然循环与非能动自然循环实验数据吻合良好,如图 7-15 所示,程序分析预测的自然循环流量误差都在 3% 以内。

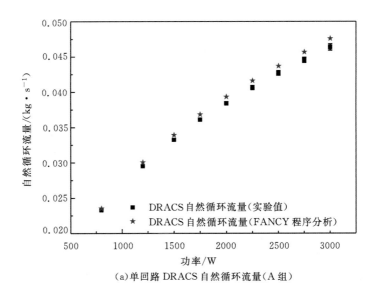

(a)单回路 DRACS 自然循环流量(A 组)

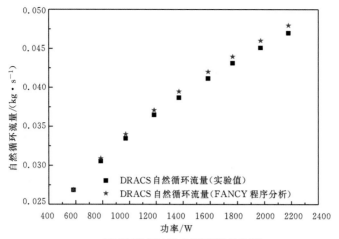

（b）单回路 DRACS 自然循环流量（B 组）

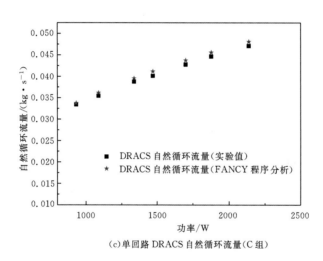

（c）单回路 DRACS 自然循环流量（C 组）

图 7-14　不同边界条件下，不同功率下单回路自然循环流量

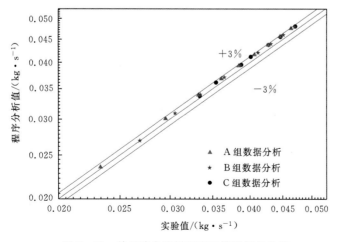

图 7-15　单回路自然循环流量模拟误差分析

　　自然循环温升是决定自然循环驱动力的关键参数,如图 7-16 所示,比较了程序预测自然

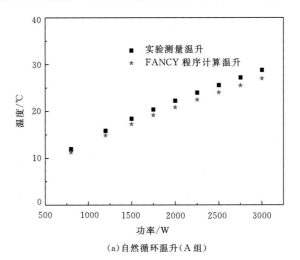

(a) 自然循环温升(A 组)

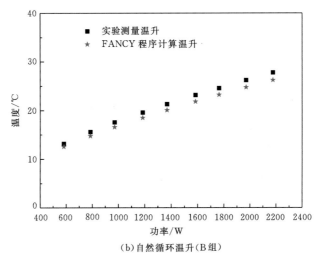

(b) 自然循环温升(B 组)

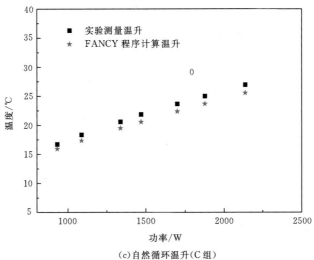

(c) 自然循环温升(C 组)

图 7-16　不同边界条件下,不同功率下单回路自然循环温升

循环温升和三组单回路自然循环温升的实验数据,数据分别比较了不同功率条件下,不同冷源出口温度边界条件下的情况。通过对比发现,程序预测与实验数据吻合良好,如图 7-17 所示,93% 的程序预测分析误差在 5%,其余在 10% 以内。

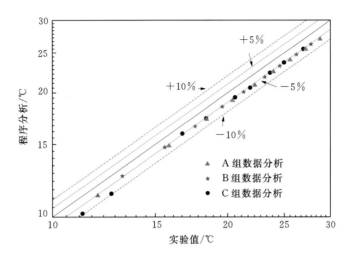

图 7-17　单回路自然循环温升模拟误差分析

如图 7-18 所示,比较了程序预测双回路耦合自然循环流量和相应的实验数据,三组数据

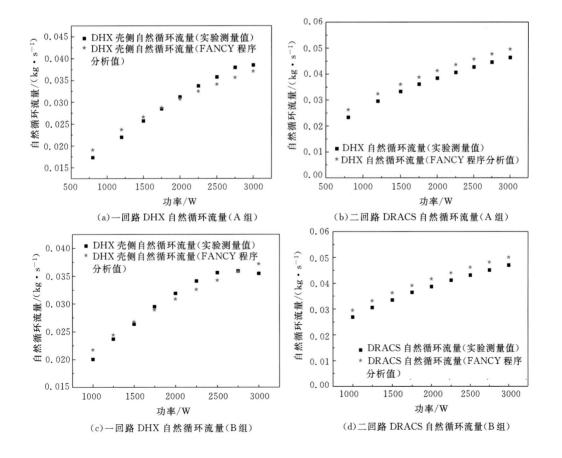

（a）一回路 DHX 自然循环流量（A 组）　　　　（b）二回路 DRACS 自然循环流量（A 组）

（c）一回路 DHX 自然循环流量（B组）　　　　（d）二回路 DRACS 自然循环流量（B组）

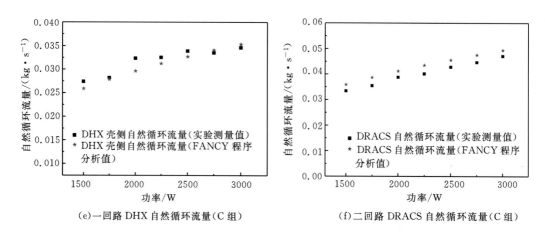

(e)一回路 DHX 自然循环流量(C 组)　　　(f)二回路 DRACS 自然循环流量(C 组)

图 7-18　不同边界条件下,不同功率下双回路耦合自然循环流量

比较了不同功率条件下,不同冷源出口边界条件下,程序预测一回路及二回路自然循环流量。通过对比发现,对于一回路及二回路,程序预测的自然循环流量与非能动自然循环实验数据吻合良好。误差分析如图 7-19 所示,对于一回路自然循环流量,80%的程序分析误差都在 7%以内,其他在 10%以内;对于二回路自然循环流量,85%的程序分析误差都在 5%以内,其他在 10%以内。

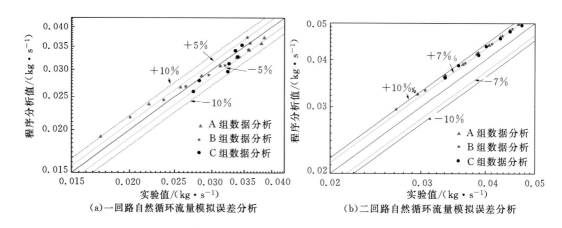

(a)一回路自然循环流量模拟误差分析　　　(b)二回路自然循环流量模拟误差分析

图 7-19　双回路耦合自然循环流量模拟误差分析

如图 7-20 为不同边界条件、不同功率下双回路耦合自然循环温升计算与实验值对比。三组数据比较了不同功率条件下,不同冷源出口温度边界条件下,程序预测的一回路及二回路自然循环温升,对于一回路及二回路,程序预测的自然循环温升与实验数据吻合良好。详细误差分析如图 7-21 所示,对于一回路自然循环温升,大部分程序分析误差都在 10%以内,且90%的程序分析预测的自然循环温升误差都在 7%以内,对于二回路自然循环温升,大部分程序分析预测的自然循环温升误差都在 10%以内,且 83%的程序分析预测的自然循环温升误差在 5%以内。

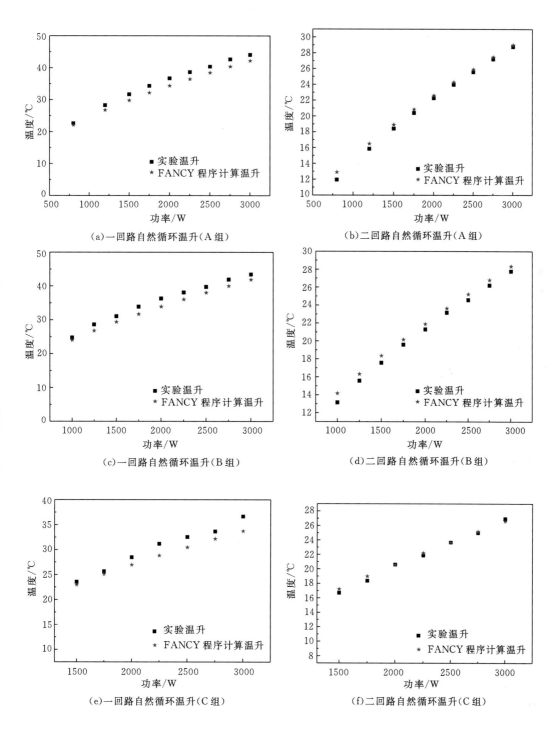

（a）一回路自然循环温升（A 组）

（b）二回路自然循环温升（A 组）

（c）一回路自然循环温升（B 组）

（d）二回路自然循环温升（B 组）

（e）一回路自然循环温升（C 组）

（f）二回路自然循环温升（C 组）

图 7 - 20　不同边界条件下，不同功率下双回路耦合自然循环温升

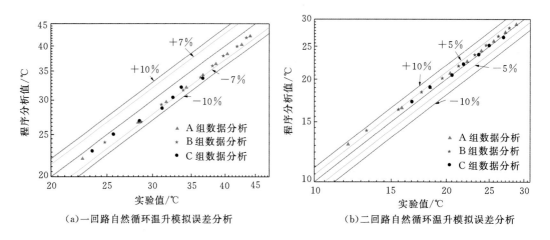

(a)一回路自然循环温升模拟误差分析　　　　　(b)二回路自然循环温升模拟误差分析

图 7-21　双回路耦合自然循环温升模拟误差分析

7.4　典型固体燃料熔盐堆安全分析

本节选取国内外典型的固体燃料熔盐堆进行安全分析,包括上海应用物理研究所的概念设计 TMSR-SF 以及加州大学伯克利分校设计的 MK1 PB-FHR。

7.4.1　TMSR-SF

应用物理研究所 TMSR 战略性先导科技专项的近期目标是在 2020 年前建成 TMSR-SF,在改进的开式模式下实现钍铀燃料循环,为液态钍基熔盐堆的建设提供工程上的验证与参考[24]。TMSR-SF 相关系统设计还在进行中,本节以其一参考设计[25-28]为研究对象,对 FHR 开展稳态、瞬态热工水力分析计算与安全审评的研究。

在本节的参考设计中,TMSR-SF 一回路冷却剂为二元熔盐体系 ^{7}LiF－BeF$_2$(摩尔比为 66.7：33.3,FLiBe),最初应用于美国的 MSRE 中[29]。一回路系统由主冷却剂管道、反应堆堆芯、中间换热器和主循环泵组成。压力边界及结构材料使用 Hastelloy N 合金制作,反射层为石墨。图 6-1、图 6-2 给出了 TMSR-SF 堆芯的纵向和轴向截面示意图[29]。堆芯活性区为八边形,由两部分组成:中心控制系统管道区、燃料球床区。FLiBe 熔盐作为冷却剂从堆芯底部向上流动,穿过堆芯并移除 TRISO 释放的裂变热。堆芯活性区高度为 138.6 cm,八边形截面对边距离分别为 139.0 cm 和 134.69 cm,中心控制系统管道区的宽度为 35.0 cm,其余主要结构参数见表 6-1[29]。

TMSR-SF 计划在三种不同模式下运行:零功率模式(<0.01 kW)、高功率模式I(2 MW,强迫循环)及高功率模式Ⅱ(20 MW,强迫循环)[29]。相关主要运行参数如表 7-11 所示。该反应堆计划先获得 2 MW 运行的许可,后期再进一步将许可功率提升到 20 MW。在 2 MW 功率下,一次装料设计燃耗为 1360EFPD(Effective Full Power Day,EFPD;中文称为有效全功率天)。本小节开展高功率模式Ⅱ下的 TMSR-SF 的瞬态分析。

表 7 - 11　TMSR-SF 三种运行模式下的主要设计参数

运行模式	零功率模式	高功率模式 I	高功率模式 II
热功率/ MW	<0.01	2	20
入口温度/℃	600	600	600
出口温度/℃	600	620	700
质量流量/(kg·s⁻¹)	N/A	42.3	84.6
最大中子通量密度/(cm⁻²·s⁻¹)	约 0.2×10^{11}	3.3×10^{13}	3.3×10^{14}
^{235}U 装载量/kg	约 13.88	约 13.88	约 13.88

1. 无保护超功率(UTOP)事故

超功率事故是由反应性非正常引入引起的,指向堆内突然引入一个正反应性,导致反应堆功率急剧上升而发生的事故。这种事故若发生在反应堆启动时,可能会出现瞬发临界,反应堆有失控的危险;如果发生在反应堆正常运行时,反应性上升将引起燃料元件释放出的热流量增加,接着引起燃料元件温度和冷却剂温度升高,有导致 TRISO 燃料失效或是冷却剂温度过高的危险。若进一步导致超功率,有可能引起 TRISO 燃料大规模失效,出口温度过高。故对反应性引入事故的分析对于氟盐冷却高温堆的安全具有十分重要的意义。

许多事故或因素最终都可能导致堆芯反应性的变化,如控制棒失控提升、控制棒弹出等。由于目前缺少 TMSR-SF 最大反应性引入事故的引入时间与反应性数值的相关参数,这里讨论反应堆在正常运行工况下,由于控制棒误动作而直接引入一个大小为 $500 \times 10^{-5}(0.69 \$)$ 的持续正反应性时系统热工水力特性的变化。假定该事故不引起停堆或其他保护系统动作,功率的变化完全靠燃料多普勒效应和石墨慢化剂和冷却剂温度引起的负反馈效应来控制。图 7-22~图 7-24 为堆芯内各重要参数随时间变化的曲线。

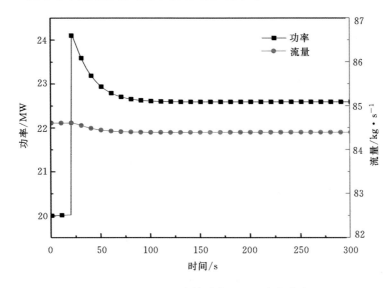

图 7 - 22　UTOP 事故功率和流量变化曲线

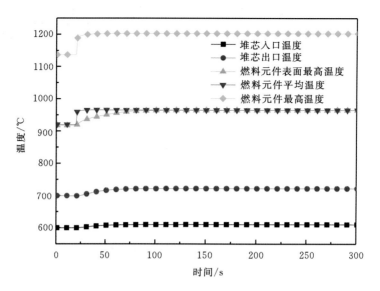

图 7 - 23　UTOP 事故关键温度参数变化曲线

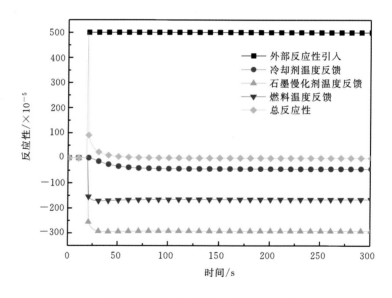

图 7 - 24　UTOP 事故反应性变化曲线

　　如图 7 - 24 所示,在第 20 s 时,反应堆突然引入一个 500×10^{-5} 的正反应性,造成堆芯功率的急剧升高(见图 7 - 22)。堆芯功率的升高使燃料元件及冷却剂的温度上升(见图 7 - 23),由燃料多普勒反馈及慢化剂、冷却剂温度反馈引起的负反应性使堆芯内总反应性开始下降,反应堆功率也随之下降。最终,堆芯的总反应性趋近于 0,功率也最终稳定在一个比初始功率略高的位置。在这一过程中,如图 7 - 23 所示,堆芯的出口温度由于吸收了更多热量而上升,入口温度也随之略微上升。堆芯入口温度上升,冷却剂密度降低,一回路内质量流量略微下降(见图 7 - 22),功率的上升也导致了燃料元件最高温度和平均温度的上升。在无保护条件下,燃料元件最高温度上升到 1203 ℃,堆芯出口温度上升到 722 ℃,仍都处于安全限值范围内且距离安全限值还有很大的裕量,说明 TMSR-SF 具有良好的安全性,且在引入一个 0.69 \$ 的正反应性的扰动下,系统具有良好的自稳特性,能有效将反应堆系统调节到稳定安全的运行范围内。

2. 无保护入口过冷(UOC)事故

TMSR-SF 反应堆中间热交换器(IHX)二次侧入口温度降低或是流量增加会降低堆芯的入口温度,进而对一回路运行造成影响。在堆芯入口过冷事故中,假定换热器的二次侧换热能力在第 20 s 至第 80 s 内线性上升 50%,堆芯体积流量保持不变。图 7-25~图 7-27 给出了事故中堆芯各参数的变化情况。

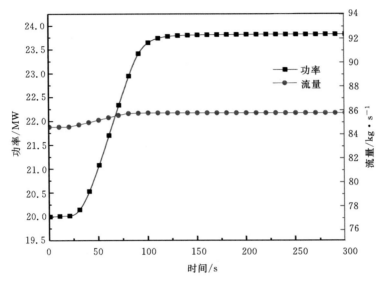

图 7-25　UOC 事故功率和流量变化曲线

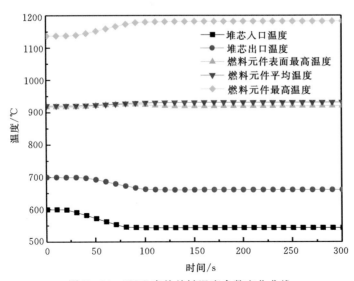

图 7-26　UOC 事故关键温度参数变化曲线

由图 7-26 可见二次侧入口温度的下降带来了更强的冷却能力,堆芯入口温度下降,冷却剂密度升高,使得一回路质量流量略微上升(见图 7-25)。入口温度的下降对堆芯引入了正的反应性反馈,堆芯功率缓慢上升,燃料元件平均温度及最高温度也均随功率的上升而升高。但对于出口温度,冷却剂入口温度下降的效应更为显著,出口温度缓慢下降,由于二次侧冷却能力增强,进出口温差有所上升。最终,冷却剂平均温度下降引起的正反馈与燃料温度上升带来的负反馈在 200 s 左右达到平衡,反应堆功率也随之最终稳定在 23.8 MW,燃料元件最高温度为 1182 ℃,较稳态工况略高。

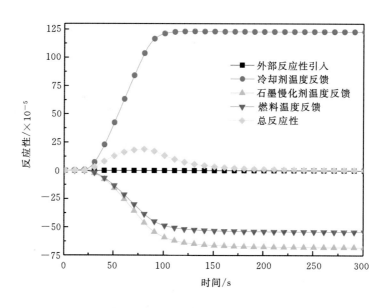

图 7-27　UOC 事故反应性变化曲线

3. 无保护热阱丧失(ULOHS)

失热阱事故是指二回路或三回路故障导致 IHX 二次侧入口温度升高或流量降低,从而导致一回路冷却剂温度过高,引起堆芯冷却能力不足的事故。对于反应堆主回路系统,要能按额定功率将燃料裂变释放热传递出去,必须有一个热阱,即正常工作的二回路及三回路冷却系统。如果二回路或三回路某个环节发生故障,不能按照正常情况及时带走一回路产生的热量,其结果是使一回路冷却剂入口温度过高,将使堆芯冷却能力不足而最终导致堆芯过热,甚至造成裂变产物屏障破坏。

图 7-28～图 7-30 给出了无保护热阱丧失事故中堆芯各关键参数的变化。在该事故中,假定 IHX 在第 20 s 开始,第 80 s 结束,降低到原冷却能力的 5%,堆芯体积流量保持不变,系统的所有保护、控制及调节系统均不投入,只考虑堆芯燃料多普勒效应和慢化剂、冷却剂的温度反应性反馈。

如图 7-29 所示,IHX 冷却能力的下降导致堆芯入口温度上升,冷却剂温度升高带来的负反馈使得堆芯功率大幅下降,同时由于入口冷却剂密度上升,一回路质量流量略微下降。功率的下降使得进出口温差降低,但由于入口温度上升的效应更为显著,出口温度也随之上升,进出口温差大幅减小。堆芯功率的下降同时使得燃料元件内温度梯度、燃料元件与冷却剂传

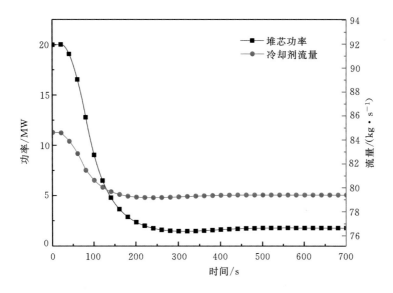

图 7 - 28　ULOHS 事故功率和流量变化曲线

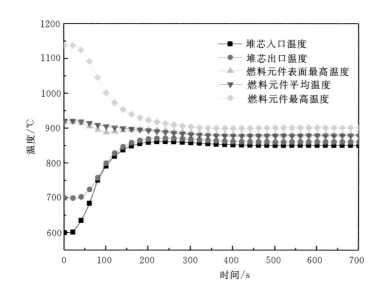

图 7 - 29　ULOHS 事故关键温度参数变化曲线

热的膜温差均降低,燃料元件平均温度及最高温度均大幅下降。在约 400 s 处,冷却剂温度上升带来的负反馈与燃料及石墨基体温度下降带来的正反馈达到平衡,反应堆功率最终稳定在 1.79 MW,出口温度为 860 ℃。

　　由上可见,TMSR-SF 具有较好的温度负反馈系数与安全特性,在该较极端的热阱丧失条件下,反应堆仍能稳定在安全限值范围内。

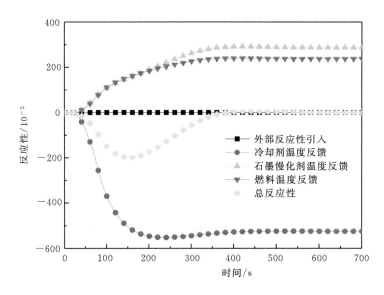

图 7-30 ULOHS事故反应性变化曲线

7.4.2　MK1-PB-FHR

本节对 MK1 PB-FHR 进行控制体节点划分,根据目前 FHR 安全审评的基准事故进行分析[30],这些事故包括:超功率(TOP)事故、有保护热阱丧失(LOHS)事故、无保护热阱丧失(ULOHS)事故。

1. 超功率(TOP)事故

首先深入分析堆芯突然引入 $300×10^{-5}$(0.44＄)正反应性,并假定该事故不引发相关堆芯保护操作(插入控制棒),并且事故前后泵压头不变,CTAH 及 DRACS 系统正常运转,CTAH 根据堆芯出口温度自动调节空气侧换热量,保持 CTAH 氟盐侧出口温度相对稳定。通过研究 MK1 PB-FHR 对该事故的响应特性,探究堆芯是否能自稳自调到稳定运行区域,并且研究氟盐温度、核燃料温度是否超过安全极限值。并在随后敏感性分析中研究不同反应性引入下,MK1 PB-FHR 系统的响应特性。

如图 7-31 所示,在 1400 s 前,MK1 PB-FHR 通过 PI 自动反馈控制质量流量与堆芯功率进行匹配,使得系统稳定运行,堆芯入口及出口温度达到设计参数要求,堆芯入口温度 600 ℃,堆内温升 100 ℃。在 1400 s 时,堆芯内突然引入 $300×10^{-5}$(0.44＄)反应性,反应堆开始提升功率,氟盐温度开始升高,温度负反应性反馈抵消堆芯外部引入的反应性。最终堆芯功率及温度重新达到稳定状态。堆芯瞬态响应剧烈变化时期可以被分成以下三个阶段。

第一阶段(1400~1413 s):1400 s 时,堆芯引入 $300×10^{-5}$(0.44＄)的正反应性,堆芯功率开始急剧提升,堆芯内氟盐温度开始显著升高,堆芯设计在负的温度反应性反馈下,氟盐平均温度升高引入负的反应性,堆芯外部引入的正反应性逐渐被抵消,抵消后堆芯总反应性峰值达到 $53×10^{-5}$,堆芯功率上升变缓并逐渐达到峰值,此时功率比达到 1.9。

第二阶段(1413~1615 s):由于氟盐冷却剂比热容较大,其瞬态响应周期大于堆芯功率响应周期,虽然功率此时已经过峰值,但氟盐温度没有达到峰值,仍然持续升高,氟盐负的反应性

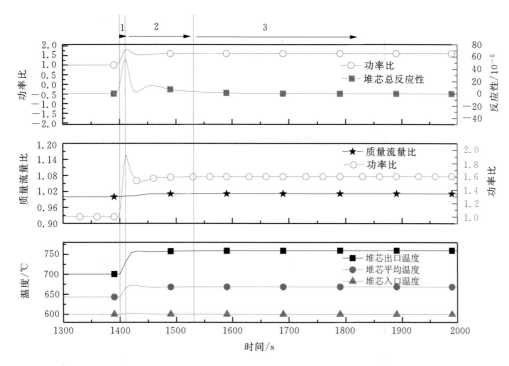

图 7-31　超功率(TOP)事故中子动力学与热工流体力学局部瞬态详细分析图

反馈进一步增加,堆芯总的反应性下降,导致堆芯功率开始降低。此时一回路氟盐平均温度升高,相应氟盐动力黏度持续下降,流体剪切力降低,相应的摩擦阻力降低,为保持与泵压头平衡,堆芯质量流量缓慢提升 1.13%,堆芯平均温度开始缓慢下降,氟盐负的反应性反馈减少,堆芯总的反应性达到第二次峰值,堆芯功率再次缓慢提升,平均氟盐温度回升,导致氟盐负的反应性反馈再次增加,堆芯总的反应性从第二次峰值开始缓慢下降。氟盐冷却剂温度变化速率与功率变化速率不同,由于反应性反馈相联系并存在时间差,导致中子动力学反馈迅速,热工流体温度响应相对缓慢。

第三阶段(1615 s—):此时堆芯外部引入的正反应性完全被温度负的反应性反馈抵消,堆芯功率开始稳定在功率比为 1.6 的状态,质量流量比稳定在 1.01,堆芯出口温度达到 760 ℃,小于反应堆容器金属构件安全可承受的温度范围,堆芯平均温度升高到 670 ℃,堆芯内进出口温升达到 160 ℃。

如图 7-32 所示,TOP 后堆芯质量流量分布几乎不发生变化,CTAH 质量流量提升 1.1%,堆芯质量流量提升 1.13%。TOP 事故不会导致 DHX 壳侧非能动截止阀打开,MK1 系统依然维持在强制循环下的流量分布特点,CTAH 的质量流量最大,CTAH 质量流量一部分流向堆芯,一部分旁流到堆芯外的 DHX 壳侧,堆芯外旁流占 CTAH 质量流量的 3.3%,同时由于 DHX 壳侧有部分氟盐旁流,导致 DRACS 非能动系统在正常工况下超低负荷运转,维持少量的自然循环流量(TCHX 8.7 kg·s^{-1}),从而 MK1 PB-FHR 正常运转时可以防止 DRACS 系统发生氟盐凝固现象。流向堆芯的质量流量大部分经过核燃料球床,从而进行充分的换热,少部分质量流量旁流在石墨反射层、控制棒导向管(堆芯内的旁流比为 6.8%)。

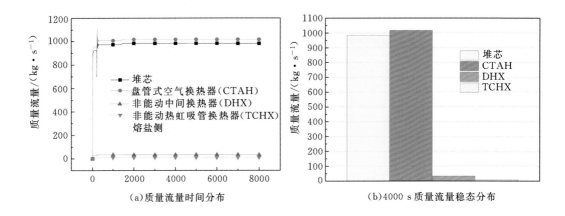

(a)质量流量时间分布　　　　　　　　　(b)4000 s 质量流量稳态分布

图 7-32　超功率(TOP)事故 MK1 系统质量流量分布

2. 热阱丧失(LOHS)事故

1)无保护热阱丧失(ULOHS)事故

本研究首先深入分析堆芯正常运行时,二回路热能动力系统发生破口,空气轮机甩负荷,最终导致盘管式空气换热器 CTAH 换热能力失效,此时一回路泵维持正常运转,泵压头维持不变,DRACS 非能动余热排出系统正常运转,并假定该事故早期不引发相关堆芯保护操作(插入控制棒)。通过研究 MK1 系统对该事故的响应特性,探究堆芯是否重新回到稳定运行状态,并且研究氟盐峰值温度、核燃料峰值温度是否超过安全温度极限值。

如图 7-33 所示,堆芯在 1400 s 前通过 PI 自动反馈调节达到稳定运行状态,在 1400 s 时,CTAH 换热能力失效,CTAH 出口温度急剧升高,同时导致堆芯出口温度急剧升高,堆芯平均温度升高,通过温度负反应性反馈调节,导致堆芯功率下降。一回路系统氟盐动力黏度随着温度升高而减少,导致堆芯质量流量升高,堆芯出口及入口温度几乎重合,同时因为存在衰变余热,堆芯存在少量温升,并随着堆芯衰变热量的逐渐减少氟盐温度缓慢降低。如图 7-33 所示堆芯瞬态响应剧烈变化时期可以被分成以下四个阶段。

第一阶段(1400~1450 s):盘管式空气换热器(CTAH)换热能力失效,滞留在 CTAH 内的氟盐温度迅速升高,导致 CTAH 的出口温度迅速提升,在其内滞留的氟盐逐渐开始回流堆芯,从而导致堆芯入口温度缓慢提升。此时泵的压头几乎维持不变,一回路管路中氟盐的平均温度升高,导致氟盐的动力黏度下降,回路中的摩擦压降减少,为了保证一回路压降与泵压头匹配,导致一回路质量流量升高以及堆芯冷却剂质量流量提升。由于堆芯氟盐质量流量显著增加,堆芯平均温度开始缓慢下降。由于负的温度反应性反馈系数,堆芯平均温度下降引入正的反应性,堆芯功率开始缓慢提升,功率峰值比达到 1.04。氟盐的比热容变化小,此时堆芯功率比与质量流量比的比值决定堆芯温升比 $\Delta T_r = Q_r / M_r$,虽然本阶段质量流量比值与功率比值同时提升,但是质量流量比值升高明显大于功率比值的升高值,所以相应堆芯温升下降,堆芯出口氟盐温度降低。

第二阶段(1450~1500 s):大部分曾经滞留在盘管式空气换热器(CTAH)内的、没有被完全冷却的氟盐逐渐回流堆芯,导致堆芯入口温度急剧升高,堆芯平均温度显著提升,在负的温

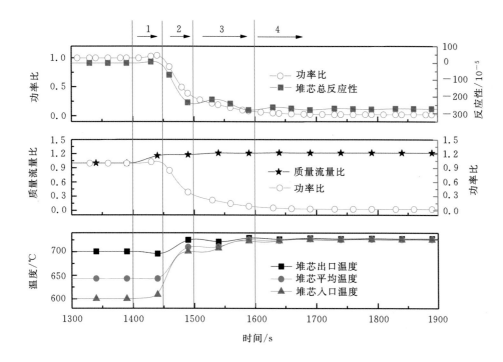

图 7 - 33　无保护失热阱(ULOHS)事故中子动力学与热工流体力学局部瞬态详细分析图

度反应性反馈下,向堆芯引入负的反应性反馈,堆芯功率显著下降。此时功率比值下降,质量流量比值缓慢升高,功率比值远远小于质量流量比值,导致堆芯内的温升明显降低,堆芯出口温度逐渐与堆芯入口温度相同,并伴随入口温度的升高而提升。

　　第三阶段(1500~1600 s):功率比持续降低,质量流量比出现小幅度震荡,并且堆芯内的温度出现小幅度的震荡并缓慢升高。这是因为当一回路系统中的氟盐温度升高,伴随氟盐动力黏度持续下降,摩擦压力降低,为与泵压头平衡,质量流量缓慢提升。但是当流量提升导致堆芯温升下降,回路中氟盐平均温度下降,回路中的摩擦压降降低,为与泵压头平衡,质量流量缓慢下降,回路中就出现质量流量周期性的升高和下降,并带来相应温度、功率的周期性震荡。堆芯功率持续下降,堆芯出口温度逐渐与堆芯入口温度重合。

　　第四阶段(1600 s—):稳定阶段,质量流量比达到 1.2,堆芯功率主要来自衰变功率,堆芯出、入口温度几乎重合(堆芯温升 2 ℃),峰值温度达到 727 ℃,在反应堆金属容器可承受温度安全范围内,并伴随衰变功率进一步降低,一回路氟盐温度开始缓慢下降,温度反应性反馈逐渐缓慢减少。

　　如图 7 - 34 所示,ULOHS 后,堆芯温度升高,温度负反应性反馈增强,核燃料温度反应性反馈与氟盐温度反应性反馈对反应性的贡献相近,在 ULOHS 事故瞬态过程中由于质量流量出现周期性的震荡,导致核燃料、石墨、氟盐温度出现周期性震荡,使得相应的反应性反馈也出现周期性震荡,但是反应性反馈起到阻尼的效应,抑制震荡持续发生。

　　如图 7 - 35 所示,LOHS 前燃料球内存在明显的温度梯度,LOHS 后堆芯质量流量升高,导致燃料球表面的换热性能逐渐增强,燃料球表面温度与氟盐温差降低。负反应性反馈导致

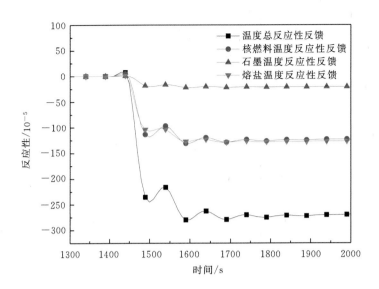

图 7-34　无保护热阱丧失(ULOHS)事故堆芯内反应性变化

堆芯功率进一步降低,燃料球核燃料层内热源降低,导致燃料球内的温度梯度逐渐减少,核燃料峰值温度迅速降低,进入长期稳定衰变阶段,燃料球温度梯度几乎消失,最高温差 1~2 ℃。在 ULOHS 中,核燃料球峰值持续降低并在安全温度限值以内。

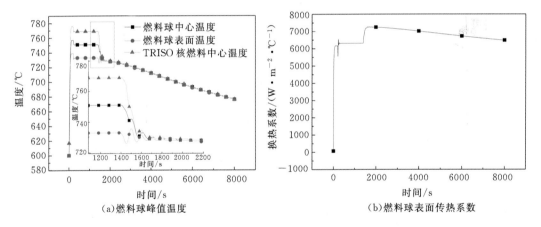

(a)燃料球峰值温度　　　　　　　　　　(b)燃料球表面传热系数

图 7-35　无保护失热阱(ULOHS)事故核燃料球峰值温度及表面传热系数

如图 7-36 所示,ULOHS 发生后堆芯质量流量发生明显变化,事故发生前后氟盐泵压头不变,事故发生后一回路氟盐平均温度升高,导致氟盐动力黏度下降,摩擦压力降低,导致 240 s内 CTAH 质量流量提高 22%,堆芯质量流量提升 21%,部分堆芯内旁流的质量流量在 ULOHS 后增加 33.3%,ULOHS 后堆芯内旁流比从 6.8% 增加到 7.5%。但是 240 s 后,质量流量开始下降。随着氟盐温度反应性反馈增加,功率开始下降,氟盐温度开始逐渐下降,摩擦压力逐渐增加,质量流量逐渐降低。ULOHS 事故不会触发 DHX 壳侧非能动截止阀打开。CTAH 质量流量最大,CTAH 质量流量一部分流向堆芯,一部分旁流向堆芯外的 DHX 壳侧,由于 CTAH 质量流量增加,堆芯外旁流到 DHX 壳侧质量流量增加 32%,DHX 壳侧旁流增加,导致 DRACS 非能动系统换热能力增强,DRACS 系统自然循环流量增加,相应 TCHX 侧氟盐质量流量增加 2.3 倍,达到 20 kg·s⁻¹,峰值后随着系统质量流量逐渐下降,DHX 换热量降低,相应非能动质量流量逐渐下降。

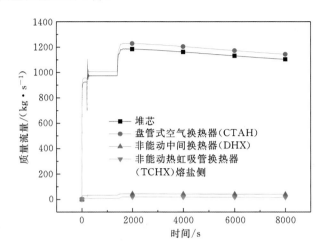

图 7-36　无保护热阱丧失(ULOHS)事故 MK1 系统质量流量响应

如图 7-37 和图 7-38 所示 MK1 系统在 ULOHS 过程的温度变化,事故中不采取保护措施,同时也不触发 DHX 壳侧的非能动截止阀开启,CTAH 出口氟盐温度及堆芯入口氟盐温度迅速升高。DHX 壳侧入口温升直接由 CTAH 的出口温度决定,由于 CTAH 出口到 DHX 壳侧入口之间存在氟盐流动滞留时间,所以虽然 DHX 入口温度变化与 CTAH 出口温度变化相同,但是 DHX 壳侧底端的温度变化相比于 CTAH 出口温度变化延迟 10 s。DHX 壳侧底端入口氟盐温度在 1490 s(LOHS 90 s)内迅速升高 100 ℃,达第一次峰值温度,在 1570 s(LOHS 170 s),温度再次升高 23 ℃,达到第二次峰值温度,在 1770 s(ULOHS 270 s)达到 726 ℃。CTAH 入口温度直接由堆芯出口温度决定,温度瞬态响应变化与堆芯出口温度相同,并由于堆芯出口与 CTAH 入口之间氟盐流动滞留时间存在 18 s 左右的延迟。由于氟盐比热容大,温度变化缓慢,所以功率响应与氟盐温度变化存在时间差,并且氟盐从堆芯出口流向堆芯入口存在时间延迟,以及回路中金属构件的比热容延缓了到达稳定状态,导致堆芯功率不能与温度反应性反馈迅速匹配,使得氟盐温度在稳定前出现幅度 8 ℃ 的震荡,直到最终相对稳定时堆芯出、入口及 CTAH 出、入口温度几乎重合(有 2 ℃ 温差),并随着堆芯功率降低而逐渐降低。DHX 壳侧出口温度升高 80 ℃,DHX 壳侧出入口温差由 16 ℃ 提高到 60 ℃,伴随一回路质量流量升高,DHX 换热能力增强。从图 7-36 可知 DRACS 非能动自然循环质量流量增加,余热排出性能增强,TCHX 入口温度瞬态升高 77 ℃,DHX 管侧温升从 60 ℃ 升高到 135 ℃。此时虽然主回路非能动截止阀没有开启,但是存在旁流,在 1800 s 时 DRACS 非能动余热排出系统换热量与此时堆芯衰变功率匹配,此时余热排出量为堆芯初始功率的2.5%。

2)有保护热阱丧失(PLOHS)事故

深入分析堆芯正常运行时,二回路热能动力系统发生破口,空气轮机甩负荷,最终导致盘管式空气换热器换热能力失效,此时一回路泵维持正常运转,泵压头维持不变,DRACS 非能

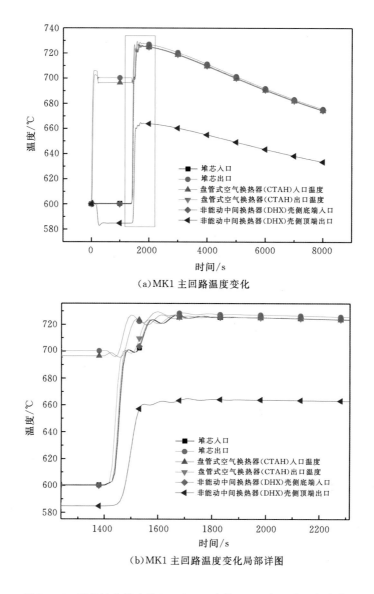

(a)MK1 主回路温度变化

(b)MK1 主回路温度变化局部详图

图 7-37　无保护热阱丧失(ULOHS)事故 MK1 主回路温度变化图

动余热排出系统正常运转,事故发生后 5 s 内引发相关操作进行堆芯保护,插入 4 根总价值 3 ＄控制棒。通过研究 MK1 系统对该事故的响应特性,研究氟盐峰值温度、核燃料峰值温度是否超过安全温度极限值。

堆芯在 1400 s 前通过 PI 反馈调节达到稳定运行状态,在 1400s 时,CTAH 换热能力失效,CTAH 出口氟盐温度急剧升高,导致堆芯入口温度升高,1405 s 时插入总价值 3 ＄控制棒进行堆芯保护。一回路氟盐的质量流量存在显著的周期性震荡,堆芯总的反应性、温度分布出现相应的周期性震荡,质量流量最终逐渐相对稳定,堆芯出口及入口温度几乎重合。但同时因为存在衰变余热,堆芯存在极少量温升导出衰变热量,并随着堆芯衰变热量的逐渐减少氟盐温度缓慢降低。如图 7-39 所示堆芯瞬态响应剧烈变化,详细的分析如下。

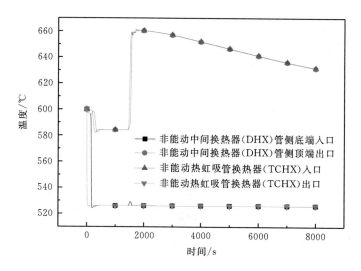

图 7-38　无保护热阱丧失(ULOHS)事故 MK1 非能动 DRACS 系统温度分布变化

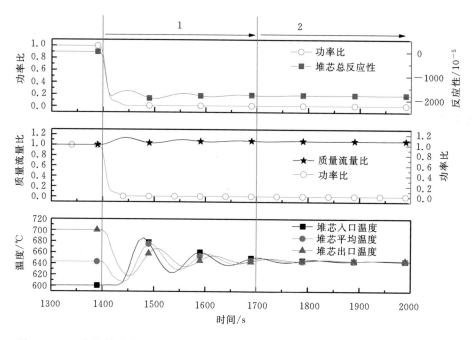

图 7-39　有保护热阱丧失(PLOHS)事故中子动力学与热工流体力学局部瞬态详细分析

第一阶段(1400~1700 s):二回路热能动力系统发生破口,汽轮机甩负荷(load rejection),盘管式空气换热器(CTAH)换热能力失效,在 1405 s 时(PLOHS 5 s 内)插入 3 $ 控制棒,功率急剧降低。滞留在 CTAH 内的氟盐温度升高,导致 CTAH 的出口温度提升,氟盐逐渐开始流回堆芯,从而导致堆芯入口温度缓慢提升。此时泵维持正常转速,压头几乎维持不变,一回路管路中氟盐的平均温度升高,导致氟盐的动力黏度下降,回路中的摩擦压降减少,导致一回路质量流量升高,堆芯冷却剂质量流量提升。但是当质量流量提升导致堆芯温升下降,回路中氟盐平均温度下降,回路中的摩擦压降升高时,为与泵压头平衡,质量流量缓慢下降,回路中就出现质量流量周期性的升高和下降,并带来相应温度、功率分布的周期性震荡,在震荡中堆芯出口温度逐渐与堆芯入口温度重合。由于温度负的反应性反馈量级相比于控制棒引入的负反应性可以忽略,所以温度反应性反馈没有对堆芯温度的震荡起到"阻尼"效应,导致堆芯内质量流量及温度分布震荡相比于无保护热阱丧失的情况幅值大,衰减时间长。震荡周期(约 100 s)主要由一回路系统中氟盐的循环滞留时间决定,质量流量在系统中循环滞留时间约为 70 s,所以系统热构件可以起到延长震荡周期的效果,事故在 400 s 后开始逐渐稳定。

第二个阶段(1700 s—):稳定阶段,质量流量比相对稳定在 1.1,小于 ULOHS 质量流量比(1.2),这是由于堆芯最终温度稳定在 645 ℃,小于 ULOHS(727 ℃),所以相对较低运行温度导致相应的流体动力黏度高,摩擦压降大,质量流量低。随衰变功率进一步降低,一回路氟盐温度开始缓慢下降,同时质量流量比也逐渐缓慢降低。PLOHS 瞬态过程中,反应堆容器温度在可承受温度安全范围内,相比于 ULOHS,氟盐瞬态峰值温度低 82 ℃。

如图 7-40 所示,PLOHS 后 5 s 内插入 3 $(-2040×10^{-5})$ 控制棒,由于氟盐平均温度及核燃料温度骤降,导致温度总的反应性反馈为正值,质量流量出现周期性震荡,核燃料、石墨、氟盐温度出现周期性震荡,并引起温度反应性反馈也出现周期性震荡。但是温度对反应性的贡献远小于控制棒对反应性的贡献,所以堆芯功率迅速下降,导致燃料球温度降低。如图 7-41 所示,PLOHS 发生前,燃料球内存在明显的温度梯度,PLOHS 发生后堆芯功率迅速下降,质量流量震荡导致燃料球表面的换热系数(见图 7-41(b))出现周期性的震荡,使得燃料球内的温度分布也出现相应的震荡,TRISO 在 60 s 降到最低温度,比 ULOHS 提前 120 s。进入长期稳定衰变阶段,燃料球内温度梯度几乎消失,最高温差 1 ℃,在 PLOHS 中,核燃料球峰值温度持续降低并在安全温度限值以内。

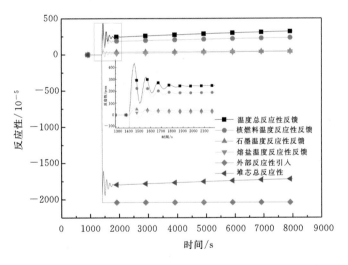

图 7-40　有保护热阱丧失(PLOHS)事故堆芯内反应性

如图 7-42 所示,PLOHS 事故不会导致 DHX 壳侧非能动截止阀打开,CTAH 的质量流量最大,CTAH 质量流量一部分流向堆芯,一部分旁流向堆芯外的 DHX 壳侧。PLOHS 发生后堆芯质量流量分布发生明显变化,事故发生前后氟盐泵压头不变,一回路氟盐平均温度升

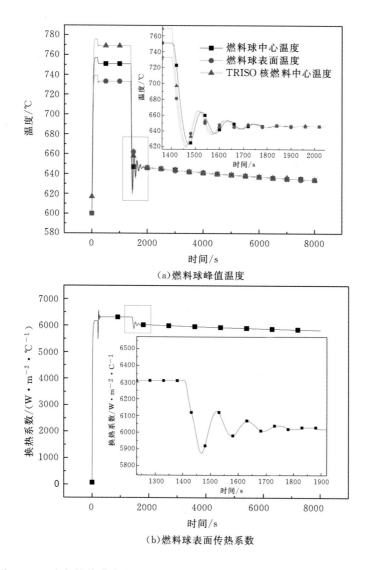

（a）燃料球峰值温度

（b）燃料球表面传热系数

图 7-41　有保护热阱丧失（PLOHS）事故核燃料球峰值温度及表面传热系数

高,导致氟盐动力黏度下降,摩擦压力降低,40 s 内 CTAH 质量流量提高 14%,堆芯质量流量提升 13%,部分堆芯内旁流的质量流量在 PLOHS 发生后增加 18%。但是 40 s 后质量流量开始下降,原因是当质量流量提升,导致堆芯温升下降,回路中氟盐平均温度下降,回路中的摩擦压降转而升高。这个过程持续震荡,震荡周期约为 100 s。DHX 壳侧旁流增加,导致 DRACS 非能动系统换热能力增加,自然循环流量增加,相应 TCHX 侧氟盐质量流量增加 50%,达到 13 kg·s⁻¹,比 ULOHS 低（20 kg·s⁻¹）。此后随着堆芯衰变热量减少及一回路氟盐温度及系统质量流量逐渐下降,相应 DRACS 非能动质量流量逐渐下降。相比于 ULOHS,非能动系统质量流量低,原因是 PLOHS 发生时,堆芯功率迅速降低,一回路氟盐质量流量低以及平均温度低,旁流道 DHX 壳侧的氟盐的质量流量及温度低,导致 DHX 换热量小。

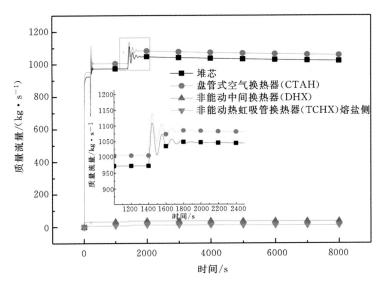

图 7-42　有保护热阱丧失(PLOHS)事故 MK1 系统质量流量变化

如图 7-43 及图 7-44 所示 MK1 系统在 PLOHS 过程的温度变化,事故后采取保护措施插入 3＄控制棒,DHX 壳侧的非能动截止阀保持关闭并有部分旁流,CTAH 出口氟盐温度及堆芯入口氟盐温度迅速升高,DHX 壳侧入口温升直接由 CTAH 的出口温度决定,由于 CTAH 出口到 DHX 壳侧入口之间存在氟盐滞留时间,DHX 壳侧底端的温度变化相比于 CTAH 出口温度变化延迟 20 s。DHX 壳侧底端入口氟盐温度在 1480 s(LOHS 80 s)内迅速升高达到一次峰值温度(686 ℃),在 1590 s(PLOHS 180 s)温度达到第二次峰值温度(660 ℃),比第一次峰值温度低 26 ℃。此后温度峰值逐渐震荡衰减,CTAH 入口温度瞬态响应变化趋势与堆芯出口温度相同,并由于堆芯出口与 CTAH 入口之间管道内熔盐有滞留时间,所以有 20 s 左右的延迟。由于比 ULOHS 质量流量低,所以延迟时间略长。PLOHS 瞬态过程中 CTAH 内氟盐峰值温度为 686 ℃,由于系统回路中存在明显的质量流量震荡,导致相应的 MK1 系统回路的温度分布出现震荡,堆芯出、入口及 CTAH 出、入口温度随着震荡衰减

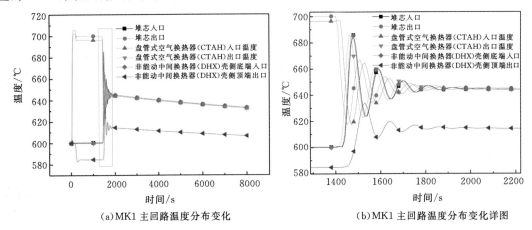

(a)MK1 主回路温度分布变化　　　　　　　(b)MK1 主回路温度分布变化详图

图 7-43　有保护热阱丧失(PLOHS)事故 MK1 主回路系统温度分布变化

几乎重合(存在 1 ℃温差),并随着堆芯功率降低而逐渐降低。DHX 壳侧顶端出口温度峰值升高 50 ℃(634 ℃),比 ULOHS 情况低 30 ℃,DHX 壳侧出入口温差由 16 ℃提高到 40 ℃,比 ULOHS 低 20 ℃,伴随一回路质量流量升高,相应 DHX 内质量流量升高,DHX 换热能力增强,DRACS 非能动自然循环质量流量增加,余热排出性能增强,TCHX 入口温度瞬态升高 50 ℃,比 ULOHS 低 20 ℃。DHX 管侧氟盐温升从 60 ℃升高到 108 ℃,比 ULOHS 低 27 ℃。此时虽然主回路非能动截止阀没有开启,但是 2200 s 时,DRACS 系统温度逐渐平稳,DRACS 非能动余热排出系统换热量与此时堆芯衰变功率匹配,此时余热排出量为堆芯初始功率的 1.1%。PLOHS 比 ULOHS 系统峰值温度要低,呈现周期性的震荡衰减,温度波动幅度要更加明显,但峰值温度在安全限值以内。

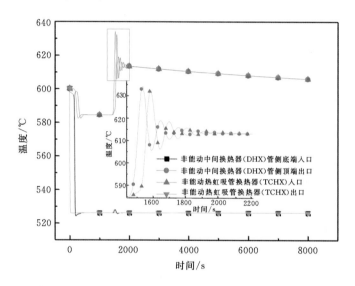

图 7-44　有保护热阱丧失(PLOHS)事故 MK1 非能动 DRACS 系统温度分布变化

参考文献

[1] STEWART C, WHEELER C, CENA R, et al. COBRA-IV: The Model and the Method [R]. United States: Pacific Northwest Laboratory, 1977.

[2] KAVIANY M. Principles of Heat Transfer in Porous Media [M]. New York: Springer, 1991.

[3] IAEA. Heat Transport and Afterheat Removal for Gas Cooled Reactors under Accident Conditions: IAEA-TECDOC-1163 [R]. Vienna: International Atomic Energy Agency, 2000.

[4] BREITBACH G, BARTHELS H. The Radiant Heat Transfer in the High Temperature Reactor Core after Failure of the Afterheat Removal Systems [J]. Nuclear Technology, 1980, 49(3): 392-399.

[5] PRASAD V, KLADIAS N, BANDYOPADHAYA A, et al. Evaluation of Correlations for Stagnant Thermal-Conductivity of Liquid-Saturated Porous Beds of Spheres [J]. In-

ternational Journal of Heat and Mass Transfer,1989, 32(9):1793 - 1796.

[6] 谢仲生,吴宏春,张少泓. 核反应堆物理分析[M]. 西安:西安交通大学出版社,2005.

[7] 俞冀阳,贾宝山. 反应堆热工水力学[M]. 北京:清华大学出版社,2003.

[8] ZIGRANG D, SYLVESTER N. A Review of Explicit Friction Factor Equations [J]. Journal of Energy Resources Technology,1985,107(2):280 - 283.

[9] SCHULTZ R. RELAP5-3D Code Manual Volume I:Code Structure, System Models and Solution Methods:INEEL-EXT-98-00834[R]. United States:Idaho National Laboratory,2012.

[10] DITTUS F, BOELTER L. Heat Transfer in Automobile Radiators of the Tubular Type [J]. International Communications in Heat and Mass Transfer ,1985,12(1):3 - 22.

[11] SIEDER E N, TATE G E. Heat Transfer and Pressure Drop of Liquids in Tubes [J]. Industrial and Engineering Chemistry,1936,28(12):1429 - 1435.

[12] WAKAO N, KAGUEI S, FUNAZKRI T. Effect of Fluid Dispersion Coefficients on Particle-to-fluid Heat Transfer Coefficients in Packed Beds:Correlation of Nusselt Numbers [J]. Chemical Engineering Science,1979, 34(3):325 - 336.

[13] HUDDAR L, PETERSON P, SCARLAT R. Experimental Strategy for the Determination of Heat Transfer Coefficients in Pebble-Beds Cooled by Fluoride Salt[C]// 16th International Topical Meeting on Nuclear Reactor Thermal Hydraulics(NURETH-16): August 30-September 4, Chicago. Berkeley: NURETH, C2015:1659 - 1675.

[14] FAND R, VARAHASAMY M, GREER L. Empirical Correlation Equations for Heat Transfer by Forced Convection from Cylinders Embedded in Porous Media that Account for the Wall Effect and Dispersion [J]. International Journal of Heat and Mass transfer,1993, 36(18):4407 - 4418.

[15] MACDONALD I, EL-SAYED M, MOW K, et al. Flow through Porous Media-the Ergun Equation Revisited [J]. Industrial and Engineering Chemistry Fundamentals, 1979,18(3):199 - 208.

[16] DES KERNTECHNISCHEN AUSSCHUSSES G. Reactor Core Design of High Temperature Gas-cooled Reactors:KTA 3102. 3[R]. Vienna:International Atomic Energy Agency,1981.

[17] ERGUN S. Fluid Flow through Packed Columns [J]. Journal of Chemical Engineering Progress,1952, 48(2): 89 - 94.

[18] BARDET P, AN J, FRANKLIN J, et al. The Pebble Recirculation Experiment (PREX) forthe AHTR [J]. American Nuclear Society-ANS, La Grange Park (United states),2007:9 - 13.

[19] LAUFER M R. Granular Dynamics in Pebble Bed Reactor Cores [D]. Berkeley:University of California,2013.

[20] WANG Y, GE H W, REITZ R D. Validation of Mesh-and Timestep-Independent Spray Models for Multi-Dimensional Engine CFD Simulation [J]. SAE International Journal of Fuels and Lubricants,2010, 3(1):277 - 302.

[21] BICKEL J E, ZWEIBAUM N, PETERSON P F, et al. Design, Fabrication and Startup Testing in the Compact Integral Effects Test(CIET 1. 0) Facility in Support of Fluoride-Salt-Cooled, High-Temperature Reactor Technology: UCBTH-14-009 [R]. Berkeley: University of California, 2014.

[22] ZWEIBAUM N, GUO Z, PETERSON P. Validation of Best Estimate Models for Fluoride-Salt-Cooled, High-Temperature Reactors using Data from the Compact Integral Effects Test Facility[C]// 16th International Topical Meeting on Nuclear Reactor Thermal Hydraulics (NURETH-16): August 30-September 4, Chicago. Berkeley: NURETH, c2015:1704 – 1715.

[23] BICKEL J, ZWEIBAUM N, PETERSON P. Design, Fabrication and Startup Testing in the Compact Integral Effects Test(CIET 1. 0) Facility in Support of Fluoride-Salt-Cooled, High-Temperature Reactor Technology[C]. USA: Department of Nuclear Engineering, 2014.

[24] 江绵恒, 徐洪杰, 戴志敏. 未来先进核裂变能——TMSR 核能系统[J]. 中国科学院院刊, 2012, 27(3): 366 – 374.

[25] XIAO Y, HU L W, FORSBERG C, et al. Analysis of the Limiting Safety System Settings of a Fluoride Salt Cooled High-Temperature Test Reactor [J]. Nuclear Technology, 2014, 187(3): 221 – 234.

[26] XIAO Y, HU L W, QIU S Z, et al. Development of a Thermal-Hydraulic Analysis Code and Transient Analysis for a FHTR[C]// 22nd International Conference on Nuclear Engineering, Prague, Czech Republic, July 7 – 11, 2014, New York: ASME, 2014: 1 – 10.

[27] XIAO Y, HU L W, CHARLES F, et al. Licensing Considerations of a Fluoride Salt Cooled High Temperature Test Reactor[C]. 21st International Conference on Nuclear Engineering, Chengdu, Sichuan, China, Jul. 29 – Aug. 2, 2013.

[28] XIAO Y, HU L W, CHARLES F, et al. Effect of Salt Coolant Selection on FHTR Thermal Hydraulic Performance[C]. 2013 ANS Annual Meeting, Atlanta, GA, USA, Jun. 16 – 20, 2013.

[29] SINAP. TMSR Internal Technical Report: XDA02010200-TL-2012-09[R]. Shanghai: Shanghai Institute of Applied Physics, 2012.

[30] SCARLAT R O, LAUFER M R, BLANDFORD E D, et al. Design and Licensing Strategies for the Fluoride-Salt-Cooled, High-Temperature Reactor(FHR) Technology [J]. Progress in Nuclear Energy, 2014, 77: 406 – 420.

第8章 固体燃料熔盐堆安全审评及不确定性分析

8.1 安全审评热工水力限值

固体燃料钍基熔盐堆按其特性属于非动力堆(Non-power Reactor)的一种,其安全分析和审评与动力堆有不同的管理规范[1]。非动力堆的许可功率一般远低于动力堆,堆内的放射性裂变产物亦较少。特别的,TMSR-SF 使用熔盐作冷却剂,有其独特的安全特性,其热工水力限值(Thermal Hydraulic Limits)与传统压水堆有巨大的不同。本节的热工水力限值、安全限值(Safety Limits,SL)及安全系统整定值(Limiting Safety System Settings,LSSS)均按照美国核管会(Nuclear Regulatory Commission,NRC)给出的相关定义和标准计算。美国核管会规程 50.36[2]及美国核学会(American Nuclear Society,ANS)ANSI-15.1[3]标准给出了反应堆 SL 及 LSSS 的定义。SL 用于将反应堆运行过程中的一些重要过程变量限定在规定的范围内,以确保反应堆放射性屏障的完整性,进而避免出现不可控的放射性泄漏事件。如果运行过程中任何一个过程变量超出许可的安全限值,反应堆须立即关闭并告知监管部门。反应堆的 LSSS 则是一组针对自动保护设备设定的触发参数。这些参数所对应的过程变量对反应堆的安全系统高效运行具有重要意义,这组参数需确保当某些过程变量超出其对应整定值时触发自动保护动作,并在反应堆运行状态超出安全限值所规定的范围前,纠正反应堆的运行状态。如反应堆在运行中检测到自动保护系统没有按需求正常动作,业主也需采取适当的应对措施,如关闭反应堆等,并上报监管部门。

图 8-1 给出了安全限值与安全系统整定值的示意,反应堆的当前运行状态由一组可测量的状态参数确定,如堆芯功率、反应堆周期、系统压力、流量、进出口温度等。图中额定工况点为反应堆正常稳态运行的工况点,其上分别有由停堆信号触发线包络的正常稳态、瞬态运行区间,由安全系统整定值线包络的容许运行区间和由安全限值线包络的安全限值区间。

热工水力设计限值用于限定反应堆的运行工况范围,确保其在正常工况下拥有可靠的安全裕量,在 SL 和 LSSS 的计算中需要考虑到工程因素对热工水力特性带来的不利影响。TMSR-SF 的安全限值应确保一回路放射性屏障的完整性,即保证燃料和一回路边界不受破坏,基于其运行方式与堆芯结构特点,应考虑以下四个温度限值。

(1)TRISO 颗粒燃料运行温度限值。相关研究表明,TRISO 颗粒燃料的温度限值主要受 SiC 包覆层材料的温度性能影响。燃料温度超过 1250 ℃时,相关裂变产物就开始对 SiC 包覆层性能造成影响,影响最大的裂变产物为镧系元素及钯。通过合理的设计可以将镧系元素以氧化物的形式固定在 TRISO 裂变核心内,但惰性金属钯在高温下依然会扩散入 SiC 包层使其性能下降,这种现象使得 TRISO 燃料最高长期运行温度被限制在 1300 ℃。当温度超过

1600～1650 ℃后,裂变产物将以较快的速率侵蚀 SiC 包覆层;在温度超过 2100 ℃后,SiC 材料的热稳定性亦开始下降。因此,国际上均选择 1300 ℃为 TRISO 包覆颗粒燃料的稳态工作最高温度限值;选择 1600 ℃为 TRISO 包覆颗粒燃料的最高温度限值[4,5],即在任何正常运行和事故工况下,燃料的最高温度不允许超过 1600 ℃,否则视为 TRISO 燃料已被损坏。

(2)FLiBe 熔点温度限值。冷却剂最低温度应高于其熔点(460 ℃),以保证反应堆内热量的有效传递及冷却剂主泵的正常工作。

(3)FLiBe 沸点温度限值。此处保守的假定燃料元件表面最高温度应低于冷却剂沸点温度(1600 ℃),以防止冷却剂发生过冷沸腾对堆芯内的热量传递及流动的稳定性产生影响。

(4)一回路结构材料 Hastelloy N 温度限值。TMSR-SF 参考设计使用 Hastelloy N 镍基合金来制造高温结构组件和一回路压力边界。Hastelloy N 最初是为橡树岭国家实验室熔盐堆项目开发的,基于当前相关规范,其在长期使用条件下最高工作温度为 730 ℃[6]。此外,高温会降低 Hastelloy N 合金对熔盐的抗氧化性,基于 HAYNES 公司给出的 Hastelloy N 合金性能说明[7],当熔盐温度高于 871 ℃,Hastelloy N 合金对熔盐氧化效应的抵抗能力将开始下降。

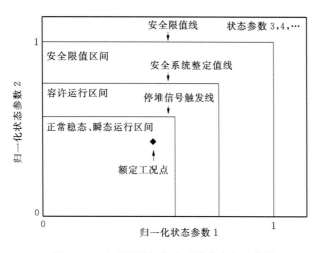

图 8-1　安全限值与安全系统整定值示意图

综上所述,用于推导 SL 的温度限值准则可取为

$$T_{in} > 460\ ℃$$
$$T_{out} < 871\ ℃$$
$$T_{c,m} < 1400\ ℃$$
$$T_{f,m} < 1600\ ℃$$

式中:T_{in} 为堆芯平均入口温度,℃;T_{out} 为堆芯平均出口温度,℃;$T_{c,m}$ 为冷却剂最高温度,由燃料元件表面最高温度确定,℃;$T_{f,m}$ 为燃料元件最高温度,℃。

LSSS 的设定应保证其距离正常运行工况和 SL 均具有足够的裕量,基于 SL 的温度限值给予一定裕量后作为 LSSS 的温度限值准则。LSSS 的入口温度限值取为熔点以上 10 ℃,即470 ℃;对最大平均出口温度取为 720 ℃,以确保主回路温度不会超过 Hastelloy N 最高稳态工作温度 730 ℃;由于燃料元件表面温度具有更大的不确定性,且在反应堆运行过程中无法直接测量,对其选取 200 ℃的温度裕量;燃料最高温度限值选取 TRISO 燃料颗粒最高长期运行

温度 1300 ℃。最终可得出下列温度限值准则用于 LSSS 的推导

$$T_{in} > 470 ℃$$

$$T_{out} < 720 ℃$$

$$T_{c,m} < 1200 ℃$$

$$T_{f,m} < 1300 ℃$$

式中：T_{in} 为堆芯平均入口温度，℃；T_{out} 为堆芯平均出口温度，℃；$T_{c,m}$ 为燃料元件表面最高温度，℃；$T_{f,m}$，燃料元件最高温度，℃。特别的，LSSS 在强迫循环工况下应对反应堆的如下参数进行设置：

(1)最大堆芯功率；

(2)最大稳态平均出口温度；

(3)最小稳态平均入口温度；

(4)最小体积流量。

在自然循环工况下对以下参数进行设置：

(1)最大堆芯功率；

(2)最大稳态平均出口温度；

(3)最小稳态平均入口温度。

TMSR-SF 应在这些参数所规定的运行范围内满足前述四个温度限值准则，从而保证燃料元件和一回路压力边界不会被破坏，冷却剂在一回路内也不会发生凝固和沸腾。

8.2 安全限值计算

本节基于前述安全限值温度准则推导 TMSR-SF 在强迫循环和自然循环工况下的安全限值。基于 8.1 节对热工水力限值的讨论，安全限值计算的四个温度准则为

$$T_{in} > 460 ℃$$

$$T_{out} < 871 ℃$$

$$T_{c,m} < 1400 ℃$$

$$T_{f,m} < 1600 ℃$$

式中：T_{in} 为堆芯平均入口温度，℃；T_{out} 为堆芯平均出口温度，℃；$T_{c,m}$ 为燃料元件表面最高温度，℃；$T_{f,m}$ 为燃料元件最高温度，℃。

8.2.1 强迫循环安全限值计算

基于相关假设，使用 FHR 安全分析程序(FHR Safety Analysis Code，FSAC)对 TMSR-SF 进行大范围的稳态计算，可获取其安全限值区间。在计算过程中，上述四个温度限值均需考虑，以保证在给定的区间内，四个温度限值均被满足，堆内相关材料及燃料的完整性不会受到影响。整个计算过程中通过不断迭代反应堆功率及出口温度来搜索满足上述四个温度限值条件的临界工况点及安全限值区间。此外，还应注意在该迭代过程中，假设热交换器的功率等于堆芯功率，堆芯处于稳态运行状态。

限定堆芯平均出口温度保持为 Hastelloy N 合金极限温度 871 ℃，可得图 8-2。由于主泵在定转速运行时更接近恒定体积输出，一回路流量均以体积流量为单位。图 8-2 中任意一

点可给出反应堆在该点所对应的一回路流量、功率及出口温度（871 ℃），进而可确定与该点唯一对应的稳态运行工况点。基于另外三个安全限值温度准则，可得图 8-2 中所示的三条曲线，分别由最低平均入口温度（$T_{in}=460$ ℃）、燃料元件表面最高温度（$T_{c,m}=1400$ ℃）及燃料元件最高温度（$T_{f,m}=1600$ ℃）确定。当反应堆运行工况落于对应的曲线上时，说明对应的材料温度达到安全限值的准则温度。图中 A 点为最低平均入口温度（$T_{in}=460$ ℃）曲线与燃料元件表面最高温度（$T_{c,m}=1400$ ℃）曲线的交点；B 点为燃料元件最高温度（$T_{f,m}=1600$ ℃）曲线与燃料元件表面最高温度（$T_{c,m}=1400$ ℃）曲线的交点；考虑到流量测量的不确定性，C 点、D 点的体积流量分别为高功率模式 I、II 下额定体积流量的 90%。

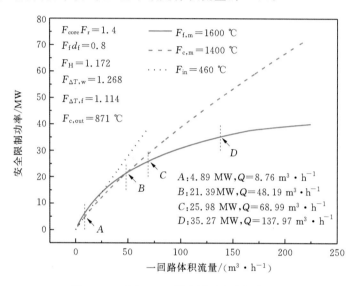

图 8-2　TMSR-SF 强迫循环安全限值区间

表 8-1 给出了 A、B、C、D 四个工况点下的关键运行参数。图 8-3 至图 8-6 给出了四个工况所对应的体积流量下的安全限值区间。图中 a_1、b_1、c_1、d_1 四条线分别由堆芯最低平均入口温度（$T_{in}>460$ ℃）、堆芯最高平均出口温度（$T_{out}<871$ ℃）、燃料元件最高温度（$T_{f,m}<1600$ ℃）及燃料元件表面最高温度（$T_{c,m}<1400$ ℃）确定。图中被 a_1、b_1、c_1 或 d_1（取较低线）三条线所包络的深灰色区域为对应体积流量下的安全限值区间，在其内四个温度限值条件均被满足。图 8-3 中 a_1、b_1、c_1 交于一点，在此处平均入口温度、平均出口温度及燃料元件表面最高温度同时达到限值，与图 8-2 及表 8-1 中 A 点的工况相对应。图 8-4 中 b_1、c_1、d_1 线交于一点，在该工况点平均出口温度、燃料元件表面最高温度和燃料元件最高温度同时达到限值，与图 8-2 及表 8-1 中 B 点的工况相对应。结合图 8-2，还可得当反应堆体积流量小于 A 点工况所对应的体积流量时，安全限值区间的最高点将仅由 a_1 线与 b_1 线的交点确定，而与燃料元件最高温度限值线（c_1 线）及燃料元件表面最高温度限值线（d_1 线）无关。当反应堆体积流量位于 A 点工况和 B 点工况所对应的体积流量之间时，安全限值区间的最高点由 b_1 线与 d_1 线的交点确定，与 c_1 线即燃料元件最高温度限值线无关。当反应堆体积流量大于 B 点工况所对应的体积流量时，安全限值区间的最高点由 b_1 线与 c_1 线的交点确定，与 d_1 线即燃料元件表面最高温度限值线无关。高功率模式 I 和高功率模式 II 下的体积流量均大于 B 点工况所对应的体积流量，安全限值区间的最高点都由 b_1 线与 c_1 线的交点确定。

表 8-1　四个临界工况下的运行参数

运行参数	工况 A	工况 B	工况 C	工况 D
热功率/MW	4.89	21.39	25.98	35.27
入口温度/℃	460.0	539.1	586.1	673.3
出口温度/℃	871.0	871.0	871.0	871.0
体积流量/(m³·h⁻¹)	8.76	48.19	68.99	137.97
燃料元件表面最高温度/℃	1400.0	1400.0	1354.0	1256.9
燃料元件最高温度/℃	1446.9	1600.0	1600.0	1600.0

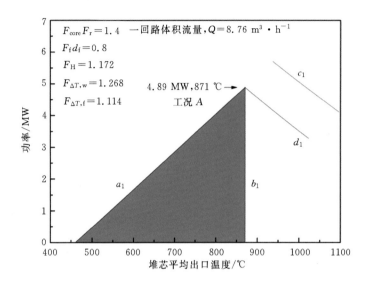

图 8-3　工况 A 体积流量下的安全限值区间

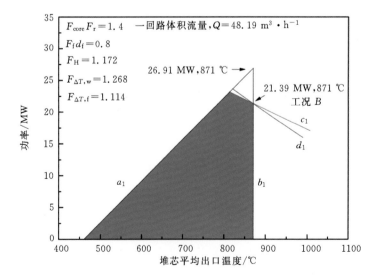

图 8-4　工况 B 体积流量下安全限值区间

由图 8-2～图 8-6 可以得出如下结论。

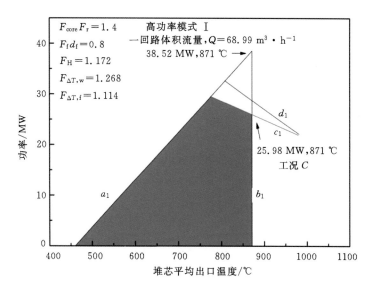

图 8-5 工况 C 体积流量下安全限值区间

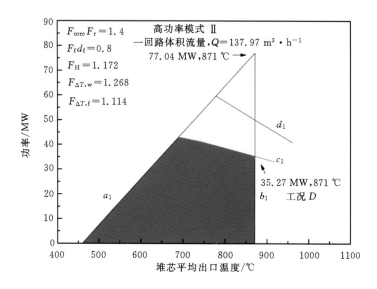

图 8-6 工况 D 体积流量下安全限值区间

(1)在强迫循环工况下,TMSR-SF 安全限值堆芯最高出口温度由结构材料 Hastelloy N 合金温度限值 871℃确定。

(2)强迫循环工况下对最高功率起主要限定作用的温度准则随流量升高依次为堆芯最低平均入口温度、燃料元件最高表面温度、燃料元件最高温度。表 8-2 给出了其具体对应关系。

(3)在高功率模式Ⅰ、Ⅱ所对应的强迫循环体积流量下,安全限值范围内的最高功率均由燃料元件最高温度限定。原因是此时 6 cm 直径的燃料元件具有较大的热功率及导热温升。

表 8 - 2　不同流量下的主要安全限值温度

一回路体积流量区间/$(m^3 \cdot h^{-1})$	主要安全限值温度
$Q<8.76$	堆芯最低平均出口温度(460 ℃)
$8.76 \leqslant Q < 48.19$	燃料元件最高表面温度(1400 ℃)
$Q \geqslant 48.19$	燃料元件最高温度(1600 ℃)

8.2.2　自然循环安全限值计算

TMSR-SF 在设计上并未考虑带功率运行的自然循环工况,为探讨其在自然循环下带功率运行的可能性,对其自然循环工况也开展了相关计算。自然循环工况下的安全限值与强迫循环类似,通过不断迭代反应堆功率、堆芯出口温度来寻找满足上述四个温度限值准则的区间。自然循环流量由回路总压降为零来确定,并在迭代过程中,总是假定换热器功率等于堆芯热功率,让堆芯处于稳态。图 8 - 7 给出了自然循环工况下 TMSR-SF 的安全限值计算结果。图中 a_1、b_1、c_1、d_1 四条曲线同上节,分别由堆芯最低平均入口温度($T_{in}>460$ ℃)、堆芯最高平均出口温度($T_{out}<871$ ℃)、燃料元件最高温度($T_{f,m}<1600$ ℃)及燃料元件表面最高温度($T_{c,m}<1400$ ℃)确定。由于自然循环工况下流量随堆芯功率及进出口温度变化,线 a_1 呈弯曲状。图 8 - 7 中被 a_1、b_1 两条线所包络的深灰色区域为对应体积流量下的安全限值区间,在其内四个温度限值条件均被满足。

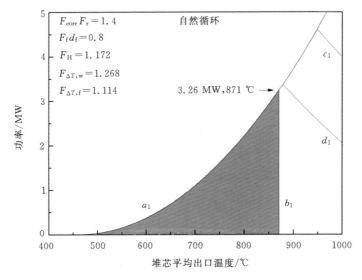

图 8 - 7　TMSR-SF 自然循环工况安全限值区间

由图 8 - 7 可以得出如下结论。

(1)自然循环工况下,结构材料 Hastelloy N 合金温度限值 871 ℃ 是其安全限值区间最大约束。

(2)自然循环工况下,燃料元件最高温度和燃料元件最高表面温度限值对安全限值区间无影响。

表 8-3 给出了自然循环工况下 TMSR-SF 安全限值的推荐值,以完整的定量描述图 8-7
中自然循环工况下 TMSR-SF 的安全限值区间。

表 8-3　自然循环工况下 TMSR-SF 安全限值推荐值

参数	SL
功率/MW	3.26
平均堆芯入口温度/℃	460(最低)
平均堆芯出口温度/℃	871(最高)

8.3　安全系数整定值计算

本节基于前述安全系统整定值温度准则计算 TMSR-SF 在强迫循环和自然循环工况下的
安全系统整定值。基于 8.2 节对热工水力限值的讨论,安全系统整定值计算的四个温度准
则为

$$T_{in} > 470\ ℃$$
$$T_{out} < 720\ ℃$$
$$T_{c,m} < 1200\ ℃$$
$$T_{f,m} < 1300\ ℃$$

式中:T_{in} 为堆芯平均入口温度,℃;T_{out} 为堆芯平均出口温度,℃;$T_{c,m}$ 为燃料元件表面最高温
度,℃;$T_{f,m}$ 为燃料元件最高温度,℃。

8.3.1　强迫循环安全系统整定值计算

基于安全系统整定值温度限值准则,使用与 8.2.1 节安全限值区间计算相同的方法,可获
得 TMSR-SF 在高功率模式 Ⅰ、Ⅱ 下的容许运行区间。图 8-8、图 8-9 分别给出了高功率模
式 Ⅰ 下的容许运行区间及其与安全限值区间的对比。图 8-10、图 8-11 分别给出了高功率模

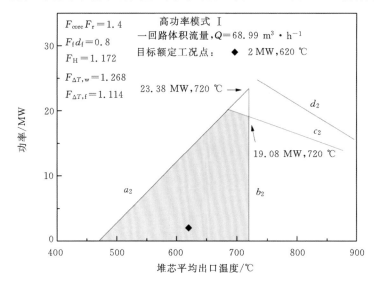

图 8-8　TMSR-SF 高功率模式 Ⅰ 容许运行区间

式Ⅱ下的容许运行区间及其与安全限值区间的对比。图8-8至图8-11中a_2、b_2、c_2、d_2四条线分别由安全系统整定值的四个温度准则确定,即堆芯最低平均入口温度($T_{in}>470\,℃$)、堆芯最高平均出口温度($T_{out}<720\,℃$)、燃料元件最高温度($T_{f,m}<1300\,℃$)及燃料元件表面最高温度($T_{c,m}<1200\,℃$)。图8-9和图8-11中a_1、b_1、c_1、d_1四条线分别由安全限值温度准则确定,即堆芯最低平均入口温度($T_{in}>460\,℃$)、堆芯最高平均出口温度($T_{out}<871\,℃$)、燃料元件最高温度($T_{f,m}<1600\,℃$)及燃料元件表面最高温度($T_{c,m}<1400\,℃$)确定。图8-8~图8-11中a_1、b_1、c_1三条曲线围绕的灰色区域即两种高功率运行模式下的容许运行区间,区域内菱形标记处为目标额定工况点。可见高功率模式Ⅰ下TMSR-SF具有很大的安全裕量,高功率模式Ⅱ下安全裕量较为适中。图8-9、图8-11中深灰色区域为安全限值区间,可见两种功率模式下容许运行区间均距离安全限值区间有足够的距离,符合相关规则的要求[1-3]。

由图8-8、图8-10可得出如下结论。

(1)结构材料Hastelloy N合金的最高长期工作温度限值730 ℃决定了TMSR-SF在高功率模式Ⅰ、Ⅱ体积流量下容许运行区间的最高出口温度,是TMSR-SF稳态设计的最大约束。

(2)对燃料元件表面最高温度限值取了较大的裕量后,两种高功率模式下最高容许运行功率依然由燃料元件最高温度限值决定。由前述安全限值计算结果可知,原因是高功率模式Ⅰ、Ⅱ下体积流量较高。

(3)相对传统压水堆,由于熔盐熔点较高,其容许运行区间在低出口温度区域较为狭小。此外,由于熔盐的黏度在接近其熔点时会大幅上升,其对主泵等设备的影响在运行中也需进一步予以考虑。

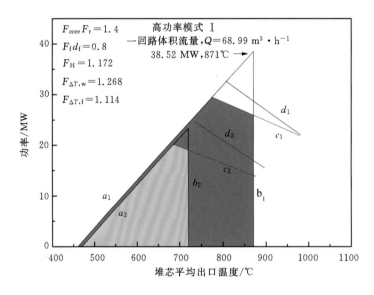

图8-9 TMSR-SF高功率模式Ⅰ运行区间对比图

通常情况下实验堆对出口温度需求更高,基于图8-8和图8-10,选取出口温度720 ℃推导其安全系统整定值,相应的LSSS功率分别为19.08 MW和24.83 MW,为目标额定功率的9.54倍(2 MW)和1.27倍(20 MW),可以满足其要求。表8-4、表8-5分别给出了高功率模式Ⅰ及高功率模式Ⅱ下的安全系统整定值推荐值。需注意相对图8-8和图8-10中的容许

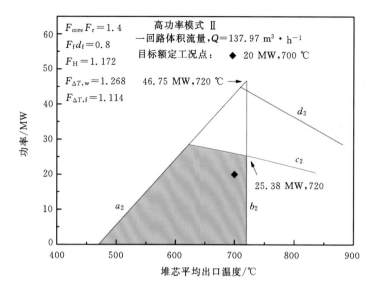

图 8-10　TMSR-SF 高功率模式 Ⅱ 容许运行区间

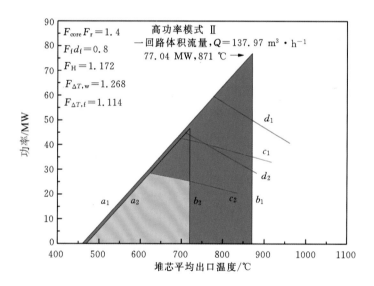

图 8-11　TMSR-SF 高功率模式 Ⅱ 运行区间对比图

运行区间,LSSS 推荐值表去掉了 c_2 线与 d_2 线交汇点上方的区域。

表 8-4　高功率模式 Ⅰ 下 LSSS 推荐值

参数	LSSS
功率/MW	19.08
冷却剂流量/(m³·h⁻¹)	68.99(最低)
平均堆芯入口温度/℃	470(最低)
平均堆芯出口温度/℃	720(最高)

表 8 - 5　高功率模式 Ⅱ 下 LSSS 推荐值

参数	LSSS
功率/MW	25.38
冷却剂流量/(m³·h⁻¹)	137.97(最低)
平均堆芯入口温度/℃	470(最低)
平均堆芯出口温度/℃	720(最高)

8.3.2　自然循环安全系统整定值计算

基于安全系统整定值计算的温度准则,使用与 8.2.2 节安全限值区间计算相同的方法,可获得 TMSR-SF 在自然循环运行模式下的容许运行区间。图 8 - 12、图 8 - 13 分别给出了自然循环模式下的容许运行区间及其与安全限值区间的对比。图 8 - 12、图 8 - 13 中 a_2、b_2、c_2、d_2 四条线分别由安全系统整定值温度准则确定,即堆芯最低平均入口温度($T_{in} > 470\ ℃$)、堆芯最高平均出口温度($T_{out} < 720\ ℃$)、燃料元件最高温度($T_{f,m} < 1300\ ℃$)及燃料元件表面最高温度($T_{c,m} < 1200\ ℃$)。图 8 - 13 中 a_1、b_1、c_1、d_1 四条线分别由安全限值温度准则确定,即堆芯最低平均入口温度($T_{in} > 460\ ℃$)、堆芯最高平均出口温度($T_{out} < 871\ ℃$)、燃料元件最高温度($T_{f,m} < 1600\ ℃$)及燃料元件表面最高温度($T_{c,m} < 1400\ ℃$)。同 8.2.2,由于自然循环流量随功率和进出口温度变化,线 a_1、a_2 呈弯曲状。图 8 - 12、图 8 - 13 中 a_2、b_2 线所围绕的灰色区域即自然循环工况下的容许运行区间。图 8 - 13 中深灰色区域为安全限值区间,可见在自然循环工况下,容许运行区间外也拥有足够的安全裕量。

由图 8 - 12 可得出如下结论。

(1)Hastelloy N 合金结构材料的最高长期工作温度限值 730 ℃ 决定了 TMSR-SF 在自然

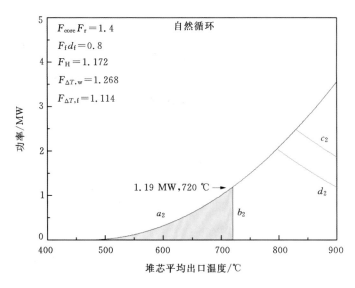

图 8 - 12　TMSR-SF 自然循环工况容许运行区间

循环工况下容许运行区间的最高出口温度和功率。

（2）自然循环工况下，燃料元件最高温度和燃料元件最高表面温度限值不会对容许运行区间大小造成影响。

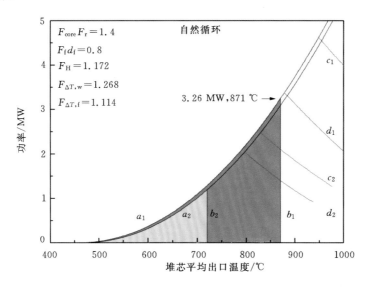

图 8-13　TMSR-SF 自然循环工况运行区间对比图

对自然循环流量进行了敏感性分析，分析结果同样地肯定了上述结论。表 8-6 给出了自然循环工况下 TMSR-SF 的安全系统整定值推荐值，同强迫循环一样，依然使用 720 ℃来进行推导，相应功率整定值为 1.19 MW。

表 8-6　自然循环工况下 LSSS 推荐值

参数	LSSS
功率/MW	1.19
平均堆芯入口温度/℃	470（最低）
平均堆芯出口温度/℃	720（最高）

8.4　安全系统敏感性分析

本节着重分析相关重要参数对强迫循环与自然循环工况下安全系统整定值计算的影响，具体包括熔盐的热物理性质、流量分配因子、球床换热系数及一回路流动阻力。相关结果可说明安全系统整定值对各类参数的敏感性，对工程设计及实验研究具有一定参考价值。本节中若无特殊说明，容许运行区间图中 a、b、c、d 线分别代表四个安全系统整定值计算温度准则，即堆芯最低平均入口温度（a 线，$T_{in} > 470$ ℃）、堆芯最高平均出口温度（b 线，$T_{out} < 720$ ℃），燃料元件最高温度（c 线，$T_{f,m} < 1300$ ℃）及燃料元件表面最高温度（d 线，$T_{c,m} < 1200$ ℃）。

8.4.1 冷却剂热物性

在第 2 章中给出了计算 FLiBe 物性的推荐关系式,其中密度、比热容、热导率分别具有 2.15%、3%、10% 的不确定度。黏度关系式由近似组分的 $LiF-BeF_4$ 盐插值计算获得,文献没有给出其不确定度,保守假定其不确定度为 20%。本小节将对各熔盐物性不确定度对 LSSS 功率的影响进行分析。

1. 密度

图 8-14、图 8-15 分别给出了冷却剂密度在 $\pm 2.15\%$ 的不确定度范围内变化时,对强迫循环工况 LSSS 功率的影响。在定体积流量下,更高的冷却剂密度引起质量流量的升高,相同温升下能带走的堆芯热量更多,使得 a_2 线、b 线的交点上移。更高的质量流量带来更高的换热系数,定出口温度下所能支持的 LSSS 功率亦增加。冷却剂密度降低时,各变化趋势相反。在该密度不确定度范围内,LSSS 功率均由燃料元件最高温度决定。LSSS 功率的变化与冷却剂密度的变化基本呈线性关系,低流量工况下,LSSS 功率对密度的变化更为敏感。

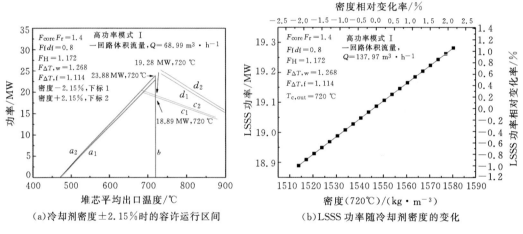

(a)冷却剂密度 $\pm 2.15\%$ 时的容许运行区间　　(b)LSSS 功率随冷却剂密度的变化

图 8-14　密度不确定度对高功率模式 Ⅰ 下 LSSS 功率的影响

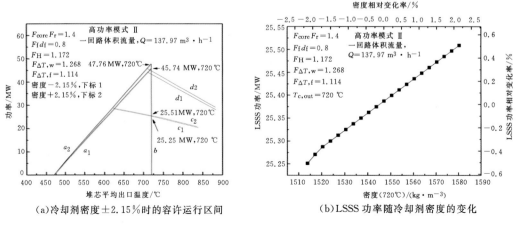

(a)冷却剂密度 $\pm 2.15\%$ 时的容许运行区间　　(b)LSSS 功率随冷却剂密度的变化

图 8-15　密度不确定度对高功率模式 Ⅱ 下 LSSS 功率的影响

图 8-16 给出了密度在其不确定度范围内变化时对自然循环 LSSS 功率的影响。在自然循环工况下,流动由冷却剂密度差驱动,相同进出口温差下,更小的密度会导致驱动压头及流量降低,从而可支持的堆芯热功率会减小,反之亦然。在该密度不确定度范围内,自然循环工况下 LSSS 功率由 Hastelloy N 合金材料性能确定。

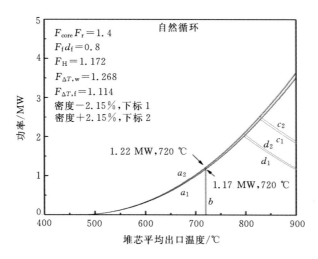

图 8-16　密度不确定度对自然循环工况下 LSSS 功率的影响

2. 比热容

由第 2 章的讨论可知,FLiBe 熔盐在液态下比热容可视为常数,在本节中取值为 2380.6 $J \cdot kg^{-1} \cdot K^{-1}$,不确定度为 3%。图 8-17、图 8-18 分别给出了冷却剂比热容在 ±3% 范围内变化时,两种运行模式下容许运行区间的变化。同密度变化类似,更高的比热容在相同温升下能带走更多的热量,使得 a_2 线、b 线的交点上移。在固定的冷却剂出口温度及体积流量下,更高的比热容能带走更多的能量,同温度下 Pr 数上升、换热系数增大,两种因素都使得同体积流

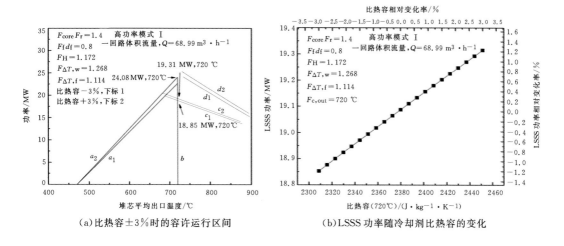

(a)比热容 ±3% 时的容许运行区间　　　(b)LSSS 功率随冷却剂比热容的变化

图 8-17　比热容不确定度对高功率模式 I 下 LSSS 功率的影响

量下反应堆能获得的 LSSS 功率更高。比热容减小时的物理过程与之相反。在比热容不确定度范围内,LSSS 功率均由燃料元件最高温度决定。由于比热容对运行区间的影响同密度类似,主要由能量平衡引起,LSSS 功率的变化与比热容的变化也呈近似线性关系,低流量工况下,LSSS 功率敏感性更高。

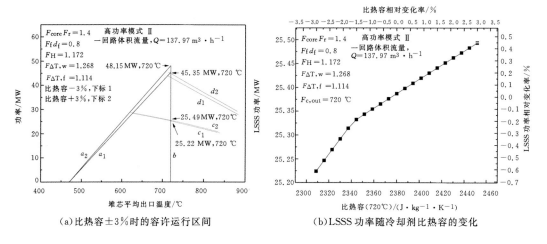

(a)比热容±3%时的容许运行区间 （b)LSSS 功率随冷却剂比热容的变化

图 8-18　比热容不确定度对高功率模式 Ⅱ 下 LSSS 功率的影响

图 8-19 给出了比热容在其不确定度范围内对自然循环 LSSS 功率的影响。由图可见,在比热容不确定度范围内,自然循环工况下 LSSS 功率由 Hastelloy N 合金材料性能确定。固定进出口温度时,比热容的变化对一回路内流动阻力没有影响,进而对自然循环流量无影响。同流量下更高的比热容能带走更多的堆芯功率,使得 LSSS 功率与比热容呈正比例变化。

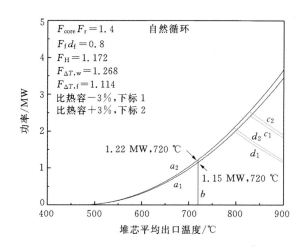

图 8-19　比热容不确定度对自然循环工况下 LSSS 功率的影响

3. 黏度

FLiBe 黏度由 Benes 根据其他比例的 LiF-BeF$_4$ 熔盐黏度实验数据插值而来,没有给出不确定度。保守的以 20% 不确定度来计算其对 LSSS 功率的影响。图 8-20、图 8-21 给出了两种运行模式下,黏度在 20% 不确定度范围内变化时对 LSSS 功率的影响。黏度对能量平衡无影响,所以不会如密度与比热容一样影响 a、b 线的交点。球床内换热关系式使用 Wakao 关系式进行计算,黏度增加时,Re 数减小,Pr 数上升,因 Re 数在 Wakao 关系式中指数更大,Nu 数减小,换热系数下降,膜温差上升,使得 LSSS 功率下降。由图 8-20(b)、图 8-21(b) 可见 LSSS 功率与黏度呈负相关,两种流量下敏感度相似。

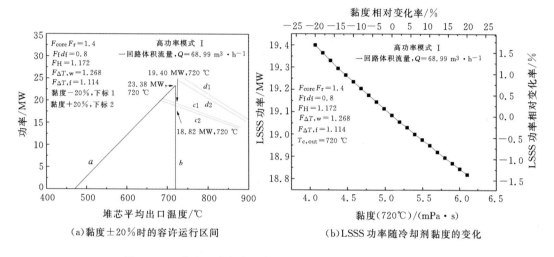

图 8-20　黏度不确定度对高功率模式 Ⅰ 下 LSSS 功率的影响

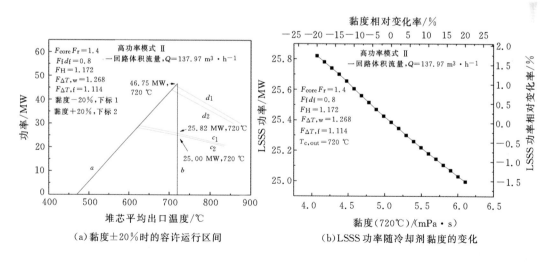

图 8-21　黏度不确定度对高功率模式 Ⅱ 下 LSSS 功率的影响

图 8-22 给出了黏度变化对自然循环工况的影响。在黏度 20% 的不确定度范围内,自然循环 LSSS 功率仅由 Hastelloy N 合金材料性能确定。恒定进出口温度下,黏度上升引起一回路的流动阻力的增大、循环流量的减小,同时换热系数的下降导致膜温差上升,两种过程都使得自然循环下 LSSS 功率下降,即自然循环工况下 LSSS 功率与黏度呈负相关。

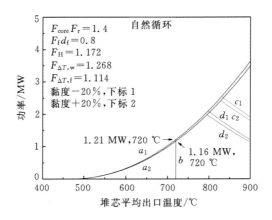

图 8 - 22　黏度不确定度对自然循环工况下 LSSS 功率的影响

4. 热导率

基于第 2 章的讨论,取 FLiBe 的热导率为常数 $1.1\ \text{W}\cdot\text{m}^{-1}\cdot\text{K}^{-1}$,不确定度为 10%。图 8 - 23、图 8 - 24 给出了热导率在其不确定度范围内变化时对两种运行模式下 LSSS 功率的影响。热导率的上升使得同条件下 Pr 数减小,Re 数保持不变,由 Wakao 公式可知 Nu 数降低。但换热系数与 Nu 数和热导率的乘积正相关,最终效果是对流换热系数上升。由图 8 - 23(b)、图 8 - 24(b)可见,LSSS 功率与热导率呈正相关,两种流量下敏感度相似。

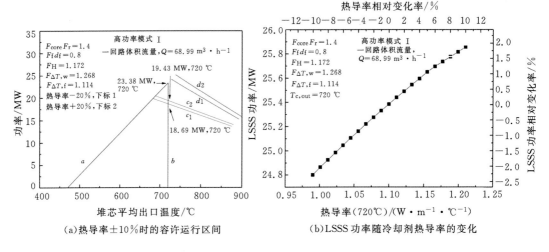

(a)热导率 $\pm10\%$ 时的容许运行区间　　　　(b)LSSS 功率随冷却剂热导率的变化

图 8 - 23　热导率不确定度对高功率模式Ⅰ下 LSSS 功率的影响

图 8 - 25 给出了热导率变化对自然循环工况的影响。恒定进出口温度下,热导率变化对自然循环驱动压头和流动阻力无影响,自然循环流量不变,仅影响堆芯内燃料元件与冷却剂换热的膜温差。由图 8 - 25 可见,在不确定度范围内,自然循环 LSSS 功率仅由 Hastelloy N 性能确定。燃料元件中心与表面温度限值准则依然对 LSSS 功率无影响。

5. 物性敏感性比较

图 8 - 26(a)、(b)分别给出了各 FLiBe 热物性在其不确定度范围内变化时,对两种运行模式下 LSSS 功率的影响。其中,密度、比热容、热导率分别具有 2.15%、3%、10% 的不确定度。

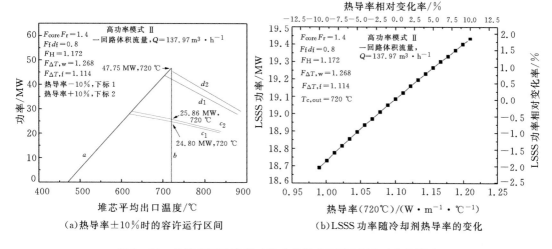

（a）热导率±10%时的容许运行区间　　（b）LSSS功率随冷却剂热导率的变化

图 8-24　热导率不确定度对高功率模式Ⅱ下 LSSS 功率的影响

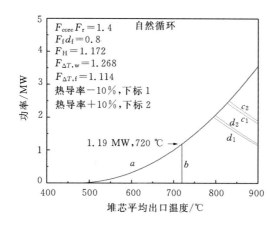

图 8-25　热导率不确定度对自然循环工况下 LSSS 功率的影响

黏度关系式文献没有给出其不确定度,保守假定其不确定度为 20%。由图可见,在两种流量下,LSSS 功率与密度、比热容、热导率呈正相关,与黏度呈负相关关系。低流量模式下,能量平衡对 LSSS 功率影响较大,物性以单位百分比变化时,对密度及比热容变化最为敏感。高流量下燃料元件功率较高,换热系数对膜温差的影响更为显著,物性以单位百分比变化时,LSSS 功率对热导率最为敏感。考虑各热物性不确定度范围后,对 LSSS 功率影响最大的热物性为热导率。热导率 10% 的不确定度分别为高功率模式Ⅰ、Ⅱ下的 LSSS 功率带来 2.04% 及 2.28% 的误差范围。需要指出的是该结论受换热系数计算关系式影响较大。

　　自然循环工况下,各热物性在不确定度范围内变化时,LSSS 功率仅受自然循环流量及出口平均温度限值准则确定。如表 8-7 所示,LSSS 功率对密度、比热容变化呈正相关,对黏度变化呈负相关,影响最大的热物性参数为比热容。热导率不确定度对自然循环工况下 LSSS 功率无影响。

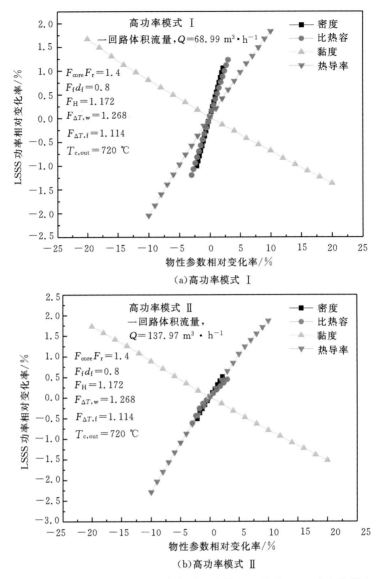

图 8-26 冷却剂热物性不确定度对强迫循环工况下 LSSS 功率的影响

表 8-7 冷却剂热物性不确定度对自然循环工况下 LSSS 功率的影响

热物性	物性相对变化率/%	LSSS 功率相对变化率/%	LSSS 功率/ MW
密度	−2.15	−1.68	1.17
	+2.15	2.52	1.22
比热容	−3.0	−3.36	1.15
	+3.0	2.52	1.22
黏度	−20.0	1.68	1.21
	+20.0	−2.52	1.16
热导率	−10.0	0.0	1.19
	+10.0	0.0	1.19

8.4.2　流量分配

堆芯冷却剂流量因子(F_f)及堆芯流量分配因子(d_f)在本节分别被定义为通过堆芯的冷却剂流量占总质量流量的比例及最小通道流量相对于平均流量的比值,两者的乘积热通道流量分配因子($F_f d_f$)决定了最小流量通道所获得的流量。在反应堆实际运行中,最热通道内冷却剂温度较高,黏度下降,为达到压降平衡,热通道一般会获得较平均流量高的通道流量,在本节中基于保守计算的考虑,认为热通道获得堆芯最小冷却剂流量。由于 TMSR-SF 的相关设计还未完成,并且缺乏实验数据支持,本节的流量分配参数使用了 MITR 在初始启动试验中的实验测量值[8]。因此,有必要对堆芯流量分配因子进行敏感性分析,以确定其偏差对 TMSR-SF 安全系统整定值计算带来的影响。

图 8 - 27、图 8 - 28 分别给出了高功率模式Ⅰ和Ⅱ下流量分配因子的变化对 LSSS 功率带

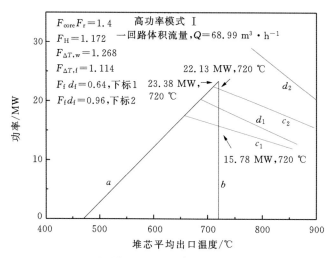

(a)流量分配因子±20%时的容许运行区间

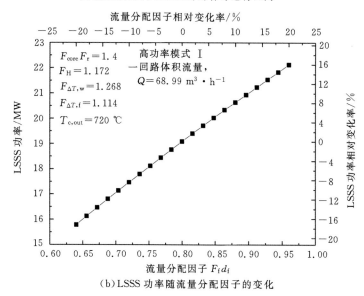

(b)LSSS 功率随流量分配因子的变化

图 8 - 27　流量分配因子对高功率模式Ⅰ下 LSSS 功率的影响

来的影响。高功率模式Ⅰ下流量分配因子下降、上升20％时LSSS功率的相对变化率分别为
－17.3％及16.0％。在同样流量分配因子变化率下,高功率模式Ⅱ下LSSS功率变化率为
－12.4％至7.6％。可见,两种模式下的LSSS功率都对流量分配因子的变化较为敏感,在该
流量分配因子变化范围内LSSS功率依然由燃料最高温度限值确定。高流量下LSSS功率对
流量分配因子的敏感性较低,流量工况低。

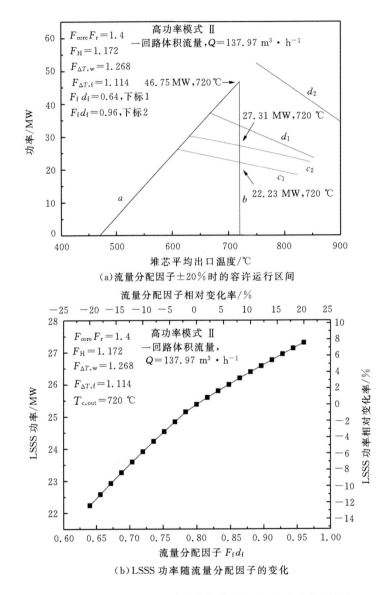

(a)流量分配因子±20％时的容许运行区间

(b)LSSS功率随流量分配因子的变化

图8-28　流量分配因子对高功率模式Ⅱ下LSSS功率的影响

　　图8-29给出了流量分配因子提高和降低20％时对自然循环工况下LSSS功率的影响。
显然,由于流量分配因子只影响堆内传热过程,自然循环工况下其变化对LSSS功率无影响。

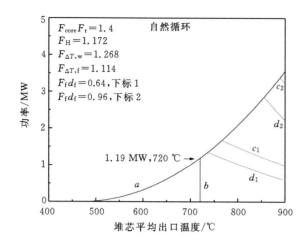

图 8 - 29　流量分配因子对自然循环工况下 LSSS 功率的影响

8.4.3　换热系数

换热系数的准确度对 LSSS 的计算有较大的影响,其很大程度上决定了膜温差,进而影响到燃料元件表面温度及中心最高温度。使用 Wakao 公式来计算燃料球床与高温熔盐冷却剂的换热系数,在高功率模式 II 的额定流量下,熔盐主流温度为 720 ℃时计算得到的换热系数,约为 2180 W·m^{-1}·K^{-1}。尽管在工程因子计算中,本节已对 Wakao 关系式计入了 20% 的偏差,但仍有必要对 LSSS 功率相对换热系数的敏感性进行分析。

图 8 - 30、图 8 - 31 分别给出了高功率模式 I、II 下换热系数的变化对 LSSS 功率带来的影响。更高的换热系数带来的更好的传热效果及更低的膜温差,使得 LSSS 功率随换热系数的上升而上升。图 8 - 30(b)中高功率模式 I 下换热系数在下降、上升 50% 时 LSSS 功率的相

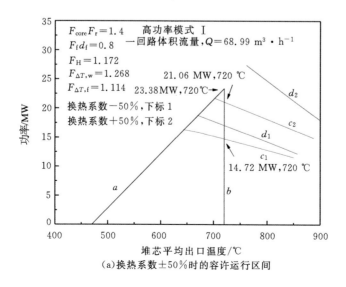

(a)换热系数±50%时的容许运行区间

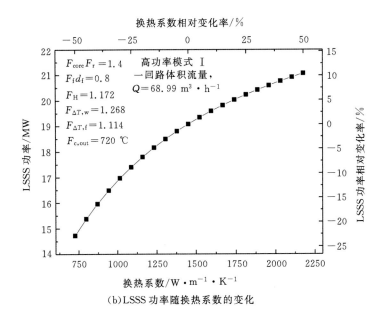

(b)LSSS 功率随换热系数的变化

图 8-30 换热系数对高功率模式Ⅰ下 LSSS 功率的影响

对变化率分别为-22.8%及10.4%。图 8-31(b)中在同样的换热系数变化率下,高功率模式Ⅱ时 LSSS 功率变化率分别为-24.8%至9.5%。可见两种运行模式下的 LSSS 功率都对换热系数较为敏感,高、低流量工况下 LSSS 功率对换热系数的敏感性没有显著区别。但亦可见,两种运行模式下 LSSS 功率均由燃料元件最高稳态运行温度限值确定。

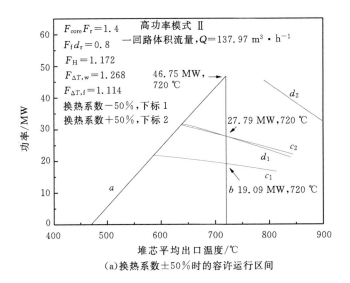

(a)换热系数±50%时的容许运行区间

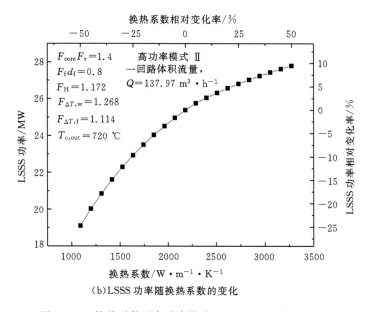

(b)LSSS 功率随换热系数的变化

图 8-31　换热系数对高功率模式 Ⅱ 下 LSSS 功率的影响

图 8-32 给出了换热系数提高和降低 50% 时对自然循环工况下 LSSS 功率的影响。换热系数的变化影响了堆内的传热过程,但仍不足以对 LSSS 功率产生影响。这说明即便 Wakao 公式所计算的换热系数有 50% 的偏差时,依然可以确定 TMSR-SF 在自然循环工况下的 LSSS 功率仅由 Hastelloy N 材料性能确定。

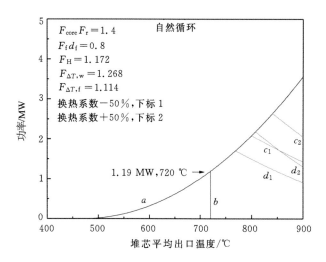

图 8-32　换热系数对自然循环工况下 LSSS 功率的影响

8.4.4　流动阻力

流体上升段和下降段密度的不同造成的驱动压头与回路流动阻力之间的平衡决定了自然循环回路流量大小。由于 TMSR-SF 一回路的管道布置与换热器结构还在设计中,以上海应用物理研究所初期报告给出的流动压降估算值为参考,将相应差值换算为一回路压降局部阻力系数后用于修正流动压降。显然,这种修正方法计算的循环压降结果是非常粗略的,因此有必要对自然循环工况下 LSSS 功率对回路内流动压降的敏感性进行分析。

图 8-33 给出了自然循环工况下回路流动阻力基于基准值分别上升和下降 50% 时对 LSSS 区间带来的影响。由图可见,回路流动阻力下降时自然循环流量上升,出口温度固定不变时所能支持的最高功率亦上升(a_1 线)。更大的循环流量也带来了更好的堆芯换热能力,燃料元件表面最高温度及燃料元件最高温度的限值曲线(c_1、d_1)均上移。流动阻力上升时 LSSS 区间的变化情况与流动阻力下降时相反。特别的,流动阻力下降 50% 时 LSSS 功率由 1.19 MW 上升到 2.43 MW,上升幅度为 104%,这说明减小回路流动阻力对提高自然循环工况下 LSSS 功率具有极大的促进效果。LSSS 功率在此流动阻力变化范围内均仅受冷却剂最大平均出口温度限值影响,燃料元件最高表面温度及燃料元件最高温度限值准则对其无影响。

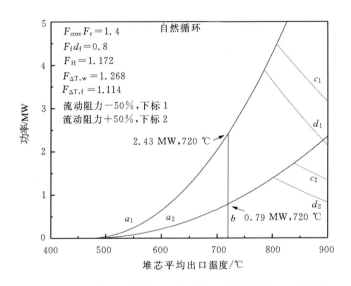

图 8-33　回路流动压降对自然循环工况下 LSSS 功率的影响

8.5　基于不确定性方法的安全系统整定值计算

8.5.1　不确定性方法

可用工程因子的方法来考虑工程因素对堆芯热工水力特性的影响,该方法类似于传统压水堆热工计算中的标准热工水力设计方法(Standard Thermal Design Procedure,STDP),所有参数在分析中均以保守的方式取值,即用名义值并计入其对热工特性不利的方向的不确定性。而在本节的不确定性方法中,类似于修正的热工水力设计方法(Revised Thermal Design

Procedure,RTDP),反应堆的运行参数(流量、功率、温度)、核热工参数、燃料制造参数等不确定性均以统计方法进行综合,来考虑工程不确定性对安全系统整定值计算的影响。由于采用统计学方法处理各参数、关系式的不确定性,相较工程因子的方法,不确定性方法能去除不必要的安全裕量,可以获得更高的 LSSS 功率,有助于进一步挖掘反应堆的经济潜力。

本节所使用的不确定性传播方法是通过将重要的输入参数按其物理背景设置为相应的概率分布,最后通过概率统计的方法获取一定置信度下的 LSSS 功率作为最终的安全系统整定值推荐值。输入参数的概率分布期望值一般情况下为其所对应的名义值,分布方式则取决于该对应参数的物理背景。此处将以两种常用的不确定性分析方法,蒙特卡罗法和响应曲面法,对 LSSS 功率进行计算。下文将对不确定性方法中输入参数分布的确定、随机抽样程序及蒙特卡罗法与响应曲面法的分析结果进行讨论。所有计算以高功率模式Ⅱ下相关参数为基准来体现,LSSS 功率以安全概率为 95% 处进行取值。

8.5.2　输入参数的概率分布

由于目前没有 TMSR-SF 实验数据可作支撑,根据相关参数的物理背景,假设其概率分布,期望为其名义值,标准差由其来源直接获取,或通过与已知分布参数的联系进行推算获得。在实际应用中,若对相关参数已获取了足够的实验观测值,应基于其观测值对分布进行修正,如考虑其分布的峰度和偏度等特性。本节需要考虑其不确定性的参数有堆芯热功率、一回路流量、堆芯出口温度、热通道流量、换热系数和燃料元件公差。下面分别对其概率分布进行讨论。

1. 堆芯热功率

对于固体燃料钍基熔盐堆工程因子计算,首先应获得相应因素的名义值及标准差,计算变异系数,然后以下式为基础,计算其对应的子工程因子[9]

$$f = 1.0 + n \cdot \frac{\sigma}{\mu} \tag{8-1}$$

式中:n 为合并入工程因子中的标准差数量;σ 为相应参数的标准差;μ 为相应参数的标称值。本节中保守地假设子工程热管因子均包括三倍 σ 偏差,即 n 取为 3[10]。

TMSR-SF 的工程因子需要考虑工程因素对冷却剂温升的影响、对燃料元件表面温度的影响及对燃料元件中心温度的影响。计算得到各子工程因子后,相应总工程因子可通过混合法由下式汇总[8]

$$F = 1 + \left[\sum_i (f_i - 1)^2 \right]^{1/2} \tag{8-2}$$

堆芯功率期望值为本计算要进行求解的变量。在确定性方法下,LSSS 功率均由在给定的出口温度下,使燃料元件最高温度恰好满足温度限值准则的稳态工况点确定。在不确定性方法下,则需得出以 95% 概率满足 LSSS 温度限值准则的功率名义值。

固体燃料钍基熔盐堆工程因子中关于功率的不确定度包括反应堆功率测量的不确定度及功率密度测量的不确定度,其不确定度的确定均基于 MITR 的安全分析报告。由安全分析报告相关内容可确定该参数为正态分布。为计算其组合效应的标准差,基于(8-2)对反应堆功率测量及功率密度测量子因子用统计方法进行合并,有

$$f_{\text{power}} = 1 + \left[\sum_i (f_i - 1)^2 \right]1/2 = 1 + \left[(1.05 - 1)^2 + (1.1 - 1)^2 \right]^{1/2} \tag{8-3}$$
$$\approx 1.111803$$

可得出功率测量的不确定性给功率带来的变异系数 σ/μ 为 3.73%。功率的期望值由计算的迭代过程决定。

2. 一回路流量

流量与焓升具有直接的正比例关系,可知焓升工程因子中的流量测量子工程因子直接代表了流量测量的不确定度。基于式(8-1)可得出流量测量不确定性带来的流量分布变异系数为

$$\frac{\sigma}{\mu} = (f - 1.0)/n = (1.05 - 1.0)/3 \approx 1.67\% \tag{8-4}$$

一回路流量期望值即相应运行模式下额定体积流量的 90%。

3. 出口温度测量

由 8.3 节中的讨论可知,强迫循环下 LSSS 功率是基于出口温度 720 ℃ 来取值的。对出口温度的测量误差会影响对反应堆实际工况的判断,进而影响到 LSSS 功率的确定。MITR 没有给出其冷却剂温度的测量误差,按参考文献[11]商用压水堆的数据进行取值,冷却剂温度测量误差为 ± 4.44 ℃,将其视为 3σ 处值,期望为 720 ℃ 时,变异系数为 0.206%。本节对出口温度的限值仍以其名义值进行考虑,以与确定性方法保持一致。

4. 流量分配因子

流量分配因子($F_f d_f$)是堆芯冷却剂流量因子(F_f)及堆芯流量分配因子(d_f)的乘积,决定了最小流量通道所获得的流量。在计算中,对该数值有影响的工程因素有下腔室流量分配的不均匀性及冷却剂流道公差,这两个子因子的确定均参考了 MITR 的实验测量数值。此处以与堆芯热功率相同的方式进行处理,即

$$f_{F_f d_f} = 1 + \left[\sum_i (f_i - 1)^2 \right]1/2 = 1 + \left[(1.08 - 1)^2 + (1.089 - 1)^2 \right]^{1/2} \tag{8-5}$$
$$\approx 1.119670$$

基于式(8-1),可得变异系数 σ/μ 为 3.99%,期望值为 0.8。

5. 换热系数

膜温差与换热系数呈反比例关系,可知膜温差工程因子所包含的换热系数子因子直接代表了换热系数计算的不确定度。同一回路流量,基于式(8-1)可得换热系数变异系数为

$$\frac{\sigma}{\mu} = (f - 1.0)/n = (1.2 - 1.0)/3 \approx 6.67\% \tag{8-6}$$

换热系数的期望值由当地流量与冷却剂温度确定。

6. 球形燃料元件

基于 HTR-10 球形燃料元件制造公差及相关假设,可得燃料元件直径为正态分布,期望值为 60 mm,方差为 0.133 mm,变异系数为 0.222%。燃料元件热功率与燃料铀装量呈正比,可知相同中子通量密度下,燃料元件热功率呈正态分布,变异系数为 0.639%。

汇总上述结果,可得表 8-8 作为 7 个输入参数的概率分布。自此,所有工程因素对热工

水力计算的影响均由相关变量的不确定度来体现。

表 8 - 8　输入参数概率分布表

输入参数	分布	期望值	变异系数(σ/μ)
功率	正态	由迭代过程决定	3.73%
体积流量	正态	137.97 $m^3 \cdot h^{-1}$	1.67%
出口温度	正态	720 ℃	0.206%
热通道流量分配因子($F_t d_f$)	正态	0.8	3.99%
换热系数	正态	由当地换热条件决定	6.67%
燃料元件直径	正态	60 mm	0.222%
单个燃料元件热功率	正态	由当地功率密度决定	0.639%

8.5.3　随机数生成程序与验证

由林德伯格-莱维(Lindeberg-Levi)中心极限定理有:如果随机变量序列 $X_1, X_2, \cdots, X_n,$ $\cdots$独立同分布,并且具有有限的数学期望和方差 $E(X_i) = \mu, D(X_i) = \sigma^2 > 0 (i=1, 2, \cdots)$,则对一切 $x \in \mathbf{R}$ 有

$$\lim_{n \to \infty} P\left(\frac{1}{\sqrt{n}\sigma}\left(\sum_{i=1}^{n} X_i - n\mu\right) \leqslant x\right) = \int_{-\infty}^{x} \frac{1}{\sqrt{2\pi}} e^{-\frac{t^2}{2}} \mathrm{d}t \qquad (8-7)$$

因此,对于服从均匀分布的随机变量 X_i,只要 n 充分大,随机变量 $\frac{1}{\sqrt{n}\sigma}\left(\sum_{i=1}^{n} X_i - n\mu\right)$ 就服从 $N(0,1)$。基于这一方法使用 FORTRAN 语言编写了正态分布生成程序,用于基于输入参数的期望与方差进行随机抽样。均匀分布使用 FORTRAN 自带函数进行生成。参数的期望使用其名义值,标准差可由其来源直接获取或通过与已知分布的参数的联系进行推算获得,如热通道流量的公差可由燃料元件直径的分布获得。

随机数的生成质量会直接影响抽样模拟的可信度,使用具有分析解的正态分布的运算对该正态分布生成程序进行了验证。表 8 - 9 为用于验证的输入参数,抽样结果与分析解的对比见表 8 - 10。抽样结果的偏差随次数的增加而减小,在十万次抽样时,期望和方差的误差为 0.075% 及 0.089%,已与分析解非常接近,因此在本节中抽样次数取为十万次。更多的抽样次数可以带来更小的误差,但需要消耗更多的计算时间。

表 8 - 9　用于验证正态分布程序的输入参数

输入参数分布	期望	标准差
A	1.0	0.2
B	2.0	0.5
C	3.0	0.4

表 8 - 10　分析解与正态分布程序抽样结果的对比

模型	$D=A+2B-3C$			
	期望	期望相对误差	标准差	标准差相对误差
分析解	−4	—	1.57480	—
正态分布生成程序（10^4次抽样）	−3.99783	0.054%	1.58662	0.750%
正态分布生成程序（10^5次抽样）	−3.99701	0.075%	1.57621	0.089%
正态分布生成程序（10^6次抽样）	−4.00124	0.031%	1.57433	0.030%

8.5.4　蒙特卡罗方法

在模型比较复杂、非线性或是含有数个参数的不确定性的情况下，一般可以使用蒙特卡罗方法来进行模拟。该方法本质上是依据参数的概率分布，进行随机抽样，通过模拟实际状况，再给出一定置信度范围内的预测值。通常一个蒙特卡罗模拟需对模型进行大量的重复计算，以确保获取足够多的数据。很多情况下蒙特卡罗模拟还可和一些方差缩减的抽样技术配合使用，以便在不扩大计算量的前提下获得方差更小的预测结果[12]。在本节中，使用蒙特卡罗方法进行简单抽样模拟。

由表 8 - 8 可知需进行随机抽样的输入参数共有 7 组。在计算中首先给出一个假定功率的期望值，基于各相关变量分布进行一次随机抽样作为该次计算的输入参数，由 FSAC 计算该组输入参数下燃料元件最高温度、燃料元件表面最高温度。大量抽样进行计算（计算 10^6 次），可知该功率期望值下满足安全系统整定值温度限值准则的概率。重新假定功率期望值，重复上述计算过程，可得功率期望值与该工况下反应堆满足温度限值准则概率的对应关系。

图 8 - 34 给出了高功率模式 Ⅱ 下，堆芯功率名义值与其满足安全系统整定值温度限值准

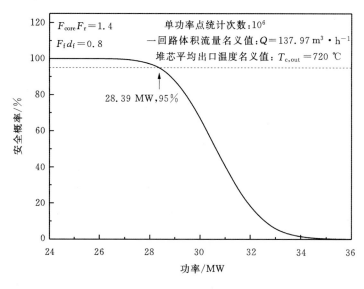

图 8 - 34　高功率模式 Ⅱ 下堆芯功率名义值的安全概率

则概率的对应曲线,95%处功率名义值为 28.39 MW。其意义为,在体积流量名义值为高功率模式 Ⅱ 的 90%体积流量、出口温度名义值为 720℃、功率名义值为 28.39 MW 时,当前工况有 95%的概率满足所有 LSSS 温度限值准则。图 8-35 给出了功率名义值为 28.39 MW 时,堆芯功率与燃料元件最高温度及燃料元件表面最高温度的分布图,燃料元件最高温度分布下侧 95%分位数等于燃料最高温度限值准则 1300℃。需要指出的是,燃料元件最高温度与表面最高温度的分布与正态分布较为相似,但并不服从严格的正态分布。综上所述,高功率模式 Ⅱ 下,由蒙特卡罗法计算得到的 LSSS 功率为 28.39 MW。

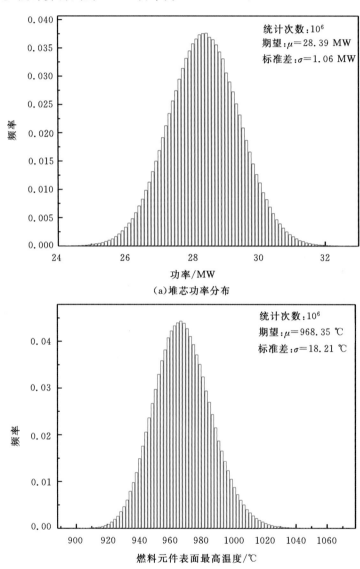

（a）堆芯功率分布

（b）燃料元件表面最高温度分布

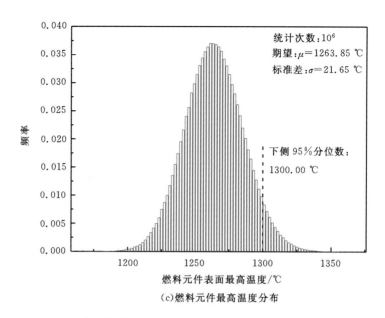

(c)燃料元件最高温度分布

图 8-35 高功率模式 II 下 LSSS 临界工况点系统参数分布直方图

8.5.5 响应曲面法

蒙特卡罗方法直接使用 FSAC 来计算输出结果,计算精度较高,但反复运行 FSAC 需消耗大量的计算时间。响应曲面法则是参照输入参数的分布律,安排一定数量的参数抽样组合,由 FSAC 计算输出结果,再根据这一簇输出结果构造出输出响应与输入参数的响应曲面函数,以该函数代替 FSAC 进行模拟计算。该种近似不可避免的带来一些偏差,但可节约大量计算时间[13]。

目前,有多种模型可用于设计响应曲面,常用模型有中心复合序贯设计、中心复合有界设计及 Box-Benhnken 设计等。文献[14]表明,方差较大时 Box-Benhnken 设计具有更好的稳健性,因此选择该方法,基于 Design-Expert 软件设计响应曲面。因表 8-8 中部分参数期望值由计算过程决定,且与功率的真值具有函数关系,在设计输入参数时,将表 8-8 中参数均先转化

表 8-11 用于响应曲面生成的输入参数

输入参数	参数说明	分布	期望	标准差
μ_{power}	功率期望	由迭代过程决定	—	—
X_{power}	标准化功率偏差	正态	0	1
X_{flow}	标准化体积流量偏差	正态	0	1
X_{tcout}	标准化出口温度偏差	正态	0	1
X_{ffdf}	标准化热通道流量分配因子($F_f d_f$)偏差	正态	0	1
X_{hcore}	标准化换热系数偏差	正态	0	1
X_{dfuel}	标准化燃料元件直径偏差	正态	0	1
X_{qfuel}	标准化单个燃料元件热功率偏差	正态	0	1

为标准正态分布,然后在程序内换算为实际抽样值,以简化响应函数设计,最终的输入参数如表8-11所示。根据软件要求,在 8 个输入参数下,需要提供 120 组初始值及 FSAC 计算结果以设计出响应曲面函数。附录 8 中给出了用于设计响应曲面函数的参数表(附录 8 中的表 A8-1),基于 Design-Expert 软件最终可得 $T_{c,m}$ 及 $T_{f,m}$ 的响应曲面函数为

$$
\begin{aligned}
T_{c,m}(\mu_{power}) = &\ 717.09996 + 9.43605\mu_{power} + 1.23479X_{power} - 0.43374X_{flow} \\
& + 1.40024X_{tcout} - 1.50663X_{ffdf} - 0.98611X_{hcore} - 0.051559X_{dfuel} \\
& - 6.72998E - 003X_{qfuel} + 0.26190\mu_{power}X_{power} - 0.088132\mu_{power}X_{flow} \\
& - 6.22917E - 004\mu_{power}X_{tcout} - 0.40102\mu_{power}X_{ffdf} - 0.29733\mu_{power}X_{hcore} \\
& - 0.015170\mu_{power}X_{dfuel} + 4.95069E - 004\mu_{power}X_{qfuel} - 0.092045X_{power}X_{flow} \\
& - 2.19961E - 003X_{power}X_{tcout} - 0.41896X_{power}X_{ffdf} - 0.30972X_{power}X_{hcore} \\
& - 0.015993X_{power}X_{dfuel} - 4.06944E - 005X_{power}X_{qfuel} - 3.53519E - 004X_{flow}X_{tcout} \\
& + 0.17337X_{flow}X_{ffdf} + 0.074683X_{flow}X_{hcore} + 3.75574E - 003X_{flow}X_{dfuel} \\
& - 5.11111E - 005X_{flow}X_{qfuel} - 4.37880E - 003X_{tcout}X_{ffdf} \\
& + 9.48757E - 003X_{tcout}X_{hcore} + 8.21667E - 004X_{tcout}X_{dfuel} \\
& + 1.11227E - 004X_{tcout}X_{qfuel} + 0.14125X_{ffdf}X_{hcore} - 7.54961E - 003X_{ffdf}X_{dfuel} \\
& - 4.29444E - 004X_{ffdf}X_{qfuel} + 0.032738X_{hcore}X_{dfuel} + 8.03241E - 006X_{hcore}X_{qfuel} \\
& - 4.11227E - 004X_{dfuel}X_{qfuel} - 0.021946\mu_{power}^2 - 0.022472X_{power}^2 + 0.040990X_{flow}^2 \\
& + 1.83011E - 004X_{tcout}^2 + 0.47024X_{ffdf}^2 + 0.62096X_{hcore}^2 + 1.24690E - 003X_{dfuel}^2 \\
& - 1.23135E - 004X_{qfuel}^2
\end{aligned}
$$

$$(8-8)$$

$$
\begin{aligned}
T_{f,m}(\mu_{power}) = &\ 831.55141 + 13.78628\mu_{power} + 4.76477X_{power} - 0.48139X_{flow} \\
& + 0.34746X_{tcout} - 3.86597X_{ffdf} - 1.18507X_{hcore} - 0.96163X_{dfuel} + 1.48774X_{qfuel} \\
& + 0.44765\mu_{power}X_{power} - 0.049417\mu_{power}X_{flow} + 0.027145\mu_{power}X_{tcout} \\
& - 0.18211\mu_{power}X_{ffdf} - 0.28209\mu_{power}X_{hcore} + 0.017773\mu_{power}X_{dfuel} \\
& - 0.052832\mu_{power}X_{qfuel} - 0.045609X_{power}X_{flow} - 8.10377E - 003X_{power}X_{tcout} \\
& - 0.23107X_{power}X_{ffdf} - 0.29275X_{power}X_{hcore} - 0.031624X_{power}X_{dfuel} \\
& + 0.010113X_{power}X_{qfuel} - 5.87359E - 003X_{flow}X_{tcout} + 0.26677X_{flow}X_{ffdf} \\
& - 0.024727X_{flow}X_{hcore} - 6.35819E - 003X_{flow}X_{dfuel} - 9.08519E - 004X_{flow}X_{qfuel} \\
& + 6.05500E - 003X_{tcout}X_{ffdf} + 0.010482X_{tcout}X_{hcore} - 1.34838E - 003X_{tcout}X_{dfuel} \\
& - 0.011490X_{tcout}X_{qfuel} - 0.13825X_{ffdf}X_{hcore} - 7.54961E - 003X_{ffdf}X_{dfuel} \\
& - 9.14306E - 003X_{ffdf}X_{qfuel} + 0.041585X_{hcore}X_{dfuel} + 1.94032E - 003X_{hcore}X_{qfuel} \\
& - 9.59428E - 003X_{dfuel}X_{qfuel} + 0.048994\mu_{power}^2 - 0.065197X_{power}^2 + 0.060177X_{flow}^2 \\
& + 0.024195X_{tcout}^2 + 0.61078X_{ffdf}^2 + 0.71194X_{hcore}^2 + 0.013466X_{dfuel}^2 \\
& + 0.012209X_{qfuel}^2
\end{aligned}
$$

$$(8-9)$$

图 8-36 给出了响应曲面函数预测值与 FSAC 计算值的对比,可以看到燃料元件表面最高温度及元件最高温度均具有较好的拟合度。基于式(8-8)、式(8-9),原问题可转化为如下方程

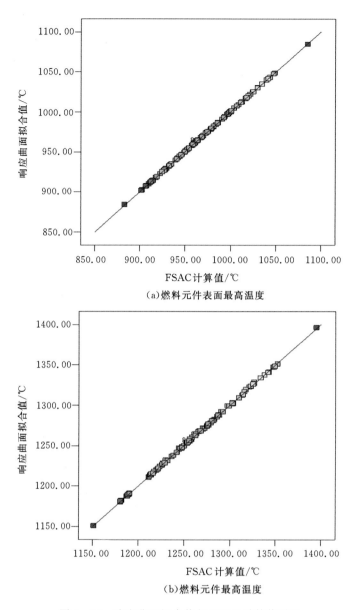

（a）燃料元件表面最高温度

（b）燃料元件最高温度

图 8-36 响应曲面拟合值与 FSAC 计算值对比

$$P\{T_{f,m}(\mu_{power})<1300\ ℃,\ T_{c,m}(\mu_{power})<1200\ ℃\}=95\% \tag{8-10}$$

使用数值方法直接求解：$\mu_{power}=28.31\ MW$。即功率为 28.31 MW 时，燃料元件最高温度和燃料元件表面最高温度有 95% 的概率均不超过各自温度限值。该结果较蒙特卡罗方法计算的近似真值偏保守，其偏差是由响应曲面的近似带来的，但可节约大量计算时间。

参考文献

[1] SEYMOUR H. W. Guidelines for Preparing and Reviewing Applications for the Licensing of Non-Power Reactors：NUREG-1537[R]. United States：Nuclear Regulation Com-

mission,1996.

[2] U. S. NRC. Domestic Licensing of Production and Utilization Facilities [EB/OL]. (2007 – 08 – 28). https://www. nrc. gov/reading-rm/doc-collections/cfr/part050/full-text. html.

[3] ANS. The Development of Technical Specifications for Research Reactors [M]. United States:American Nuclear Society,2007.

[4] MORRIS R N, PETTI D A, POWERS D A, et al. TRISO-Coated Particle Fuel Phenomenon Identification and Ranking Tables(PIRTs) for Fission Product Transport Due to Manufacturing, Operations, and Accidents:NUREG/CR-6844[R]. United States: Nuclear Regulation Commission,2004.

[5] 吴宗鑫,张作义. 先进核能系统和高温气冷堆[M]:北京:清华大学出版社,2004.

[6] INGERSOLL D T, FORSBERG C W, OTT L J, et al. Status of Preconceptual Design of the Advanced High-Temperature Reactor(AHTR) :ORNL/TM-2004/104[R]. United States:Oak Ridge National Laboratory,2004.

[7] HASTELLOY® N alloy [EB/OL]. [2002 – 02 – 03] http://www. haynesintl. com/alloys/alloy-portfolio_/Corrosion-resistant-Alloys/hastelloy-n-alloy/principle-features.

[8] Nuclear Reactor Laboratory. Safety Analysis Report for the MIT Research Reactor: NRL-11-20[R]. United States:MIT Nuclear reactor laboratory,2011.

[9] CHIANG K, HU L, FORGET B. Thermal Hydraulic Limits Analysis using Statistical Propagation of Parametric Uncertainties[C],2012.

[10] YANG J, OKA Y, LIU J, et al. Development of Statistical Thermal Design Procedure to Evaluate Engineering Uncertainty of Super LWR [J]. Journal of Nuclear Science and Technology,2006, 43(1):32 – 42.

[11] YANG P, JIA H, WANG Z. Preliminary Research on RTDP Methodology for Advanced LPP Thermal-hydraulic Design [J]. Atomic Energy Science and Technology, 2013, 47(7):1182 – 1186.

[12] RICHARDS J C, RODGERS T S. Approaches and methods in language teaching [M]. Cambridge, Eng. : Cambridge University Press,2001.

[13] 孙崧青,张忠岳. 不确定度分析方法的改进及实际应用[J]. 原子能科学技术,1996, 30 (5):414 – 414.

[14] 方俊涛. 响应曲面方法中试验设计与模型估计的比较研究[D]. 天津:天津大学,2011.

第 9 章　熔盐堆新型非能动余热排出系统

通过对熔盐反应堆典型无保护事故分析计算说明了堆芯的自然安全性,即反应堆内在的负反应性温度系数、燃料的多普勒效应等自然科学法则的安全性,在事故时能控制反应堆反应性或自动终止裂变,确保堆芯不熔化。然而反应堆仅仅拥有自然安全性是远远不够的,尤其是2011 年日本福岛超设计基准事故(Beyond Design Basis Accident,BDBA)的发生再一次唤醒了世人对于反应堆运行安全的严重关切。各国纷纷摒弃原有的二代或二代加反应堆发展计划,逐渐采用更为先进的具有非能动余热排出能力的反应堆设计,如美国西屋公司开发的AP1000 反应堆,阿海珐公司开发的 EPR 反应堆等。它们都能保证反应堆发生严重事故后在有限时间内无操作人员干预条件下,堆芯余热通过自然循环的方式导出,保证反应堆在可控范围之内。第四代核能系统的提出伴随着更为苛刻的非能动安全要求,与第三代反应堆相比,第四代先进反应堆设计不再需要厂外应急[1],这意味着反应堆具有完全非能动特性,能保证在任何事故条件(甚至 BDBA)下,合理高效地排出堆芯余热,实质性地消除大规模放射性物质释放风险。由于六种四代反应堆大多属于高温反应堆,这为非能动余热排出系统设计带来诸多挑战。

9.1　新型非能动余热排出系统概念设计

目前,关于熔盐堆非能动余热系统相关研究甚少。对于液体燃料熔盐堆,大多数研究集中在 20 世纪 60 年代美国橡树岭国家实验室(ORNL)针对熔盐增殖堆(MSBR)的非能动余热排出系统概念设计,其主要系统原理是利用流经卸料罐中 U 型管内的 FLiBe 导出燃料盐的衰变热,然后使 FLiBe 的热量经过两个热交换器,最终将热量排放到环境当中。由于当时技术及资金的限制,ORNL 设计的熔盐堆非能动余热排出系统具有以下缺点:①系统较复杂(包括 3个回路系统和 2 个换热器);②系统经济性差(冷却剂 FLiBe 造价昂贵);③冷却剂毒性很大,必须采用一系列措施来防止冷却剂外泄。最终,该系统设计只停留在初步概念阶段,并没有付诸实践[2]。进入新世纪以来,随着中国重启熔盐堆发展计划,哈尔滨工程大学对 ORNL 的非能动系统设计进行了改良和升级,热量通过气液两相换热导到外部环境中[3]。

固体燃料熔盐堆概念提出时间较短,非能动余热排出设计刚开始沿用钠冷快堆池式冷却技术。ORNL 对其进行了初步概念设计和理论分析[4],系统原理如图 9‐1 所示。与池式钠冷快堆类似,固体燃料熔盐堆非能动系统包含池式反应堆辅助冷却系统(Pool Reactor Auxiliary Cooling System,PRACS)和直接反应堆辅助冷却系统(Direct Reactor Auxiliary Cooling System,DRACS),堆芯余热以接力的方式最终导到外部环境中。采用池式冷却系统虽然能确保任何事故条件下,冷池中缓冲熔盐能吸收大量热量,不会导致堆芯温度瞬间飞升,但也为反应堆带来了不利影响。一方面,采用池式冷却方式需要大量缓冲熔盐,增加了经济负担,同时使得运行维护成本大大提高；二是反应堆体积大大增加，不利于反应堆小型化模块化发展。因此，在保证反应堆小型化的前提下，开发出更为高效且适用于高温熔盐堆的非能动余排方式显得尤为重要。

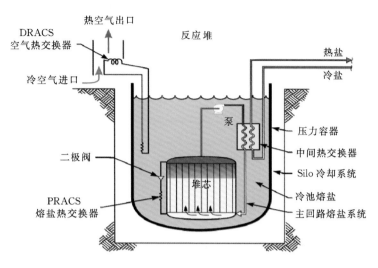

图 9-1　固体燃料熔盐堆池式非能动系统设计

热管原理由美国通用汽车公司的 Gaugler 于 1944 年提出[5]。1963 年美国洛斯阿拉莫斯国家实验室的 Grover 等人独立地提出了一种类似于 Gaugler 装置的传热元件，取名为热管，并指出它的热导率已远远超过任何一种已知的金属[6]。在美国，热管自诞生之初就被重点应用于热离子核能发电装置以及人造卫星，之后研究工作开始转向地面，并在 20 世纪 70 年代使用热管帮助输油管线横穿阿拉斯加海峡的冻土带，取得了巨大的成功。从此吸引很多科技人员从事热管研究，联邦德国、意大利、荷兰、英国、苏联、法国和日本等国均开展了大量的研究工作，使得热管技术得以快速发展[7]。作为一项已在工业领域成功应用的高效传热技术，热管的优势主要体现在极优异的导热率、优良的等温性、环境适应性强、热流方向可逆、传热能力自调节、没有运动部件也不需要外加动力、不产生噪音和振动、寿命长、可靠性高[8]。正是由于以上优点，近年来核领域各界研究学者纷纷将热管应用于核反应堆上。中国原子能科学研究院将高温钾热管应用于 TOPAZ-Ⅱ 空间核电源改进型热辐射换热器中[9]。上海交通大学利用分离式热管构成了一套新型非能动分离式冷却系统，用于乏燃料水池余热的导出[1]。伯克利大学提出将热虹吸原理应用于 MK1 PB-FHR 反应堆余热排出系统中[10]。

2013 年，西安交通大学首次提出将高温热管技术应用到钍基熔盐堆非能动余热排出系统中，并开展了大量的热管理论研究，已经完成系统原理性实验验证，实验装置如图 9-2 所示。高温热管插入压力容器中导出衰变余热。同样，FHR 也可采用高温热管进行衰变余热排出，当一回路主管道发生断裂或主换热器发生故障致使堆芯热量不能有效导出时，热管将通过重力插入压力容器，通过图 9-1 所示 Silo 堆腔空气冷却系统带走最终热量。具体运行原理如图 9-3 所示，热管带有一定倾角，贯穿生物屏蔽层斜插在堆芯容器里，一方面有利于事故条件下依靠重力自行插入，另一方面有利于热管瞬态启动。利用高温热管这种高效的非能动排热方式可大大简化系统复杂度，缩小整体尺寸，尤其适用于小型堆。然而，这种新型系统设计还需多方面实践考量，首要的就是高温热管启动瞬态特性。

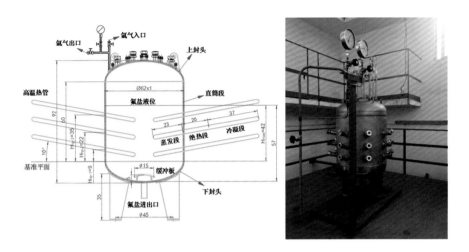

图 9-2 热管型余热排出系统实验装置

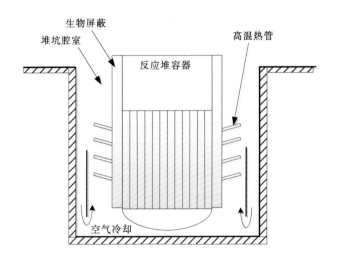

图 9-3 新型余热排出系统运行原理图

9.2 高温热管数学物理模型

热管一般由管壁、端盖、吸液芯、工作介质等组成,如图9-4所示。沿长度方向热管可分为蒸发段、绝热段和冷凝段。根据实际需要,热管也可以设计成具有多蒸发段、多冷凝段或无绝热段等形式。工作时热管的一端受热,热量通过管壁传递给毛细吸液芯,吸液芯中的液体工质蒸发汽化,蒸气在微小的压差下流向另一端并放出热量凝结成液体,液体再依靠毛细力作用沿着吸液芯流回蒸发段,热量在冷凝段外表面通过对流换热或辐射方式排出。如此循环下去,热量便可以由热管的一端连续不断地高效传至另一端[11]。

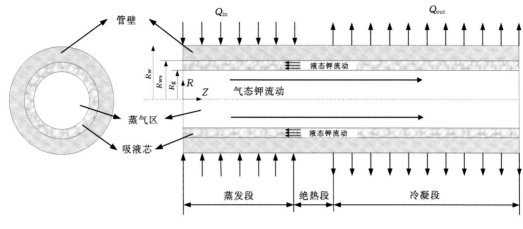

图 9 - 4　热管基本结构及工作原理

9.2.1　热管启动过程

热管是一个比较复杂的系统,其工作过程包含了多种传热模式和连续相变过程。对于高温热管,有管壁和吸液芯的热传导、工质在吸液芯中的熔化与可能的再凝结再润湿、气液交界面的对流传热与传质、吸液芯中液体的流动及气腔内可压缩蒸气的流动等。希望通过一个综合的理论模型求解热管瞬态特性分析解的想法是不现实的。目前常用的方法是将热管启动过程分成几个相承的阶段,各阶段采用不同的数学、物理模型,并且必须作一定的假设来简化处理,通过合理的分析求解和数值模拟两种手段研究其瞬态工作特性。

标准液态金属高温热管自冷凝状态启动的过程可以根据蒸气流动状态分为以下五个相承的阶段[8](见图 9 - 5)。

第一阶段:蒸发段刚开始受热,热量通过管壁以导热方式传入。吸液芯中的液态金属工质还处于凝固状态,热管气腔处于真空状态。

第二阶段:吸液芯内工质开始熔化,但固液界面未到达吸液芯气侧边界,熔化过程逐步向热管冷端蔓延。管壳和吸液芯的轴向热传导速率很慢,可以忽略气腔的传热。此时只有少量蒸气进入气腔,蒸气密度极低,呈自由分子流状态。

第三阶段:随着热管持续受热工质进一步熔化,蒸发段工质熔化后温度持续上升,加强了气液交界面上的蒸发量,蒸气持续进入气腔。气腔内的蒸气仍处于自由分子流状态,并布满整个气腔。

第四阶段:随着蒸发不断进行,蒸气在蒸发段气腔集聚到一定量后,该处的连续蒸气流就逐步建立起来。蒸气加热造成的体积膨胀会产生很大的压力梯度,驱使蒸气流不断向冷凝段移动。但在热管冷凝段蒸气仍处于稀薄自由分子流状态,且由于温度较低有部分蒸气会凝结在冷凝段气液界面上。这个阶段的传热主要靠热段工质蒸发和冷段工质冷凝的汽化潜热,蒸气流动可能因为冷凝段蒸气压过低而在蒸发段出口处阻塞(声速极限)。

第五阶段:随着吸液芯内的工质全部熔化,蒸气连续流拓展到冷凝段末端,从而在热管全段建立起连续的蒸气流动。随着时间的推移和热量的持续传递,启动阶段结束,热管进入稳定工作阶段。

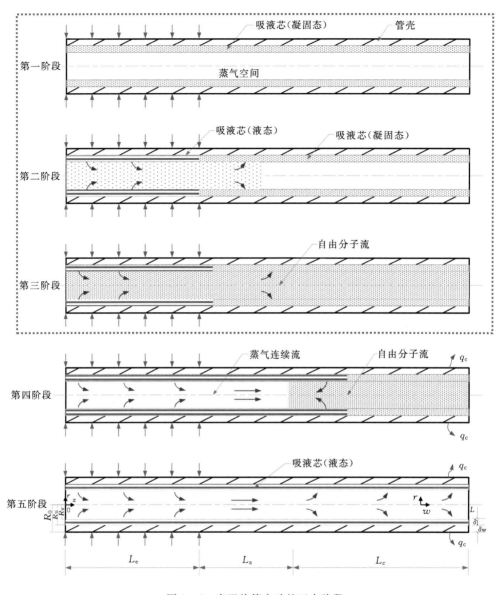

图 9-5 高温热管启动的五个阶段

前三个阶段蒸气密度都非常低且普遍处于自由分子流动状态,其传热几乎可以忽略,从热段到冷段的轴向传热主要依靠管壁和吸液芯的热传导。因此分析计算时可以把前三个阶段合并为一个蒸气腔近似绝热的自由分子流阶段,这样整个启动过程就被分为三个连续的发展阶段,蒸气区则采用不同的控制方程。

9.2.2 热管传热极限

热管的传热能力虽然很大,但也不可能无限地加大传热负荷。事实上有许多因素制约着热管的工作能力,统称为热管传热极限。具体包括黏性极限、声速极限、携带极限、毛细极限、冷凝极限、沸腾极限、连续流动极限和冷凝启动极限等,这些传热极限与热管尺寸、形状、工质、吸液芯结构、工作温度等因素有关。限制热管传热量的极限类型是由该热管在某工作温度下各传热极限的最小值所决定的,图9-6展示了热管启动过程中依次可能遇到的极限。对于高温碱金属热管,一般只会遇到毛细极限、声速极限和携带极限[12],因此在模型中考虑了这三种传热极限并添加了黏性极限作为参考。下面逐一进行分析。

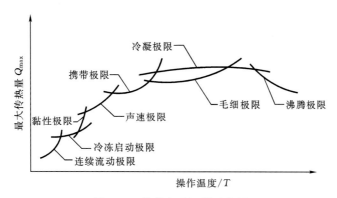

图9-6　热管启动极限示意图

1. 声速极限

蒸气连续流建立阶段蒸气密度低,热管轴向压力梯度大,从蒸发段上游到下游蒸气量不断增加。但由于流动截面积不变,蒸气被不断加速流动,过程类似拉瓦尔喷管的收缩段,流速可能在蒸发段出口处达到声速或超声速而出现流动阻塞的现象被称为声速极限。一般不会导致热管启动失败,但是将抑制传热能力的增长。遇到声速极限后热管的轴向传热率将等于声速极限值,并一直持续到蒸气蒸发段出口处,速度降到该温度对应的声速极限值以下,此后轴向传热率才继续上升。根据一维蒸气流动理论推导出声速极限的数学表达式[8]

$$Q_s = \frac{\rho_0 A_c h_{fg} \sqrt{\gamma R_u T_0}}{\sqrt{2(\gamma+1)M}} \qquad (9-1)$$

式中:A_c 为蒸气腔的横截面积,m^2;γ 为比热容比;M 为相对分子质量,g/mol;R_u 为通用气体常数;T_0 为蒸发段起始点的蒸气温度,K;ρ_0 为对应于 T_0 的饱和密度,$kg \cdot m^{-3}$。

2. 毛细极限

热管中工质的循环流动靠毛细力驱动,由于毛细结构为循环提供的毛细压力是有限的,这使得热管的最大传热量受到限制,这种限制称作毛细极限,它直接决定了热管的最大传热能力。而实际上由于吸液芯结构径向是连通的,重力也会对毛细极限产生影响。在大多数情况下,热管内部蒸气流动处于不可压缩层流范围内,其毛细极限计算表达式为[7]

$$Q_{c,max} = \frac{\frac{2\sigma_l}{r_c} - \rho_l g d_v \cos\Psi + \rho_l g L_t \sin\Psi}{(F_l + F_v)L_{eff}} \qquad (9-2)$$

式中:σ_l 为工质的表面张力,N;r_c 为毛细孔有效半径,m;ρ_l 为液态工质密度,$kg \cdot m^{-3}$;d_v 为蒸气区直径,m;Ψ 为热管倾斜角度($-90°\sim+90°$);L_t 为热管有效运行长度,m;F_l 为液相摩擦系数;F_v 为气相摩擦系数;L_{eff} 为热管当量长度,m。

3. 携带极限

当热管中的蒸气速度足够高时,气液交界面存在的剪切力可能将吸液芯表面液体撕裂并

带入蒸气流。这种现象减少了冷凝回流液量,将导致蒸发段干涸,限制了热管的传热能力,被称作携带极限。其计算表达式为[7]

$$Q_{\mathrm{e,max}} = A_{\mathrm{c}} h_{\mathrm{fg}} \left(\frac{\sigma_{\mathrm{l}} \rho_{\mathrm{v}}}{z}\right)^{0.5} \tag{9-3}$$

式中:z 为气液交界面与几何形状有关的定性尺,m;ρ_{v} 为蒸气密度,kg·m^{-3}。

4. 黏性极限

长径比很大的热管可能出现蒸气压力由于黏性力的作用在热管冷凝段的末端降为零的现象,它限制了热管传热,对于液态金属工质尤为明显。当热管的工作温度低于正常工作温度范围时就可能遇到黏性极限,其计算式为[7]

$$Q_{\mathrm{vi,max}} = \frac{d_{\mathrm{v}}^2 h_{\mathrm{fg}}}{64 \mu_{\mathrm{v}} L_{\mathrm{eff}}} \rho_{\mathrm{v}} p_{\mathrm{v}} A_{\mathrm{c}} \tag{9-4}$$

式中:μ_{v} 为蒸气动力黏度,Pa·s;p_{v} 为工质饱和蒸气压,Pa。

上述极限可在计算过程中实时判断。当遇到声速极限时,热管按照声速极限传热量进行传热,直到热管进入准稳态阶段;当热管遇到毛细极限和携带极限时,判定热管启动失败,不计入这根热管的换热量。因为高温钾热管在实验中并未观察到黏性极限,所以黏性极限计算结果仅作为参考[13]。

需要指出的是目前对于干道水力结构尚无完善的理论求解方法,但在实验中可以观察到具有干道结构的热管传热性能和极限都要明显优于普通丝网结构热管。原因是干道水力结构缩短了工质周向流动行程,降低了吸液芯内流动的阻力,从而大幅提高了液体回流效率。因此,计算中需要对传热极限公式进行一定修正来考虑干道的影响。

9.2.3 管壁和吸液芯区域传热模型

热管具有轴对称结构,故可以对管壁和吸液芯建立轴截面的二维非稳态传热模型,计算区域如图9-7所示。在保证计算结果可靠性和准确性基础上,做出以下假设和简化以提高计算速度。

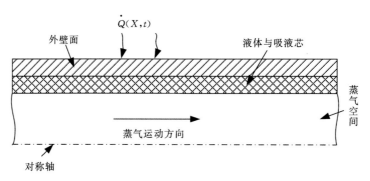

图9-7 热管计算模型示意图

(1)由于液体流速相对于蒸气流速来说非常低,且低熔点液态金属的导热系数很高,液态金属流动性所导致的温差很小。因此根据柴宝华等人的研究[14],可以忽略吸液芯中工质的流动性,采用纯导热模型求解吸液芯区域。

(2)认为吸液芯结构不影响工质的熔化,熔化发生在相变温度附近小且有限的温度区间内。

(3)气液交界面的边界条件受到蒸气流动不同阶段的影响,且忽略气液交界面辐射换热。

1. 管壁区域

对于管壁,热量通过纯导热方式传递,可推导相应的控制方程为

$$C_w \frac{\partial T_w}{\partial t} = \frac{\partial}{\partial x}(k_w \frac{\partial T_w}{\partial x}) + \frac{\partial}{\partial y}(k_w \frac{\partial T_w}{\partial y}) \tag{9-5}$$

初始时刻热管处于环境温度,即

$$T_w = T_r \quad t = 0 \tag{9-6}$$

式中:C_w 为管壁的体积热容,J•m^{-3}•K^{-1};T_w 为管壁温度,K;t 为时间,s;x 为热管轴向坐标,m;k_w 为管壁的导热系数,W•m^{-1}•K^{-1};y 为径向坐标,m;T_r 为环境温度,K。

2. 吸液芯区域

基于纯导热模型的吸液芯控制方程与管壁区方程类似,工质相变的影响主要体现在体积热容和热导率的变化,其控制方程和初始条件为

$$C_{eff} \frac{\partial T_{ws}}{\partial t} = \frac{\partial}{\partial x}(k_{eff} \frac{\partial T_{ws}}{\partial x}) + \frac{\partial}{\partial y}(k_{eff} \frac{\partial T_{ws}}{\partial y}) \tag{9-7}$$

$$T_{ws} = T_r \quad t = 0 \tag{9-8}$$

因为吸液芯同时存在着液态工质和固态材料,所以其体积热容和导热系数必须进行加权平均,根据 Chi 模型推导公式如下[12]

$$C_{eff} = \varepsilon C_1 + (1-\varepsilon)C_s \tag{9-9}$$

$$k_{eff} = \frac{k_1((k_1+k_s) - (1-\varepsilon)(k_1-k_s))}{((k_1+k_s) + (1-\varepsilon)(k_1-k_s))} \tag{9-10}$$

式中:C_{eff} 为吸液芯有效体积热容,J•m^{-3}•K^{-1};C_1 为液态工质体积热容,J•m^{-3}•K^{-1};C_s 为吸液芯固态材料体积热容,J•m^{-3}•K^{-1};T_{ws} 为吸液芯温度,K;ε 为吸液芯丝网孔隙率;k_{eff} 为吸液芯有效导热系数,W•m^{-1}•K^{-1};k_1 为液态工质导热系数,W•m^{-1}•K^{-1};k_s 为吸液芯固相综合导热系数,W•m^{-1}•K^{-1}。

3. 边界条件

由于管壁和吸液芯的传热模式都仅有热传导,因此可以将上述控制方程和边界条件用统一形式表示

$$C_i \frac{\partial T_i}{\partial t} = \frac{\partial}{\partial x}(k_i \frac{\partial T_i}{\partial x}) + \frac{\partial}{\partial y}(k_i \frac{\partial T_i}{\partial y}), \quad i = 1,2 \tag{9-11}$$

$$T_i = T_r \quad t = 0 \tag{9-12}$$

式中:i 为下标,1 和 2 分别代表管壁和吸液芯。

外壁面热流密度边界条件为

$$k_1 \frac{\partial T_1}{\partial n} = \dot{Q}(X,t) \tag{9-13}$$

外壁面对流和辐射换热边界条件为

$$-k_1 \frac{\partial T_1}{\partial n} = h_{cr}(T_1 - T_{cr}) + \sigma\varepsilon(T_1^4 - T_r^4) \tag{9-14}$$

热管两端的绝热边界条件为

$$\frac{\partial T_i}{\partial x} = 0, \qquad i = 1, 2 \qquad\qquad (9-15)$$

管壁和吸液芯交界面的温度和热流密度相等,边界条件为

$$T_1 = T_2 \qquad k_1 \frac{\partial T_1}{\partial n} = k_2 \frac{\partial T_2}{\partial n} \qquad\qquad (9-16)$$

式中:n 为外法线方向;$\dot{Q}$ 为边界上的输入热流密度,$W \cdot m^{-2}$;h_{cr} 为对流换热系数,$W \cdot m^{-2} \cdot K^{-1}$;$T_{cr}$ 为对流换热边界温度,K;σ 为斯特藩-玻尔兹曼常数,$W \cdot m^{-2} \cdot K^{-4}$;$\varepsilon$ 为表面黑度。

吸液芯和蒸气区的气液交界面边界条件需要根据蒸气流动的三个阶段采用不同的传热传质形式。上述控制方程采用有限单元法离散。

4. 方程离散及求解

热管中工质的相变会导致比热容、密度不连续,进而造成控制方程高度非线性,而相变界面随时间的移动也会给求解造成很大难度。为了能够利用有限元方法处理相变问题,同时也为了获得更好的网格几何适应性,本节采用比较成熟的显热容法。本节采用有限单元法来离散热管固体区的控制方程。

1)有限单元法

古典的近似计算求解偏微分方程有两大分支,一是有限差分法,二是解析的变分计算。有限差分法从微分方程出发,将求解区域离散处理后近似地用差分、差商来代替微分、微商,微分方程的求解便可归结为求解一个线性代数方程组;而变分计算从泛函出发,选择试探函数,并经变分计算可得到微分方程的近似解析解。有限差分法物理意义清晰、明确,编程也更简单,但是缺点是网格的局限性较大,求出的都是节点上的物理量而忽略了单元本身特性。变分方法恰恰是抓住了单元的贡献,得到的解是整个求解域上的连续函数而不是孤立点,使得这种方法具有更大的灵活性和适应性,但其实现过程要复杂得多。

现代有限单元法是对古典近似计算的归纳和总结,既吸取了有限差分法中离散处理的内核,又继承了变分计算中选择试探函数并对区域积分的合理方法[15]。在有限单元法中,试探函数(插值函数)的定义和积分计算范围,不是整个区域,而是从区域中按实际需要划分出来的单元。有限单元法与有限差分法之间的主要区别:有限单元法可以具有任意布置的节点和网格,从而为复杂区域和复杂边界问题的求解带来极大地适应性和灵活性,原则上适用于任意几何结构。有限单元法采用网格剖分的方法,在每一个局部的网格单元内进行变分计算,最后再合成为整体的线性代数方程组求解。采用从微分方程出发的加权余量法进行变分计算,避免了寻找泛函,大大简化了数理分析的过程。

常用的网格剖分结构是三节点三角形单元,这种网格理论上适用于任何形状的二维解域。在有限元方法中对单元和节点的编号策略非常重要,必须严格遵守一定的规则才能保证最后得到的代数方程组系数矩阵是对称正定对角占优的带状矩阵,从而可采用更高效的方法求解。进行单元变分计算首先要计算插值函数,从而逼近方程的解析解。因为被积函数的面积分一般都非常复杂,求得插值函数后还要将其转换为所有插值函数之和为 1 的形函数 N_i 来表示,这样才可以再通过面积坐标的变换得到用直角坐标或柱坐标形式表达的系数矩阵和边界条件。选定了插值函数后就要确定系数使函数成为解的最佳逼近,即构造有限元方法的控制方程。确定系数最常用的是 Galerkin 权余量法,它用形函数做加权函数,对多数问题来说可以得到与泛函变分法完全相同的结果。对平面传热问题(轴对称问题与此类似)

$$\frac{\partial T}{\partial t} = \frac{k}{\rho c_p} \left(\frac{\partial^2 T}{\partial x^2} + \frac{\partial^2 T}{\partial y^2} + \frac{q_v}{k} \right) \tag{9-17}$$

用 Galerkin 权余量法进行变分计算得到的单元温度场离散矩阵表达形式为

$$
\begin{bmatrix} \dfrac{\partial J^e}{\partial T_i} \\[2mm] \dfrac{\partial J^e}{\partial T_j} \\[2mm] \dfrac{\partial J^e}{\partial T_m} \end{bmatrix} =
\begin{bmatrix} k_{ii} & k_{ij} & k_{im} \\ k_{ji} & k_{jj} & k_{jm} \\ k_{mi} & k_{mj} & k_{mm} \end{bmatrix}
\begin{bmatrix} T_i \\ T_j \\ T_m \end{bmatrix} +
\begin{bmatrix} n_{ii} & n_{ij} & n_{im} \\ n_{ji} & n_{jj} & n_{jm} \\ n_{mi} & n_{mj} & n_{mm} \end{bmatrix}
\begin{bmatrix} \dfrac{\partial T_i}{\partial t} \\[2mm] \dfrac{\partial T_j}{\partial t} \\[2mm] \dfrac{\partial T_m}{\partial t} \end{bmatrix} -
\begin{bmatrix} p_i \\ p_j \\ p_m \end{bmatrix} \tag{9-18}
$$

$$= [K]^e [T]^e + [N]^e \left[\frac{\partial T}{\partial t} \right]^e - [p]^e$$

式中：i,j,m 为三角形单元逆时针节点编号；$[K]^e$ 为编号为 e 的单元温度刚度矩阵；$[T]^e$ 为单元节点温度列向量；$[N]^e$ 为单元非稳态变温矩阵；$\left[\dfrac{\partial T}{\partial t}\right]^e$ 为单元节点温度的时变导数列向量；$[p]^e$ 为单元内热源和边界条件的列向量。式中其余变量的具体形式取决于边界条件的类型，以第三类边界条件为例

$$
\left.
\begin{aligned}
& k_{ii} = \phi(b_i^2 + c_i^2) \quad \phi = k/(4\Delta) \quad k_{jj} = \phi(b_j^2 + c_j^2) + \alpha s_i/3 \\
& k_{mm} = \phi(b_m^2 + c_m^2) + \alpha s_i/3 \qquad k_{ij} = k_{ji} = \phi(b_i b_j + c_i c_j) \\
& k_{im} = k_{mi} = \phi(b_i b_m + c_i c_m) \qquad k_{jm} = k_{mj} = \phi(b_j b_m + c_j c_m) + \alpha s_i/6 \\
& n_{ii} = (\Delta/6)\rho c_p \qquad n_{ii} = (\Delta/12)\rho c_p \qquad i,j,m \text{ 轮换} \\
& p_i = (\Delta/3)q_v \qquad p_j = p_m = (\Delta/3)q_v + (\alpha s_i/2)T_f
\end{aligned}
\right\} \tag{9-19}
$$

式中：Δ 为三角形单元的面积，m^2；α 为对流换热系数，$\text{W} \cdot \text{m}^{-2} \cdot \text{K}^{-1}$；$T_f$ 为与物体相接触的流体介质的温度，K；k 为导热系数，$\text{W} \cdot \text{m}^{-1} \cdot \text{K}^{-1}$；$b,c$ 为与节点坐标值有关的变量，具体的表达式见参考文献[15]。

得到每个单元的温度矩阵后就可以拼装出整个计算域温度场的总体离散矩阵。但要注意同一单元相邻节点在拼装时会对该节点方程的系数值有贡献，而对不在同一单元中的其余节点则没有贡献。将解域划分为有限个三角形单元以及 n 个节点，并将温度场离散到这些节点上，则解域的温度场离散矩阵表达为

$$
\begin{bmatrix} k_{11} & k_{12} & \cdots & k_{1n} \\ k_{21} & k_{22} & \cdots & k_{2n} \\ \vdots & \vdots & & \vdots \\ k_{n1} & k_{n2} & \cdots & k_{nn} \end{bmatrix}
\begin{bmatrix} T_1 \\ T_2 \\ \vdots \\ T_n \end{bmatrix}_t +
\begin{bmatrix} n_{11} & n_{12} & \cdots & n_{1n} \\ n_{21} & n_{22} & \cdots & n_{2n} \\ \vdots & \vdots & & \vdots \\ n_{n1} & n_{n2} & \cdots & n_{nn} \end{bmatrix}
\begin{bmatrix} \partial T_1/\partial t \\ \partial T_2/\partial t \\ \vdots \\ \partial T_n/\partial t \end{bmatrix}_t =
\begin{bmatrix} p_1 \\ p_2 \\ \vdots \\ p_n \end{bmatrix}_t \tag{9-20}
$$

简写为 $[k]\{T\}_t + [N]\{\partial T/\partial t\}_t = \{P\}_t$

式中各部分的物理意义与单元温度场矩阵类似，只不过表示的是总体矩阵，下标 t 表示这些列向量都取同一时刻的值。

形成 n 个节点的温度 $T_i(i=1,\cdots,n)$ 的总体矩阵（9-20）后，即可用迭代法或消去法求解代数方程组，得到解域的温度分布。

2）网格划分及方程离散

实际过程中，热管蒸发段与冷凝段长度比变化范围较大（1∶8～2∶1），对网格划分而言，如果采用均匀网格就将造成蒸发段单元的热流密度过大，物理量在蒸发段和冷凝段网格交界

处有很大的梯度,这无疑会导致数值求解难以收敛。为了克服这一问题并避免使用复杂的非均匀网格划分,本节采用了对蒸发段网格进行局部加密的分段均匀网格划分技术。

如图9-8所示,采用三节点三角形网格在径向将吸液芯划分为2层网格,管壁为1层网格。在轴向将蒸发段划分为10层网格,冷凝段划分为30层网格。计算域一共有164个节点,240个单元。特别开发了网格自动生成子程序,可以根据研究的具体问题很方便地调整网格形状和节点划分。

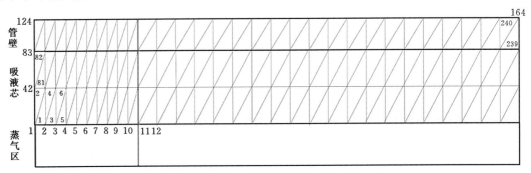

图 9-8　管壁和吸液芯网格划分

使用上一节介绍的有限元方法离散热管固体区导热控制方程,最终可得到每个三角形单元的非线性有限元方程组矩阵表达式

$$[C][\dot{T}][[K_c]+[K_h]+[K_r]][T]=[F_q]+[F_h]+[F_r] \qquad (9-21)$$

式中:热容矩阵$[C]$、热导矩阵$[K]$以及热流$[F_q]$、对流$[F_h]$、辐射$[F_r]$边界列向量分别为

$$[C]=\int_{R^{(e)}}CN_iN_j\mathrm{d}X\mathrm{d}Y \qquad (9-22)$$

$$[K_c]=\int_{R^{(e)}}k\left(\frac{\partial N_i}{\partial X}\frac{\partial N_j}{\partial X}+\frac{\partial N_i}{\partial Y}\frac{\partial N_j}{\partial Y}\right)\mathrm{d}X\mathrm{d}Y \qquad (9-23)$$

$$[K_h]=\int_{A_3}h_{cr}N_iN_j\mathrm{d}S \qquad (9-24)$$

$$[K_r]=\int_{A_4}\beta_r N_iN_j\mathrm{d}S \qquad (9-25)$$

$$[F_q]=\int_{A_2}\ddot{Q}N_i\mathrm{d}S \qquad (9-26)$$

$$[F_h]=\int_{A_3}h_{cr}N_iT_{cr}\mathrm{d}S \qquad (9-27)$$

$$[F_r]=\int_{A_4}\beta_r N_iT_r\mathrm{d}S \qquad (9-28)$$

各项的具体形式见附录9。

3)方程求解

上一节通过有限元方法最终建立的瞬态温度场控制方程在数学上被称为抛物线型方程,在边界条件和初始条件都已知的情况下才能求解。采用步进积分的求解过程,从初始温度场开始每隔一个时间步长求解下一时刻的温度场,这样一步一步向前推进。这类问题的特点是在空间域用有限单元法划分网格,而在时间域内则用有限差分方法离散。实质上是有限元方

法和有限差分法的混合解法,充分利用了有限元方法在空间域网格划分的优点和有限差分法在时间推进中的优点。

一般来讲有限差分法的显式格式不必联立求解代数方程组,计算精度高、速度快,但稳定性较差,对时间步长有严格的要求,而且需要明确的初始条件。而隐式格式需要联立迭代求解方程组,稳定性较好但计算速度慢,精度较显式格式差,只需要给定一个可以使计算稳定的初始条件。但具体格式的稳定性是一个相当复杂的问题,因为其对时间步长的影响非常敏感。对于相变问题,与温度相关的物理量不连续导致控制方程高度非线性,采用隐式格式迭代求解庞大的总体矩阵,收敛很慢且过于耗时[16]。为避免迭代并提高计算速度,本研究采用 Dupont 三层时间显式格式直接求解有限元控制方程组[17]

$$\left(\frac{3}{4}[K]+\frac{[C]}{\Delta t}\right)[T]^{r+2}=\frac{[C]}{\Delta t}[T]^{r+1}+\frac{[K]}{4}[T]^{r}+[F] \tag{9-29}$$

式中:$[T]^{r+2}$ 为本时层的节点温度向量;$[T]^{r+1}$ 为上一时层的节点温度向量;$[T]^{r}$ 为上上时层的节点温度向量。

文献[17]指出 Dupont 格式在精度和稳定性上都要好于 C-N 格式。但是三层显式格式无法自启动,必须在初始的几个时间步长用隐式格式迭代求解

$$\left(\frac{[C]}{\Delta t}+\theta[K]\right)[T]^{r+1}=\left(\frac{[C]}{\Delta t}-(1-\theta)[K]\right)[T]^{r}+[F] \tag{9-30}$$

式中:系数 $\theta=0,1/2,1$ 时分别对应了欧拉向前差分、C-N 格式和全隐向后差分格式,可在程序开始计算前进行选择。隐式迭代使用牛顿迭代法计算。

这样在每个时层内,就可以将式(9-21)表示的每个单元的有限元方程矩阵拼装成整个解域的温度场全局矩阵形式

$$[AM][T]=[RM] \tag{9-31}$$

式中:$[AM]$ 为全局带状系数矩阵;$[T]$ 为全局节点温度列向量;$[RM]$ 为表征边界条件的常数列向量。

一旦边界条件确定就可以将 $[RM]$ 代入等式左边,构成全局系数增广矩阵 $[AMC]$。由于增广矩阵具有对称正定的特点,可以采用 Cholesky 分解法求解。这种方法的优点是只需要一半的存储空间,因此运算速度和内存占用都要明显优于其他直接分解法。

9.2.4　吸液芯相变导热模型

在自然界中,大量存在着伴有相变的导热问题。相变区域内存在着一个随时间移动的两相界面,物质在该界面上放出或吸收大量潜热。无论哪一类相变导热问题,当温度场越过相变区间时,物质潜热的吸收和释放都会造成物理量在界面不连续,这在数学上是一个强非线性问题,使计算变得困难。此外,相变界面位置事先未知且形状可能是多维的,也会带来界面追踪的困难。斯蒂芬在 1891 年关于地极冰层厚度的研究是对这类问题的首次讨论。常用的两种处理相变问题的方法是焓法模型和显热容法模型,这两种方法都可以在整体区域内求解统一的温度场。前者需要连续追踪相变位置且认为相变过程发生在无限薄的界面上,采用较为复杂的动网格技术,而实际上物质的相变大都是发生在一个可观温度范围内的;后者使用固定网格,不需要追踪界面位置,相变潜热随着时间不断释放或吸收,具有更大的灵活性和适应性[15]。本节选用显热容法(即固相增量法)模型处理吸液芯中工质的相变导热。

1. 显热容法模型

显热容法模型将非纯物质的相变潜热看作是在足够厚度的相变区域内有一个很大显热容量。随着相变过程的逐渐进行,相变潜热不断释放或吸收,相变区物质的温度也随时间连续下降或上升。定义一个无因次量 f_s 来衡量混合物的凝固率,凝固率与相变潜热成正比。如图 9-9 所示,工质在相变区内的物性根据温度通过线性插值处理得到。

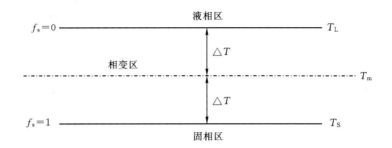

图 9-9 非纯物质相变区

$$f_s = \frac{T_L - T}{T_L - T_S} \tag{9-32}$$

式中:T_L 为凝固起始温度,K;T_S 为熔化起始温度,K。

对无内热源的微元系统写出控制体积和控制表面积的能量守恒方程

$$\frac{\partial}{\partial t} \int_{\overline{V}} \rho h \, \mathrm{d}\overline{V} = \int_A k \nabla T \cdot \overline{n} \mathrm{d}A \tag{9-33}$$

用 Gauss 公式将面积分转化为体积分,再去掉积分号,替换比焓后得

$$\rho c_p \frac{\partial T}{\partial t} = \nabla \cdot (k \nabla T) \tag{9-34}$$

将上式改写成适用于相变区的形式

$$C_i \frac{\partial T_i}{\partial t} = \nabla \cdot (k_i \nabla T_i) \qquad i = S, L \tag{9-35}$$

2. 相变潜热在有限元方程中的处理方法

在有限元方法中采用显热容法模型处理相变问题,实际是将相变潜热作为附加比热添加到控制方程的热容矩阵。但在温度接近相变温度时热容趋近于狄拉克函数,无法用任何平滑连接跨峰区域,如图 9-10 所示。Comini 和 Del-Giudice 提出了基于热容对温度的积分[18]

$$H = \int_{T_\infty}^{T} C \mathrm{d}T \tag{9-36}$$

因为焓和热导率在相变区内是连续函数,因此用焓值代替热容在单元内插值

$$H = \sum_{i=1}^{k} N_i(x, y) H_i(t) \tag{9-37}$$

式中:N_i 为单元形函数;H_i 为节点处的焓值,J·kg^{-1}。

而根据定义,热容可用比焓表示为

$$C = \frac{\mathrm{d}H}{\mathrm{d}T} \tag{9-38}$$

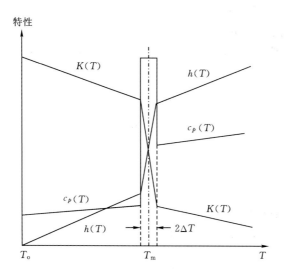

图 9 - 10　工质在相变区物性变化

这样就可通过计算比焓对温度的梯度来求出热容。定义 n 为垂直于边界的法向量,在二维平面内方程(9 - 38)可写成

$$C = \frac{\partial H}{\partial n} \Big/ \frac{\partial T}{\partial n} = \frac{\dfrac{\partial H}{\partial x} l_{nx} + \dfrac{\partial H}{\partial y} l_{ny}}{\dfrac{\partial T}{\partial n}} \qquad (9 - 39)$$

式中

$$l_{nx} = \frac{\partial T}{\partial x} \Big/ \frac{\partial T}{\partial n} \qquad (9 - 40)$$

$$l_{ny} = \frac{\partial T}{\partial y} \Big/ \frac{\partial T}{\partial n} \qquad (9 - 41)$$

$$\frac{\partial T}{\partial n} = \left[\left(\frac{\partial T}{\partial x}\right)^2 + \left(\frac{\partial T}{\partial y}\right)^2 \right]^{1/2} \qquad (9 - 42)$$

因此在有限单元内,使用 Del-Giudice 方法[19]的热容最终表达式为

$$C = \left[\frac{\partial H}{\partial x}\frac{\partial T}{\partial x} + \frac{\partial H}{\partial y}\frac{\partial T}{\partial y} \right] \Big/ \left[\left(\frac{\partial T}{\partial x}\right)^2 + \left(\frac{\partial T}{\partial y}\right)^2 \right] \qquad (9 - 43)$$

程序也可以选择用 Lemmon 方法[19]计算热容

$$C = \left[\left(\frac{\partial H}{\partial x}\right)^2 + \left(\frac{\partial H}{\partial y}\right)^2 \right] \Big/ \left[\left(\frac{\partial T}{\partial x}\right)^2 + \left(\frac{\partial T}{\partial y}\right)^2 \right]^{0.5} \qquad (9 - 44)$$

在单元内求得每个节点的比热容后,与插值得到的节点热导率一起拼装到当前时层吸液芯单元的热容矩阵[C]和热导矩阵[K_c]中。若程序判断节点达到相变温度,就会自动在计算热容时加入工质相变潜热对应的比焓。

9.2.5　蒸气区传热模型

根据 9.2.1 节的分析,蒸气区自热管启动至达到稳态运行要经历三个阶段。在启动阶段早期蒸气压力非常低,蒸气分子平均自由程 λ 大于管径 D,分子能量主要消耗在与管壁的碰撞上,因而传热效率很低。当温度高于工质熔点温度数百度时,气压升高使蒸气开始连续流动,分子自由程与管径相比已经足够小,此时传热主要依靠蒸气分子间的碰撞,传热效率大幅提高。根据微细尺度传热学[20,21],自由分子流向蒸气连续流转变的条件可用无量纲克努森数表示

$$Kn = \frac{\lambda}{D} \leqslant 0.01 \tag{9-45}$$

又由气体分子动力学理论可知蒸气动力黏度和平均分子速度为

$$\mu = 0.5\rho\lambda V \tag{9-46}$$

$$V = \sqrt{\frac{8R_u T}{\pi M}} \tag{9-47}$$

式中:R_u 为通用气体常数;M 为工质相对分子质量,g·mol^{-1}。

从上述方程中消去 λ,可得到对应于给定平均自由程的蒸气转变温度

$$T^* = \frac{\pi}{2 \times 10^{-4}} \frac{M}{R_u} \left(\frac{\mu}{\rho D}\right)^2 \tag{9-48}$$

由于物性是与温度相关的,上式需要迭代求解得到转变温度 T^*。当蒸气温度大于转变温度时,可认为连续流已在毗邻区域建立。由此可见转变温度仅与工质类型以及热管蒸气腔直径相关,计算可得到常用碱金属工质的转变温度,如图 9-11 所示。

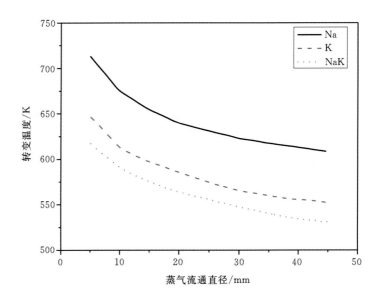

图 9-11　钠、钾及钠钾合金的蒸气转变温度

1. 第一阶段蒸气模型

初始阶段吸液芯工质为固态,蒸气密度非常低,处于自由分子流状态。在此阶段蒸气内部传热几乎可以忽略,因此将气液交界面设置为绝热边界条件

$$\left.\frac{\partial T}{\partial y}\right|_{y=s} = 0 \tag{9-49}$$

式中:s 代表气液交界面。

2. 第二阶段蒸气模型

当蒸气空间内连续流动建立时,即进入第二阶段。这个阶段蒸气的流动行为非常复杂,为提供气液交界面处的边界条件需要对蒸气流动进行分析。已经建立连续流区域的蒸气压力要远大于仍处于自由分子流状态的区域,因此蒸气腔轴向会出现明显的压力梯度并可能达到声速极限。

液态金属工质具有低蒸气压、低普朗克数、高导热率的特点,因此气液相变主要以蒸发形式进行,一般不会出现沸腾现象。由于工质的蒸发和冷凝相变,在气液交界面处存在着热阻。由分子运动理论可知,液态金属在界面的热阻值会随着蒸气压力的下降而增大,因此蒸气与气液交界面的温差不能忽略。气液交界面处的质量传递速率为分子从蒸气空间到达界面的速率与反向速率的差值,即净分子通量率。在冷凝过程中分子到达界面的速率大于离开速率,在蒸发过程中则相反,而在平衡状态的净分子通量为零。这样便可由分子动理论得到气液界面的对流传质速率来模拟蒸发和冷凝过程[22]

$$\dot{m}_o = \left(\frac{2a\varepsilon}{2-a}\right)\sqrt{\frac{M}{2\pi R_u}}\left[\frac{P_f}{\sqrt{T_f}} - \frac{P_g}{\sqrt{T_g}}\right] \tag{9-50}$$

式中:a 为冷凝或蒸发系数;ε 为吸液芯的孔隙率;$\dot{m}_o$ 为气液交界面单位面积的冷凝或蒸发速率,$kg \cdot m^{-2} \cdot s^{-1}$;$P_f$ 为交界面处的压力,Pa;T_f 为交界面处液体温度,K;P_g 为蒸气压力,Pa;T_g 为交界面处的蒸气温度,K。

在第二阶段开始时,尽管有部分工质已经熔化,但蒸气转变温度要远高于熔点温度,因此这时蒸气区域仍为自由分子流动状态,且界面为绝热边界条件。当界面温度大于转变温度时,一个蒸气连续流动区域就在临近的蒸气腔空间建立,并随着热量输入和时间的增加不断向冷凝段扩大。冷段的蒸气仍处于自由分子流状态,除了毗邻连续流动的区域外其蒸气平均温度保持不变。这样便可以假设一个绝热且垂直于气液交界面的虚平面在转变温度点处分割蒸气连续流区域和自由分子流区域,虚平面的位置随着转变温度点位置的移动不断向热管冷凝段末端移动。当蒸气连续流充满整个热管后,蒸气温度逐渐开始同步上升,一直到稳态工况,这便是高温热管的"锋面启动"模型。

在连续流区域能量主要以工质相变潜热的形式传递,轴向温度和压力的变化显著。尽管蒸气连续流已经建立,但由于压力低、蒸气密度非常小,造成轴向压力梯度很大,即使在小的热流密度下,蒸气流动在蒸发段末端也可能发生堵塞,正如在大压力梯度下渐缩喷管的喉部出现超音速流或激波。声速极限是热管传热的几个极限中最先遇到的,热管的传热性能会受到限制,直到蒸气温度相应地上升到蒸气离开蒸发段速度小于声速时的对应温度。

最终轴向传热率受到声速极限的限制。因此可以通过计算声速极限来近似模拟第二阶段蒸气流动。应用式(9-50)得到连续流区域单元的工质蒸发速率,进而得到蒸气空间总的热输入。再用式(9-1)计算声速极限,令两者相等,得到方程

$$\sum_{i=1}^{m_e}\left(\frac{2a\varepsilon}{2-a}\right)\sqrt{\frac{M}{2\pi R_u}}\left[\frac{P_{f_i}}{\sqrt{T_{f_i}}} - \frac{P_g}{\sqrt{T_g}}\right]h_{fg}\Delta L_i W = \frac{\rho_0 A_c \sqrt{\gamma R_u T_0}}{\sqrt{2(\gamma+1)M}} \tag{9-51}$$

式中:ΔL_i 为交界面单元长度,m;m_e 为蒸发段交界面的单元数目;W 为蒸气空间的宽度,m;T_g 为蒸气温度,K。

上式通过迭代可以得到蒸气空间的一致性温度。算出的温度可能比蒸发段开始的蒸气温

度要低,但此阶段密度随温度的变化以及密度本身都很小,因此和温度相关的声速极限的变化也很小。所以可以用式(9-51)求出蒸气温度,再代入式(9-50)和式(9-1)得到气液交界面处的热流密度和声速极限。采用这个方法计算,直到蒸气流动进入第三阶段。

3. 第三阶段蒸气模型

蒸气流动进入第三阶段后,工质全部熔化且蒸气连续流在整个蒸气腔建立。但此时热管还未达到设计运行工况,蒸气密度和压力仍然比较小,需要考虑可压缩性。液态金属工质极低的蒸气压造成了管内流体力学分析的困难。文献[23]通过对与吸液芯结构类似的半孔隙流道的流体力学特性进行深入的理论和实验研究,提出了一种通过相似变换得到蒸气流动准稳态控制方程的近似解法。因为热管尺寸较小,可以忽略蒸气空间的储能。尽管雷诺数取决于热管的几何构型以及实际传热率,但文献[24]的研究结果表明连续蒸气流动可假设为层流。此外还观察到蒸气流动很快达到稳态,然而热管壁和吸液芯的热响应速度较慢。由于蒸气的速度很快,沿轴向还可能碰到携带极限以及由黏性力引起压力和密度减小造成的黏性极限。需要用式(9-2)和式(9-3)实时判断。基于以上分析,可以用稳态的层流模型模拟第三阶段连续蒸气流动,对蒸气流建立一维准稳态可压缩控制方程。

为了用一维形式写出质量、动量和能量方程,基于半孔隙流道的近似解法将径向速度分布简化为平均速度。此外,方程中用到的气液交界面处的摩擦力、蒸气含气率以及动量和能量因子也用类似的方法计算。假设从交界面单元向蒸气腔的蒸气蒸发注入率只有一个垂直于界面的法向分量速度,并且注入后即刻转变为轴向速度。这样,基于轴向质量、动量和能量守恒,并考虑气液交界面剪切力和对称边界条件可得到第三阶段蒸气流动的控制方程

$$D \frac{\mathrm{d}}{\mathrm{d}x}(\rho V) = \dot{m}_0 \tag{9-52}$$

$$\frac{\mathrm{d}P}{\mathrm{d}x} + \frac{\mathrm{d}}{\mathrm{d}x}(M_\mathrm{f}\rho V^2) = \frac{F\rho V^2}{8D} \tag{9-53}$$

$$D \frac{\mathrm{d}}{\mathrm{d}x}\left[\rho V \left(h + \frac{E_\mathrm{f}V^2}{2}\right)\right] = \dot{m}_0 \left(h_0 + \frac{V_0^2}{2}\right) \tag{9-54}$$

式中:D 为蒸气空间半径,m;h 为蒸气焓值,J·kg^{-1};h_0 为交界面处蒸气焓值,J·kg^{-1};V 为蒸气轴向速度,m·s^{-1};x 为轴向坐标,m。

表面摩擦因子 F、蒸气动量因子 M_f、能量因子 E_f 分别为

$$F = \frac{8\tau_\mathrm{g}}{\rho V^2} \tag{9-55}$$

$$M_\mathrm{f} = \frac{1}{DV^2}\int_0^D U^2 \,\mathrm{d}y \tag{9-56}$$

$$E_\mathrm{f} = \frac{1}{DV^3}\int_0^D U^3 \,\mathrm{d}y \tag{9-57}$$

蒸气在交界面的法向分量速度 V_0 用传热率和汽化潜热表示

$$V_0 = \frac{\dot{Q}}{h_\mathrm{fg}\rho_0 A_0} \tag{9-58}$$

式中:$\dot{Q}$ 为气液交界面的输入热功率,W;A_0 为交界面面积,m^2;ρ_0 为交界面温度对应的蒸气密度,kg·m^{-3};U 为蒸气径向速度,m·s^{-1}。

4. 蒸气模型求解方法

上一节建立了第三阶段可压缩蒸气流动的一维准稳态控制方程后, 还需要对方程组进行数学处理后才能求解。考虑到蒸气空间流动夹带着微小液滴, 因此蒸气腔内流体为液体和单原子气体的混合物, 这样蒸气比体积 v、比焓 h 分别为

$$v = v_f + X_q \cdot (v_g - v_f) \tag{9-59}$$

$$h = h_f + X_q \cdot h_{fg} \tag{9-60}$$

式中: X_q 为蒸气含气率; h_f、v_f 为液体焓值和比体积; 而饱和蒸气比体积 v_g 可用理想气体方程求解

$$v_g = \frac{R_u T}{PM} \tag{9-61}$$

温度和压力的关系可以用克拉伯龙方程表示

$$\frac{dP}{P} = \frac{h_{fg} M \, dT}{R_u \, T^2} \tag{9-62}$$

因为 M_f、E_f 主要取决于径向雷诺数, 而在热管工作温度区间内饱和液态工质的比体积和汽化潜热随温度的变化并不大。故可以假设 M_f、E_f 沿轴向的导数为零, v_f、h_f 为常量, 这样便可以避免温度值迭代从而得到相对稳定的数值解。将上述方程与蒸气流守恒方程联立再经过化简, 就得到描述第三阶段轴向蒸气密度、含气率、速度、压力和温度的耦合控制方程

$$\frac{d\rho}{dx} = \frac{1}{v^2}\left[(v_g - v_f)\frac{dX_q}{dx} + \frac{v_g X_q}{p}\left(\frac{R_u T}{h_{fg} M} - 1\right)\frac{d\rho}{dx}\right] \tag{9-63}$$

$$\frac{dX_q}{dx} = \frac{v^2}{(v_g - v_f)}\left\{\left[-\frac{1}{M_f} + \frac{V^2 X_q v_g}{P v^2}\left(1 - \frac{R_u T}{h_{fg} M}\right)\right]\frac{dP}{dx} - \frac{FV^2}{8DvM_f}\right\} - \frac{v^2}{(v_g - v_f)}\frac{2\dot{m}_0}{DV} \tag{9-64}$$

$$\frac{dV}{dx} = \frac{v\dot{m}_0}{D} + \frac{V(v_g - v_f)}{v}\frac{dX_q}{dx} + \frac{VX_q}{P}\frac{v_g}{v}\left(\frac{R_u T}{h_{fg} M} - 1\right)\frac{dP}{dx} \tag{9-65}$$

$$\frac{dP}{dx} = \frac{-\frac{M_f}{E_f}\frac{\dot{m}_0}{VD}\left[2h_{fg} + \frac{(v_g - v_f)}{v}\left(h_0 - h + \frac{E_f V^2}{2} + \frac{V_0^2}{2}\right)\right] - \frac{1}{E_f}\frac{h_{fg}}{v}\frac{F}{8D} - \frac{(v_g - v_f)}{v^2}\frac{FV^2}{8D}}{\frac{(v_g - v_f)}{v} + \frac{1}{E_f}\frac{h_{fg}}{V^2} - \frac{M_f}{E_f}\frac{h_{fg} X_q}{P}\frac{v_g}{v^2}\left(1 - \frac{R_u T}{h_{fg} M}\right) - \frac{M_f}{E_f}\frac{(v_g - v_f)}{v^2}\frac{c_p R_u}{h_{fg} M}\frac{T^2}{P}} \tag{9-66}$$

$$\frac{dT}{dx} = \frac{R_u T^2}{h_{fg} MP}\frac{dP}{dx} \tag{9-67}$$

式中: 下标 f 和 g 分别表示饱和液体和蒸气。可用吉尔算法或龙格库塔法求解上述非线性常微分方程组, 每次调用时需要给出初始条件和边界条件。

至此蒸气区的模型以及求解方法已经建立, 但还需要与吸液芯在气液交界面处进行传质传热耦合, 下一节给出蒸气流动效应的耦合方法。

9.2.6 蒸气流动效应耦合方法

在蒸气流动马赫数小于 0.2 时, 可以忽略交界面摩擦力的影响。因此大多数热管性能研究中都假设蒸气区温度均匀没有热阻存在, 这样的近似在低温低热流密度下给出简化的蒸气区一致性温度, 这种方法适用于自由分子流区域。因为忽略了蒸气区的轴向热阻, 这种情况下蒸气的能量传输效率最高。又因为低密度下忽略了蒸气区的储能, 所以单位时间从蒸发段进

入蒸气区的能量必然等于从蒸气区进入冷凝段的能量。由此建立蒸气区的能量守恒方程

$$\sum_{i=1}^{m_e}\left[\frac{P_{f_i}}{\sqrt{T_{f_i}}}-\frac{P_g}{\sqrt{T_g}}\right]\Delta L_i = \sum_{i=1}^{m_c}\left[\frac{P_{f_i}}{\sqrt{T_{f_i}}}-\frac{P_g}{\sqrt{T_g}}\right]\Delta L_i \qquad (9-68)$$

式中:m_e 为蒸发段的单元数目;m_c 为冷凝段的单元数目;ΔL_i 为交界面单元边长,即热管当量周长,m。

上式通过迭代可以得到蒸气区的一致性温度,将结果代入式(9-50)就可以求出交界面热流密度。但是由于饱和蒸气压低,液态金属工质的表面热流密度很大,蒸气流速也很快,蒸气由于界面摩擦力产生的压降在冷凝段内不能完全恢复,导致热管等温性下降。因为蒸气连续流建立后蒸气区存在着明显热阻,需要考虑蒸气的轴向温降。

当蒸气流动与吸液芯结构在交界面处耦合时,需要在未知边界条件下在交界面两侧同时求解控制方程,每一步都要迭代到两侧的结果一致。这种方法可以得到精确结果,但迭代会消耗大量时间并且可能不收敛。因此引入一种近似方法可以消除这些困难,用一个给定的热流密度来单独求解蒸气区控制方程,而不是同时求解两侧控制方程。这样可以得到蒸气区的轴向温降,再用下式求出蒸气区的轴向热阻

$$R_g = \frac{\Delta T}{Q} \qquad (9-69)$$

为求出热阻还需要知道总的热流密度,但不同时求解两侧控制方程就无法获得当前时层的热流密度。因此使用上一时层得到的已知热流密度求出当前时层的热流密度,再用于下一时层的计算。

当蒸气温度沿热管轴向变化时,蒸发段和冷凝段的耦合将变得非常困难。用一种近似的耦合方法求解蒸气域热阻,每次计算时使用一个恒定的蒸气平均温度。由于采用式(9-50)算出的蒸气区总传热率就等于从蒸发段交界面传入的热功率或从冷凝段交界面传出的热功率,这就相当于将一个与蒸气区热阻值相同的虚拟热阻层置于气液交界面。由于虚拟热阻层的存在,算出的蒸发段新交界面温度将略低于实际温度,而冷凝段则相反。通过这种近似耦合可以使热流密度恰当地通过热管,并且考虑了蒸气热阻。

使用新的交界面温度 T_{f_i} 在式(9-68)中计算蒸气平均温度,再用求得的 T_g 和 T_{f_i} 代入式(9-50)计算交界面热流密度。算出的热流密度在下一时层作为交界面处的边界条件,求解热管固体区和蒸气流动的控制方程。通过这种近似方法可以避免两侧迭代求解,同时考虑了蒸气流动效应。

9.3　热管分析程序开发及验证

热管分析程序(High-temperature Heat Pipe Transient Performance Analysis Code, HP-TAC)是根据 9.2 节所述数学物理模型和计算方法开发的热管启动瞬态分析程序,可用于热管的设计分析,传热特性研究,也可通过接口与反应堆安全系统分析程序耦合计算[25]。本程序采用面向对象的模块化编程,可移植性好,通用性强。主要的设计和运行参数都通过输入卡片进行控制,避免了程序中变量大的变动。各功能模块、数值算法模块以及物性模块的独立性都较高,便于维护和改进。热管建模理论适用于所有的碱金属高温热管,而热管计算采用的有限元网格生成方法理论上适用于任意几何结构。程序采用 Fortran90/95 固定格式语言编制,

Inter Visual Fortran Composer XE 2011 编译器调试,在 64 位系统环境下运行有助于减少计算机时。

9.3.1　程序结构

HPTAC 结构如图 9-12 所示,分为前处理、模型计算和后处理三部分。按照功能划分包含 9 个主要模块,具体功能如下。

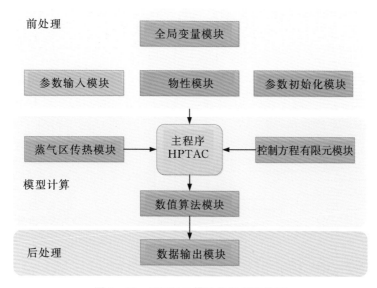

图 9-12　HPTAC 模块化程序设计图

主程序:热管计算流程控制和预处理、求解模块。

参数初始化模块:管壁和吸液芯网格生成及网格参数计算。

控制方程有限元模块:采用有限元方法生成固体区的温度矩阵,并给每个单元赋予边界条件,最后拼装成总体矩阵。

蒸气区传热模块:蒸气区控制方程求解及交界面气液耦合模块。

数值算法模块:包括了求解各区控制方程用到的 Cholesky 分解法、Newton 迭代法、龙格库塔法。

参数输入模块:Namelist 输入卡片的变量定义及读取。

全局变量模块:声明和存取计算中用到的全局变量。

物性模块:包括常量定义、热管和冷却剂工质物性、管壁和吸液芯材料物性、蒸气转变温度计算、辐射角系数计算、吸液芯丝网渗透率计算以及对流换热系数计算。

输出模块:包括监控计算过程的屏幕输出和计算结果文件的表控输出,热管程序再启动的数据写入和读取模块。

各模块主要通过主程序控制实现相互调用,改进后也可整体作为一个子程序提供给系统安全分析程序调用。程序共计七千余行,由 1 个主程序和 40 个子程序组成,为加快编译速度,将功能相关的函数和子程序独立编写在不同的 FOR 文件中。主要模块和子程序的功能、程序使用见附录 10。

9.3.2　程序流程

图 9-13 所示为 HPTAC 流程图。具体流程如下。

初始时刻工质全部处于固态,通过第一类边界条件赋给所有节点温度初值,使用瞬态导热方程求解管壁和吸液芯区域。热管蒸发段使用热流或对流边界,冷凝段使用辐射或对流边界条件。气液交界面在节点温度没有达到转变温度前使用绝热边界条件。采用隐式格式计算前十个时间步长,之后采用显式格式计算,时间步长由输入卡片确定。

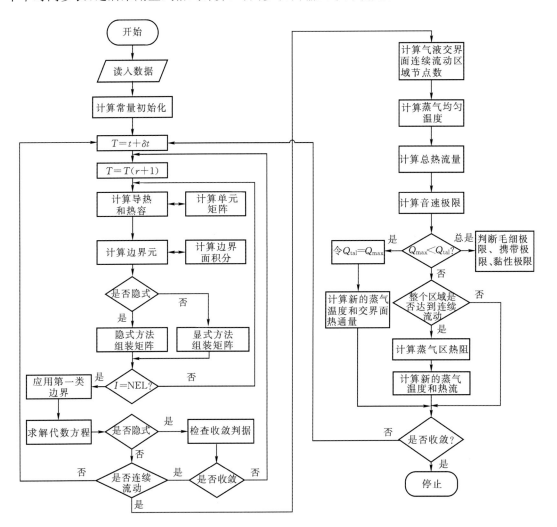

图 9-13　HPTAC 流程图

当气液交界面起始第二个节点温度高于转变温度时,用牛顿迭代法求出交界面的蒸气一致性温度,并开始改用更小的时间步长以获得稳定启动。采用蒸气温度就可以用传质方程(9-50)求出达到转变温度的交界面的热流密度;算出的热流密度作为下一个步长内交界面的边界条件,还没有达到转变温度的区域继续使用绝热边界条件。这个过程一直持续到轴向传热功率等于声速极限时为止。

遇到声速极限时,蒸气的轴向传热功率应等于声速极限值,用声速极限值更新蒸气温度。蒸发段气液交界面热流密度用声速极限对应的温度和交界面节点温度值计算,达到转变温度的冷凝段气液交界面热流密度用相应节点温度与热流成比例的方法估算。算出的交界面热流密度值将再次作为边界条件求解吸液芯和管壁的瞬态导热方程,此计算方案一直持续到连续蒸气流在整个蒸气腔建立并且轴向传热功率低于声速极限时为止。

克服声速极限后,蒸气区流动进入第三阶段。联立求解准稳态可压缩蒸气流动的非线性常微分控制方程组并计算蒸气区热阻,这个计算方法可以一直使用到预期运行温度或稳态工况。进入第三阶段后需要将时间步长逐渐降低到 10^{-4},以便在气液交界面上得到稳定的边界条件。

毛细极限、携带极限和黏性极限在热管启动全程不断更新,一旦遇到这三种传热极限中的任意一个则判定热管启动失败。

9.3.3　数值算法

1. Cholesky 分解法

可以使用 Cholesky(楚列斯基)分解法求解热管固体区控制方程的全局增广矩阵。使用有限元方法计算结构力学、传热学等诸多问题最后都归结到求解一个系数矩阵是对称正定阵的线性方程组 $Ax=b$,该矩阵在计算上是很有优势的,因为只需要一半的储存空间[26]。求解此类方程组最常用的是楚列斯基分解法,该算法基于对称矩阵能唯一地分解为两个相互转置的三角矩阵

$$[A] = [L][L]^{\mathrm{T}} \tag{9-70}$$

矩阵 $[A]$ 经过变换可得到半对角矩阵 $[L]$,具体矩阵元素操作如下

$$
\begin{cases}
l_{11} = \sqrt{a_{11}} \\
l_{i1} = a_{i1}/l_{11}, \qquad i = 2,3,\cdots,n \\
l_{jj} = (a_{jj} - \sum\limits_{k=1}^{j-1} l_{jk}^2)^{1/2}, \qquad j = 2,3,\cdots,n \\
l_{ij} = (a_{ij} - \sum\limits_{k=1}^{j-1} l_{ik}l_{jk})/g_{jj}, \qquad j = 2,3,\cdots,n-1; i = j+1,j+2,\cdots,n
\end{cases}
\tag{9-71}
$$

当矩阵主对角占优时,楚列斯基分解法计算稳定。算出系数矩阵后,求解方程组的过程如下

$$
Ax = b \Rightarrow LL^{\mathrm{T}}x = b \Rightarrow
\begin{cases}
Ly = b \Rightarrow \text{解出 } y \\
L^{\mathrm{T}}x = y \Rightarrow \text{解出 } x
\end{cases}
\tag{9-72}
$$

2. Newton-Raphson 迭代法

本程序在有限元控制方程隐式求解、气液交界面耦合等多处使用了 Newton-Raphson(牛顿-瑞普逊)迭代法,简称牛顿迭代法。牛顿迭代法[27]是计算机编程中应用最广泛的求根公式,其突出优点是编程简单、计算速度快,在方程单根附近平方收敛。牛顿法的基本思想是将非线性函数逐次线性化,从而形成迭代过程。计算公式可由图解法推导,基于函数在点 x 处的一阶导数等于斜率

$$f'(x_k) = \frac{f(x_k) - 0}{x_k - x_{k+1}} \tag{9-73}$$

将上式变形,可得到牛顿法的迭代公式

$$x_{k+1} = x_k - \frac{f(x_k)}{f'(x_k)} \tag{9-74}$$

迭代的终止条件用允许误差精度来控制

$$\varepsilon_a = \frac{x_{k+1} - x_k}{x_{k+1}} \times 100\% \tag{9-75}$$

3. Runge-Kutta 法

使用 Runge-Kutta(龙格-库塔)法求解第三阶段蒸气流动控制方程。龙格-库塔法[27]是工程中求解常微分方程组常用的高精度单步算法,其基本思想是选取区间上若干点的斜率值进行加权平均,采用基于泰勒级数展开的待定系数法建立微分方程的步进解法。龙格-库塔法的一般形式为

$$y_{i+1} = y_i + \phi(x_i, y_i, h)h \tag{9-76}$$

式中:h 为步长;$\phi(x_i, y_i, h)$ 为增量函数,表示整个区间上的斜率,一般形式为

$$\phi(x_i, y_i, h) = \sum_{i=1}^{n} a_i k_i \tag{9-77}$$

式中:a_i 均为常数,k 的取值为

$$k_i = f(x_i, y_i) \tag{9-78}$$

$$k_i = f\left(x_i + a_i h, y_i + \sum_{j=1}^{i-1} b_{ij} k_j\right), \quad i = 1, 2, \cdots, n \tag{9-79}$$

式中:系数 k 之间存在递归关系,理论上阶数 n 越高,算法的精度也越高,相应的计算量和复杂度也会增加。本程序中使用了加拿大多伦多大学开发的六阶变步长龙格-库塔法子程序。

9.3.4　HPTAC 验证

热管内部工质流动和传热机理十分复杂,是高度非线性并且与蒸气、吸液芯、管壁传质传热过程紧密耦合的物理问题,由于其涉及数学模型较多,依次进行模型校核并不现实。但早期研究者们对高温热管做了大量的实验研究以方便后期热管数学模型的开发与验证。本研究采用 Camarda 飞行器翼缘钠热管启动实验来对 HPTAC 热管瞬态分析程序进行验证。

Camarda 钠热管启动实验是 20 世纪 70 年代由美国宇航局资助完成的,主要目的是研究应用于高超声速飞行器翼缘冷却的液态金属高温热管启动及传热性能[28]。实验用到的热管结构如图 9-14(a)所示,管壁周围有焊接的合金裙边支架用来增大换热面积。热管轴向沿着机翼缘弯曲,计算中简化为圆形直管,如图 9-14(b)所示。

实验中加热功率从 50 W 逐步提升到 720 W,采用时间函数进行多项式拟合。为了模拟机翼与空气高速摩擦时不同位置的热流密度分布,将加热丝按照空气动力学加热原理进行了排布,得到的加热功率分布如图 9-15 所示。实验采用钠作为热管工质,结构材料是耐蚀镍基合金,冷凝段涂有增强辐射涂料。计算忽略了合金裙边,采用固定均匀网格,对物性采用了简化的线性插值处理。

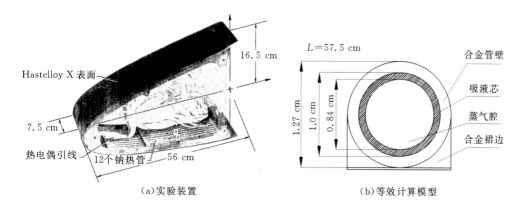

(a)实验装置　　　　　　　　　　　(b)等效计算模型

图 9-14　Camarda 热管启动实验热管结构图

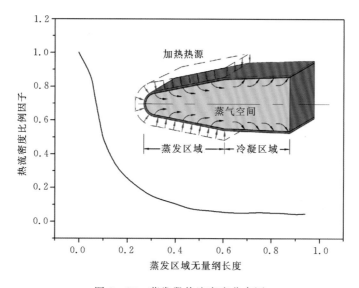

图 9-15　蒸发段热流密度分布图

热管属于紧凑型换热装置,其温度测点只能布置在管壁处。图 9-16 所示为钠热管自室温启动过程中管壁不同位置处温度变化的计算结果和实验数据对比图。图中实验数据来自热管轴向三个位置处的温度测点(位置 1:无量纲距离 0.3;位置 2:无量纲距离 0.6;位置 3:无量纲距离 0.9),可见 HPTAC 计算结果与实验数据符合较好,最大偏差 10.6% 出现在工质融化时刻(500 s)附近。此外,越靠近蒸发段起始点的位置越早开始升温,温度在连续蒸气流的前锋到达时快速升高,之后随着热流量的持续输入而稳步提高。综上,HPTAC能较好地模拟高温热管启动过程,符合实际物理现象,从而说明了程序的可靠性。

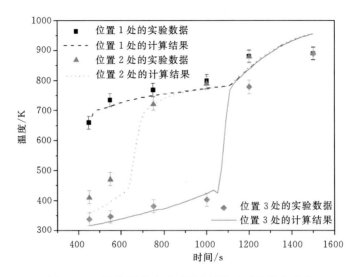

图 9-16 钠热管外壁面不同位置启动时的温度比较

9.4 高温热管启动特性分析

9.4.1 实验装置及边界条件

热管蒸发段插入在 FHR 铍反射层内,其事故工况下温度变化范围为 800～1000 K,只有高温碱金属热管才能满足这一温度要求。鉴于高温钾金属热管已具有较为成熟的实践运用,本节对高温钾热管进行分析计算,钾的三相物性见附录 11。热管设计来自中国原子能科学研究院,并已完成初步实验研究[29],钾热管实验装置如图 9-17 所示。实验在环境温度下进行,室温约为 293 K,低于热管工质钾的熔点,故属于冷冻启动。蒸发段加热采用高频加热器,铜质双层感应线圈,输出功率连续可调,最大功率为 30 kW。绝热段用硅酸盐保温材料包覆。热

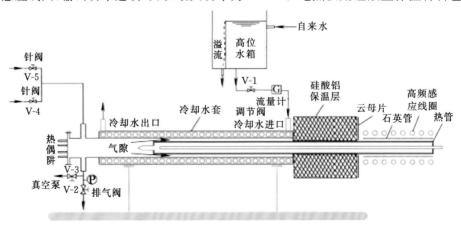

图 9-17 钾热管性能实验装置简图[29]

管倾角可用过试验台架的可调角支撑座来调节。可调角支撑座系统可连续产生±15°以内的倾角,这样可以研究重力对热管启动的影响。在冷凝段外套有一个水冷却的量热计,热管传热量可以通过测量冷却水温度变化和体积流量来计算。量热计水冷套和热管间保持一定的间隙,间隙热阻的存在增大了热管同水冷套壁面间的温降,可以避免冷却水沸腾。间隙内可充入氩气和氦气,利用两种气体导热系数相差大的特点,通过调解两种气体的混合比例来调节冷却量,从而满足在不同工况下测量极限功率的要求。

温度测量采用 K 型铠装绝缘热电偶,在热管壁上开多条槽道,将热电偶埋在槽道内,12 组温度测点的位置分布如图 9 - 18 所示。热管蒸气腔中心轴向布置一热偶阱,阱内插入一组铠装热电偶用于测量热管内蒸气的轴向温度变化,测点位置在热偶阱末端。壁面和蒸气温度的测量信号由数字采集系统采集、处理并输出。

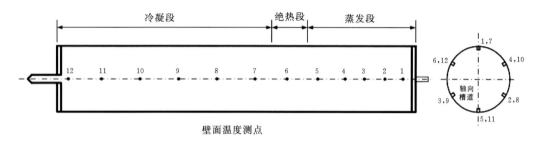

图 9 - 18 热电偶测点位置示意图[29]

在实验中高频加热器的加热功率无法直接测量,启动实验通常通过阶梯升功率来保证热管顺利启动。初始加热功率为 240 W,经过多次提升功率,最后阶段的加热功率达到 2800 W,对应蒸发段输入热流密度为 585 kW·m^{-2}。在计算中为了提高稳定性,将阶梯热输入进行线性拟合来模拟蒸发段热流密度边界条件下的热管启动阶段热输入变化,结果如图 9 - 19 所示。因为感应线圈缠绕均匀,可假设蒸发段热流密度分布均匀。

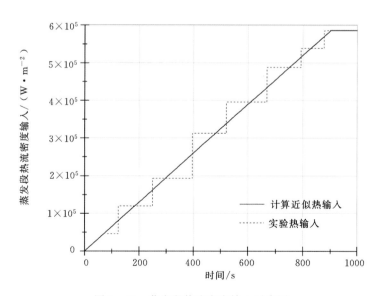

图 9 - 19 蒸发段热流密度输入示意图

9.4.2 热管水平启动特性

为检验高温钾热管能否从冷冻状态正常启动以及其等温性能,利用 HPTAC 对实验热管进行了启动分析,计算结果与实验数据的对比如图 9-20 所示。可以看出热管外壁面温度的计算结果与实验数据的吻合较好,其最大误差为 12.7%,偏差在启动过程中的工质熔化位置附近最大。启动阶段蒸发段测点温度中间略微突起是由于实验采用的加热丝加热功率存在中间高两边低的分布,进而导致蒸发段中心位置处温度偏高。到了稳态运行阶段冷凝段的测点温度基本拉平但仍不是非常均匀,可以观察到存在两个规律性的轻微凹陷。这一方面是因为焊接在槽道内的热偶与管壁之间存在接触热阻,另一方面是由于安装定位的偏差以及热电偶品质批次的差异所致,但这并不会对实验有明显影响。进入稳态运行阶段后计算结果与实验数据更加接近,热管冷凝段温度比蒸发段平均低 10~20 K,表现出了良好的等温性能。需要指出的是任何数值计算都包含了一定假设,因此计算得到的稳态阶段冷凝段和蒸发段温度分布都非常均匀,轴向温差在 15 K 以内,与实验结果相符,进一步验证了 HPTAC 的有效性。

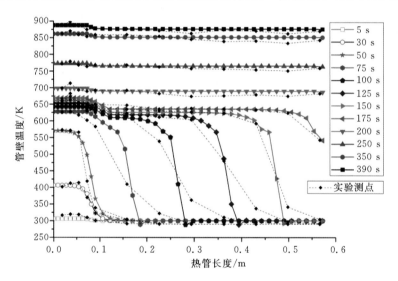

图 9-20 热管轴向瞬态温度分布与实验结果对比

图 9-21 所示为热管启动过程中管壁与吸液芯二维温度分布。综合分析图 9-20 和图 9-21热管轴向温度分布,初始时,热管处于环境温度(293 K),当加热开始后蒸发段温度迅速上升,工质逐渐熔化。由于吸液芯有效导热系数很大且加热功率分布均匀,导致蒸发段轴向温差非常小。第一阶段蒸气还处于自由分子流状态,钾蒸气密度和压力都很小,吸液芯换热量非常小。这导致大部分热量用来加热蒸发段工质,仅有小部分热量通过管壁和吸液芯以热传导方式加热冷凝段,最终造成冷凝段温度基本保持在初始温度。49 s时蒸发段平均温度达到转变温度(约 600 K),说明蒸发段蒸气已经从自由分子流进入连续流动状态,蒸气腔与吸液芯开始通过汽化潜热进行高效的热量交换。从图 9-20 中可见在 50~250 s的第二阶段范围内,蒸气连续流动区域逐渐从蒸发段向冷凝段推进,冷凝段温度迅速上升,在热段与冷段之间出现极大的温度梯度,造成这一现象的原因是处于固态的工质必须先吸收足够的熔化潜热,才能开始进一步升温,这一过程即为高温热管锋面启动过程。在 250 s 时,钾蒸气连续流动在热管全段

建立,进入准稳态第三阶段,此时温度上升的主要原因是蒸发段输入热量大于冷凝段输出热量。随着热管温度持续上升,热管很快进入稳定运行状态,表现出良好的等温特性。由于轴向热阻的存在,冷凝段温度略低于蒸发段温度。

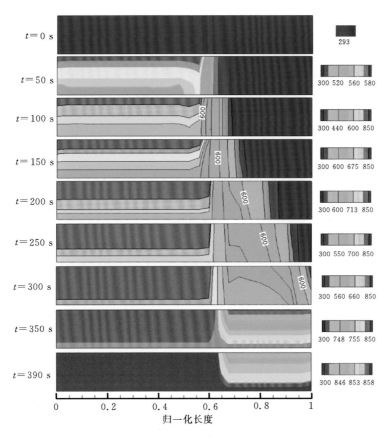

图 9 - 21　热管启动过程中二维温度分布(K)

图 9 - 22 展示了钾热管蒸气平均温度随时间的变化,可见蒸气连续流动在第 40 s 开始建立。开始阶段蒸气温度上升迅速,主要因为导入热量大部分用于加热蒸发段的蒸气,另一方面蒸气温度上升又增大了蒸气与吸液芯之间的温差,进而强化了气液交界面处的换热。在 40~240 s 期间蒸气温度上升缓慢,主要由两方面原因造成:一是由于移动前锋向冷凝段推进,大部分热量用于加热冷凝段的蒸气,导致较为缓慢的温升;二是因为此阶段热管遇到声速极限,轴向最大传热量受声速极限限制,导致温度上升速率放缓。240 s 后,热管内蒸气全部达到连续流动状态并摆脱声速极限,热管进入准稳态运行阶段,蒸气平均温度随着热量的继续输入而上升,此时热管已经完全启动。

图 9 - 23 所示为热管稳态运行时不同径向位置处温度沿轴向的分布。可以看出,热管气液交界面在轴向几乎等温,最大温差为 0.6 K。这是因为钾热管稳态运行温度很高,导致蒸气压力、温度、密度等参数沿轴向变化很小,而交界面处的换热方式主要以相变换热为主,加之吸液芯的热导率很大,结果造成气液交界面轴向温差非常小。而热管外壁面以及管壁与吸液芯交界面的轴向温差相对较大,分别为 10.8 K 和 6.08 K,这主要是由热管管壁及吸液芯自身热

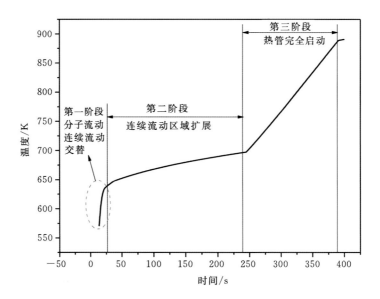

图 9-22　热管启动阶段蒸气平均温度随时间变化

阻所造成的,热阻越大则温差越大。

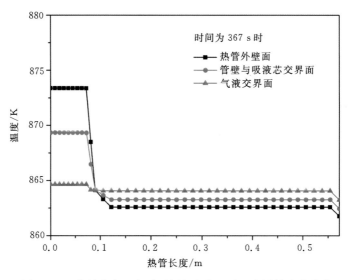

图 9-23　热管稳态运行时不同径向位置处温度沿轴向的分布

　　图 9-24 所示分别为热管刚进入第三阶段时(240 s)和额定工况运行时(370 s)蒸气参数轴向分布。由图(a)可见 240 s 时,热管尚未完全启动,温度和蒸气压较低,导致密度较低,蒸气流动可压缩性较强,蒸气速度在蒸发段出口达到峰值(141 m·s⁻¹),相应的马赫数为 0.313,速度变化趋势与拉瓦尔喷管工作段类似,蒸发段和冷凝段的压力差是蒸气流动的主要推动力。在蒸发段,蒸气的压力、密度和温度都沿轴向迅速降低,而速度是升高的,压力与速度的变化关系符合伯努利方程。在冷凝段,蒸气速度迅速下降并在端部降为零。蒸气压力并未随速度的降低而升高,这是因为此时热管两端的温差还比较大,导致蒸气压力梯度较大,此外气液交界

面存在的摩擦阻力也使得压力无法完全恢复,整个过程的压降为 148.5 Pa。蒸气密度和温度在冷凝段也略有降低,但幅度很小。由图(b)可见,钾热管接近稳态运行时其蒸气可压缩性已不再明显。蒸气最大流速为 15.2 m·s^{-1},仍然出现在蒸发段出口附近,对应的最大马赫数仅为 0.03。密度和温度沿轴向变化非常小,轴向最大温差和密度变化分别为 0.14 K 和 0.00017 kg·m^{-3}。蒸气轴向最大压降为 28 Pa,此时压力在冷凝段已经能明显得到恢复。计算结果与实验数据相符,实验中用热偶阱测得热管稳态运行时蒸气腔中心沿轴向几乎是等温的[30]。综上分析,热管蒸气最大马赫数从 240 s 时的 0.313 到稳态时的 0.03,蒸气可压缩性在稳态时微乎其微,可以忽略其影响,这有利于后续系统性能分析。

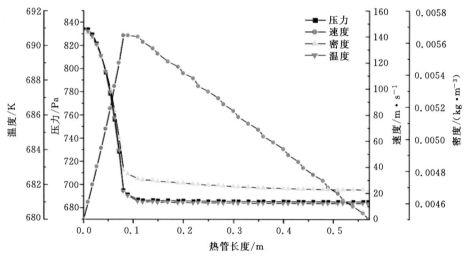

(a)蒸气在 240 s 时轴向温度、压力、速度和密度分布

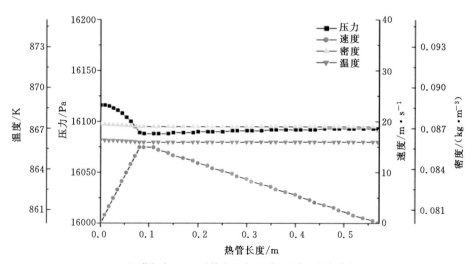

(b)蒸气在 370 s 时轴向温度、压力、速度和密度分布

图 9-24 蒸气参数沿轴向分布

9.4.3 热管传热极限分析

图 9 - 25 所示为热管水平启动条件下,几种传热极限变化趋势。从图中可以看出,热管启动过程中只碰到声速极限,热管可以正常启动。50 s 时热管开始遇到声速极限(54 W),热管最大轴向传热率开始按照声速极限值缓慢上升。在启动第二阶段的局部放大图中可以看到这个过程一直持续到第 200 s,由于蒸气压力梯度的下降热管得以克服声速极限(490 W)。此后随着蒸气温度的快速上升,声速极限开始大幅提升,而蒸气腔最大轴向传热率也开始加速上升。从图中还知最接近声速极限的是携带极限,可以预测,若热流输入更加猛烈,热管最有可能先遇到携带极限。携带极限在 170 s 后开始快速升高。毛细极限(即重力极限)在水平启动时始终高于轴向热流,但其随温度的变化幅度较小,并最终限制着热管最大轴向传热率。黏性极限刚开始比较小,但随着蒸气温度上升其数值近似以指数倍率上涨并且远高于轴向热流,因此热管启动可不用考虑黏性极限。

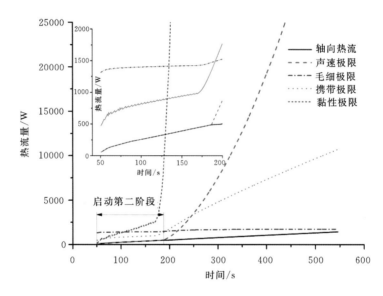

图 9 - 25 热管水平启动传热极限分析

9.4.4 热管不同倾角对启动特性的影响

热管不同倾角对启动状态影响显著,其中对毛细极限尤甚,直接影响着热管启动成败。图 9 - 26 所示为热管以不同倾角启动时其毛细极限的变化情况,模拟了重力对热管启动性能的影响。由图可见,热管在水平和重力辅助条件下均不会遇到毛细极限,但在比较大的反重力倾角下就会遇到毛细极限导致启动失败。−83°倾角启动时在 142 s 遇到毛细极限,−40°倾角启动时在 215 s 遇到毛细极限,都会导致启动失败。而当倾角减小到−25°左右时,毛细力就可以维持热管以额定传热功率运行。计算结果符合实验的结论[29],钾热管在±15°倾角下都可以正常启动,但当负的倾角度数较大时就会因遇到毛细极限而启动失败。这个现象可用式(9 - 2)来解释,公式中分子中热管有效运行长度 L_t 决定了毛细极限的变化趋势,分母的液相摩擦系数 F_1 导致了数值的轻微振荡。随着热管启动过程中温度的升高,工质熔化位置向冷凝段移动,增加了热管的有效运行长度,倾角为正,则毛细极限值不断增大,反之不断减小。工质物性随温度变化会影响液相摩擦系数,进而导致毛细极限值轻微振荡。由于程序对吸液芯采用了纯导热模型,未考虑液体流动性,而重力对蒸气流动的影响又微乎其微,所以程序并不能精确模拟重力对热管启动特性的影响。

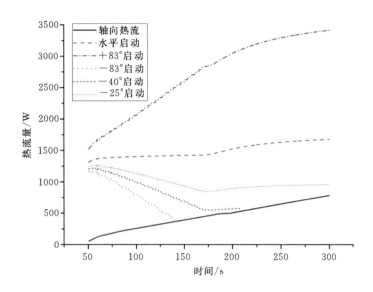

图 9-26 热管不同倾角启动时毛细极限变化

9.5 系统瞬态特性分析

9.4 节分析了热管水平放置启动特性,得出热管在给定高热流边界条件下 7 min 内能顺利启动。相比于事故条件下堆芯余热排出时间(按小时计算),热管启动时间可忽略不计(约 0.1 h),为保守考虑,在后续系统瞬态分析中假定,在前 0.1 h 热管不投入运行,0.1 h 后热管完全启动带走热量,同时考虑 3 s 控制棒落棒所需的时间延迟。在进行非能动系统瞬态分析前,还必须建立 Silo 空气冷却系统数学物理模型并耦合堆芯流动传热模型进行系统瞬态特性分析。

假定事故条件下堆芯初始温度为稳态时额定温度,热管额定功率为 1.5 kW,等效换热系数为 1783.25 W•m^{-2}•K^{-1},Silo 堆腔空气质量流速公式由文献[31]给出

$$\dot{m} = \left(\frac{2\beta\Delta Tg\Delta L}{R}\rho_\circ^2 \right)^{1/1.8} \tag{9-80}$$

式中:ΔL 为空气自然循环高度,m;R 为单位长度摩擦系数;$\rho_\circ$ 为参考密度,kg•m^{-3}。

由堆腔带走总热量为

$$Q_{\text{Silo}} = mc_p\Delta T \tag{9-81}$$

堆芯衰变余热估算公式如下

$$Q_{\text{decay}} = 0.0603 Q_{\text{fission}} t^{-0.0639} \tag{9-82}$$

最终堆芯各部分温度变化瞬态方程为

$$Mc_p \frac{\mathrm{d}T}{\mathrm{d}t} = Q_{\mathrm{decay}} - Q_{\mathrm{Silo}} \tag{9-83}$$

式中：Mc_p 为体积热容，$\mathrm{J \cdot K^{-1}}$。

9.5.1　未考虑非能动余热排出系统的瞬态特性

图 9-27 所示为未考虑非能动余热排出（简称余排）系统时堆芯关键温度变化。反应堆 0 s 时流量瞬间降为 0 kg·s⁻¹，3 s 后，反应堆停堆产生衰变余热。可以看出，由于 3 s 后功率瞬间降为额定功率的 0.6%，导致燃料芯块峰值温度和壁面峰值温度迅速下降，随后由于燃料元件不断释放衰变热而呈线性上升。冷却剂出口温度由于燃料元件的衰变热而迅速增加，随后线性增长。未考虑非能动安全系统时，由于没有冷源导致堆芯各关键温度直线上升，冷却剂出口温度在 9 h 左右首先触及安全限值 1144 K，从而使反应堆处在较为危险的运行状态，必须采取合理有效的措施进行堆芯冷却。

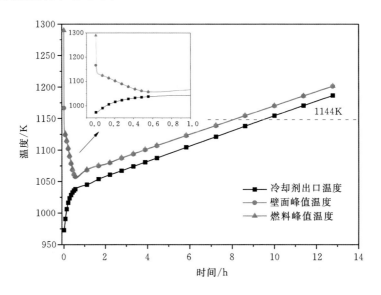

图 9-27　未考虑非能动余热排出系统时堆芯关键温度变化

9.5.2　考虑非能动余热排出系统的瞬态特性

图 9-28 所示为反应堆事故后堆芯热量平衡关系。事故初始，燃料衰变余热远大于余排系统带走热量，此时高温热管并未完全启动。0.1 h 后热管完全启动，余热排出系统带走热量迅速上升，随后缓慢增加。最终在事故后 5 h 达到热量平衡，即燃料衰变余热等于余排系统排放热量，预示着堆芯关键温度在此刻后将缓慢降低，反应堆趋于安全。图 9-29 比较了未考虑余热排出系统和考虑余热排出系统时冷却剂出口温度变化。可以明显看出，当采用高温热管非能动余热排出系统时，堆芯衰变余热能有效导出，使得冷却剂出口温度在事故后第 5 h 达到峰值 1060 K，低于安全限值 1144 K，随后温度缓慢下降。

详细的系统瞬态特性，如堆芯流量和关键温度变化如图 9-30 和图 9-31 所示。事故发生后，堆芯流量迅速下降到 1 kg·s⁻¹ 左右。堆芯与旁流通道建立起自然循环，导致旁流通道流量为负（见图 9-30 左上放大图），堆芯产生的热量通过旁流通道传递到铍反射层，最终通过堆

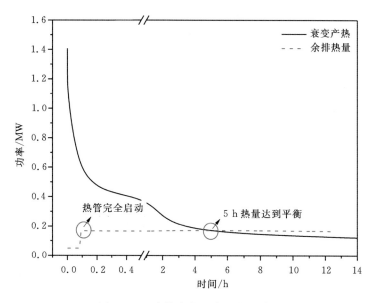

图 9-28　事故条件下热量变化曲线

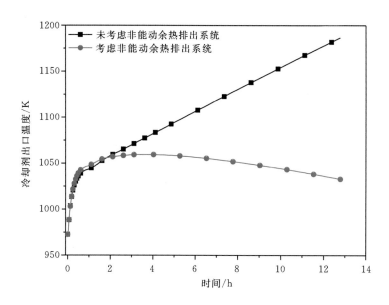

图 9-29　考虑和未考虑非能动余热排出系统冷却剂出口温度变化曲线

坑空气冷却系统排放到环境中。由于堆芯衰变余热随时间成指数规律下降,使得堆芯和旁流流量也缓慢减少(见图 9-30 右上放大图),而空气侧流量由于热管较高的换热系数导致其流量增加缓慢。堆芯各部位关键温度变化如图 9-31 所示,由于衰变热相比于裂变功率占比较小,导致反应堆停堆后燃料元件温度迅速下降,而冷却剂温度和铍反射层温度迅速上升,在第 5 h 达到峰值,然后缓慢下降。通过以上分析可得,相比于常规大型反应堆,小型反应堆发生极限事故后更为安全。一是因为事故后堆芯衰变热量级很小;二是反射层的设置极大地延滞了温度飞升,为后续非能动安全系统投入提供条件。

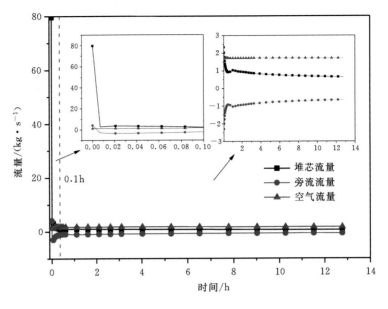

图 9 - 30　堆芯流量变化曲线

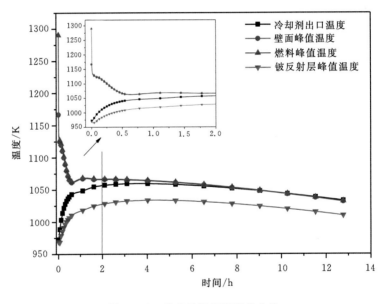

图 9 - 31　堆芯关键温度变化曲线

9.6　系统瞬态特性实验研究

9.6.1　实验概述

第四代堆充分强调非能动安全性的设计思路,即依靠重力、温差和气体膨胀力等自然驱动来驱动系统运作,避免使用泵、风机等其他电力设备。熔盐堆余热排出系统作为熔盐堆重要系统组成之一,其设计也应当遵循这一理念。然而现有的熔盐堆余热排出系统的传统设计无法充分实现真正的非能动性。如图 9-32 和图 9-33 所示[33],以美国的 MSRE 为代表的传统熔盐堆设计中,余热排出系统采用套管式换热元件(Bayonet Cooling Thimble)进行热量导出,利用换热元件内水的液相-气相转变实现热量传递。这种换热器安装了一套复杂的由泵驱动的冷凝水系统,以持续获得冷却水,实现换热元件内冷却工质的充分冷却。显而易见,这套系统与非能动安全设计理念尚有较大差距。这种方法依赖泵的有效运作,因此事故中系统可靠性难以充分保证;同时系统较为繁琐,系统故障发生的可能性也会相应提升。

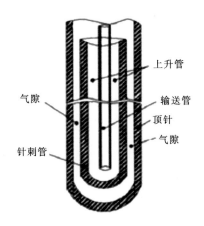

图 9-32　冷却套管局部示意图

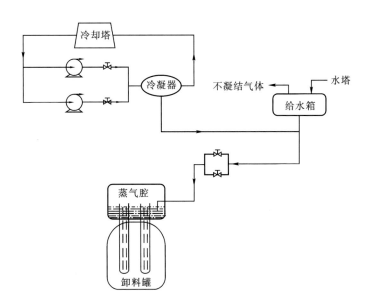

图 9-33　余热排出系统流程图

基于四代堆的非能动设计理念,提出了熔盐堆新型非能动余热排出系统概念设计,将高温热管技术用于熔盐堆非能动余热排出系统,如图 9-34 所示。当熔盐堆发生一回路大破口、失流事故等事故工况时,反应堆容器中燃料盐温度迅速上升使冷冻阀熔断,进而冷冻阀迅速开启,燃料盐依靠重力作用快速下泄到卸料罐当中。安插在卸料罐中的高温热管迅速启动,利用高温热管内液态金属工质的相变自然循环和热管冷凝段外部的空气自然对流,将衰变余热排放到外界环境当中,实现卸料罐内燃料盐热量的长期高效排放。该系统的运作仅依靠系统本身的自然驱动力自发进行,避免了外界驱动力的引入,使系统运行(尤其在事故工况下)更为可靠,同时使系统结构得到大幅简化。

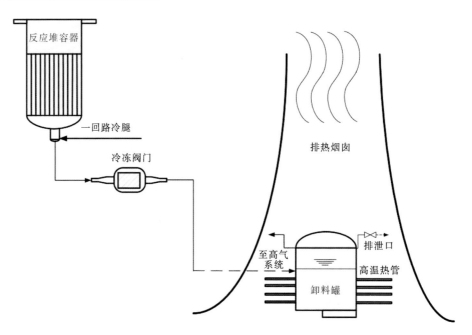

图 9-34　熔盐堆新型非能动余热排出系统概念设计

为验证熔盐堆新型非能动余热排出系统的可行性,并开展相关非能动余排系统实验研究,设计并搭建了熔盐堆新型非能动余热排出实验系统。具体实验研究目的包括:

(1)研究余排系统散热性能,验证热管应用于熔盐堆新型非能动余热排出系统的可行性,为熔盐堆非能动余热排出系统的进一步设计提供重要的实验数据支持;

(2)开展余排系统稳态换热特性实验研究,研究卸料罐内 FLiNaK 熔盐与热管的自然对流换热,获得相关传热关系式,填补国际上 FLiNaK 相关换热实验的空白。

9.6.2　实验系统

为较为真实准确地模拟熔盐堆实际工作条件,本实验系统所用工质为熔盐堆实际用盐的备选方案之一——高纯氟盐 FLiNaK(LiF∶NaF∶KF 摩尔比为46.5∶11.5∶42)。20 世纪60年代至今,以美国橡树岭国家实验室为首的科研机构对氟盐的热物性开展了相应研究,氟盐的热物性在本书第2章中已作详细介绍。FLiNaK 熔盐具有较为特殊的腐蚀特性,其对合金成分的腐蚀先后顺序为 Ni<Co<Fe<Cr<Al(从左往右优先级依次升高)[32]。同时,氟盐中的水氧杂质成分会极大加速腐蚀。调研国外合金材料耐氟盐腐蚀特性文献,参考了美国橡树岭国家实验室的液态熔盐实验回路、美国康斯威辛大学麦迪逊分校的高温熔盐实验回路和爱达荷国家实验室的强迫循环熔盐传热实验回路等实验台架,本实验熔盐系统全部采用 316 不锈

钢制作。实验系统主要由熔盐实验系统、氩气辅助系统和控制测量系统构成。系统结构示意图如图 9-35 所示。系统实验压力为 0～150 kPa,温度为 400～650 ℃。

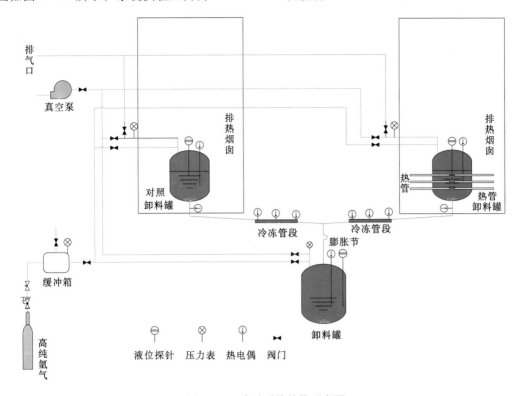

图 9-35　实验系统结构示意图

　　熔盐实验系统主体部分为 3 个熔盐罐,包括:熔盐储存罐、对照卸料罐和热管卸料罐。热管卸料罐和对照卸料罐为本实验系统的试验段,用于熔盐与外界环境热交换。储存罐直立放置于地面,两个卸料罐放置于储存罐上方实验平台上。两个卸料罐处于同一水平高度,箱底距地面约 2 m,二者水平间距约 4 m。卸料罐将分别安置于排热风筒内,风筒高度可调,变化范围为 2～6 m。熔盐系统罐体及管道均采用 316 不锈钢制作。熔盐系统最高温度为 650 ℃,实验过程中需控制系统主体部分温度不低于 500 ℃,确保氟盐整体上处于液体状态。管道控制采用仿照冷冻阀原理设计加工的冷冻管段,控制管段内熔盐为凝固或液化状态,进而实现管道内熔盐流动控制。全部熔盐管道均保持 5°倾角,便于实验后熔盐回流至储存罐。熔盐系统外全部缠绕电加热丝,并包裹保温棉,用于系统预热及保温。

　　氩气辅助系统直接与熔盐系统各个罐体相连,出口直接与外界大气环境连通。该系统作用为:①创造惰性气体环境,保护氟盐不受外界空气杂质污染;②控制氟盐流入试验段。氩气系统入口连接氩气瓶,出口处安装旋片式真空泵。管道控制采用高真空隔膜阀,并通过压力表监测氩气系统及各个罐体内压力值,确保系统安全运行。氩气系统内最大压力为 0.2 MPa,所填充的氩气纯度为 99.999%,水氧含量不高于 10^{-5}。

　　控制测量系统主要包括各加热部件(加热棒及加热丝)、热电偶、液位探针、调压器、数据采集系统、程控直流电源和配套配电设备。全系统总最大加热功率为 100 kW,测温点共计 90 个。程控直流电源为卸料罐提供熔盐加热,可模拟熔盐衰变热功率变化。

1. 熔盐储存罐

储存罐为立式熔盐罐(见图9-36),用于储存实验系统中全部氟盐。储存罐内径800 mm,壁厚10 mm,直筒段520 mm。氟盐总装量0.3 m³,约占储存罐总容积的60%。氩气进出口管位于储存罐上封头,通过隔膜阀控制气体进出,通过压力表监测管内压力。氟盐出口管从上封头中央直插罐底。加热棒从上封头插入,共计6根。氟盐温度通过K型铠装热电偶监测。液位监测采用液位探针。储存罐外包裹硅酸铝保温棉,并在罐壁面缠绕电加热丝,用于罐体保温及辅助加热。

图9-36 熔盐储存罐

2. 熔盐卸料罐

卸料罐为本实验系统的试验段。本实验系统安装有两个卸料罐,用于对照试验。热管卸料罐上安装24根热管,对照卸料罐上不安装热管。两个卸料罐结构完全相同,唯一的区别为热管卸料罐直筒段设置有热管的安装孔。如图9-37所示,卸料罐为立式熔盐罐,制作材料为316不锈钢,结构与储存罐类似,主要区别为卸料罐的熔盐管道口位于罐体下封头中央位置,熔盐从罐体底部进出。卸料罐内径600 mm,壁厚10 mm,总高900 mm。熔盐液位高度最高为420 mm,在卸料罐留有40%~45%的气体空间,确保罐内有足够的容积裕量。氩气管道接于卸料罐上封头,通过阀门控制氩气出入。罐内熔盐管道进出口上方安装一个挡板,防止熔盐流速过快,喷入卸料罐内,冲淋热管或测量器件,同时一定程度上使熔盐液位平稳上升。热管从卸料罐直筒段插入。热管数量最大为24根,整齐排列3层,每层8根周向均匀对称布置。每层热管间距130 mm。热管通过卡套管接头密封安装至卸料罐直筒段壁面。可根据实验需求,取下热管,调整热管数量。为保证热管处于良好的工作状态,罐外热管冷凝段部分向上倾斜10°。热管由卡套管接头安装于卸料罐侧壁面,在确保卸料罐气密性的同时,可根据实验需求取下热管,以调整热管数量与布置。

(a)对照卸料罐　　　　　　　　(b)热管卸料罐

图 9 - 37　熔盐卸料罐

　　测量元件与加热元件均从罐体上封头安装插入。每个卸料罐安装 9 根加热棒,单根直径 20 mm,加热段长度 370 mm,采用 Swagelok 卡套管接头(SS - 20M0 - 1 - 12BT)密封安装,单根额定功率:2700 W,±10%。加热棒均从罐体顶端插入箱内,一根在正中央,其余 8 根周向均匀对称布置。卸料罐外壁面均匀缠绕电加热丝,罐外包裹硅酸铝保温棉。加热棒功率直接由程控直流电源控制,可模拟衰变热加热功率。

　　卸料罐内氟盐温度通过 6 支同规格的 K 型多点热电偶测量。这些热电偶从卸料罐上封头插入,对称均匀布置于不同的半径位置,插入安装深度保持一致。测点位置如图 9 - 38 所示。单根多点热电偶上布置有 5 个测温点,最低端两点间距 65 mm,其余两点间距 130 mm。

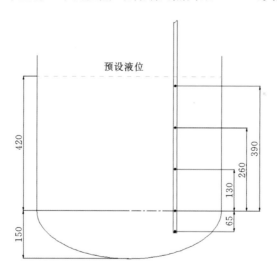

图 9 - 38　卸料罐多点热电偶测点高度布置示意图

3. 高温热管

根据实验需求,热管的结构参数如表 9-1 所示。热管工作原理与基本结构在 9.2 节中有详细介绍。热管由热管管壳、外套管、底部端盖、顶部端盖、吸液芯、充液管及保护罩组成。热管蒸发段长度 230 mm,插置于熔盐卸料罐体内。绝热段长度 200 mm,与罐体保温棉厚度一致。冷凝段长度 370 mm,置于外界空气环境中。热管通过卡套管接头密封安装至卸料罐直筒段壁面。热管管壳外壁面留有两个热电偶槽,将铠装热电偶置于槽内以对热管蒸发段壁温进行测量。

表 9-1　热管参数表

外形尺寸/mm	$\Phi 30 \times 900$	最高工作温度	700 ℃
蒸发段长度	230 mm	热管外径	28 mm
绝热段长度	200 mm	热管内径	21 mm
冷凝段长度	370 mm	外套管外径	30 mm
管壳材料	06Cr17Ni12Mo2	传热工质	高纯钾

4. 氟盐加热功率控制

为较为真实地模拟熔盐排放至卸料罐后的散热过程,实验采用程控直流电源模拟燃料盐衰变热功率。本实验参考美国熔盐实验堆 MSRE 的卸料盐衰变热功率[35](见图 9-39),根据体积、功率、密度恒定进行折算,最终获得本实验所需的加热功率(W)随时间(h)变化关系式为式(9-84)。

$$P_0(t) = 4846.692\exp\left(-\frac{t}{3.05251}\right) + 2295.4664\exp\left(-\frac{t}{17.80259}\right) \tag{9-84}$$

$$+ 2361.7528\exp\left(-\frac{t}{296.58353}\right)$$

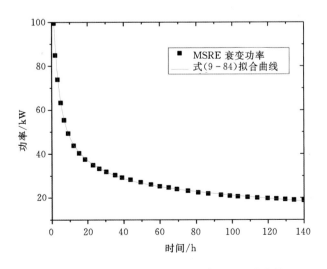

图 9-39　MSRE 卸料盐衰变热功率随时间变化情况

9.6.3　实验结果

1. 卸料罐内氟盐与单根热管自然对流换热

实验分析了卸料罐内氟盐与不同高度单根热管的自然对流换热。考虑热管与水平面的 $10°$ 倾角,卸料罐内单根热管所处平均安装高度分别为 0.07 m、0.2 m 和 0.33 m,罐内液位高度为 0.42 m。热管高度不同时,热管蒸发段与氟盐的自然对流换热系数如图 9-40 所示。热管位于不同高度时,氟盐与其自然对流换热系数不同。热管高度越高,自然对流换热系数越大。热管高度恒定不变时,自然对流换热系数随氟盐与热管壁面温差增大而上升。自然对流换热系数 h 可以按下式计算

$$h = \frac{Q}{A \Delta T} = \frac{Q_{hp} - Q_{rad}}{A \Delta T}$$

$$\Delta T = T_{ave} - T_{w}$$

式中:A 为插入氟盐内的热管蒸发段表面积,m^2;Q 为自然对流传热功率,W;Q_{hp} 和 Q_{rad} 别为热管总功率和辐射传热功率。在计算自然对流换热系数 h 时,温差采用与热管相同水平高度的液态氟盐均温和高温热管蒸发段壁面均温的差值。

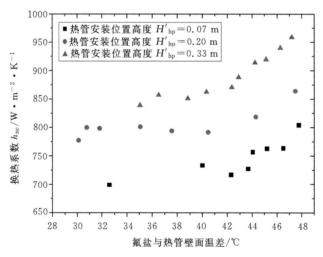

图 9-40　不同热管高度,自然对流换热系数随温差变化

由于热管有 $10°$ 倾角,因此其特征长度 L_c 按照倾斜管进行计算,计算公式如下

$$L_c = \sqrt{\frac{Ld}{(L/d)\cos\theta + (d/L)\sin\theta}} \tag{9-85}$$

式中:L 和 d 分别为热管插入长度和热管外径。

综合考虑热管高度对自然对流换热的影响,用相对高度 h/H_{max}(热管高度与罐内氟盐液位高度的比值)对 Ra 数进行修正,获得了卸料罐内氟盐与热管的自然对流换热关系式

$$Nu = 6.7291 (Ra \frac{h}{H_{max}})^{0.0993}, \quad 3.97 \times 10^6 \leqslant Ra \leqslant 1.16 \times 10^7 \tag{9-86}$$

图 9-41 为 Nu 数随修正后的 Ra 数变化曲线,其中的拟合曲线的公式为式(9-86)。图 9-42 为 Nu 数的实验值与按式(9-85)计算值之间的对比。由图中可以看出,实验值与计算值符合较好,偏差在 $\pm 5\%$ 以内。

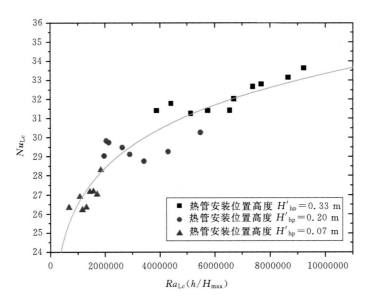

图 9 - 41　Nu 数随相对高度修正的 Ra 数变化

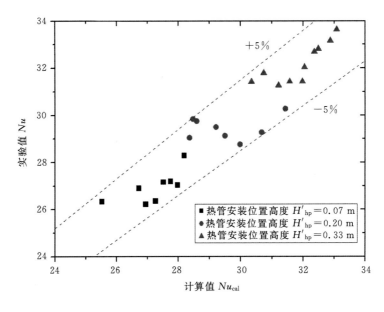

图 9 - 42　Nu 数的计算值与实验值对比

2. 卸料罐内氟盐与竖列管束自然对流换热

热管间距不同时,热管与氟盐的自然对流换热系数如图 9 - 43 所示。从图中看出热管间距分别为 $P/D=8.67$ 和 $P/D=4.33$ 时,氟盐与竖列管束的自然对流换热系数变化基本相同,二者间基本无差异。氟盐温度上升,自然对流换热系数增大,对流强度增强。自然对流换热系数约从 640 W/(m²·K) 上升至 690 W/(m²·K)。但是相比于单根热管时,氟盐与竖列管束的自然对流换热系数明显整体偏低,降幅约为单根热管换热系数的 10%～15%。这种情况的出现是由于竖列管束的布置方式,使氟盐与每根热管间的自然对流流动相互干扰,导致氟盐与单根热管间的传热能力下降。图 9-44 为热管平均功率随氟盐与热管壁面温差的变化情况。可以明显地看出,相同温差时,氟盐与管束排列的热管的平均传热功率明显降低。综上所述,可以得出管束间的相互干扰导致自然对流换热系数降低,削弱了自然对流换热强度;同时两种管间距对自然对流换热系数基本没有影响。

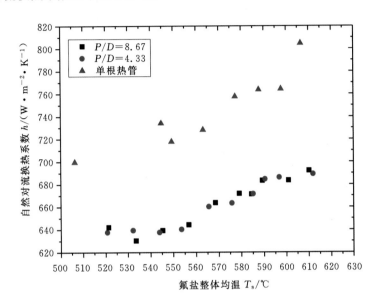

图 9-43　自然对流换热系数随氟盐温度变化

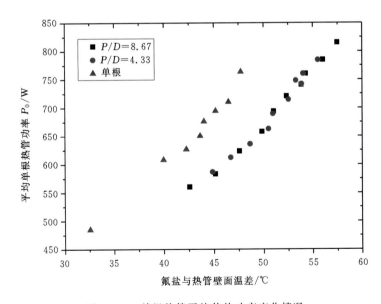

图 9-44　单根热管平均传热功率变化情况

　　然而需要特别指出的是,由于管束排列中使用了多根热管,虽然自然对流强度降低导致单根热管的平均功率降低,但管束的总功率仍然大于单根热管。对于系统整体而言,管束的换热能力仍优于单根热管。

采用不同管间距时,氟盐与竖列管束自然对流努赛尔数 Nu 随瑞利数 Ra 的变化如图 9-45所示。瑞利数 Ra 增大,努赛尔数 Nu 也随之增大。由于整体自然对流强度的削弱,采用管束时的努赛尔数 Nu 变化范围为 23～25,明显小于单根热管时的努赛尔数 Nu。采用管束的工况下,努赛尔数 Nu 与瑞利数 Ra 的变化关系式应仍符合指数形式,因此可由实验数据拟合出氟盐与竖列管束的自然对流换热关系式

$P/D=8.67$ 时,

$$Nu=3.8190 \cdot Ra^{0.11483}(5.70 \times 10^6 \leqslant Ra \leqslant 1.31 \times 10^7) \tag{9-86}$$

$P/D=4.33$ 时,

$$Nu=3.3991 \cdot Ra^{0.12171}(6.12 \times 10^6 \leqslant Ra \leqslant 1.31 \times 10^7) \tag{9-87}$$

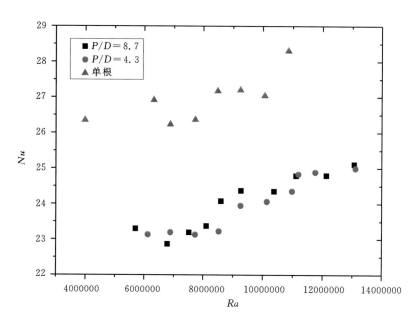

图 9-45　氟盐与竖列管束自然对流换热时 Nu 随 Ra 变化情况

综合各工况实验数据结果,不同管间距时氟盐自然对流换热情况无明显差距,因此可以将全部实验数据统一起来,得出总自然对流换热关系式,如图 9-46 所示,图中拟合曲线的公式为 $Nu=3.6703Ra^{0.11712}$。图 9-47 对比了努赛尔数 Nu 计算值与实验值之间的偏差情况。努赛尔数计算值与实验值偏差很小,在 -2.9%～1.7%,表明关系式与实验结果吻合良好。

$$Nu=3.6703 \cdot Ra^{0.11712}(5.70 \times 10^6 \leqslant Ra \leqslant 1.31 \times 10^7) \tag{9-88}$$

3. 系统参数敏感性分析

本研究开展了系统瞬态散热特性实验,研究了不同设计参数下,泄料罐内氟盐的冷却情况。

1)热管数量

本实验分别进行了安装 6 根热管和 12 根热管时的系统瞬态散热实验。6 根热管选取的为卸料罐上对称的 2 列(夹角 180°),每列 3 根;12 根热管选取的为卸料罐上对称的 4 列(夹角 45°),每列 3 根。图 9-48 展示了氟盐初始温度为 602 ℃,风筒高度 2 m 时,不同数量热管工况下卸料罐内的氟盐降温特性曲线。罐内氟盐平均温度从 602 ℃ 降低至 504 ℃,6 根热管工况耗

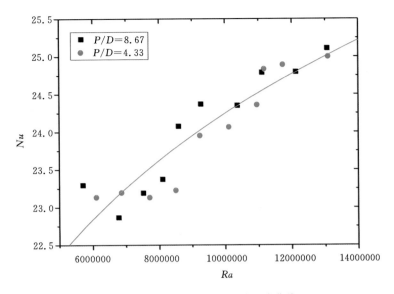

图 9 - 46　总自然对流换热关系式曲线

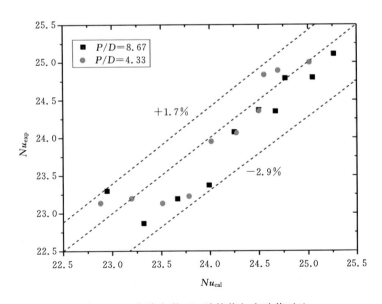

图 9 - 47　努赛尔数 Nu 计算值与实验值对比

时 8.3 h,平均降温速率 11.81 ℃/h;12 根热管工况耗时 4.2 h,平均降温速率 23.33 ℃/h。12 根热管的降温速率约为 6 根热管的 2 倍。

2) 风筒高度

不同风筒高度时,系统内氟盐的冷却情况如图 9 - 49 所示。卸料罐内氟盐初始平均温度为 602 ℃,热管数量为 6 根(对称 2 列,每列 3 根)。从图中可以看出,风筒对罐内氟盐的冷却有较为明显的强化作用。风筒高度越高,氟盐冷却速度明显越快。氟盐从初始温度开始降低至 496 ℃,无风筒工况耗时 9.7 h,2 m 风筒工况耗时 8.9 h,4 m 风筒工况耗时 8.3 h。相比无风筒工况,4 m 风筒工况的氟盐降温耗时缩短 1.4 h,系统冷却效果提升明显。

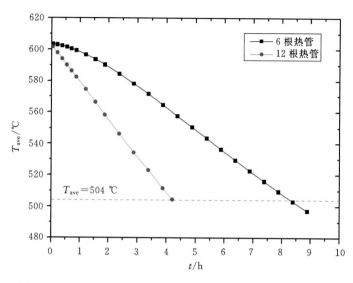

图 9-48　风筒高度为 2 m 时,不同热管数量对系统散热的影响

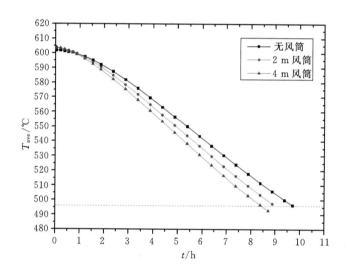

图 9-49　热管数量为 6 根时,不同风筒高度对系统散热性能的影响

3)氟盐初始温度

　　热管的散热功率会随氟盐温度变化而变化。氟盐温度越高,热管散热功率越大。不同的氟盐初始温度会导致热管初始时刻的散热功率不同。因此在衰变加热功率相同时,氟盐的冷却特性会受到氟盐的初始温度影响。图 9-50 为无风筒使用 6 根热管时,不同氟盐初始均温下氟盐的降温特性曲线。从图中可以看出,由于衰变功率在初始时刻较高,导致氟盐在冷却初期温度降低速度较慢。氟盐初始温度为 564 ℃时,氟盐在冷却初期温度有明显的上升。这是由于氟盐温度低,导致热管散热功率不足,衰变热无法有效导出,所以氟盐温度会出现升高。而氟盐初始温度为 602 ℃时,初始时刻的热管散热功率较高,较为有效地导出了衰变热,抑制了氟盐温度的升高。随后,衰变热功率急速降低,在热管的散热下,氟盐温度稳步降低。

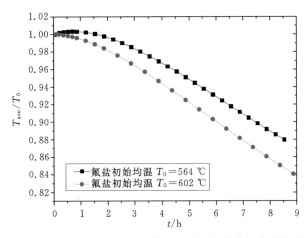

图 9-50　无风筒时,氟盐初始均温对系统散热性能的影响

4) 衰变热功率

为模拟燃料盐的衰变热功率,实验采用程控电源编程控制加热棒加热功率,使加热棒加热功率按照衰变热函数变化,详见 9.6.2 节内第四部分所述。本节开展了不同衰变功率水平下的系统散热特性实验,衰变热功率分别为 100% 衰变热功率水平(P_0)和 70% 衰变热功率水平($0.7P_0$)。热管数量均为 6 根,无风筒。各功率下系统氟盐降温曲线如图 9-51 所示。衰变热功率为 P_0 时,由于衰变功率氟盐温度在初始 1 h 内先缓慢上升,之后逐步降低,经 7.9 h 降低至 502 ℃;衰变热功率为 $0.7P_0$ 时,氟盐温度从初始时刻开始迅速降低,降低至 502 ℃ 耗时 5.0 h,为 P_0 工况用时的 63.2%。

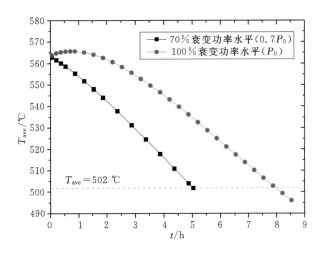

图 9-51　不同衰变功率水平下系统散热特性

参考文献

[1] 叶成.先进压水堆核电厂非能动安全能力延伸研究[D].上海:上海交通大学,2013.

［2］ ROBERTSON R C. Conceptual Design Studyof a Single-Fluid Molten-Salt Breeder Reactor：ORNL-TM-4541 ［R］. United States：Oak Ridge National Laboratory，1971.

［3］ 孙露，孙立成，阎昌琪. ORNL10 MW 熔盐实验堆（MSRE）排盐罐冷却系统热工水力特性分析［J］.核技术，2012，35(10)：790－794.

［4］ INGERSOLL D，FORSBERG C，OTT L，et al. Status of Preconceptual Design of the Advanced High-Temperature Reactor（AHTR）：ORNL/TM-2004/104 ［R］. United States：Oak Ridge National Laboratory，2004.

［5］ GAUGLE R S. Heat transfer device：U S 2350348 ［P］. 1942：11－21.

［6］ GROVER G M，COTTER T P，ERIKSON G F. Structures of Very High Thermal Conductance ［J］. Applied Physics，1964，35(6)：1990－1991.

［7］ 庄俊，张红. 热管技术及其工程应用［M］.北京：化学工业出版社，2004.

［8］ 冯踏青.液态金属高温热管的理论和试验研究［D］.杭州：浙江大学，1998.

［9］ 王成龙，宋健，陈静，等.TOPAZ-II 改进型热管辐射换热器传热单元数值研究［J］.原子能科学技术，2016，50(1)：80－85.

［10］ Personal Communication with Prof. Per Peterson. Xi'an Jiaotong University，2015.

［11］ WANG C，GUO Z，ZHANG D，et al. Transient Behavior of the Sodium-Potassium Alloy Heat Pipe In Passive Residual Heat Removal System Of Molten Salt Reactor［J］. Progress in Nuclear Energy，2013，68：142－152.

［12］ CHI S W. Heat Pipe Theoryand Practice：A Sourcebook ［M］. New York：Hemisphere Publishing Corp，1976.

［13］ 卫光仁，毕可明，冯波.干道式高温热管的传热性能试验研究［J］.原子能科学技术，2014，48(3)：447－453.

［14］ 柴宝华，杜开文，卫光仁.钾热管稳态数值模拟分析［J］.原子能科学技术，2010，44(5)：553－557.

［15］ 孔祥谦.有限单元法在传热学中的应用［M］.北京：科学出版社，1998.

［16］ 路金甫，关治.偏微分方程数值解法［M］.北京：清华大学出版社，2004.

［17］ DUPONT T，FAIRWEATHER G. Three-Level Galerkin Methods for Parabolic Equations ［J］. SIAM Journal of Numerical Analysis，1974，11(2)：392－410.

［18］ TIEN C L. Fluid Mechanics of Heat Pipes ［J］. Annual Review of Fluid Mechanics，1975，7：167－185.

［19］ DEL-GIUDICE S，COMINI G，LEWIS R. Finite Element Simulation of Freezing Processes in Solid ［J］. International Journal for Numerical and Analytical Methods in Geomechanics，1978，2(3)：223－235.

［20］ 杨世铭，陶文铨.传热学［M］.北京：高等教育出版社，2006.

［21］ KAYS W M，CRAWFORD M E，WEIGAND B. Convective Heat and Mass Transfer ［M］. 4th ed. New York：McGraw-Hill，2004.

［22］ COLWELL G T. Modeling of Transient Heat Pipe Operation：NASA GRANT NAG-1-392 ［R］. United States：National Aeronautics and Space Administration，1989.

［23］ DONOUGHE P L. Analysisof Laminar Incompressible Flow on Semi-porous Channels：

NACA-TN-3759 ［R］. United States：National Aeronautics and Space Administration,1956.

[24] TIEN C L. Fluid Mechanics of Heat Pipes [J]. Annual Review of Fluid Mechanics, 1975, 7:167-185.

[25] 秋穗正,王成龙,田文喜,等.高温热管液态金属热管启动分析计算软件[HTPAC V1.0]: 00361994 [P].2014.

[26] 李乃成,梅立泉.数值分析[M].北京:科学出版社,2011.

[27] 徐士良.FORTRAN 常用算法程序集[M].北京:清华大学出版社,1996.

[28] CAMARDA CJ. Analysis and Radiant Heating Tests of a Heat-Pipe-Cooled Leading Edge:NASA-TN-8486 ［R］. United States:National Aeronautics and Space Administration,1977.

[29] 卫光仁,柴宝华,魏国锋,等.干道式高温热管的传热性能试验研究[J].原子能科学技术, 2014,48(3):447-452.

[30] 韩冶.基于多孔介质模型的钾热管数值模拟研究［D].北京:中国原子能科学研究院,2012.

[31] NAKATA J, WAKUI M, MORI M, et al. Performance Evaluation of Dracs System For FHTR and Time Assessment of Operation Procedure[C]. 21st International Conference on Nuclear Engineering(ICONE21), Chengdu, China, July 29-August 2,2013

[32] Task, K D, Lahoda E J and Paoletti L. Molten Salt /Helium Comparison for Intermediate Heat Exchange Loop[C]. 39th Annual Loss Prevention Symposium,Atlanta,GA.

第 10 章　移动式氟盐高温堆概念设计及分析

自 20 世纪开始核能发电后,核电站的容量以及规模越做越大,经济性被很大程度地提高,随之而来的是核电站在整个建设周期内的投资成本也迅速提高,这极大地限制了核电在偏远地区和某些特殊领域的发展。基于以上考虑,反应堆逐步小型化、模块化是未来发展趋势之一。世界各国已纷纷开展小型堆的概念设计和相关研究,如表 10-1 所示。从表中可以看出,水冷一体化小型反应堆研究较为成熟,但由于对水资源依赖程度较高且应用范围相对狭窄,其发展受到限制。

随着先进反应堆概念(第四代堆型)的提出,融合先进冷却剂技术的小型模块化反应堆方兴未艾。熔盐以其高温低压的运行特点,减少大型昂贵的耐压部件、耐压管道、高压容器,从而降低电站建设成本。同时,熔盐是目前核工业冷却剂中载热特性最高的工质,是水的 1.12 倍,金属钠的 4.54 倍,更是氦气的 227 倍,单位容积可以传递更多能量,从而大大缩小压力容器尺寸,减少建设耗材,提升电站经济性和安全性。目前,熔盐冷却小型模块化高温堆相关研究主要集中在美国(见表 10-1),ORNL、MIT 和 UCB 分别提出了具体概念设计,相关市场政策、物理热工理论及实验、反应堆安全审评等方面研究正逐步进行。

表 10-1　小型模块化反应堆研究现状

冷却类型	SMR 名称	研究机构	设计电功率	进展
水冷却	SMR-160[1]	Holtec 公司,美国	160 MW	概念设计
	Westinghouse SMR[2]	Westinghouse,美国	225+ MW	初始设计
	NuScale[3]	NuScale 能源公司,美国	45 MW	基本设计
	mPower[4]	B&W 公司,美国	180 MW	基本设计
	ELENA[5]	俄罗斯研究中心	0.068 MW	概念设计
	SHELF[5]	俄罗斯能源工程研究中心	6 MW	概念设计
	RUTA-70[5]	俄罗斯能源工程研究中心	70 MW	概念设计
	UNITHERM[5]	俄罗斯能源工程研究中心	6.6 MW	概念设计
	VK-300[5]	俄罗斯能源工程研究中心	250 MW	详细设计
	VVER-300[5]	OKB 公司,俄罗斯	300 MW	概念设计
	RITM-200[5]	OKBM 公司,俄罗斯	50 MW	建造中
	ABV-6M[5]	OKBM 公司,俄罗斯	6 MW	详细设计
	VBER-300[5]	OKBM 公司,俄罗斯	325 MW	安审阶段
	KLT-40S[5]	OKBM 公司,俄罗斯	35 MW	建造中
	SMART[5]	KAERI 研究中心,韩国	100 MW	已通过安审

续表 10－1

冷却类型	SMR 名称	研究机构	设计电功率	进展
水冷却	IMR[5]	三菱重工,日本	350 MW	概念设计完成
	DMS[5]	日立-通用电气,日本	300 MW	基本设计
	IRIS[5]	国际合作项目	335 MW	基本设计
	AHWR300-LEU[5]	BARC 研究中心,印度	304 MW	基本设计
	Flexblue[5]	DCNS 研究中心,法国	160 MW	概念设计
	ACP-100[5]	中国核工业集团公司,中国	100 MW	详细设计
	CAREM-25[5]	CNEA 研究中心,阿根廷	27 MW	建造中
气体冷却	Xe-100[5]	X 能源公司,美国	35 MW	概念设计
	SC-HTGR[5]	阿海珐,美国	272 MW	概念设计
	HTMR-100[5]	STL 公司,南非	35 MW	概念设计
	PBMR-400[5]	SOC 公司,南非	165 MW	详细设计
	MHR-100[5]	OKBM 公司,俄罗斯	25～87 MW	概念设计
	GT-MHR[5]	OKBM 公司,俄罗斯	285 MW	概念设计完成
	GT-HTR300[5]	日本原子能署(JAEA)	100～300 MW	基本设计
	HTR-PM[5]	清华大学,中国	211 MW	建造中
液态金属冷却	G4M[5]	Gen4 能源公司,美国	25 MW	概念设计
	EM²[5]	美国通用原子能公司(GA)	240 MW	概念设计
	PRISM[5]	美国通用电气核能部(GE)	311 MW	详细设计
	SVBR-100[5]	AKME 工程中心,俄罗斯	101 MW	概念设计
	BREST-OD-300[5]	RDIPE 研究中心,俄罗斯	300 MW	详细设计
	4S[5]	日本东芝公司	10 MW	详细设计
	CEFR[5]	中国核工业集团公司,中国	20 MW	运行中
熔盐冷却	SmAHTR[6]	ORNL,美国	50＋ MW	概念设计
	MK1 PB-AHTR[7]	UCB,美国	100 MW	详细设计
	TFHR[8]	MIT,美国	6～8 MW	概念设计

　　先进概念堆型的提出往往伴随着各种新型技术的概念交叉与有机融合,就如同 FHR 继承了熔盐堆(MSR)、气冷堆(GFR)以及钠冷快堆(SFR)各自独特的技术特征和优势,取长补短,优势互补,使 FHR 技术日臻完善。在现有较为成熟的 FHR 技术基础上,融入小型模块化反应堆设计理念,结合高温热管技术,提出一种全新概念移动式氟盐冷却高温堆概念设计(Transportable Fluoride-salt-cooled High Temperature Reactor,TFHR)并开展物理热工设计分析计算及安全审评关键问题研究,具体关系如图 10－1 所示,这对于提高我国先进核能系统研究水平具有重要的学术意义。下面将简要介绍 TFHR 概念设计。

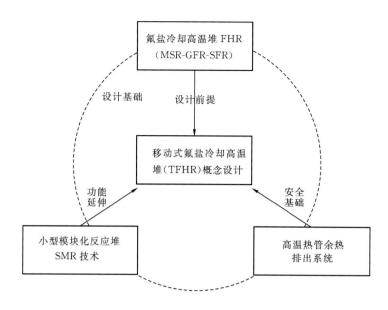

图 10-1 TFHR 概念设计关系图

10.1 移动式氟盐高温堆概念设计

TFHR 反应堆设计必须保证两大最终目标：一是反应堆稳定运行时能满足偏远地区多变的能源与热源需求；二是系统设计必须符合 S3（即 Safety、Security 和 Safeguards）准则，必须建立并维持一套有效的防护措施，以保证即使在发生不可预计的严重事故后，工作人员、社会及环境免遭放射性危害。对于核燃料，必须满足核不扩散特性。Ruaridh R. Macdonald 博士通过对小型堆市场需求及相关政策法规、反应堆安全审评等方面的研究，得到 TFHR 必须满足以下设计准则[9]：

(1)反应堆运行期间保证尽量少的操作及技术人员，以减轻当地经济负担；

(2)反应堆核心部件具有快速可运输特性；

(3)燃料具有核不扩散特性，即乏燃料很难采用化学分离萃取等其他手段进行武器级核燃料提取提纯；

(4)核事故规模从时间尺度、空间尺度上可控；

(5)尽可能设计较长的燃料循环，采用换料方案，以减低换料频率，提高燃料循环经济性；

(6)能够提供可调节的能量及热量输出，并在保证反应堆可靠性基础上，尽量削减反应堆冗余部件；

(7)可与能量存储技术耦合。

鉴于此，本研究基于 FHR 固有特点，结合 SMR 和高温热管技术提出全新概念移动式熔盐冷却高温堆（TFHR），以满足偏远地区，诸如沙漠、孤岛、矿场等区域用电或高温工艺热需求，同时符合反应堆设计 S3 准则。

TFHR 一回路冷却剂为二元熔盐体系 $^7LiF-BeF_2$（摩尔比为66.7：33.3，FLiBe），最初应用于美国的 MSRE 实验堆中，具有良好的载热和中子特性。一回路系统由主冷却剂管道、反应堆堆芯、主换热器和主循环泵组成。压力边界及结构材料使用 Hastelloy N 合金制作,该合金材料与熔盐具有良好的材料相容性。内部和外部反射层分别采用石墨和铍。图 10-2 给出了 TFHR 堆芯轴向和纵向截面示意图。堆芯为正六边形棱柱结构,由四部分组成:中心控制系统管道区(包含中央下降管道以及控制棒孔道)、活性区、可替换的石墨层(包含安全棒孔道)和铍层。堆芯活性区采用双环形设计,内环有 6 个燃料组件,外环有 12 个燃料组件。6 个具有独立控制机构的控制棒布置在中央孔道区,12 个安全棒布置在活性区周边(8 个在活性区外围、4 个分布在中心区域)。此外,活性区上下还布置有石墨反射层以及上下搅浑腔室,以保证冷却剂流入堆芯前水力学充分发展。冷却剂 FLiBe 经中央下降管道流入下腔室,折返进行流量分配,流入活性区,带走燃料元件释放的裂变热[10]。堆芯结构几何参数如表 10-2 所示,堆芯总体高约 2.9m,直径为 3m,总重 14 t 以内(不包含冷却剂),可装载在一般大型卡车上,进行远程定点运输,图 10-3 为卡车装载运输概念图[11]。

表 10-2　TFHR 堆芯主要几何参数

区域	参数	数值
活性区	冷却剂管道直径	12.70 mm
	燃料元件管道直径	12.70 mm
	燃料元件直径	12.45 mm
	燃料组件六边形对边距离	360 mm
	单个燃料组件冷却剂管道数	108
	单个燃料组件燃料元件管道数	216
	燃料组件数	18
	燃料元件通道间隔	18.8 mm
	旁流间隙	3~5 mm
	高度	1300 mm
	轴向反射层高度	300 mm
	上腔室高度	500 mm
	下腔室高度	500 mm
非活性区	中央下降通道直径	240 mm
	控制棒孔道数量	6
	安全棒孔道数量	12
	控制棒及安全棒孔道直径	26 mm
	铍反射层内径	2000 mm
	铍反射层外径	3000 mm
堆芯容器	Hastelloy N 合金厚度	10 mm
堆芯总体	高度	2900 mm
	直径	3000 mm
	体积	20.50 m³

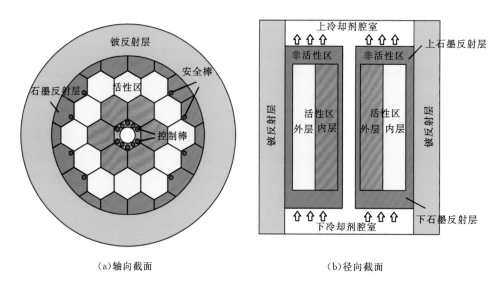

（a）轴向截面　　　　　　　　　　　　　　（b）径向截面

图 10-2　TFHR 堆芯截面示意图

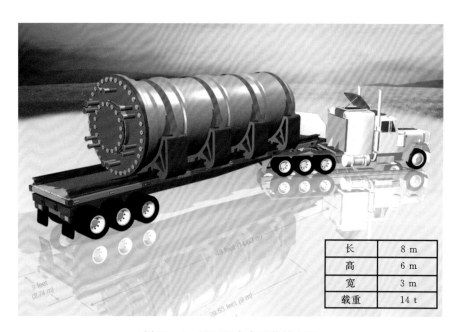

长	8 m
高	6 m
宽	3 m
载重	14 t

图 10-3　TFHR 卡车运载概念图

　　类似于高温气冷堆（High Temperature Gas Reactor，HTGR），TFHR 采用 TRISO 燃料颗粒，但其裂变核心构成以及各包覆层几何尺寸有所不同。TRISO 颗粒以铀[235]U 富集度 19.95% 的 $UC_{0.5}O_{1.5}$ 为裂变核心，外包覆有 4 层材料：疏松热解碳缓冲层（PyC）、内层密实热解碳包层（PyC）、碳化硅包层（SiC）、外部密实热解碳包层（PyC），具体参数见表 10-3。大量的 TRISO 颗粒以及少量的可燃毒物颗粒（Burnable Poison Particles，BPPs）随机嵌入到圆柱形石墨基体上，形成高约 40 mm 的燃料芯块，燃料芯块再经过轴向堆积形成燃料元件，再插入到正六边形石墨慢化基体中形成燃料组件。TFHR 燃料组件几何结构如图 10-4 所示,其装配关系如图 10-5 所示。每个正六边形燃料组件具有 216 个燃料元件通道,108 个冷却剂通道,冷却剂与燃料不接触,充分阻止了放射性产物的黏带。

表 10-3　TFHR 燃料元件设计参数

参数	描述	几何参数	数值/mm	材料	密度/(g·cm⁻³)
燃料元件	圆柱型	直径	12.70 PF=25%～40%	石墨 IG110 高度<40 mm	1.76 —
TRISO 颗粒 ²³⁵U 富集度 19.95%	燃料核心	半径	0.2125	UC_{0.5}O_{1.5}	10.5
	多孔 PyC	半径	0.3125	疏松 PyC	1.0
	内层致密 PyC	半径	0.3625	致密 PyC	1.9
	中间层 SiC	半径	0.3975	SiC	3.2
	外层致密 PyC	半径	0.4375	致密 PyC	1.9
	燃料颗粒	直径	0.8750		—

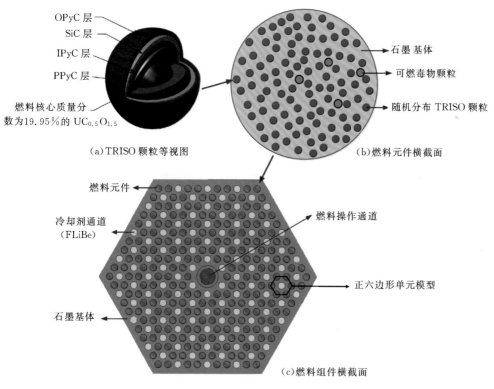

图 10-4　TFHR 燃料组件示意图

基于市场及政策法规调研以及 TRISO 燃料颗粒装填因子限制(目前最高能达到 40%),TFHR 初始设计热功率为 20 MW,540 d 换料周期,堆芯设计参数及功率转换参数如表 10-4 所示。TFHR 采用小型化设计,避免了大型压力容器及其他大型传热构件的加工制造,由于单个机组功率小,核心设备可通过轨道和公路运输到内陆地区,从而避免了目前大型反应堆主要设备依靠船舶运输的条件限制,拓展了核电厂使用范围。TFHR 采用模块化设计,可根据当地电力及高温热需求进行扩容,单个机组建设周期短,可以最快实现并网发电,降低资金周转风险,后续机组可以伴随发电同时施工,已建机组与正在建设机组互不影响。TFHR 堆芯借鉴了"可插拔"式设计理念,实现反应堆和常规岛完全分离,反应堆只提供能量接口,堆芯制

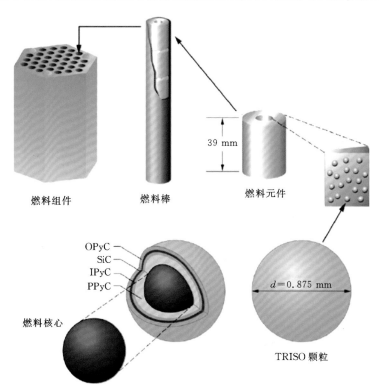

图 10-5   TFHR 燃料组件装配示意图

造、运输及后处理完全由技术提供方统一管理,业主零干预,大大减少人因事故发生概率。

表 10-4   TFHR 设计参数

堆芯设计参数	数值
热功率	20 MW
堆芯功率密度	31.25 MW·m^{-3}
燃料循环周期	540 d
燃料燃耗深度	45.9 MW·d·kg^{-1}
燃料^{235}U 利用率	23%
堆芯入口温度	600 ℃
堆芯出口温度	700 ℃
主回路冷却剂流量(100%功率)	83.83kg·s^{-1}

续表 10 - 4

堆芯设计参数	数值
运行压力	0.2MPa
功率转换参数	
汽轮机	GE 7FB
压缩比	18.52
入口温度需求	>650 ℃
基础供电模式电功率	8.5 MW
基础供电热效率	42.5%
联合燃气(co-firing)汽轮机入口温度	1065 ℃
联合燃气模式电力输出	21.11 MW
联合燃气模式效率	66.4%

　　TFHR 高温运行特性,使其融合目前先进的能量转换体系,空气布雷顿联合循环 NACC,采用改进的美国通用电气公司(General Electric)GE 7FB 型号汽轮机,单个机组在提供基础电功率 8.5 MW 基础上,在用电高峰时期采用联合燃气(co-firing)模式,提供 21 MW 峰值电功率,并且可以通过回热装置驱动汽轮机发电或直接提供高温蒸汽。这样全新的设计理念可以让核电厂不仅能提供稳定的基础能源,还能在用电高峰期提高发电量,从而进一步提高电厂经济性[12]。此外,为解决反应堆停堆换料期间的能源真空困境,满足此时能源需求,TFHR 采用更为经济适用的耐火砖热阻能量存储技术(Firebrick Resistance-Heated Energy Storage, FIRES),该技术来源于美国 GE 阿黛尔能量存储计划。可在反应堆停堆换料期间,将存储的热能通过较高的效率(大于 66%)转换为电力,从而达到不间断为用户提供服务。图10 - 6具体展示了 TFHR 能量转换系统。

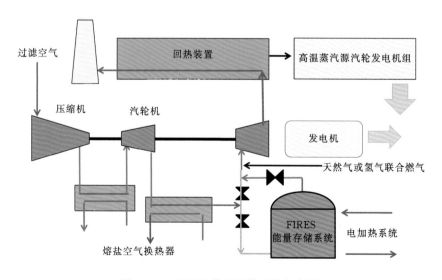

图 10 - 6　TFHR 能量转换系统组成图

10.2 设计分析程序开发及验证

10.2.1 系统分析数学物理模型

在堆芯初步热工设计中,普遍采用的分析模型是单通道模型。即把所要计算的热管看作孤立的、封闭的,它在整个堆芯高度上与相邻通道之间没有冷却剂的动量、质量和能量的交换[13]。这种分析模型适用于闭式通道。因此,为快速准确地获得 TFHR 堆芯稳态特性,本节建立了 TFHR 堆芯数学模型,主要包括以下几个方面:堆芯模型、燃料元件传热模型、冷却剂流动模型、热通道模型等。通过添加对流换热、流动阻力及熔盐、材料热物性等一系列辅助模型,使控制方程闭合。基于最基本的质量、动量和能量守恒方程编制,基于一维流动假设,采用平均通道和热通道模拟堆芯,其基本控制方程如式(10-1)~(10-3)所示:

$$\frac{dW}{dZ} = \frac{d(\rho VA)}{dZ} = 0 \tag{10-1}$$

$$-\frac{dP}{dZ} = \rho g \cos\theta + \frac{1}{A}\frac{d}{dZ}\left(\frac{W^2}{\rho A}\right) + \frac{W^2 f_w U_e}{2\rho A^3} \tag{10-2}$$

$$W\frac{dH}{dZ} = qU_h \tag{10-3}$$

式中:W 为质量流量,kg·s^{-1};Z 为轴向高度,m;ρ 为冷却剂密度,kg·m^{-3};V 为速度,m·s^{-1};A 为流通面积,m^2;P 为压力,Pa;θ 为倾角,rad;f_w 为范宁摩擦系数;U_e 为润湿周长,m;H 为比焓,J·kg^{-1};q 为热流密度,W·m^{-2};U_h 为加热周长,m。

单通道模型对于棱柱式堆芯是一个非常简化的模型,但基于安全审评角度出发,单通道模型可确保计算结果的保守性和包络性。此外,采用单通道可以快速计算得到堆芯关键参数及其分布,有利于反应堆设计分析,缩短设计周期。

1. 堆芯功率模型

在反应堆安全分析程序中通常采用点堆动力学模型来近似描述堆芯裂变功率的变化。模型假设中子注量率的空间分布不随时间变化,仅仅是时间的函数。当反应堆偏离临界状态不太远、扰动不太大且功率较为平滑的情况下,这种假设是经济合理的。相比于传统大型堆,TFHR 堆芯结构更加紧凑,中子注量率在时间和空间上更容易进行变量剥离,因此本研究中采用点堆动力学模型来描述堆芯裂变功率变化[14],并考虑各种反馈效应,点堆方程表示如下

$$\frac{dN(t)}{dt} = \frac{\rho(t)-\beta}{\Lambda}N(t) + \sum_{i=1}^{6}\lambda_i C_i(t) \tag{10-4}$$

$$\frac{dC_i(t)}{dt} = \frac{\beta_i}{\Lambda}N(t) - \lambda_i C_i(t) \qquad i = 1,2,\cdots,6 \tag{10-5}$$

式中:$N(t)$ 为堆芯裂变功率,W;$\rho(t)$ 为反应性,10^{-5};Λ 为瞬发中子每代的时间,s;β 为六组缓发中子总份额;λ_i 为第 i 组缓发中子衰变常数,s^{-1};$C_i(t)$ 为第 i 组缓发中子先驱核裂变功率,W;β_i 为第 i 组缓发中子份额。

点堆方程中,堆芯裂变功率主要由总反应性 $\rho(t)$ 控制,包含由控制棒、安全棒等引入的反应性以及反应堆本身各种反馈反应性,前者一般由时间表给出,而后者需要计算得到。任意时刻,总反应方程如下

$$\rho(t) = \rho_0 + \rho_{ex}(t) + \alpha_c\left(\overline{T}_c(t) - \overline{T}_c(0)\right)$$
$$+ \alpha_f\left(\overline{T}_f(t) - \overline{T}_f(0)\right) + \alpha_g\left(\overline{T}_g(t) - \overline{T}_g(0)\right) \tag{10-6}$$

式中：ρ_0 为初始时刻反应性，10^{-5}；ρ_{ex} 为显式反应性，代表控制棒引入的反应性，10^{-5}；α 为反应性反馈系数，10^{-5}K^{-1}；$\overline{T}$ 为体积平均温度，K；c 为下标，冷却剂；f 为下标，燃料元件；g 为下标，石墨反射层。反应性反馈考虑燃料多普勒反馈和慢化剂温度反馈。

反应堆停堆后，其功率并不是立刻降为 0，而是按照一个周期迅速衰减，周期的长短取决于缓发中子的裂变核群的半衰期。因此停堆后，还有热量不断地在燃料元件中产生。这些热量一部分来自燃料元件内储存的显热，另外一部分来自剩余中子产生的裂变热和裂变产物的衰变及中子俘获产物的衰变。剩余中子产生的裂变热可以使用点堆方程（10-4）和（10-5）求解（引入较大负反应性）。

由于目前缺少氟盐冷却高温堆的衰变热模型，与常规压水堆同为低富集度 ^{235}U 热谱反应堆，具有相似的衰变热链。因此本研究采用压水堆常用衰变热估算公式[15]，裂变产物的衰变功率公式如下

$$N_{s1}(t) = N(0)\frac{A}{200}\left[(t)^{-a} - (t+\tau)^{-a}\right] \tag{10-7}$$

式中：N_{s1} 为停堆 t 秒后衰变功率，W；$N(0)$ 为停堆前连续运行 τ 秒的堆功率，W；A 及 a 为系数，见表 10-5。

表 10-5 公式（10-7）的系数

时间范围/s	A	a	误差范围*
$0.1 < t < 10$	12.05	0.0639	$-3\% \sim 4\%$
$10 < t < 150$	15.31	0.1807	$-1\% \sim 3\%$
$150 < t < 4 \times 10^6$	26.02	0.2834	$-5\% \sim 5\%$
$4 \times 10^6 < t < 2 \times 10^8$	53.18	0.3350	$-9\% \sim 8\%$

* 基于保守考虑，计算采用误差上限。

中子俘获产物衰变热功率计算采用下式

$$N_{s2}(t) = N(0) \times \left[2.28 \times 10^{-3} c(1+\alpha)e^{-4.91 \times 10^{-4}\tau}\right.$$
$$\left. + 2.19 \times 10^{-3} c(1+\alpha)e^{-3.41 \times 10^{-6}\tau}\right] \tag{10-8}$$

式中：N_{s2} 为停堆 t 秒后中子俘获产物衰变功率，W；c 为转换比，取值 0.6；α 为 ^{235}U 的辐射俘获与裂变数比，取值 0.2。

2. 堆芯元件传热模型

TFHR 采用圆柱状燃料元件，其 TRISO 燃料颗粒弥散在石墨基体中，为分布式热源。传热过程由内到外可分为 TRSIO 颗粒内导热、石墨基体内导热以及石墨与棱柱燃料组件换热。燃料元件模型如图 10-7 所示。

燃料元件内的 TRISO 颗粒由 $UC_{0.5}O_{1.5}$ 裂变核心及其外围四层包覆材料构成（见图 10-7）：疏松热解碳涂层 PyC、内层密实热解碳涂层 PyC、碳化硅涂层 SiC、外部密实热解碳涂层 PyC。

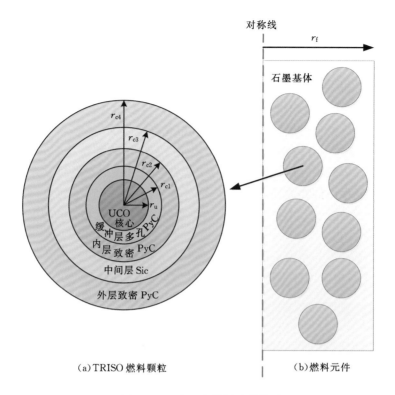

(a)TRISO 燃料颗粒　　　　　(b)燃料元件

图 10 - 7　TFHR 燃料元件模型

其各部分稳态导热方程如下。

UC$_{0.5}$O$_{1.5}$裂变核心的导热微分方程为

$$\frac{\mathrm{d}^2 T}{\mathrm{d} r^2} + \frac{2}{r}\frac{\mathrm{d} T}{\mathrm{d} r} + \frac{q_v}{\kappa_u} = 0 \qquad (10-9)$$

各包覆层导热微分方程为

$$\frac{1}{r^2}\frac{\mathrm{d} T}{\mathrm{d} r}(\kappa_{ci} r^2 \frac{\mathrm{d} T}{\mathrm{d} r}) = 0 \qquad (10-10)$$

对应边界条件如下。

(1)轴对称边界条件

$$\left.\frac{\mathrm{d} T}{\mathrm{d} r}\right|_{r=0} = 0 \qquad (10-11)$$

(2)各涂层之间热量连续性边界条件

$$\left.\kappa_u \frac{\mathrm{d} T}{\mathrm{d} r}\right|_{r=r_u} = \left.\kappa_{c1} \frac{\mathrm{d} T}{\mathrm{d} r}\right|_{r=r_u} \qquad (10-12)$$

$$\left.\kappa_{c1} \frac{\mathrm{d} T}{\mathrm{d} r}\right|_{r=r_{c1}} = \left.\kappa_{c2} \frac{\mathrm{d} T}{\mathrm{d} r}\right|_{r=r_{c1}} \qquad (10-13)$$

$$\left.\kappa_{c2} \frac{\mathrm{d} T}{\mathrm{d} r}\right|_{r=r_{c2}} = \left.\kappa_{c3} \frac{\mathrm{d} T}{\mathrm{d} r}\right|_{r=r_{c2}} \qquad (10-14)$$

$$\left.\kappa_{c3} \frac{\mathrm{d} T}{\mathrm{d} r}\right|_{r=r_{c3}} = \left.\kappa_{c4} \frac{\mathrm{d} T}{\mathrm{d} r}\right|_{r=r_{c3}} \qquad (10-15)$$

$$T_{r=r_{c4}} = T_{core} \qquad (10-16)$$

式中：κ_u 为 $UC_{0.5}O_{1.5}$ 核心热导率，$W \cdot m^{-1} \cdot K^{-1}$；$\kappa_{ci}$ 为 TRISO 各涂层热导率，$W \cdot m^{-1} \cdot K^{-1}$（$i=1,2,3,4$）；$q_v$ 为 $UC_{0.5}O_{1.5}$ 核心体积释热率，$W \cdot m^{-3}$；r_{ci} 为各区域半径，m；T_{core} 为燃料元件燃料区当地温度，K。

在单个燃料元件中弥散着数以万计的 TRISO 燃料颗粒，这无论应用单通道程序以及现有 CFD 软件都无法一一考虑，必须把燃料元件和颗粒假设为一个整体，通过合理的数学模型计算等效导热系数[16]，准确的获得燃料元件温度分布并基于局部最高温度（方程（10-16））获得 TRISO 燃料峰值温度。燃料元件瞬态导热微分方程如下

$$(\rho c)_e \frac{dT}{dt} = \kappa_e \frac{d^2 T}{dr^2} + \frac{\kappa_e}{r} \frac{dT}{dr} + q_v \qquad (10-17)$$

对应边界条件如下。

（1）时间边界条件

$$T(0) = T_{initial} \qquad (10-18)$$

（2）空间边界条件

$$\frac{dT}{dr}\bigg|_{r=0} = 0 \qquad (10-19)$$

$$\kappa_e \frac{dT}{dr}\bigg|_{r=r_f} = Q_{surface} \qquad (10-20)$$

式中：下标 e 为燃料元件等效参数；$T_{initial}$ 为初始温度，K；$Q_{surface}$ 为表面热流密度，$W \cdot m^{-2}$；r_f 为燃料元件半径，m。

其中等效体积热容 $(\rho c)_e$ 根据体积热容守恒关系求得

$$(\rho c)_e = \phi (\rho c)_p + (1-\phi)(\rho c)_m \qquad (10-21)$$

式中：下标 p 表示 TRISO 颗粒；下标 m 表示石墨基体；ϕ 为 TRISO 填料因子。

等效导热系数 κ_e 的解析计算模型有很多，汇总如表 10-6 所示。可以看出燃料元件等效导热系数主要取决于填料因子 ϕ、导热系数比 κ 以及极化率 β 这三个因素。颗粒的不同排列方式也对等效导热系数计算影响显著。本研究中，TRISO 颗粒呈随机排列分布，Charles P. Folsom[17] 对这种排列方式进行了理论与实验研究，现将其结果与表 10-6 中 10 种解析模型作一比较，如图 10-8 所示。如图可见，Chiew & Glandt 模型计算结果与实验数据符合较好，因此，本研究选取 Chiew & Glandt 关系式作为燃料元件等效导热系数计算模型。

表 10-6　TRISO 燃料元件等效导热系数计算模型

编号	关系式	公式说明	研究者
1	$\kappa_e = (1-\phi)\kappa_m + \phi\kappa_p$	串联导热	Tavmen,1996[18]
2	$\kappa_e = \dfrac{\kappa_m}{\phi(\dfrac{1}{\kappa}-1)+1}$	并联导热 $\kappa = \dfrac{\kappa^p}{\kappa_m}$	Tavmen,1996[18]
3	$\kappa_e = \kappa_p^{\phi}\kappa_m^{1-\phi}$	几何平均	Singh 和 Kasana, 2004[19]

编号	关系式	公式说明	研究者
4	$\kappa_e = \kappa_m \left(\dfrac{1+2\beta\phi}{1-\beta\phi} \right)$ 当 $\kappa < 1$ $\kappa_e = \kappa_m \left(\dfrac{(1+2\beta\phi)(1-\beta+2\beta\phi)}{(1-\beta)(1+2\beta-\beta\phi)} \right)$ 当 $\kappa > 1$	Maxwell 模型 $\beta = \dfrac{\kappa-1}{\kappa+2}$	Wang 和 Carson，2006[20]
5	$\kappa_e = \kappa_m \dfrac{2(1-\phi)}{2+\phi}$	简化 Maxwell 模型	Wang 和 Carson，2006[20]
6	$\kappa_e = \kappa_m (\kappa A + \sqrt{\kappa^2 A^2 + \kappa/2})$ 式中：$A = 0.25 \times (3\phi - 1 + (2-3\phi)\kappa^{-1})$	有效介质理论 EMT	Wang 和 Carson，2006[20]
7	$\kappa_e = \kappa_m (1 + \sqrt{\phi}(C-1))$ 式中：$C = (\dfrac{2}{N})(\dfrac{B}{N^2}\dfrac{\kappa-1}{\kappa}\ln\dfrac{\kappa}{B} - \dfrac{B+1}{2} - \dfrac{B-1}{N})$	Zehner 和 Schlünder 模型	Zehner 和 Schlünder，1970[21]
8	$\kappa_e = \kappa_m \left(\dfrac{1-DE\phi}{1-E\Psi\phi} \right)$ 式中：对于球状颗粒 $D = 1.5$　$E = \dfrac{\kappa-1}{\kappa+D}$ $\Psi = \dfrac{1+\phi_m}{\phi_m^2}$ 对于随机排列颗粒 $\phi_m = 0.601$	Lewis 和 Nielsen 模型	Nielsen，1974[22]
9	$\kappa_e = \kappa_m \left(\dfrac{1+2\beta\phi + (2\beta^3 - 0.1\beta)\phi^2 + \phi^3 \times 0.05e^{4.5\beta}}{1-\beta\phi} \right)$	Chiew 和 Glandt 模型	Gonzo，2002[23]
10	$\kappa_e = \kappa_m \left(1 + \dfrac{h}{1+\zeta h} \right)$ 式中：$h = -\dfrac{1}{\zeta} + \dfrac{1}{\zeta^2(\kappa_{max} - \kappa_{min})}\lg(\dfrac{1-\zeta(\kappa_{min}-1)}{1-\zeta(\kappa_{max}-1)})$ $\zeta = \dfrac{1-\beta-3\beta\phi}{3\beta\phi}$，$\kappa_{max}$ 和 κ_{min} 由 Maxwell 方程获得	Samantray 模型	Samantray，2006[24]

3. 单通道模型

如图 10 - 9(a)所示，TFHR 采用棱柱型石墨基体，燃料元件与冷却剂通道隔开，热量以燃料元件为中心，呈辐射状向外散去，导热路径较为复杂。本质上看，平均 2 根燃料元件对应 1 根冷却剂通道，图 10 - 9(a)中的等效单元通道可通过图 10 - 9(b)所示方式（体积热容守恒关系）等效为环状结构传热通道，最内层为冷却剂通道，最外层为剩余石墨区。这样的等效方式忽略了石墨径向导热，但从反应堆安全审评的角度来看，计算结果具有绝对保守性[25]。

1）平均通道传热模型

对于冷却剂，瞬态条件下能量守恒方程为

$$M_c c_{p,c} \frac{\mathrm{d}T_c}{\mathrm{d}t} = W_c (H_{c,in} - H_{c,out}) + A \cdot h(T_w - T_c) \qquad (10-22)$$

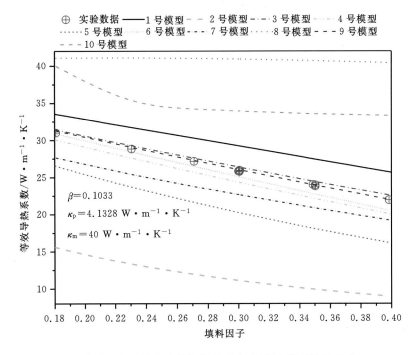

图 10-8　等效导热系数实验数据与关系式(图例中模型编号见表 10-6)

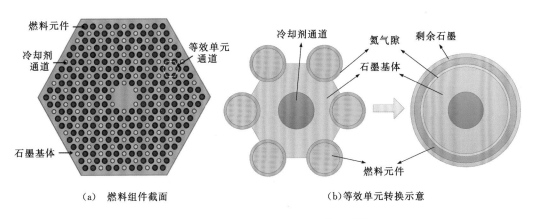

（a）　燃料组件截面　　　　　　　　　（b）等效单元转换示意

图 10-9　TFHR 单通道模型等效转换

稳态条件下,方程简化为

$$W_c \frac{dH_c}{dz} = h \cdot U_h (T_w - T_c) \qquad (10-23)$$

式中:h 为熔盐与球床换热系数,$\text{W} \cdot \text{m}^{-2} \cdot \text{K}^{-1}$;$A$ 为换热面积,m^2;T_w 为燃料元件表面温度,K;T_c 为冷却剂主流温度,K;W_c 为质量流量,$\text{kg} \cdot \text{s}^{-1}$;$H_c$ 为冷却剂焓值,$\text{J} \cdot \text{kg}^{-1}$;$z$ 为轴向高度,m;M_c 为控制体内冷却剂质量,kg;$c_{p,c}$ 为冷却剂比热容,$\text{J} \cdot \text{kg} \cdot \text{K}^{-1}$。

2)热通道模型

在热工水力计算中,需要考虑各类部件在制造、加工、安装和运行中工程不确定性因素对堆芯热工水力计算的影响。热通道是一种假想的流道,通过保守的假设热通道内流量最小、功率最大,并将所有不利的工程因素影响集中到该通道上来,如此整个反应堆的热工水力边界就可以由热通道确定下来。基于 TFHR 的堆芯设计,工程因子需考虑如下子因素对热工水力计算的影响:热功率和冷却剂流量不确定性,功率分布不均,燃料元件制造偏差,物性数据不确定性等。本节将各工程子因子按其对传热过程的影响归并为三组,分别用来考虑工程因素对冷却剂流动过程中的温度变化的影响,对冷却剂主流温度与燃料元件表面传热温差(膜温差)的影响及对燃料元件表面至燃料元件中心导热温升的影响。在此基础上,将各子工程因子进行加权组合得出三个相应的总工程因子,分别记为焓升工程热管因子(F_H)、膜温差工程热管因子($F_{\Delta T,w}$)和燃料元件温升工程热管因子($F_{\Delta T,f}$)。基于上述内容,热管内的冷却剂温度、燃料元件表面温度及燃料元件中心温度可由下式计算。

冷却剂主流温度

$$T_{c,M} = T_{in} + F_H \Delta T \tag{10-24}$$

燃料元件表面温度

$$T_{w,M} = T_{in} + F_H \Delta T + F_{\Delta T,w} \Delta T_w \tag{10-25}$$

燃料元件中心温度

$$T_{f,M} = T_{in} + F_H \Delta T + F_{\Delta T,w} \Delta T_w + F_{\Delta T,f} \Delta T + F_f \tag{10-26}$$

式中:T_{in} 为冷却剂入口温度,K;F_H 为焓升工程热管因子;ΔT 为冷却剂温升,K;$F_{\Delta T,w}$ 为膜温差工程热管因子;ΔT_w 为换热膜温差,K;$F_{\Delta T,f}$ 为燃料元件温升工程热管因子;ΔT_f 为燃料元件表面与中心温度导热温差,K。

4. 辅助模型

系统分析模型基于积分守恒的质量、动量和能量方程组,但实际数值求解过程中,还需要采用合理的辅助模型以封闭求解方程组,获得系统关键变量的数值解。由于 TFHR 所采用的冷却剂以及燃料颗粒与固态燃料熔盐堆(TMSR 和 MK1-PB-FHR)相似,本节不再详述其数学公式,只列出其特有模型。

对于高 Pr 数熔盐流体(Pr 数约为 $10\sim20$),其换热关系式必须考虑进口段效应(堆芯活性区高度仅 1.3 m)和局部自然对流效应。Lienhard 等人给出了考虑进口段效应条件下换热关系式[26],美国 ORNL 通过熔盐对流换热数据分析[27],推荐使用 Sieder-Tate 和 Martinelli-Boelter 传热关系式,公式如下。

Graetz 换热关系式

$$Nu_{loc} = \begin{cases} 1.302\,Gz^{1/3} - 1 & 2\times10^4 < Gz \\ 1.302\,Gz^{1/3} - 0.5 & 667 \leqslant Gz \leqslant 2\times10^4 \\ 4.364 + 0.263\,Gz^{0.506}\,e^{-41/Gz} & 0 \leqslant Gz < 667 \end{cases} \tag{10-27}$$

$$Gz = \frac{Re \cdot Pr \cdot D}{x} \tag{10-28}$$

Sieder-Tate 换热关系式

$$Nu_{loc} = 1.86 \left(RePr\frac{D}{x}\right)^{1/3} \left(\frac{\mu_b}{\mu_w}\right)^{0.14} \tag{10-29}$$

Martinelli-Boelter 换热关系式

$$Nu_{loc} = 1.62 \left(RePr\frac{D}{x}\right)^{1/3} \tag{10-30}$$

上述式子中：Nu_{loc} 为局部努塞尔数；x 为局部到进口处距离，m；Gz 为格雷茨数。

　　高 Pr 数流体局部自然对流效应显著，熔盐从下往上流经堆芯，受到的自然循环力与流动方向一致，有助于对流换热。Metais[28] 和 Eckert 通过对大量实验数据分析、拟合归类，得到竖直管内液体流动流型图（见图 10-10）。可以看出，流型分强制对流区（左）、混合对流区（中）和自然对流区（右）。本研究流型如图中红框中所示，处于混合对流区，因此必须考虑自然对流效应。

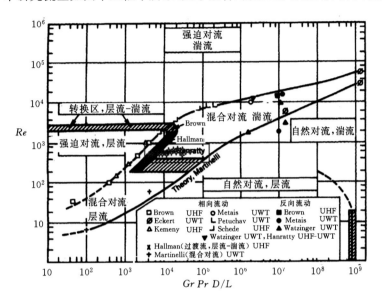

图 10-10　Metais & Eckert 流型图

UHF—均匀热流密度边界条件；UWT—均匀壁温加热边界条件

　　Jackson 等人对近年来竖直管道内混合对流研究进行了归纳总结，推荐如下公式[29]

$$Nu_n = 0.95 \left(\frac{Gr^*}{Re} \right)^{0.28} \tag{10-31}$$

$$Gr^* = g\beta D^4 q / \kappa \nu^2 \tag{10-32}$$

式中：Nu_n 为自然对流努塞尔数；Gr^* 为格拉晓夫数；β 为体积膨胀系数，K^{-1}；q 为热流密度，$W \cdot m^{-2}$；ν 为运动黏度 $/m^2 \cdot s$。

　　强制对流换热关系式与自然对流换热关系式通过如下公式进行合成[30]

$$Nu_m^3 = Nu_{loc}^3 + Nu_n^3 \tag{10-33}$$

式中：Nu_m 为混合对流努赛尔数。

10.2.2　TFHR 设计分析程序开发

　　上一节详细介绍了氟盐冷却高温堆相关数学物理模型，由于模型复杂度、非线性程度较高，必须采用科学计算机语言进行模型的编译，开发出适用性强、求解速度快的设计分析程序。本节基于模块化设计方案开发了氟盐冷却高温堆设计分析程序（Transportable Fluoride-salt-cooled High Temperature Reactor Analysis Code，TransFRAC）为后续移动式氟盐冷却高温堆设计分析及非能动安全系统研发提供软件基础。上节所述堆芯数学物理模型及其辅助模型组成了一套求解移动式氟盐冷却高温堆的非线性偏微分方程组，同时由于中子动力学方程求解时间尺度较小,其方程系数远远小于热工方程系数,因此与热工流体方程构成刚性方程组,求解较为复杂,必须开发出一套快速、准确的堆芯设计分析程序,以获得关键热工水力参数变化规律[31]。

1. 程序结构

TransFRAC 采用标准 FORTRAN-90 程序设计语言编写,程序在 Compaq VisualFortran 和 Intel VisualFortran 环境下均可运行。为便于程序的修改与二次开发,TransFRAC 采用了模块化编程技术,程序根据功能进行模块划分,对每个模块进行单独编写,各个模块独立性高,通过关键参数进行内部数据传递,从而方便程序维护与更新,具体如图 10 - 11 所示。完整热工水力系统分析程序主要包括数据输入模块、参数初始化模块、中子动力学模块、流体动力学模块、热构件模块、数值计算模块以及数据输出模块。其中,数据输入模块用于读取输入卡中各个设备的结构参数与选择计算模型;参数初始化模块用于全局参数初始赋值,进行网格划分;中子动力学模块用于堆芯功率计算;流体动力学模块进行平均通道和热通道冷却剂流动换热计算;热构件模块进行燃料组件和元件导热计算;数值计算模块用于实现吉尔算法;数据输出模块用于产生输出结果文件并预留二次接口。以上所有模块均被主程序模块所调用,顺序进行计算。

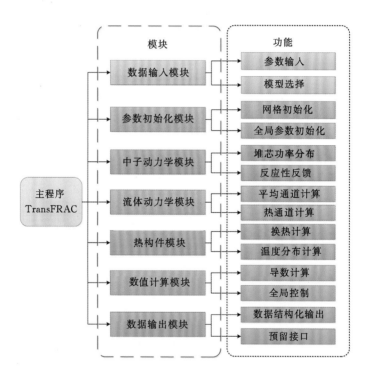

图 10 - 11　TransFRAC 模块化设计图

2. 程序流程

TransFRAC 流程图如图 10 - 12 所示。首先进行全局参数赋值并初始化,程序开始步进运行,运行时间由用户输入的总体仿真时间以及相应的时间步长决定。如果中子动力学模块开启,则根据流体的温度、密度反应性反馈以及热构件的多普勒效应决定反应性反馈大小,确定功率响应,然后根据功率分布反馈到相应的热构件内热源中。根据功率分布,计算平均管的冷却剂温度场和压力场,结合工程因子计算热管温度场和压力场。热构件模块计算固体导热构件的温度分布,受本身内热源、材料的影响,也由相应的边界条件决定,边界条件主要由换热系数和流体温度决定,而换热系数由流速、流型、热构件表面结构等因素决定。获得堆芯该时刻温度分布后进入数值算法模块,计算下一时刻温度分布,如果报错则直接结束计算,打印错误信息。由于时间步长较短,物理量变化不明显,不需要每个时间步长打印输出,根据输入参数决定打印次数,然后判断是否模拟结束。程序可以依次运行多个输入文件,即自动运行多个算例,可以判断本次算例是否结束,计算下一个输入文件,直到把所有输入文件处理完毕。

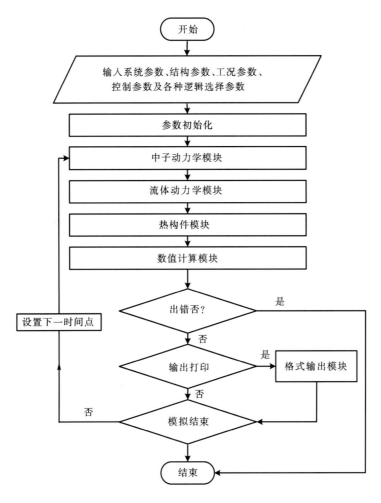

图 10-12　TransFRAC 流程图

3. 数值算法

通过上节数学物理模型建立,可获得各热工水力参数对时间的导数,则 TFHR 热工水力特性的模拟可以归结为常微分方程组初值问题的求解

$$\frac{\mathrm{d}\overline{y}}{\mathrm{d}t} = \overline{f}\left(t, \overline{y}, \frac{\mathrm{d}\overline{y}}{\mathrm{d}t}\right) \tag{10-34}$$

$$\overline{y}(t_0) = \overline{y}_0 \tag{10-35}$$

在核动力系统中,核功率对反应性引入反应较为灵敏,而热功率、燃料芯块温度等则反应较慢,这表明核动力系统形成的初值问题的常微分方程组存在时间常数悬殊的问题,这类方程组为病态或刚性方程组。吉尔(Gear)在解病态方程组方面进行了较为全面的研究[32]。他采用向后差分的隐式方法,并设计了一种病态稳定策略,可做到步长与特征值乘积大时是精确的,从而很好的跟踪解的快变部分;而对两者乘积小时又是稳定的,即使特征值非常小时也不会失真,这即为吉尔算法。本研究基于刚性方程组,采用吉尔算法进行数值求解。该方法配备了阿达姆斯(Adams)预估校正算法与吉尔刚性算法,可自动变阶和变步长,具有较好的求解稳定性,并可根据每一时刻常微分方程组刚性的强弱,自动选取合适的算法进行求解,在保证求解精度的同时提高了计算速度[33]。

10.2.3 TFHR 设计分析程序校核验证

开发的计算分析软件需要经过校核与验证(V&V)以确认程序预测结果的可信度。如图 10-13 所示,校核是检验数值模型及算法的准确度和精确性[34],是为了保证数值求解模型与理论数学模型预测结果一致。数值模型通常把实际连续的物理现象在时间和空间上离散,离散过程中的截断误差的阶数决定了数值模型的精确度。通常采用基准题解析解或具有更高精度的求解器进行校核。实际的物理现象极为复杂,通常难以直接获得解析解,所以为保证程序校核测试,通常采用具有更高精度的求解器,例如商业化 CFD 软件 ANSYS FLUENT、ANSYS CFX、STAR CCM+等(三维精确数值模拟),成熟的系统分析程序 RELAP5、TRACE 等进行相同计算条件下结果比对校核以验证所开发程序数值模型的可靠性。若未经校核过程却直接验证数值求解模型,可能会因为存在补偿误差,导致与实际物理求解吻合但实际错误的分析结果。

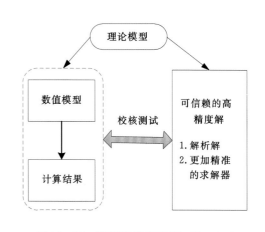

图 10-13 程序校核过程(Verification)

图 10-14 所示为程序验证过程,为保证物理模型可以准确反映真实物理现象,通常用数值分析结果与实验数据对比。实验数据按类型可分为基础实验数据、分离效应实验数据、整体性实验数据和电厂运行数据四大类。验证过程是确定理论模型的误差及不确定性,这是基于可以信赖的实验结果[34],但实

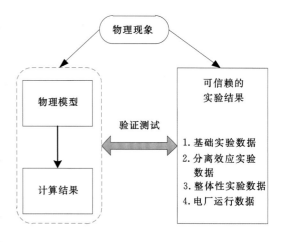

图 10-14 程序验证过程(Validation)

验研究通常受场地环境条件、测量技术水平、人为干预等因素影响,并不能精准的代表真实物

理现象,只能假定实验是最接近反映实际物理现象的,所以说验证过程中也存在实验的不确定性,因此必须综合考虑多面因素以确定物理模型的准确性。

程序的校核与验证是一个紧密联系、循序渐进的系统工程。它必须从构成程序的单元模块开始,依次进行程序单元测试、集成测试、功能测试、系统测试和验收测试以完成程序局部以及整体校核验证,最终确定程序的适用性和准确性。整个过程庞大而繁杂,需要大量的时间与相关验证实验数据。本研究不实施程序各模块的分层校核验证过程,只利用计算数据和有限的实验数据对所开发的程序进行整体系统性的数学物理模型验证,以说明程序计算结果的精确性和可靠性。

本研究采用 CFD 商用软件 ANSYS CFX 对 TMSR-SF 可能出现的最高温度区域进行稳态数值模拟,将计算结果与所开发的 TransFRAC 程序稳态结果进行对比,对程序的可靠性和准确性进行了初步验证。利用 TransFRAC 程序,分别对 2 MW 和 20 MW 运行工况下的堆芯进行稳态分析计算,得到其平均通道内的温度分布,如图 10-15 所示。对于燃料可能出现的最高中心温度局部区域(区域 A、B、C、D)采用 ANSYS CFX 进行精细的数值模拟。对比结果见表 10-7,采用 TransFRAC 计算的燃料最高温度与 CFD 所得的最高温度相差较小,最大相对误差为 17.9%。从平均 Nu 数对比看出,程序计算得到的换热系数偏大,导致较低的燃料中心温度,需要进一步考虑工程因子以使结果具有保守性。综上,通过程序校核初步说明程序

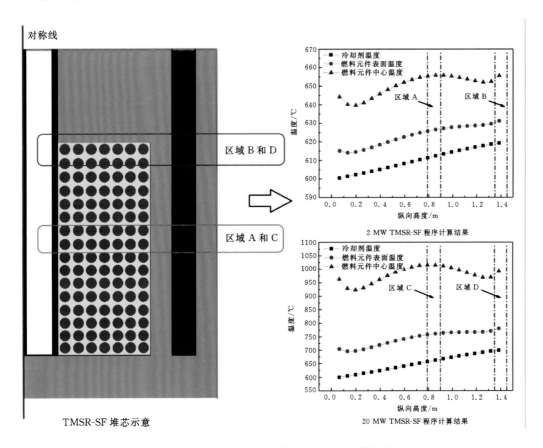

图 10-15　TMSR-SF 不同功率下稳态计算结果

相关模型的合理性和准确性,两者计算结果的差别主要由换热系数计算偏差引起[35]。由于缺乏 TMSR-SF 相关实验数据,相关程序验证将在未来工作中进一步开展。

表 10 - 7　TransFRAC 与 CFD 计算结果对比

运行工况	2 MW		20 MW	
区域	A	B	C	D
位置	0.924	1.386	0.792	1.386
燃料最高温度/K(程序)	928.88	928.95	1288.33	1265.47
燃料最高温度/K(CFD)	938.91	934.98	1318.41	1275.80
最大误差	17.9%	10.8%	7.2%	2.6%
平均 Nu(程序)	50.17	50.58	83.64	88.19
平均 Nu(CFD)	44.05	44.42	77.04	82.39

10.3　堆芯物理热工设计优化分析

反应堆设计的任务就是要设计一个既安全可靠又经济的堆芯输热系统,其涉及面很广,不仅包含堆物理、堆热工、堆结构、堆材料和堆控制等相关领域,还与一、二回路系统及非能动余热排出系统设计有着密切的联系。更为重要的是,新型反应堆的概念提出和设计必须满足能源市场的长期需求,符合核能发展国的能源政策和法规要求。Ruaridh R. Macdonald 博士结合熔盐堆技术特点以及反应堆小型化发展需求,从市场政策、运行成本、人员配置、反应堆安全等四个方面阐述了移动式氟盐冷却高温堆(TFHR)的发展必要性,奠定了 TFHR 反应堆设计基础。

反应堆物理热工设计所需要解决的具体问题,就是在堆型和物理热工设计所必需的条件已定的前提下,通过一系列的计算分析和关键参数优化选择,确定在额定功率下为满足反应堆安全要求所必需的堆芯燃料元件形式、布置方式、总传热面积以及冷却剂的流速、温度和压力等,使堆芯具有较高的技术经济指标[13]。在进行反应堆设计之前,由有关专业共同讨论并初步确定的前提为:

(1)根据所设计堆的用途和特殊要求(如模块化、可移动性)选定堆型,确定所有的核燃料、慢化剂、冷却剂和结构材料等的种类;

(2)反应堆的热功率、堆芯功率分布不均匀系数和慢化剂/燃料比允许范围;

(3)燃料元件的形状,它在堆芯的布置方式以及燃料组件类型;

(4)二回路对一回路冷却剂热工参数需求;

(5)冷却剂流过堆芯的流程以及堆芯进出口冷却剂流量的分配情况。

综合以上设计前提,结合现有成熟的反应堆技术(如熔盐堆、高温气冷堆、钠冷快堆等),在尽可能满足反应堆小型化、模块化、可移动化的条件下,初步提出了热功率为 20 MW,18 个月换料的堆芯设计方案。

10.3.1　设计优化准则

反应堆的安全性和经济性是靠反应堆物理、热工、结构、材料、控制、化工等多种学科的合理设计与配合来共同保证的,而物理和热工设计起到特殊且重要的作用。在设计过程中,必须满足其相应的设计准则,才能确保反应堆能够在恶劣的工作条件下安全运行。

1.物理设计准则

FHR 技术的移动式氟盐冷却高温堆属于全新概念先进反应堆,其安全设计准则和标准还未建立。根据美国核管会 NRC2005 年能源政策法案(Energy Policy of 2005),明确提出下一代核电厂安全审评政策[35],即:

(1)参考并改编轻水堆审评要求,使其应用于新型反应堆;

(2)开发独立分析工具,验证下一代反应堆设计及安全特性;

(3)开展其他研究活动(局部分离式或整体实验研究),完成下一代反应堆审评。

美国橡树岭国家实验室(ORNL)、上海应用物理研究所(SINAP)以及 FHR 项目参与高校针对常规压水堆安全设计标准 ANS-20.1 提出采用"修改 PWR GDC 使之适用于熔盐冷却高温堆",并结合 FHR 固有技术特点,提出以下物理设计准则[36]。

1)反应性系数

反应堆安全分析中,反应性温度系数是反应堆固有安全特性的衡量指标之一。反应性温度系数包括燃料温度系数、慢化剂温度系数、冷却剂温度系数及空泡系数等。反应堆设计包括压水堆、沸水堆、高温气冷堆等堆型,所有堆型都将反应堆具有负反应性温度反馈作为堆芯设计准则之一。SINAP、ORNL 以及伯克利设计熔盐冷却堆型都具有负反应性温度系数(包括负多普勒系数、负慢化剂温度系数及负冷却剂温度系数),如表 10-8 所示。

表 10-8　熔盐冷却高温堆反应性系数

反馈系数	PB-AHTR	PB-FHR	TMSR-SF	MK-1 PB-FHR
燃料温度系数/$10^{-5}\mathrm{K}^{-1}$	-1.81	-3.12	-2.38	-3.8
慢化剂(石墨)温度系数/$10^{-5}\mathrm{K}^{-1}$	-3.94	-6.38	-5.47	-0.7
冷却剂温度系数/$10^{-5}\mathrm{K}^{-1}$	-2.01	-0.95	-1.00	-1.8

2)停堆裕量

为保证反应堆安全,反应堆停堆需要保证具有足够的停堆裕量。压水堆关于停堆裕量设定有如下描述:在一束具有最大积分价值的控制棒被卡在堆外的情况下,冷态无毒时停堆裕量必须大于 2~3 \$[14]。Yoshiaki Oka 提出压水堆设计需要保证在反应堆热态时,即使在积分价值最大的控制棒卡棒时仍具有停堆能力,且冷态时亦能保持停堆能力[37];对于停堆裕量,冷态与热态停堆裕量分别不低于 1000×10^{-5} 与 1600×10^{-5}。由于小型堆剩余反应性较大,所以相应的停堆裕量应至少不低于 1 \$($600\times10^{-5}\sim1000\times10^{-5}$),这需要详细棒控系统设计才能满足这一目标。

3)功率分布

临界反应堆内中子通量密度空间分布是不均匀的,在堆芯不同位置处其数值并不相等。

由于反应堆内功率密度和反应堆内中子通量密度成正比关系,这种中子通量密度空间分布的不均匀性将直接影响反应堆运行的经济性和安全性。因此,在反应堆设计和核电厂运行中总是要想方设法地降低堆芯功率分布的不均匀性。常规压水堆通过合理措施,如堆芯分区布置、可燃毒物合理布置等手段,能有效地降低堆芯功率峰值因子(1.3~1.5),而对于堆芯尺寸较小的模块化反应堆,由于其中子泄漏率较高,堆芯功率峰值因子普遍在 2 以上,热功率为 6 MW 的麻省理工研究反应堆 MITR 其功率峰值因子为 2.5[38]。

4)燃料循环

特别对于小型反应堆,由于其特殊的市场需求,要求其满负荷运转时间较长,这使得反应堆燃料循环设计面临诸多挑战。如何在保证尽可能提高燃料平均燃耗深度的前提下,优化燃料循环,减小由燃料消耗引起的反应性震荡显得至关重要。由于小型堆设计剩余反应性较大,这增加了反应堆棒控系统设计以及核燃料运输过程的复杂程度,因此必须通过合理的优化手段和策略来解决这一关键问题。

5)熔盐中子特性

熔盐冷却剂 $^7LiF - BeF_2$(摩尔比为 66.7∶33.3,FLiBe)相比于其他熔盐冷却剂具有较好的中子慢化能力和较低的中子吸收截面。但需要注意的是,这些性能与 Li 的同位素提纯技术息息相关,同位素 ^6Li 具有极大的中子吸收截面(148b,约为 ^7Li 的 10 万倍),严重影响反应堆中子物理性能。同时,^6Li 吸收中子产生氟化氚(见式(10-36)),具有极强腐蚀特性和辐照特性,这对于熔盐反应堆结构材料完整性以及运行安全带来诸多挑战[39]。目前,FLiBe 中 ^7Li 的同位素丰度可高达 99.995%,但 ^6Li 还是会影响反应堆中子物理特性,必须对其进行进一步考虑。

$$^6LiF + n \rightarrow {}_2^4He + TF \tag{10-36}$$

2. 热工设计准则

在设计反应堆冷却系统时,为保证反应堆运行安全可靠,针对不同的堆型,预先规定了热工设计所必须遵守的要求,这些要求称为堆的热工水力限制(Thermal Hydraulic Limits)。热工设计准则的内容,不但随堆型而不同,而且随着科学技术的发展,堆设计与运行经验的积累以及堆内材料性能和加工工艺等的改进而变化。对于第四代反应堆,尤其是熔盐反应堆,由于反应堆运行经验缺乏加之其特殊的冷却剂物理化学性能,目前还没有统一的热工设计准则和安全审评标准。但总体设计标准应保证反应堆整体安全性,即从控制放射性物质扩散、控制堆芯热量产生(反应性)和热量排出、控制熔盐冷却剂装量、维持堆芯和相关容器几何边界以及维持反应堆建筑结构完整性五个方面出发,制定具体设计限值。TFHR 的安全限制应确保一回路放射性屏障的完整性,即保证燃料和一回路边界不受破坏,此外还需考虑熔盐的物理化学稳定性,基于其运行方式与堆芯结构特点,应初步考虑以下三个方面的温度限制。

1)TRISO 燃料颗粒温度限制

TRISO 燃料颗粒的完整性为反应堆的第一道安全屏障,它能有效地阻止放射性物质向外扩散。美国核管会技术指导文件 NUREG/CR-6844 表明[40],TRISO 颗粒燃料的温度限值主要受 SiC 包覆层材料的温度性能影响。燃料温度超过 1250 ℃时,相关裂变产物就开始对 SiC 包覆层性能造成影响,影响最大的裂变产物为镧系元素及钯。通过合理的设计可以将镧系元素以氧化物的形式固定在 TRISO 裂变核心内,但惰性金属钯在高温下依然会扩散入 SiC 包层使其性能下降,这种现象使得 TRISO 燃料最高长期运行温度被限制在 1300 ℃。当温度超过 1600 ℃后,裂变产物将以较快的速率侵蚀 SiC 包覆层;在温度超过 2100 ℃后,SiC 材料的热稳定性亦开始下降。因此,国际上均选用 1300 ℃为 TRISO 燃料颗粒稳态运行最高温度限值;选择 1600 ℃为 TRISO 燃料颗粒瞬态运行温度限值,即在任何正常运行和事故工况下,燃料的最高温度不允许超过 1600 ℃,否者视为 TRISO 颗粒已破损。

2)回路结构材料 Hastelloy N 温度限制

结构材料 Hastelloy N 的完整性为反应堆第二道安全屏障,在第一道安全屏障失效后,它能有效地防止带有放射性的冷却剂漏出,是熔盐冷却反应堆中最为重要的安全保障。由于熔盐冷却剂具有极强的材料腐蚀特性,橡树岭国家实验室专门研发 Hastelloy N 满足材料相容性要求,经过 MSRE 以及相关实验严格的材料性能测试,Hastelloy N 在熔盐环境条件下,长期使用温度限值为 730 ℃。HAYNES 公司给出的 Hastelloy N 合金性能技术报告指出[41],熔盐温度在 704～871 ℃,Hastelloy N 具有较强的抗氧化能力。报告并未指出这是经过中子辐照后的实验数据,且高于 871 ℃后合金与熔盐相容性也未给出,还有待进一步实验验证。综上,Hastelloy N 长期运行条件下应不超过 730 ℃,瞬态事故条件下应不超过 871 ℃。

3)熔盐温度限制

熔盐作为反应堆新型载热剂,其本身应用还受诸多条件限制。其中最为重要的两个因素为熔盐液相的两个运行端点——熔点和沸点。截止目前,很少研究涉及到熔盐固相和气相条件下物理热工以及中子辐照特性,相关实验数据缺乏。对于 TFHR 冷却剂 FLiBe,冷却剂运行最低温度应高于其熔点(458～460 ℃),但根据 MIT 和 UCB 的实验研究表明熔盐在低于510 ℃后[42],动力黏性成指数级增加,熔盐将变得十分黏稠,此时凝固核心可能已经形成。同时,熔盐放射性也急剧增强,会伴随着大量放射性物质移出堆芯。具体的形成机理和现象有待深入研究,但可以肯定的是,熔盐运行温度下限应高于其熔点并留够充足的裕量。

熔盐沸腾机理研究也是当前较为棘手的难题。由于其沸点往往较高(大于 1200 ℃),给实验测量带来诸多困难,但这一特性也扩展了反应堆运行温度区间。对于主冷却剂 FLiBe,为保证反应堆不发生局部沸腾,保守的假定燃料组件壁面温度应低于其冷却剂沸点(约 1460 ℃),以防止发生过冷沸腾对堆芯内的热量传递及流动的稳定性产生未知影响。因此,燃料组件壁面温度应低于冷却剂沸点并留够充足裕量。

10.3.2　设计优化策略

确定反应堆设计优化准则后,必须通过合理的分析步骤和流程,以及反复地迭代和优化以确保反应堆在任何运行条件下的绝对安全性。由于反应堆设计涉及专业领域范围面较广,仅从反应堆物理、热工角度出发开展设计研究工作。图 10－16 所示为 TFHR 顶层设计策略,通过政策法规和市场需求调研,提供反应堆基本设计参数,如功率、运行天数以及堆芯尺寸等参数变动范围,然后经过合理高效地物理热工设计流程确定具体结构和运行参数,并经过一系列优化和安全分析来验证 TFHR 安全性,形成最终设计方案。

具体设计路线如图 10－17 所示,本研究结合现有成熟的新型反应堆结构设计经验,例如,采用成熟的 TRISO 燃料颗粒,其在我国 10 MW 高温气冷实验堆(10 MW High Temperature Gas-cooled Reactor-test Module,HTR-10)已得到应用[43];正六边棱柱形燃料组件已在日本高温测试反应堆(High Temperature Test Reactor,HTTR)得到应用[44];熔盐冷却剂

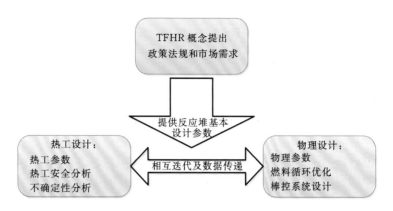

图 10-16　TFHR 顶层设计策略

FLiBe 和相关结构材料已有丰富的运行测试经验等等,辅以行之有效的物理热工设计方法,完成 TFHR 设计优化分析。由图中所示,物理设计部分包含堆芯物理参数确定、燃料循环优化和棒控系统优化三大部分。热工设计部分包含稳态和瞬态分析两部分。

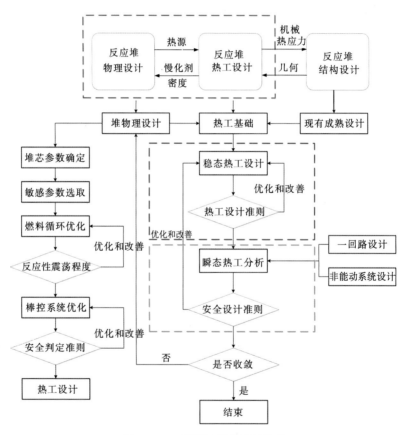

图 10-17　TFHR 具体设计路线

稳态(见图 10-17 红框部分)和瞬态(见图 10-17 绿框部分)具体分析路线分别如图 10-18 和图 10-19 所示。图中不同颜色线框表示采用不同研究方法对 TFHR 堆芯进行整体分析,主要包含四部分内容:①利用自主开发反应堆快速分析软件 TransFRAC 进行等效单通道分析;

②采用商用 CFD 软件 Star CCM＋进行全堆芯稳态数值模拟；③基于商业反应堆系统分析软件 Relap5 3D 进行典型事故分析。以上三部分在反应堆热工设计准则下有机结合，系统地完成 TFHR 热工设计分析[45]。

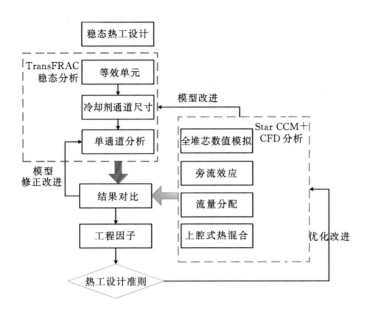

图 10-18　TFHR 稳态分析路线（图 10-17 红框部分）

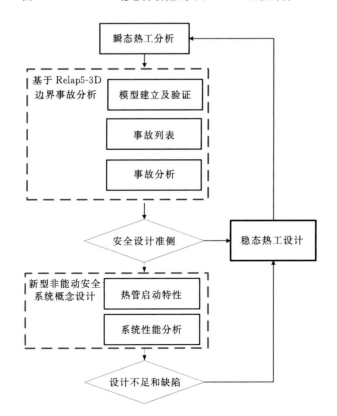

图 10-19　TFHR 瞬态分析路线（图 10-17 绿框部分）

10.3.3　物理设计优化

1. 数学模型及方法

1）中子输运模型及求解方法

核反应堆的特性是由分布在不同空间、能量和时间的中子数决定的,核反应堆理论的核心任务就是确定这一中子数的分布。中子分布问题可通过求解含有一组适当的中子截面的中子输运方程来予以解决,中子反应截面表示中子相互作用的概率,其值与系统中的材料布置有关。中子稳态输运方程可通过微元体中子守恒定律出发,即中子产生率等于其消失率,具体方程形式如下

$$\Omega \cdot \nabla \phi + \Sigma_t(r,E)\phi = \int_0^\infty \int_{4\pi} \Sigma_s(r,E') f(r,E' \to E, \Omega' \to \Omega)\phi(r,E',\Omega')\mathrm{d}E'\Omega'$$
$$+ Q_f(r,E,\Omega) + S(r,E,\Omega) \tag{10-37}$$

式中:ϕ 为中子通量密度,$n \cdot cm^{-2} \cdot s^{-1}$;$\Sigma_t$ 为总截面,cm^2;r 为空间位置,m;Σ_s 为宏观散射截面,cm^2;f 为散射函数;E' 为碰撞前中子的能量,MeV;E 为碰撞后中子的能量,MeV;Ω' 为碰撞前中子的运动方向;Ω 为碰撞后中子的运动方向;Q_f 为裂变反应引起的产生率,$n \cdot s^{-1}$;S 为中子源强,$n \cdot s^{-1}$。

求解中子输运问题的方法可分为确定论方法和非确定论方法,确定论方法是利用各种直接的数值算法对中子输运方程求解,最为显著的优点是具有极快的计算速度,但受限于离散的中子截面以及复杂的几何结构,其计算精度往往不高,常见确定论算法有积分输运法、球谐函数法、离散坐标法以及离散节块法等。非确定论方法又称蒙特卡罗(Monte Carlo)算法,它是通过随机模拟和统计试验方法来求解数学、物理等方面问题近似解的数值方法,计算速度较慢,但精确度很高。MCNP(Monte Carlo N-Particle Transport)程序是由美国洛斯阿拉莫斯国家实验室(LANL)开发的,基于蒙特卡罗方法的用于计算三维复杂几何结构中的中子、光子、电子或者耦合中子/光子/电子输运问题的通用软件包,也具有计算核临界系统本征值问题的能力[46]。随着计算机技术的发展,程序采用 MPI 并行化技术可以有效提高计算速度,现今已广泛运用于新型反应堆的设计和分析。本研究采用 MCNP 程序求解中子输运方程,并开展其他堆芯物理参数的计算。

2）核素燃耗模型及求解方法

核反应堆物理计算关心的另一方面为确定燃料成分随时间的变化及特征参数(有效增殖因子 K_{eff})随燃耗的变化规律。某种核素的变化率等于单位体积内产生率与消失率之差,具体方程表现如下

$$\frac{\mathrm{d}N_i}{\mathrm{d}t} = \Sigma_j \gamma_{ji}\sigma_{f,i}N_j\phi + \Sigma_k \sigma_{c,k \to i}N_k\phi + \Sigma_l \lambda_{l \to i}N_l - (\sigma_{f,i}N_i\phi + \sigma_{a,i}N_i\phi + \lambda_{i,j}N_i) \tag{10-38}$$

式中:N_i 为核素 i 核密度;$\dfrac{\mathrm{d}N_i}{\mathrm{d}t}$ 为核素 i 核密度随时间的变化率;$\Sigma_j \gamma_{ji}\sigma_{f,i}N_j\phi$ 为单位体积内核素 i 由其他裂变引起的产生率;$\Sigma_k \sigma_{c,k \to i}N_k\phi$ 为单位体积内核素 i 由嬗变引起的产生率;$\Sigma_l \lambda_{l \to i}N_l$ 为单位体积内核素 i 由衰变引起的产生率;$\sigma_{f,i}N_i\phi$ 为单位体积内核素 i 由裂变引起的消失率;$\sigma_{a,i}N_i\phi$ 为单位体积内核素 i 吸收引起的消失率;$\lambda_{i,j}N_i$ 为单位体积内核素 i 因衰变引起的消失率。

燃耗方程在给定燃耗区内通常为一阶常微分方程,它可很方便地用常规数值方法或解析方法求解,但是其核素的选择及其燃耗链的处理至关重要。目前较为成熟的商业化燃耗计算程序有 ORIGEN 和 CINDER 等,ORIGEN 为单能群点燃耗计算程序,由美国橡树岭国家实验室(ORNL)开发,可用于放射性同位素的产生和衰变计算,是目前世界范围内使用最广泛的燃耗计算程序之一。ORIGEN 程序考虑了 130 种锕系核素、850 种裂变产物以及 720 种活化产物,采用单能群中子数据库进行计算,可选择功率和中子通量密度两种模式,截面数据库全面,适用性好,可用于压水堆、沸水堆、钠冷快堆和熔盐堆等堆型的燃耗计算[47]。针对 TFHR,可采用 ORIGEN 程序求解核素密度随时间的变化。

3)程序耦合方法

为了获得反应堆各运行时刻下功率分布以及反应性变化规律,耦合 MCNP 和 ORIGEN 求解中子输运方程(10 - 37)和核素燃耗方程(10 - 38)势在必行。国内外针对 MCNP 和 ORI-GEN 的耦合开展了广泛的研究,诸如美国爱达荷国家实验室开发的 MOCUP[48],洛斯阿拉莫斯国家实验室开发的 Monteburns[49],清华大学开发的 MCBurn[50] 以及 MIT 开发的 MCODE[51]。为实现中子输运和燃耗的耦合计算,需要 MCNP 和 ORIGEN 交替运行,通过外部接口程序进行数据交换。具体计算流程如图 10 - 20 所示,MCNP 程序统计得到反应率、各燃耗区的中子通量密度、能量沉积和反应率,通过数据处理得到真实中子通量密度及各种反应截面,输入到 ORIGEN 程序进行燃耗计算,再将各燃耗区各核素的核密度分布结果形成 MC-NP 输入文件进行计算,如此反复下去。本节采用 MIT 开发的 MCODE 程序进行反应堆物理设计优化,已与最新中子学程序 CASMO-5 完成程序校核并且与 MITR 运行数据完成程序验证,对比结果详见文献[52,53]。

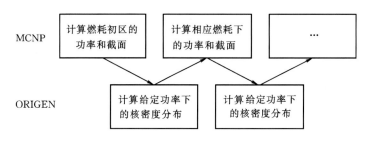

图 10 - 20　程序耦合计算流程

由于 TFHR 属于高温反应堆,必须对中子截面数据予以修正。本研究以 ENDF/B-VⅡ 数据库为基础,采用 NJOY99 程序处理得到三个不同温度(600 K、900 K、1200 K)下连续能谱中子截面数据库。

2. 几何建模

为精确获得堆芯中子物理特性,必须对每个 TRISO 颗粒予以考虑。但实际上,TRISO 颗粒是随机嵌入到燃料元件石墨基体上的(见图 10 - 4(b)),对这种随机排列小球几何建模是极其困难的,因此必须合理简化。本节中,采用有次序的排列方式对燃料元件进行几何建模(颗粒数目取决于填料因子),如图 10 - 21 所示,随后再通过镜面设置进行几何阵列完成全堆芯几何建模。由于中子扩散长度要远远大于真实 TRISO 颗粒相邻间距,因此与 TRISO 颗粒随机分布几何相比其中子特性影响很小。因此,采用有次序 TRISO 排列方式是合理有效的。

堆芯燃耗区划分如图 10-22 所示，不同的颜色代表不同的燃耗区。为了更加详细的考虑堆芯顶层和底层的中子反射效应，轴向燃耗区划分更为精细。可以看出，径向划分 2 层，轴向划分 8 层，共计 16 个燃耗区。

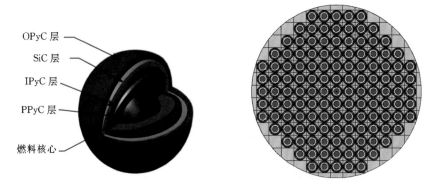

图 10-21　燃料元件 TRISO 颗粒排列图

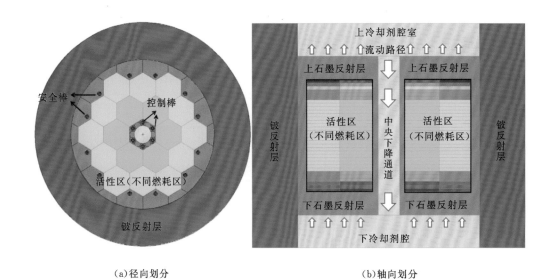

（a）径向划分　　　　　　　　　　　　（b）轴向划分

图 10-22　堆芯燃耗区划分图

3. 燃料循环优化

对于小型移动式反应堆物理设计，在保证反应性反馈系数为负，拥有足够停堆裕量前提条件下，应尽量减小燃料燃耗所带来的反应性震荡，延长燃料循环周期，保证反应堆物理安全性。具体优化目标为 18 个月燃料周期内反应性震荡控制在 1 \$ 内，计算公式如下

$$反应性震荡：\left(\frac{1}{k_{\text{eff,min}}}-\frac{1}{k_{\text{eff,max}}}\right)\times100000 \qquad (10-39)$$

1）优化参数

本研究采用可燃毒物颗粒 BPPs 作为优化燃料循环的关键措施，其结构与 TRISO 颗粒相

似,但颗粒核心变为 B_4C(^{10}B 富集度为 20%),按照给定比例随机嵌入到燃料元件中。国际上已有诸多研究学者采用 BPPs 作为燃料循环优化手段,在高温堆领域 Kloosterman[54] 将其应用在球床高温气冷堆,而 Obara[55] 和 Onoe 将其应用在棱柱式燃料组件高温堆上。对于 BPPs,两个主要参数影响其反应性控制:①可燃毒物装量;②毒物核心半径。除此之外,燃料元件填料因子(TRISO 颗粒体积含量)、堆芯活性区高度也一并考虑。最后,对熔盐冷却剂 FLiBe 中子辐照特性影响也进行定量分析。

2)优化结果

由于几何模型较为复杂且非确定论方法 MCODE 程序计算速度较慢,不能同时开展上述 5 个参数的优化分析(上万种参数组合),以寻找一组最佳参数。因此,可采用"渐进式"方法,按照参数影响重要度,逐次对敏感参数进行优化分析,最终确定方案设计。分析结果如下。

(1)可燃毒物装量。

可燃毒物装量对燃料循环有效增殖因子 k_{eff} 影响最为显著。它不仅吸收热中子,而且会使反应堆中子能谱硬化。本节中通过改变燃料颗粒与可燃毒物体积比(F/P)来研究可燃毒物装量对反应性的影响,结果如图 10 - 23 所示,其中,EFPD 为 Effective Full Power Day,称有效全功率天。当不采用可燃毒物颗粒时(图中黑实线,右坐标系),寿期内反应性变化巨大(已排除 Xe 效应),大于 13000×10^{-5},有效增殖因子随着燃耗呈线性下降,这对于棒控系统设计以及反应堆运输次临界保护带来极大挑战。为此,采用可燃毒物颗粒以降低反应堆寿期内反应性震荡。本节研究了四种不同燃料毒物体积比的影响(70~128),可以看出,反应性震荡在反应堆 540 有效运行天内大大降低,当 $F/P=128$ 时,从大于 13000×10^{-5} 降至低于 5000×10^{-5};当 $F/P=70$ 时,降至 2000×10^{-5}。k_{eff} 变化趋势也发生变化,这是由于可燃毒物寿期初始会吸收中子抑制反应性剧烈变化,使得 k_{eff} 平稳变化。此外,随着可燃毒物含量的增加,k_{eff}

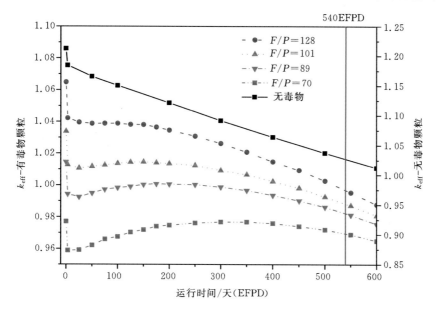

图 10 - 23　可燃毒物装量对 k_{eff} 的影响

曲线整体下移。一方面这是因为^{10}B具有极大的中子吸收截面,降低了中子经济性;另一方面它会造成反应堆中子能谱硬化,如图10-24所示,^{10}B对于低能量区中子吸收较强,导致此处中子通量曲线被"切顶"。

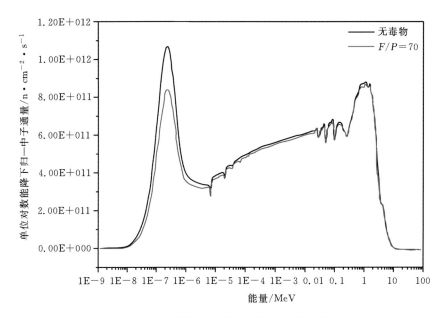

图10-24 可燃毒物对堆芯平均中子能谱影响

(2)填料因子。

目前工业水平下,燃料元件中TRISO颗粒填料因子上限为0.4,超过这一限值将会导致燃料元件在高温下发生损坏解体。降低这一因子意味着核燃料装载量将减少,相应的反应堆慢化能力增强,直接体现为碳原子与铀原子数比的变化,如图10-25所示。填料因子从0.25增到0.40,碳原子与铀原子数量比从480降到300。值得一提的是,中子欠慢化是反应堆堆芯设计中重要的非能动安全特征,对于紧凑型堆芯设计,其功率峰值通常出现在堆芯与周围反射层交界处,因此,填料因子越低也往往意味着较低的功率峰值因子。

图10-26为$F/P=70$的条件下,不同填料因子对反应性的影响。可以看出,在反应堆寿期初,低的填料因子造成较大的k_{eff},且k_{eff}逐渐增大,一直持续到300天。之后,随着燃料消耗k_{eff}迅速降低,这一趋势对于核燃料装量较低的情况($PF=0.25$)尤为明显,导致寿期末(540EFPD),$PF=0.35$和0.30时k_{eff}反超。综上,具有较高的填料因子可使反应堆在寿期内k_{eff}变化更为平缓,反应性震荡更低。

(3)活性区高度。

活性区高度直接影响着反应堆中子经济性。这是因为对于圆柱形活性区,高度增加使得轴向几何曲率减少,从而降低中子泄漏率。本节在满足TFHR设计基本前提条件下,对不同活性区高度(100~130 cm)对k_{eff}的影响进行了研究,结果如图10-27所示(固定$F/P=70$,填料因子为0.35)。随着高度的增加,k_{eff}曲线整体上移,当高度大于120 cm时,反应堆可在整个寿期内保持临界状态($k_{eff}>1$),且k_{eff}曲线后半段更加平稳。

(4)可燃毒物颗粒核心半径。

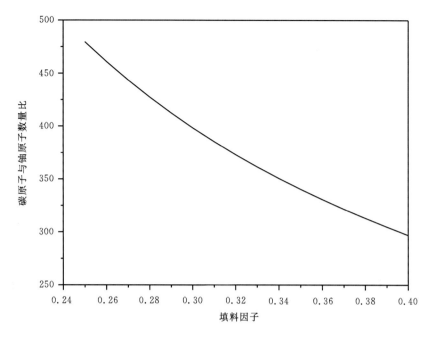

图 10 - 25　不同填料因子下碳原子与铀原子数量比

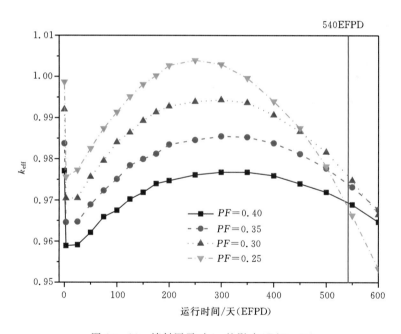

图 10 - 26　填料因子对 k_{eff} 的影响（$F/P=70$）

　　保持 BPP 装量为常数（$F/P=70$），不同的颗粒核心尺寸代表不同的表面体积比，由于毒物的自屏蔽效应，这将会直接影响毒物的消耗速率。换言之，改变 BPP 核心半径可以控制 k_{eff} 曲线，进行反应性震荡优化。图 10 - 28 所示为 MCNP 模拟不同 BPP 核心半径的几何模型示意图（保持 BPP 装量不变）。

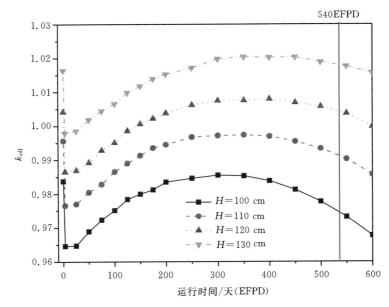

图 10-27 不同活性区高度对 k_{eff} 的影响($F/P=70$,$PF=0.35$)

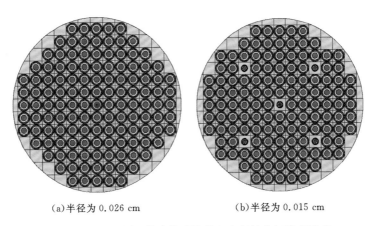

(a)半径为 0.026 cm   (b)半径为 0.015 cm

图 10-28 不同可燃毒物颗粒核心半径的几何模型示意

保持 $F/P=70$,填料因子为 0.35,活性区高度为 130 cm 的条件下,不同 BPP 核心半径对 k_{eff} 曲线的影响如图 10-29 所示。可见 BPP 核心半径对反应堆寿期初始 k_{eff} 影响显著,对寿期末 k_{eff} 却影响甚微。核心半径较小时(0.015 cm),由于毒物自屏蔽效应微弱导致较高的毒物消耗速率,使得寿期初反应性很低,随后迅速增加。从图中可以看出 BPP 核心半径为 0.021 cm 时,k_{eff} 曲线无论在寿期初还是寿期末都较为平坦,反应性震荡最小。因此本研究最终选用 $F/P=70$,填料因子为 0.35,活性区高度为 130 cm 以及 BPP 核心半径 0.021 cm 为 TFHR 物理优化结果。

(5)FLiBe 中子辐照特性。

尽管 TFHR 反应堆中冷却剂中 [7]Li 富集度高达 99.99%,但还是会有少量 [6]Li 运转在反应堆主回路中。由于 [6]Li 中子吸收截面极大,相当于中子毒物随着反应堆运行而消耗。作一粗略假设,主回路中运行 2000 kg FLiBe,其中大约 1/4 流经堆芯,堆芯平均中子注量率为 $1\times$

$10^{14}\,\mathrm{n\cdot cm^{-2}\cdot s^{-1}}$，根据公式(10-38)，^{6}Li 消耗曲线如图 10-30 所示。在反应堆 18 个月(540 天)运行周期内，^{6}Li 消耗了 23%。图 10-31 为 ^{6}Li 对 k_{eff} 的影响特性曲线。图中实线为未考虑 ^{6}Li 影响的 k_{eff} 曲线，虚线为考虑 ^{6}Li 影响的 k_{eff} 曲线。可以看出，寿期初由于中子毒物影响强烈，^{6}Li 影响微弱。随着时间推移，^{6}Li 开始发挥作用，k_{eff} 曲线差别增大。由于考虑 ^{6}Li 消耗将引入正的反应性(约 200×10^{-5})，所以其相应的 k_{eff} 曲线上移，但总体上反应性震荡几乎不变。

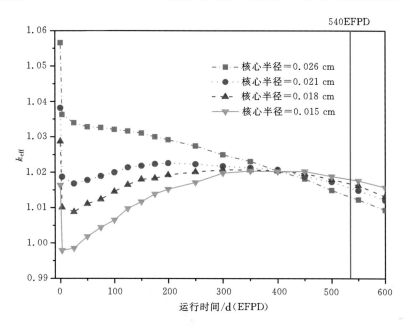

图 10-29　不同 BPP 核心半径对 k_{eff} 的影响($F/P=70$，$PF=0.35$，$H=130\ \mathrm{cm}$)

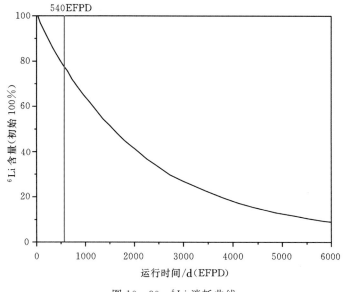

图 10-30　^{6}Li 消耗曲线

(6)最终结构和中子参数。

通过对上述各关键参数分析优化,以达到最佳燃料循环,最终选定 TFHR 设计参数如下:130 cm 活性区高度,填料因子为 0.35,燃料与毒物颗粒体积比为 70,毒物核心半径为 0.021 cm。详细的燃料循环性能以及中子特性参数如表 10 - 9 所示。最终反应性震荡为 620×10^{-5},低于寿期初有效缓发中子先驱核份额 668×10^{-5}(即 1\$),达到设计优化目标。此外,无论在寿期初还是寿期末,反应堆燃料和冷却剂都保持负的反应性反馈系数,从根本上保证了 TFHR 的固有安全性。

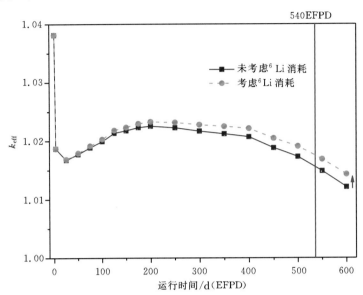

图 10 - 31　^{6}Li 对 k_{eff} 的影响($F/P = 70$,$PF = 0.35$,$H = 130$ cm,$R = 0.021$ cm)

表 10 - 9　TFHR 燃料循环性能与堆芯中子特性参数

	参数选择	数值
	堆芯高度	130 cm
	填料因子	0.35
	燃料与可燃毒物颗粒体积比	70
	可燃毒物颗粒半径	0.021 cm
燃料循环性能	最大 k_{eff} 位置	200-EFPD
	最小 k_{eff} 位置	550-EFPD
	反应性震荡	620×10^{-5}
寿期初状态参数	Beta$_{eff}$	668×10^{-5}
	氙效应	-2.7 Beta
	过量反应性(Xe_EOL)	2.7 Beta
	冷却剂密度效应(10%空泡变化)	-0.2 Beta
	多普勒效应(1200~300 K)	5.5 Beta

参数选择	数值
Beta$_{eff}$	553×10^{-5}
氙效应	-3.6 Beta
过量反应性(Xe_EOL)	2.6 Beta
冷却剂密度效应(10%空泡变化)	-0.3 Beta
多普勒效应(1200~300 K)	7.0 Beta

（寿期末(550 EFPD)状态参数 对应左侧合并单元格）

4. 棒控系统优化

图 10 - 22 所示,TFHR 堆芯中心布置 6 根控制棒,用来包络调节燃料循环周期内反应性。活性区周边布置 12 根安全棒,以保证充足的停堆裕量或事故条件下堆芯能紧急停堆。本研究中,控制棒和安全棒都由 B_4C(^{10}B 富集度为 20%)制作而成。下面简述一下棒控系统设计优化基础。

1)设计优化基础

对于控制棒系统,每根控制棒都分别由独立控制驱动机构操控,以减轻单根控制棒意外弹出所造成的结果。为了避免单根控制棒弹出反应堆瞬发临界,必须控制其反应性价值低于 0.8 Beta。采用如图 10 - 22 所示在反应堆中央布置控制棒,这既满足提供充足的总的反应性价值,又能减轻单根棒弹出所造成的反应性引入(这是由于棒群间的相互干涉效应)。此外,控制棒最大插入深度也极大地影响反应堆安全。一方面设计控制棒必须满足总反应性大于 3000×10^{-5}(表 10 - 9 中氙 Xeon 效应与反应性震荡之和);另一方面,避免控制棒插入过深造成意外弹棒,引入较大反应性。因此,必须对上述问题统一考虑,优化控制棒系统。

对于安全棒系统,为保证反应堆冷停堆状态下保持充足停堆深度(次临界状态)至少 1 Beta,其安全棒反应性总价值在反应性价值最大的一根安全棒卡住的情况下应大于 21 Beta。以下两种情况应予以分析:①一根中央控制棒不响应;②一个外部控制棒不响应。

2)设计优化结果

(1)控制棒系统。

由于中心控制系统管道区几何限制,控制棒径向尺寸变化有限。本节研究了 4 组不同棒径(半径从 1.8 cm 变化到 3.0 cm)对控制棒反应性价值的影响,进一步评估 6 根控制棒相互干涉效应。图 10 - 32 所示为不同棒径下控制棒积分反应性价值。随着棒径的增加,积分负反应性变小,但减小幅度变缓。同时,由于控制棒之间干涉效应,积分负反应性与控制棒插入个数不再是线性关系,而呈现缓慢下降趋势。图 10 - 33 为不同棒径下单根控制棒积分价值随控制棒插入数目的关系柱状图。可以看出,对于第一根控制棒插入,负反应性价值随棒径增大而减小。但这一变化趋势在第三根棒插入之后消失,这意味着实际反应堆运行过程中(6 根控制棒),棒径对于单根弹棒事故影响微乎其微,其控制棒从全插入到抽出反应性大小为 600×10^{-5},已经超出了设计极限 0.8 Beta(寿期末 1 Beta$=553 \times 10^{-5}$,见表 10 - 9)。因此,限制控制棒插入深度是一个合理的选择。

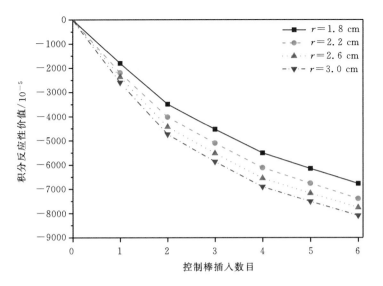

图 10-32 不同棒径下控制棒积分反应性价值

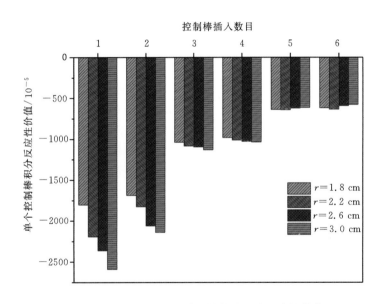

图 10-33 不同棒径下单个控制棒积分反应性价值

图 10-34 为不同控制棒插入深度条件下积分总反应性变化曲线(棒径为 2.6 cm)。可以看出,当大于 4 根控制棒插入时,无论何种插入深度(>50%插入深度)都满足 3000×10^{-5} 总反应性要求。一方面,为了减少单根控制棒意外弹出所带来的反应性引入,限制控制棒最大插入深度十分有利于反应堆安全(控制棒只能在堆芯中上部移动);另一方面,根据图 10-34 结果显示,采用 60%插入深度时单根控制棒弹棒反应性价值为 414.25×10^{-5},满足设计要求(小于 0.8 Beta)。综合考虑,本节选用半径为 2.6 cm 控制棒,插入深度为 60%,即 0.8 m。

(2)安全棒系统。

为保证足够设计裕量(安全棒反应性总价值在反应性价值最大的一根安全棒卡住的情况

下应大于 21 Beta），本节采用 4 个安全棒布置在中央通道，8 根布置在径向石墨反射层。设计分析结果如表 10-10 所示，当一根反应性价值最大中央安全棒意外卡住，其他 11 根安全棒插入可提供 21 Beta 负反应性，满足设计要求，验证本研究安全棒系统布置合理性。

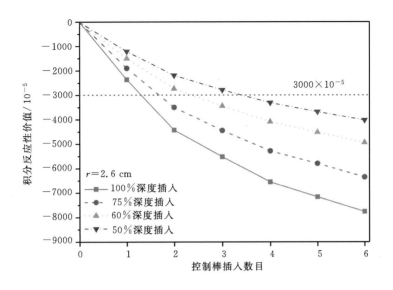

图 10-34　不同插入深度下控制棒积分总价值

表 10-10　安全棒系统计算结果

工况	有效增殖因子 k_{eff}	反应性价值/$
热态（运行温度）	1.03796±0.00016	—
冷态（室温）	1.12081±0.00016	0
12 根安全棒全部插入（冷态）	0.95667±0.00016	−22.9
1 根中央安全棒抽出（冷态）	0.96867±0.00016	−21.0
1 根周边安全棒抽出（冷态）	0.96518±0.00016	−21.5

5. 功率分布

反应堆功率分布直接影响其热工水力特性，通常来讲，功率分布越平坦，反应堆出现局部超温概率越低。由于 TFHR 堆芯呈轴对称，在保证计算结果准确性前提下可采用 1/12 堆芯代表全堆芯（共 1.5 个燃料组件），如图 10-35 右上所示。324 根燃料元件每根沿轴向划分 33 个控制体，采用 MCNP 软件 F7 计数卡对 10692 个控制单元统计进行功率计算，得到功率分布如图 10-35 所示。寿期初（BOL），控制棒插入深度为 0.8 m，以保持反应堆临界。峰值功率出现在活性区与径向石墨反射层交界处，如图中红框所示，其大小为 2.184。一般的，反应堆在一个燃料循环周期内，功率因子峰值出现在寿期初。这是因为寿期初毒物氙 Xeon 逐渐产生并最终达到平衡，这一过程会引入过量负反应性，控制棒必须上移 20% 作一补偿，此时功率峰值会慢慢由交界处移向中心导致功率峰值因子减小，堆芯功率慢慢展平。值得注意的是，寿期初（BOL）功率较大的区域由于燃耗加深，其寿期末（EOL）功率峰值会大大降低。从这一点来看,寿期初 TFHR 的热工水力运行环境更为严峻。

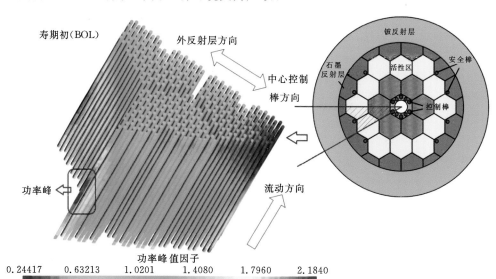

图 10-35　寿期初堆芯功率峰值因子三维分布

表 10-11 列出了功率峰值因子随运行时间变化规律,可以看出功率峰值因子随运行时间推移而缓慢减小,从 2.184 变化为 2.020。

表 10-11　功率峰值因子在燃料循环周期内变化规律

反应堆运行状态	功率峰值因子
寿期初(BOL)	2.184
氙平衡(Xeon Balance)	2.060
寿期末(EOL)	2.020

10.3.4　热工设计分析

1. 安全系统整定值

　　TFHR 按类型属于第四代熔盐反应堆,功能涉及发电和高温领域应用,为多功能反应堆(Multi-Function Reactor),其安全分析和审评还处于空白,相关管理规程正在制定中。本研究主要借鉴 MIT 设计的 20 MW 氟盐冷却测试反应堆(Fluoride-salt-cooled High Temperature Test Reactor,FHTR)前期安全审评工作[56],基于美国核管会(Nuclear Regulatory Commission,NRC)的技术文件 NUREG-1537[57],来指导 TFHR 安全分析。美国核管会规程 50.36[58]及美国核学会(American Nuclear Society,ANS)ANSI-15.1[59]给出了核电厂安全系统整定值(Limiting Safety System Settings,LSSS)定义。反应堆的 LSSS 是一组针对自动保护装置所设定的关键触发参数。这些参数确保当某些过程变量超出其对应整定值时触发自动保护动作,并在反应堆运行状态超出安全限值所规定的范围前,纠正反应堆运行状态。本质上,反应堆 LSSS 规定了反应堆安全运行区间,即正常运行和预计运行事件。本书第 8 章针对 TMSR-SF 开展了 LSSS 安全特性研究给出了相应的保守性热工水力边界[60],但需要注意的是熔盐凝固过程黏性变化剧烈且伴随强烈放射性,必须留有足够的安全裕量,本研究取 783 K。具体热工温度限值见表 10 - 12。

表 10 - 12　LSSS 温度限值

温度限值	数值	受限材料
入口温度,$T_{in,LSSS}$	783 K	FLiBe
出口温度,$T_{out,LSSS}$	993 K	Hastelloy N
壁面峰值温度,$T_{wall,LSSS}$	1473 K	FLiBe
燃料峰值温度,$T_{fuel,LSSS}$	1573 K	TRISO

基于表 10 - 12 所示温度限值,使用 TransFRAC 对 TFHR 进行大范围稳态计算,寻找临界工况及边界,其反应堆容许安全运行区间如图 10 - 36 所示。图中蓝线、黄线、绿线、红线分别代表 4 个相应的温度限值,由红线、黄线和蓝线围成的区域即为 TFHR 安全运行区间。可以得到,结构材料 Hastelloy N 合金的最高长期工作温度限值 993 K 决定了 TFHR 容许运行区间的最高出口温度,是 TFHR 设计的最大约束,其次是壁面峰值温度。图中壁面峰值温度线与出口温度线交点即为反应堆 LSSS 整定功率,为 22.8 MW,超过此值反应堆结构材料完整性将面临威胁。

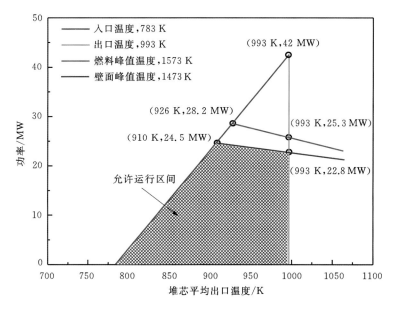

图 10 - 36　TFHR 容许运行区间

2. 单通道分析

单通道分析在反应堆设计及安全审评中使用最为普遍,最大限度采用保守性假设以及工程热管因子可以大大提高反应堆的设计安全性,同时也极大地缩短了反应堆设计周期,但牺牲了部分反应堆经济性。本节将基于 TransFRAC,采用单通道分析方法对 TFHR 进行分析设计。

1)冷却剂通道孔径影响

对于熔盐这种高 Pr 数流体,局部自然对流效应显著,熔盐从下往上流经堆芯,受到的局部自然循环力与流动方向一致,有助于对流换热。根据 Jackson 等人对近年来竖直管道内混合对流的研究,竖直圆管内层流区流动方向从下往上局部自然对流换热关系式为

$$Nu_n = 0.95 \left(\frac{Gr^*}{Re} \right)^{0.28} \tag{10-40}$$

$$Gr^* = g\beta D^4 q / \kappa v^2 \tag{10-41}$$

从上式可以看出,管径越大,局部自然循环效应越强(格拉晓夫数 Gr 与管径 D 四次方成正比),局部换热增强。因此,管径对于 TFHR 热工水力特性影响显著。图 10-37 所示为冷却通道直径对平均 Nu 数和温度的影响。通道直径从 6.35 mm 变化到 19.0 mm,随着管道直径的增加,局部自然循环效应增强,平均 Nu 显著增强,从 8.4 增到 13.5,导致壁面和燃料峰值温度显著下降,下降幅度达 170 K。无论从热工还是水力的角度出发,增大冷却剂管道直径都将有利于反应堆热工安全(换热增强,阻力减小),但需要注意的是,19 mm 管径已经是目前设计的极限值,冷却管道与燃料元件距离过小导致局部热应力过大,可能会损坏石墨基体完整性。因此,本研究基于美国现有棱柱式反应堆设计,在多种方案中选取已经过应力验证的最大直径,即图中红色曲线表示的设计值 12.7 mm。

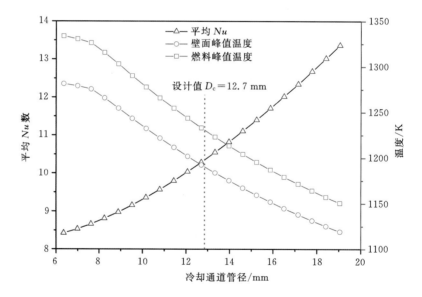

图 10-37　冷却剂通道直径对 Nu 数、壁面峰值和燃料峰值温度的影响

2)等效单元转换

TFHR 采用正六边形燃料组件,基本换热单元如图 10-38(a)所示,换热结构较为复杂,采用一维单通道模型较难获得精确的燃料、石墨区温度分布。本研究采用环形换热单元模型(见图 10-38(b))并辅以合理的导热修正系数来模拟 TFHR 中平均通道和热通道。如图 10-38 所示,六边形换热单元包含 1 个冷却剂通道和 6 个 120°燃料元件(即 2 个燃料元件),除冷却

通道,其他传热区域都基于体积守恒原则等效为环形导热区域。导热区域由内向外依次为石墨基体、氦气隙、燃料元件以及剩余石墨(即未包含在任何传热单元的剩余石墨)。具体等效尺寸如表 10-13 所示。

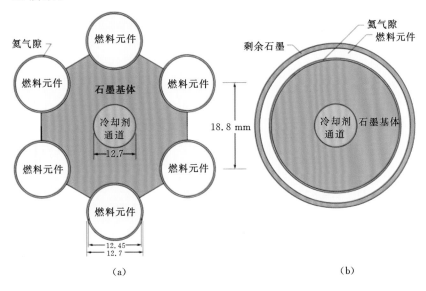

图 10-38　TFHR 单通道换热单元转换

表 10-13　环形换热单元尺寸

换热区域	内径/mm	外径/mm
冷却剂通道	0.0	6.35
石墨基体	6.35	14.55
氦气隙	14.55	14.65
燃料元件	14.65	17.10
剩余石墨	17.10	18.00

采用环形单元计算前,必须对各区域导热系数进行修正。这是因为在体积守恒的基础上,随着半径的增加,相同区域导热路径变得越来越短,导致计算得到的温度偏低。因此,必须对每个换热区域乘以导热系数修正因子以解决上述问题。基于 Davis 和 Hawkes 对于等效单元的研究,本研究采用 CFD 方法来校核环形单元导热模型,确定各个区域导热系数修正因子。对于石墨基体,导热系数修正因子为 0.9;对于氦气隙,修正因子为 0.724;对于燃料元件,修正因子为 0.3。校核工况覆盖 TFHR 运行范围,边界条件分别选用第一类或第三类边界条件,最大相对误差仅为 9%。仅以第一类边界条件,边界温度 1273 K,内热源 31.25 MW·m⁻³ 的工况为例,温度校核如图 10-39 所示,各区域温升符合较好,TransFRAC 计算得到的燃料峰值温度略高于 CFD 计算结果,为 5 K。

3)稳态热工水力分析

对寿期初(BOL)功率分布进行加权平均(见图 10-35),得到冷热通道轴向功率分布。为保守性计算,程序中假设最热 TRISO 颗粒分布在最热通道燃料中心线上。得到堆芯稳态额

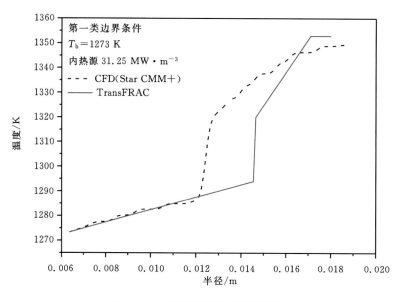

图 10-39　环形单元温度校核计算

定工况温度分布如图 10-40 所示。可以看出,冷热通道冷却剂温度随流动方向平滑上升。TRISO 颗粒峰值温度出现在距入口 0.65 m 高度处,为 1460 K,低于 LSSS 设计极限 1573 K。由于熔盐黏性较大,TFHR 冷却剂流型主要为混合对流和层流,导致径向主要温差落在冷却剂与传热壁面之间(见图 10-40(b))。详细的全堆芯热工水力计算和参数影响特性分析有待 CFD 方法进一步验证。

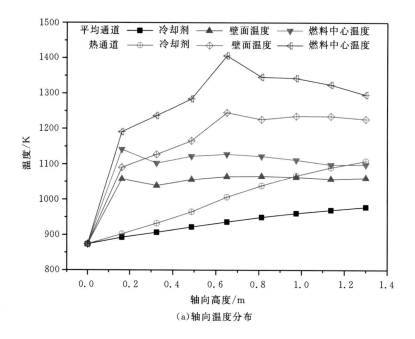

(a)轴向温度分布

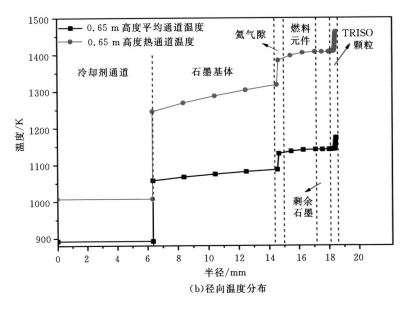

图 10 - 40　TFHR 堆芯温度分布

3. CFD 全堆芯稳态热工水力分析及优化

对于棱柱式堆芯,由于堆芯径向导热以及功率分布不均,关键热工水力参数,如温度分布、局部换热特性和流动特性可能在堆芯范围内变化剧烈,这严重影响着反应堆设计安全性。此外,根据 LSSS 分析结果(见图 10 - 36),当提升反应堆运行功率时,冷却剂出口温度限值、壁面峰值温度限值以及燃料峰值温度限值依次是 TFHR 运行热工限制,它们直接决定冷却剂热稳定性和 TRISO 颗粒完整性。其中对于 TFHR 当前设计最为关心的问题是局部热点导致熔盐沸腾或燃料损坏,导致放射性物质外泄。因此,开展全堆芯数值模拟有助于全面掌握 TFHR 热工水力特性,找出热工设计薄弱点,为后期设计优化提供指引和数据支持。

近年来,伴随着计算机计算能力和容量的迅猛增长,计算流体力学技术(Computational Fluid Dynamics,CFD)得到了长足的发展。CFD 技术不再局限于小尺寸局部现象模拟,许多研究机构和学者已将 CFD 应用于大尺寸全堆芯级别模拟,美国核管会也已开展基于 CFD 技术的反应堆安全审评(仅限于单相流动先进反应堆)。对于棱柱式反应堆的研究,Cheng 等人使用商业软件 STAR CCM+研究了非对称功率分布对 FHTR 换热单元的影响[61]。Tak 等人使用商业软件 ANSYS CFX 分析了第四代反应堆 VHTR 1/12 燃料组件热工水力特性并考虑了径向功率分布以及旁流效应的影响[62]。Travis 等人数值模拟了 1/6 VHTR 全堆芯,但受限于计算时间和资源的限制,流动区域采用一维氦气流动模型并在气固交界面使用经验换热公式耦合,但这也极大地限制了 CFD 计算准确性。因此,本章节针对设计紧凑的 TFHR 堆芯采用商业软件 STAR CCM+进行 1/12 全堆芯数值模拟,包括流体和固体区域,最大限度上保证计算结果的合理性和准确性。

1)计算方法

本研究采用商业 CFD 软件 STAR CCM+对 TFHR 堆芯进行三维热工水力分析。STAR CCM+是 CD-adapco 公司推出的新一代 CFD 软件。采用最先进的连续介质力学数值技术

(Computational Continuum Mechanics algorithms, CCM),并和卓越的现代软件工程技术有机结合在一起,拥有出色的性能和高可靠性,是热工流体分析工程师强有力的工具。主要功能涵盖流动、传热、应力等各个领域,是一个集成度极高的数值求解软件包。相比于传统 CFD 软件,诸如 ANSYS FLUENT 和 CFX,其最大特点是内置的网格生成系统和丰富的网格方案,如多面体网格(Polyhedral Mesher)、四面体网格(Tetrahedral Mesher)、六面体核心网格(Trim Mesher)以及其他衍生网格,能应付各种复杂结构,界面非常友好,使用方便简洁[63]。

如图 10-2(a)所示,TFHR 堆芯呈几何对称,假设反应堆运行过程中 6 根控制棒同时动作进行反应性调控,即功率分布也呈几何对称,在保证计算准确度的前提下,可采用 STAR CCM+对 1/12 堆芯进行数值模拟,这样可缩短计算时间和网格数量,大大节省计算资源[64]。

2)网格方案及敏感性分析

1/12 堆芯包含 162 个冷却剂通道(包含 13 个半通道)和 324 个燃料元件(包含 6 个半通道)。不同传热区域由于尺寸量级不同,尤其对于长径比很大的几何结构,需采用适当的网格划分策略才能保证在合理的网格数量范围内获得较为准确的计算结果。堆芯包含燃料元件、石墨基体、冷却剂通道以及石墨和铍反射层,径向尺寸量级相差较大,必须对不同区域单独划分网格,然后进行拼接。网格方案如下:径向上采用多面体(Polyhedral Mesher)和边界棱柱层网格(Prism Layer Mesher)生成一层网格;轴向上采用拉伸网格(Extruder Mesher),并在入口段加密,其余部分保证长径比在 8 以内。为保证计算准确度,减少计算时间,以 1/6 燃料组件为对象,对 5 种不同数量网格进行了敏感性分析,结果如表 10-14 所示。

表 10-14　网格敏感性分析

网格方案	A(参考)	B	C	D	E
网格数量/百万	9.84	6.22	3.65	1.05	0.7
冷却剂通道基本尺寸/mm	0.8	0.8	0.8	1.2	2.0
燃料和石墨基本尺寸/mm	1.0	3.0	5.0	8.0	10.0
轴向尺寸/mm	8.5	8.5	8.5	26.0	26.0
出口主流温度 T_b/K	972.8	972.7	972.2	972.1	969.6
T_b 相对误差%	—	0.1%	0.6%	0.7%	3.2%
壁面平均温度 T_w/K	1195.4	1195.0	1193.0	1192.3	1183.4
T_w 相对误差%	—	0.4%	2.4%	3.1%	12%
燃料峰值温度 T_f/K	1364.9	1364.4	1362.0	1361.3	1347.0
T_f 相对误差%	—	0.5%	2.9%	3.6%	17.9%
摩擦压降 ΔP/Pa	443.5	443.8	444.2	444.0	452.6

从表 10-14 中可知,从网格方案 A 到 E,网格数量依次递减,从 984 万变化到 70 万,三个关键热工参数,出口主流温度(T_b)、壁面平均温度(T_w)、燃料峰值温度(T_f),除了网格方案 E 基本保持不变,相对误差在 4% 以内。因此,本研究选取 D 网格方案进行后续 1/12 全堆芯建模,这样既能保证计算精度,又能节省计算资源。具体网格详细信息如图 10-41 所示,主体网格采用多面体网格,在石墨基体-燃料元件交界面上采用正交棱柱网格以保证数据传递精度。冷却剂区域网格进行二次加密保证局部传热准确性。综上,对于 1/12 TFHR 全堆芯共用 1000 万网格。

然而,对于 CFD 建模也有一些技术限制,如不能精确模拟燃料元件中 TRISO 颗粒和 BPP 颗粒,燃料元件被当作整体均匀介质,其热物性进行等效平均。除此之外,燃料元件轴向固定间隔石墨填充区域在本研究中予以忽略,燃料元件为整体一根燃料棒,其结果偏于保守(燃料增多,温度上升)。

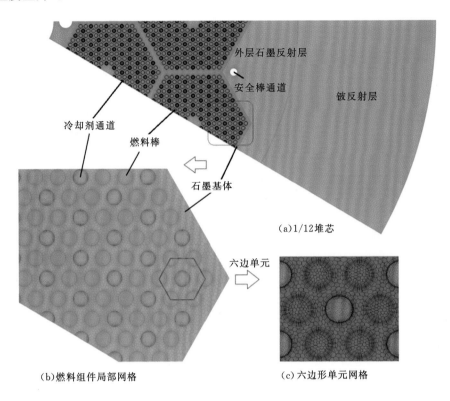

(a)1/12 堆芯

(b)燃料组件局部网格　　　　　(c)六边形单元网格

图 10 - 41　1/12 TFHR 网格方案

3)边界条件及求解方法

边界条件如表 10 - 15 所示,入口温度为 873.15 K,每个冷却剂通道质量流量为 0.043 kg·s^{-1},出口温度固定在 973.15 K,且为压力出口边界条件,运行压力为 0.2 MPa。基于保守性假设,反应堆运行过程中无热量损失,因此,外壁面设置为绝热对称边界条件。如若功率均匀分布,燃料元件功率密度为 31.25 MW·m^{-3}。

表 10 - 15　1/12 堆芯输入边界条件

参数	输入值
TFHR 热功率/MW	20.00
燃料元件功率密度/(MW·m^{-3})	31.25
1/12 堆芯总流量/(kg·s^{-1})	6.98
每个冷却剂管道流量/(kg·s^{-1})	0.043
入口温度/K	873.15
出口温度/K	973.15
反应堆运行压力/MPa	0.2

　　STAR CCM＋流动传热方程属于非线性偏微分方程组,采用控制容积法(Control Volum Approach,CVM)数值离散。此外,在保证计算准确度前提下,本研究选择分离流体模型(动量与能量方程脱耦,进行修正求解)以提升计算速度。收敛判据一是保证归一化动量和能量计算误差在10^{-4}以下;二是监控变量,如出口温度、流量,稳定且变化浮动在可接受范围以内。

　　4)CFD模型校核与验证

　　在进行1/12全堆芯热工水力计算之前,必须对熔盐流动换热CFD模型进行校核与验证。由于熔盐Pr数(13.53)较高且设计堆芯活性区高度(1.3 m)较小,整个堆芯区域处于未充分发展换热区域,局部换热增强,必须对这一现象进行校核与验证。为此,本研究选取均匀功率分布六边形传热单元(见图10－38(a))为基准,进行校核验证计算。通过STAR CCM＋输出数据进行后处理得到局部Nu数,定义如下

$$Nu_{loc} = \frac{h_{loc}d}{k_{flibe}} \tag{10-42}$$

式中:d为冷却剂通道直径,m;h_{loc}为局部对流换热系数,W·m^{-2}·K^{-1},定义如下

$$h_{loc} = \frac{q''_{loc}}{T_{w,loc} - T_{b,loc}} \tag{10-43}$$

式中:$T_{w,loc}$和$T_{b,loc}$分别是局部壁面和冷却剂主流温度,K;q''_{lov}为壁面热流密度,W·m^{-2}。

　　目前,低雷诺数层流区高温熔盐流动换热实验数据非常少。大部分实验追溯到20世纪60—70年代熔盐堆大发展时期,Cooke和Silverman采用LiF－BeF$_2$－ThF$_4$－UF$_4$(摩尔比为67.5:20.0:12.0:0.5)(MSBR冷却剂)对Re数400~2234,Pr数12~15,温度838~1116 K,热流密度69.4 kW·m^{-2}到1.77 MW·m^{-2}变化范围内对流换热进行了实验研究[65,66];Grele等人采用LiF－NaF－KF(摩尔比为46.5:11.5:42.0,FLiNaK)作冷却剂,其Pr数1.23~4.33(低于FLiBe),遗憾的是只有三个可用实验数据[67]。

　　CFD计算结果如图10－42所示,局部Nu数沿进口到出口变化,分别与Graetz等人公式(10－27)、Sieder-Tate关系式(10－29)、Martineli-Boelter关系式(10－30)进行对比。从图中

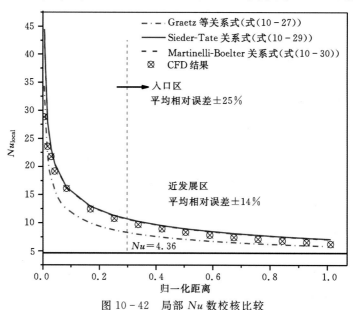

图10－42　局部Nu数校核比较

可得,CFD 计算结果与 ORNL 推荐熔盐换热关系式(10 - 29)、(10 - 30)符合良好,与公式
(10 - 27)相差较大。与前两者相比,在入口区平均相对误差为 25%,近发展区为 14%,计算所
得 Nu 数均大于层流解析值 4.36,说明 TFHR 整体换热处于未充分发展换热区。图 10 - 43
所示为 CFD 计算结果与实验数据以及换热关系式对比验证结果,这里采用平均 Nu 数进行比
较。可以看出,Sieder-Tate 关系式(10 - 29)与实验数据拟合曲线(灰色实线)符合最好,说明
Sieder-Tate 关系式更适合熔盐流动换热。同时,CFD 计算结果均在实验数据拟合曲线±15%
范围内(灰色虚线),说明 CFD 计算结果与实验数据符合较好。从以上校核验证结果来看,
CFD 模型能准确模拟熔盐局部换热,验证了模型的有效性以及适用性。

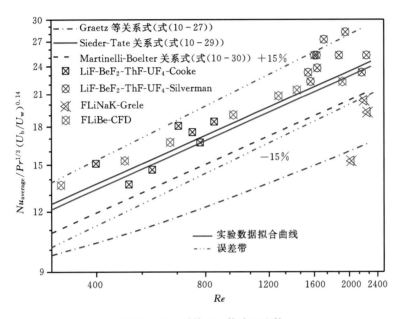

图 10 - 43　平均 Nu 数验证比较

5)1/12 堆芯计算结果

本节主要分析了 1/12 堆芯热工水力特性,参照均匀功率分布理想堆芯计算结果(下称"参
考工况"),保守的定量分析了 TFHR 实际运行过程中各工程因素对温度分布的影响,为下节
热工优化指引方向和奠定基础。

(1)参考工况。

假设功率分布均匀,堆芯出口截面温度分布如图 10 - 44 所示。可以看出,堆芯出口温度
分布较为均匀,热点集中出现在燃料组件交界处,这是因为此处冷却剂通道较少,冷却能力不
足。相应的燃料峰值温度为 1358.6 K,高于堆芯整体燃料平均温度 160 K。此外,由于冷却剂
管道流动处于混合对流状态,加之熔盐导热性能较弱,冷却剂通道内径向温差较大,中心存在
8% 的区域几乎未被加热。冷却剂最高温度为 1320.5 K,即接近于壁面温度。堆芯轴向温度
分布如图 10 - 45 所示,其中平均通道表示将全堆芯等效为一个通道,冷却剂温度取质量流量
平均,热构件温度取截面平均。热通道如图 10 - 44 中黑框所示。可以看出,冷却剂温度沿轴
向线性增加。进口段效应显著导致换热沿轴向逐渐减弱,冷却剂主流温度与壁面温差增大,最
大为 280 K。然而,对于均匀功率分布,冷热通道温差较小,对于燃料元件和石墨基体温差为

35 K,对于冷却剂温度仅提升 4 K,说明堆芯温度分布较为均匀。

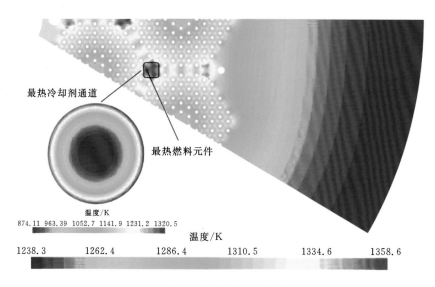

最热冷却剂通道

最热燃料元件

温度/K
874.11 963.39 1052.7 1141.9 1231.2 1320.5

温度/K
1238.3　　　　1262.4　　　　1286.4　　　　1310.5　　　　1334.6　　　　1358.6

图 10 - 44　参考工况堆芯出口截面温度分布

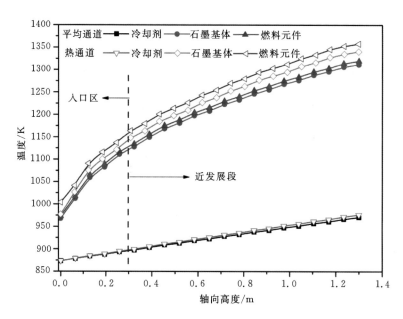

图 10 - 45　参考工况堆芯轴向温度分布

（2）保守工况。

一般的,反应堆运行过程中会存在各种工程因素导致反应堆热工水力特性变差,可能触及 LSSS 温度限值威胁反应堆安全。本小节将考虑以下三大因素,重新分析 TFHR 设计安全性 (以下称为"保守工况")。

a. 燃料元件与石墨基体之间的氦气隙。

实际上,燃料元件与石墨基体之间存在一层气隙。一是为了方便燃料组件装配;二是为了容纳燃料元件释放的放射性物质。常规压水堆、沸水堆都存在此类气隙。不同反应堆气隙厚度如表 10-16 所示。由于 ORNL 设计的液态熔盐冷却超高温反应堆与 TFHR 采用同类棱柱式燃料组件,本研究采用 0.127 mm 为气隙厚度。气隙内填充物质随着反应堆运行而变化,其换热方式也极其复杂(包含导热、自然对流以及辐射传热),较难在 CFD 模型中一一体现。因此,本研究基于保守假设,即忽略局部自然对流和高温辐射换热,气隙内填充为单组分氦气体,采用接触导热模型进行数值模拟。

表 10-16　不同反应堆气隙厚度

反应堆类型	气隙厚度	数据来源
HTTR	0.25 mm	日本 JAERI 设计[44]
GT-MHR	0.1～0.127 mm	美国 GA 公司设计[68]
LS-VHTR	0.127 mm	Travis 等人研究[69]
PWR	0.08 mm	Todreas 等人研究[70]
BWR	0.122 mm	Todreas 等人研究[70]
SFR	0.15 mm	孙凯超博士论文[71]

b. 石墨中子辐照特性。

实验表明,石墨长期受中子辐照其热导性会降低,威胁反应堆热工安全。Maruyama[72] 和 Harayama 研究发现,当石墨温度大于 1350 K 后,其导热系数会维持在一个较低的水平上。同时,当快中子注量率大于 $3\times10^{25}/\text{n}\cdot\text{m}^{-2}$ 时,石墨导热系数与未受中子辐照石墨导热系数相比值为常数。换句话说,温度大于 1350 K,快中子注量率大于 $3\times10^{25}/\text{n}\cdot\text{m}^{-2}$,石墨导热性能最差。本研究中,TFHR 石墨温度变化范围为 950～1400 K,峰值快中子注量率为 $3.2\times10^{25}/\text{n}\cdot\text{m}^{-2}$(对应寿期末),基于保守性考虑,受辐照石墨与未受辐照石墨热导性比为常数,根据 Davis 和 Hawkes 的研究,该比值取最低值 0.67。

c. 功率不均匀分布。

反应堆实际运行过程中,受堆芯布置结构以及控制棒调节所影响,功率分布往往是不均匀的。从反应堆热工分析角度出发,寿期初因其功率峰值因子最大,被选为保守功率分布进行数值计算,具体分布如图 10-35。堆芯功率分布因子变化范围为 0.24～2.18,最大值出现在活性区与径向石墨反射层交界处;最小值出现在活性区中央上部区域,靠近控制棒。

基于保守性假设,考虑上述因素后,CFD 计算所得出口截面温度分布如图 10-46 所示。相比于参考工况,出口温度分布变化明显。热点区域从原来组件交界处(见图 10-44)移向活性区与石墨反射层交界处,这是因为此处功率峰值因子较高(1.6～2.2),最终导致热构件温度变化范围较广,为 1147～1479 K。冷却剂和反射层温度也急剧上升(冷却剂温度提升 80 K,反射层温度提升 100 K 左右)。图 10-47 比较了两种工况下 P1 对称面(见图 10-46)温度分布。可以看出,相比于参考工况,峰值温度区域从原先出口区域移到了堆芯中部偏上区域,温度也上升了 205 K,不过仍然低于 LSSS 燃料峰值温度限值 1573 K。对于冷却剂,由于最大壁面温度低于 LSSS 温度限值,因此不会发生过冷沸腾现象,保证反应堆绝对安全性。

为进一步量化上述三种因素的影响,提取两种工况下 L1 线(见图 10-47)温度数据进行比较,如图 10-48 所示。由于氦气隙的存在,温度在石墨基体与燃料元件处突跳,见图中红色实线峰值区域。保守工况条件下,整体温度波动较大,内层燃料组件区域温度较低,而外层燃料组件温度较高,温度峰值出现在最外围燃料组件;参考工况条件下,温度分布较为平坦,峰值出现在燃料组件交界处,内层温度较高于保守工况,但峰值温度远远低于保守工况。此外,由于冷却剂处于层流或混合对流,加之熔盐较低的导热系数,两种工况条件下冷却剂通道中心都出现低温区域,即壁面温度远远大于主流温度。综上,当考虑上述三种因素后,反应堆热工特性变差,各项峰值温度接近 LSSS 温度限值,安全裕量降低。

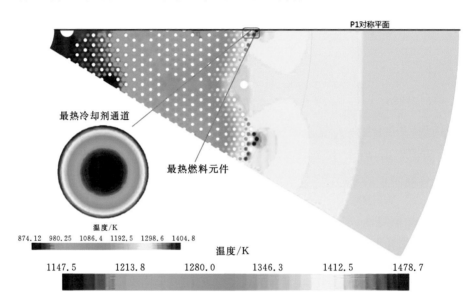

图 10-46 保守工况堆芯出口截面温度分布

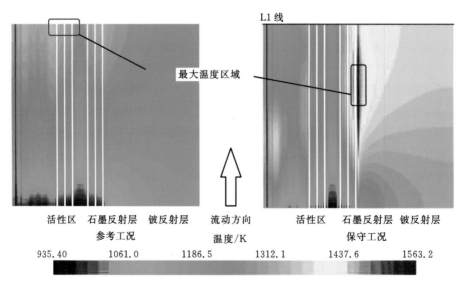

图 10-47 P1 对称面温度分布

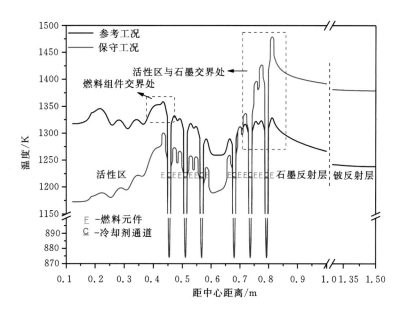

图 10-48　两种工况下 L1 线温度分布

各因素对 L1 线温度分布影响详见图 10-49。相比于气隙和石墨中子辐照特性影响，功率非均匀分布对 TFHR 热工水力特性影响尤为显著，使得活性区内温度波动很大。氦气隙的存在仅仅会使得燃料元件温度上升，平均 30 K。石墨受中子辐照导致热导性降低，仅

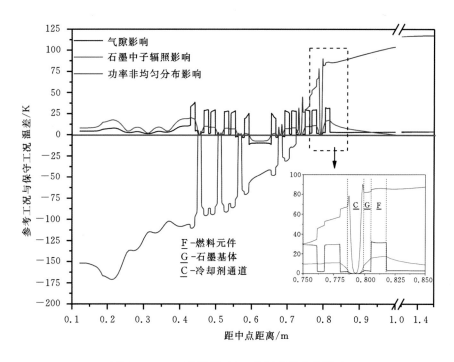

图 10-49　三种因素对 L1 线温度分布的影响

仅会使活性区整体温度提升 10 K。可以归结以下两个原因,一是即使石墨受较强的中子辐照其导热系数依旧很高(40 W·m^{-1}·K^{-1});二是燃料元件与冷却剂通道之间导热距离较短,仅 8 mm。高温区域(见图中黑色虚线框)特性影响如图中图所示,由功率非均匀分布导致燃料元件温度提升占总温升的 55%~65%,氦气隙和石墨中子辐照特性仅占 20% 和 10%。值得注意的是,三种因素对冷却剂中心区域温度影响甚微,但对邻近壁面区域温度影响显著。

根据 LSSS 温度限值(见表 10-12),表 10-17 比较了两种工况下的关键热工参数。可以看出,当考虑三种因素后,燃料峰值温度和壁面峰值温度裕量分别从原先的 214 K 和 143 K 下降到 10 K 和 16 K,安全裕量大大降低。现有的堆芯设计尽管满足 LSSS 温度限制,但如若运行功率发生波动,反应堆将面临潜在安全威胁。因此,对现在堆芯设计进行改进和优化势在必行。

表 10-17 不同工况条件下关键热工参数比较

LSSS 温度限值	燃料峰值温度/K			壁面峰值温度/K		
	计算结果	温度限值	温度裕量	计算结果	温度限值	温度裕量
参考工况	1358.6	1573	214.4	1329.7	1473	143.3
保守工况	1563.2	1573	9.8	1456.7	1473	16.3

6)堆芯热工改进与优化

(1)堆芯周边旁流冷却。

对于棱柱式燃料组件反应堆,由于装配误差问题,燃料组件之间都或多或少留有装配间隙。这些间隙随着燃料燃耗的加深,石墨受中子辐照肿胀而不规则变化。根据 Boyce 等的研究,这些旁流间隙可以有效消除组件边缘高温热点。因此,本研究采用这一方法来降低保守工况下堆芯周边高温(见图 10-46)。基于保守性假设,旁流间隙厚度取 5 mm(VHTR 设计数据)。流量大小根据 Travis[69] 和 El-GenK 的 CFD 研究取 11% 总流量。值得注意的是,本研究仅针对堆芯周边高温区进行改进优化,为了节省计算资源,中心区域旁流间隙在本研究中予以忽略,而堆芯周边旁流流量占总旁流流量的 42%。具体几何结构和网格信息如图 10-50所示。

(2)流量分配优化。

如图 10-2 所示,TFHR 设计采用中央下降通道作为初始入口,从而取代传统环形下降通道,以使堆芯更加紧凑。这样的设计改动对于流量分配影响显著,因此必须进行合理改进和优化以降低堆芯最大温度。值得注意的是,反应堆下腔室中往往存在大量流动导向板或孔道进行流量分配,限于作者工程经验和 CFD 技术,仅考虑不同高度下腔室(0.3 m,0.4 m 和 0.5 m)对流量分配的影响,同时忽略流道换热的影响。图 10-51 所示为不同下腔室高度对流动分配的影响。图中横轴冷却剂编号如图 10-50 所示,可以看出 0.3 m 下腔室条件下流量分布更平坦,波动范围大部分在 ±10% 内。更加重要的是,流量在边道大于平均值,这意味着更多冷却剂流入最热通道对其进行冷却,这对于当前设计是极其有利的。综上,本研究选择 0.3 m 下腔室高度。

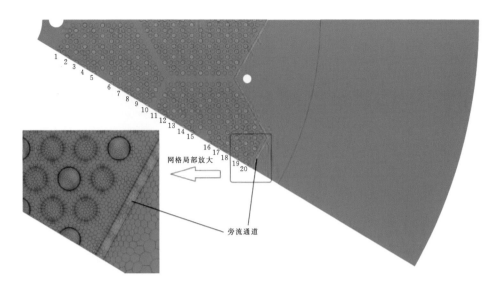

图 10 - 50　带旁流通道堆芯网格方案

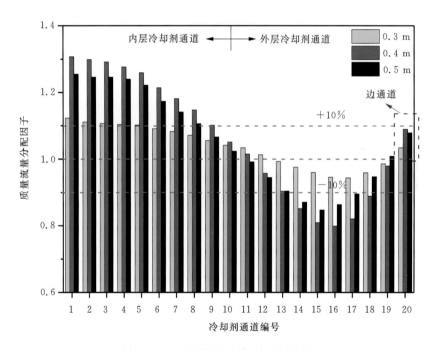

图 10 - 51　不同下腔室高度下流量分配

（3）计算结果。

考虑以上两大改进因素，最终堆芯整体温度分布如图 10 - 52 所示，称之为"改进工况"。可见由于旁流冷却的存在，堆芯温度峰值从原来周边位置往中心移动且温度大大降低，燃料元件峰值温度从 1563 K 降低到 1456 K，壁面峰值温度从 1403 K 降到 1302 K。此外，旁流冷却同样使得径向石墨反射层和铍反射层温度大大降低，延长了它们的运行寿命，同时也提升了

TFHR 经济性。

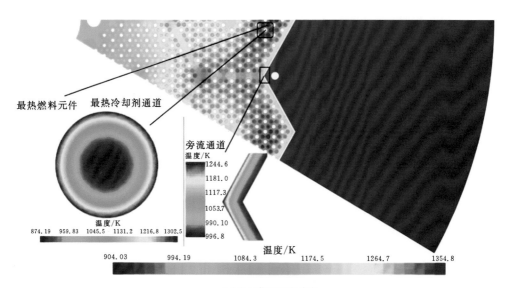

最热燃料元件　最热冷却剂通道

旁流通道
温度/K

（a）出口截面温度分布

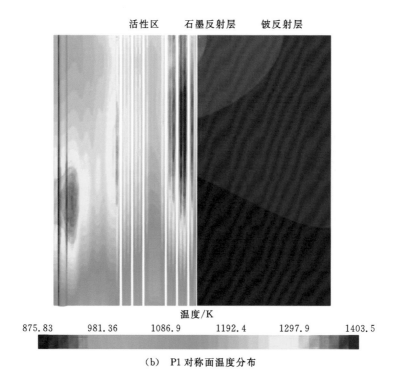

活性区　　石墨反射层　　铍反射层

温度/K

（b）P1 对称面温度分布

图 10-52　改进工况下堆芯温度分布

图 10-53 详细展示了最热通道温度改进特性。考虑以上两种改进因素,轴向温度分布整体趋势不变,但数值整体下移。相比于保守工况,冷却剂主流温度最大下降 25 K,壁面温度最大下降 127 K,燃料温度最大下降 156 K,安全裕量大大提升。可见,旁流冷却和堆芯流量分配

改进有利于 TFHR 热工水力特性。LSSS 整定功率为 22.8 MW,超过此功率反应堆存在潜在危险,而根据核管会 NUREG-1537 技术文件,所设计的测试反应堆应能承受 20% 超功率运行(即 24 MW)。基于保守性考虑,本研究对现有 TFHR 提升 20% 功率进行计算,其与保守工况和改进工况关键热工参数比较见表 10 - 18。可见 TFHR 提升 20% 功率后仍富有 40~70 K 的安全裕量。综上所述,TFHR 堆芯设计无论从中子物理角度还是热工水力角度出发都是安全可行的。

表 10 - 18　不同工况条件下关键热工参数比较

LSSS 温度限值	燃料峰值温度/K			壁面峰值温度/K		
	计算结果	温度限值	温度裕量	计算结果	温度限值	温度裕量
保守工况	1563.2	1573	9.8	1456.7	1473	16.3
改进工况	1422.7	1573	150.3	1315.6	1473	157.4
超功率工况	1530.1	1573	42.9	1401.3	1473	71.7

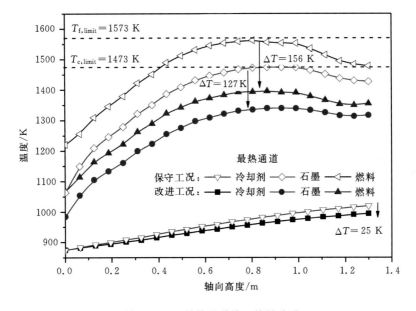

图 10 - 53　最热通道热工特性改进

10.4　瞬态事故安全分析

一个合理的反应堆设计既要能够保证稳态条件下稳定运行,又要能保证在瞬态事故条件下安全运行。因此,热工水力瞬态安全分析对于 TFHR 堆芯设计验证非常重要。它能够给出瞬态条件下热工水力参数,如冷却剂压力、温度和关键结构材料温度等的分布和变化规律;更能够得到在瞬态事故下 TFHR 的运行表现,从而进一步分析当前设计方案的合理性,寻找设计缺陷并进行改进和优化。

10.4.1　瞬态热工水力限制

氟盐冷却高温堆的运行特点与传统压水堆有较大的不同,冷却剂在堆芯内正常运行工况下均为单相液态,在瞬变工况或事故工况下也较难达到冷却剂沸点温度,主要的安全限制在于燃料元件与一回路封闭结构材料温度限制。基于保守性假设,本章针对 TFHR 一回路进行了 RELAP5 建模,对可能发生的事故进行了归纳梳理,并从中选出熔盐堆风险概率最大的事故进行重点分析,获得关键热工水力参数瞬态变化规律。在相关瞬态计算中,除表 10-15 已给出的稳态边界条件外,还需补充以下假设。

(1)反应堆功率分布由物理计算结果给出(见节 10.3.3),对于平均通道进行整堆芯轴向加权平均,对于热通道进行局部正六边形传热单元平均。特别地,堆芯寿期初功率峰值最大(见表 10-11),因此本章选堆芯寿期初作为瞬态安全分析初始状态。

(2)反应性温度反馈系数由寿期初物理计算结果给出,具体如表 10-19 所示。根据棱柱式高温气冷堆物理研究表明,石墨基体的温度变化对于反应性的变化影响甚微,接近于 0,本研究予以忽略。

表 10-19　TFHR 寿期初温度反馈系数

材料	温度反馈系数/$10^{-5}\,K^{-1}$
燃料	−4.08
冷却剂	−0.33
石墨基体	～0

(3)现有物理计算较难获得 TFHR 缓发中子先驱核相关数据,本研究借鉴 TMSR-SF 概念设计中各缓发中子先驱核份额数据,基于寿期初有效缓发中子先驱核计算结果(见表 10-9),分别得到 6 组缓发中子先驱核份额及其衰变常数[73],如表 10-20 所示。

表 10-20　6 组缓发中子先驱核份额与衰变常数

组	缓发中子份额 $\beta_i/10^{-5}$	有效缓发中子先驱核衰变常数 λ_i/s^{-1}
1	22.44	0.0127
2	145.30	0.0317
3	130.99	0.116
4	264.53	0.311
5	76.82	1.400
6	27.92	3.870
合计	668(1\$)	—

(4)对于新型反应堆设计,由于缺乏工程实践经验,必须考虑各结构参数所带来的不确定因素,因此在瞬态计算中必须基于保守性考虑以确保计算结果可信度。本研究基于 MITR 最终安全审评报告(Final Safety Analysis Report,FSAR)[38,74],采用保守性因子进行瞬态事故

分析,具体包含功率增加 5％测量不定性,即取 105％额定功率;热通道流量为平均流量 0.8 倍;旁流占总流量 5％;石墨导热性考虑中子辐照影响。

(5)无保护瞬态事故计算中,假定所有控制与保护系统均不投入使用,功率变化完全靠燃料多普勒效应和冷却剂密度的负反馈效应控制。

基于 10.3.1 节所述热工设计准则,推导 TFHR 瞬态事故工况下安全限值如表 10‐21 所示。

表 10‐21　TFHR 瞬态事故工况下安全限值

温度限值	数值	受限材料
入口温度,$T_{in,SL}$	743 K	FLiBe
出口温度,$T_{out,SL}$	1144 K	Hastelloy N
壁面峰值温度,$T_{wall,SL}$	1673 K	FLiBe
燃料峰值温度,$T_{fuel,SL}$	1873 K	TRISO

10.4.2　TFHR 一回路 RELAP5 建模

与传统压水堆相比,由于熔盐冷却高温堆属于全新一代反应堆,其针对于 FHR 的安全系统分析程序较少。虽然依靠单通道分析程序 TransFRAC 可以对 TFHR 进行包络性稳态计算,但计算结果可信度不高,且得不到美国核管会 NRC 认可。因此,必须采用可信度较高,适用范围广的商业系统分析程序进行 TFHR 瞬态安全特性分析。RELAP5 是美国爱德华国家工程实验室为美国核管会开发的用于轻水堆安全法规制定、安全许可审查和操作规程评估的安全分析程序,在反应堆工程应用方面已有至少 40 年使用经验。为满足第四代先进反应堆安全分析,爱德华国家实验室在原有 RELAP5/MOD3 基础上,通过添加一系列物性程序包以及丰富已有物理数学模型,于 1997 年发布第一版 RELAP5-3D[75]。2004 年,在加州大学伯克利分校的协助下,RELAP5-3D 成功嵌入已经过验证的熔盐物性包(包括 FLiBe 和 FLiNaK)[76,77]。2014 年,UCB 成功建立一体化实验台架 CIET1.0,并使用 RE-LAP5-3D 进行模拟,计算结果与实验结果符合良好,说明 RELAP5-3D 对于熔盐热工水力特性模拟的可靠性[78]。与此同时,各国研究学者陆续采用 RELAP5-3D 对熔盐冷却高温堆进行数值模拟。

本章采用 RELAP5-3D 对 TFHR 一回路进行建模,具体包含堆芯、回路管道、主泵以及主换热器,具体节点划分如图 10‐54 所示。堆芯流动模型包含中央下降通道、主流道、旁流通道以及上、下腔室,其中主流道分为平均通道和热通道两种,通道模型采用等效环状换热单元(见图 10‐38)。由于 TFHR 一回路系统设备还在设计中,本研究采用 TMSR-SF 一回路设计参数,并对相应设备进行模化以匹配 TFHR。主换热器采用单流程竖直管壳式换热器,具体参数见文献[73]。表 10‐22 列出各部件编号及其具体含义。

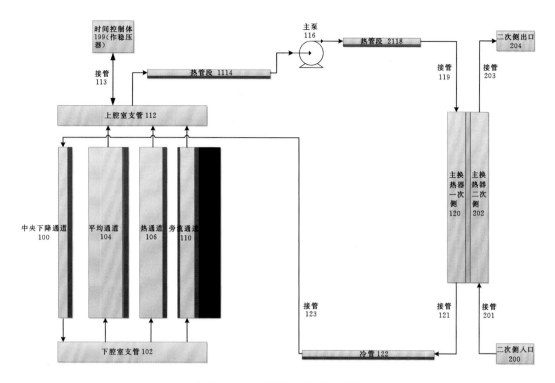

图 10 - 54 TFHR 一回路节点图

表 10 - 22 一回路部件编号及其含义

部件编号	部件类型及含义
100	管道:中央下降通道
102	分支:连接部件 100、104、106 和 110
104、106	管道:平均通道和热通道
110	管道:旁流
112	分支:连接部件 104、106、110 和 114
114	管道:热管段 1
116	泵:主泵
118	管道:热管段 2
120	管道:主换热器一次侧(壳侧)
122	管道:冷管
199	管道:稳压器(0.2 MPa)
200	时间控制体:二次侧入口
201	时间接管:指定二次侧入口流量
202	管道:主换热器管侧
203	单一接管:指定二次侧出口流量
204	时间控制体:二次侧出口

特别地,对于棱柱式堆芯设计,其最大的设计特点在于当一根冷却剂通道发生堵流时,热

量可以通过石墨基体扩散到周边冷却剂通道当中,减轻事故损害。换句话说,换热单元之间存在强烈的径向导热。本研究通过在 RELAP5 - 3D 输入卡中设置径向导热来充分考虑这一现象。为节省计算资源,平均通道采用单通道模型,忽略径向导热,对热通道进行精细划分。为保证模型合理准确,本研究基于 CFD 保守工况计算结果,对热通道各模型进行了热量守恒计算,如表 10 - 23 所示。单层模型如图 10 - 55 最右侧所示,只表示最热通道 1,双层模型包含通道 1,2 和 3,三层模型包含通道 1~6。显而易见,考虑通道个数越多,计算结果越准确,但计算量也呈指数上升。表 10 - 23 仅比较了三种模型,可以看出在尽可能减少计算量的前提下,双层模型径向导热占 9.63%,计算结果也更加准确。本研究对热通道采用双层模型,具体如图 10 - 55 所示。表 10 - 24 比较了 CFD 与 RELAP5 - 3D 计算结果,由表可见,采用双层热通道模型与 CFD 结果符合较好,且计算结果更为保守。

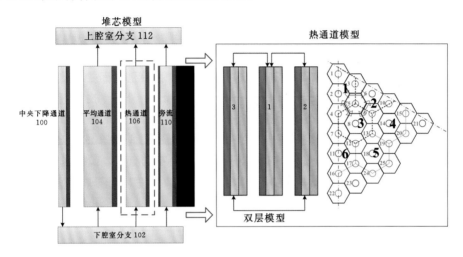

图 10 - 55　精细热通道模型

表 10 - 23　不同热通道模型比较

模型	单层模型	双层模型	三层模型
总热量产生/W	12569	39162	73340
冷却剂带走热量/W	7511	35391	67084
径向导热带走热量/W	5058	3771	6256
导热量占比	40.24%	9.63%	8.53%

表 10 - 24　CFD 与 RELAP5-3D 计算结果对比

模型	CFD 结果(改进工况)	单层模型	双层模型
冷却剂出口温度/K	1019	1120	1035
壁面峰值温度/K	1315	1496	1321
燃料峰值温度/K	1422	1636	1457

10.4.3 FHR 瞬态事故归纳分析

1975 年,美国核管会颁布了《轻水堆核电厂安全分析报告标准格式和内容》(第 2 次修订版),给出了其中规定需分析的 47 种典型始发事故,他们是目前轻水堆事故分析的主要项目[79]。核电厂设计部门应针对这 47 种事故,对所设计的核电厂进行计算分析,并证实所设计的核电厂能满足有关的安全标准。对于 FHR,由于其特殊的运行结构特点,始发事故类型与传统轻水堆具有较大不同,必须结合已有类似堆型运行经验和设计特点进行归纳梳理,以满足反应堆安全审评需求。中国科学院上海应用物理研究所正在建设世界第一座氟盐冷却球床堆TMSR-SF,目前我国已开展反应堆安全审评相关工作,根据其初始安全分析报告(Preliminary Safety Analysis Report,PSAR)按事故类别规定了 23 种始发事件[80],具体见表 10 - 25。可以看出,RELAP5 - 3D 可以对所列绝大多数事故进行安全分析。本研究介于篇幅原因不一一进行分析,仅针对后果最为严重的未紧急停堆预期瞬态(Anticipated Transient Without Scram,ATWS),即无保护事故以及相应合并事故进行分析。

表 10 - 25　FHR 瞬态事故归纳

事故类型	始发事件	RELAP5 - 3D 适用性
反应性事故	1.一根控制棒在次临界或低功率运行提出	可以
	2.一根控制棒在功率运行下失控提出	可以
	3.控制棒误操作	未知
堆芯排热减少事故	1.主泵卡轴	可以
	2.热交换器故障	未知
	3.丧失场外交流电	可以
	4.热阱丧失	可以
	5.堆芯通道少量阻塞	可以
堆芯排热增加事故	1.二回路流量增加	可以
	2.二回路温度降低	可以
管道破口和设备泄漏事故	1.一回路管道小破口	未知
	2.二回路管道小破口	未知
	3.主换热器传热管破裂	未知
	4.燃料颗粒破损	未知
未紧急停堆预期瞬态(ATWS)	1.失去电源紧急停堆	可以
	2.控制棒误抽出未能紧急停堆	可以
	3.热阱增强未能紧急停堆	可以
	4.二次侧冷却能力增强未能紧急停堆	可以

事故类型	始发事件	RELAP5 - 3D 适用性
灾害	1. 地震	未知
	2. 水淹	未知
	3. 强风	未知
	4. 爆炸	未知
	5. 火灾	未知

10.4.4　ATWS 安全特性及其敏感性分析

本节针对几种典型无保护事故以及相应并发事故开展安全分析。无保护是指在事故过程中相关参数的变化不引起停堆或其他保护系统动作,功率的变化完全靠燃料多普勒效应和冷却剂温度引起的负反馈效应来控制。总共对五种无保护事故进行了计算:无保护反应性引入事故(Unprotected Reactivity Insertion Accident,URIA)、无保护入口过冷事故(Unprotected OverCooling,UOC)、无保护热阱丧失事故(Unprotected Loss Of Heat Sink,ULOHS)、无保护失流事故(Unprotected Loss Of Flow,ULOF)及无保护失流与热阱丧失合并事故。此外,为确保验证 TFHR 设计安全性,必须对各事故关键输入参数进行敏感性分析。

1. 无保护反应性引入事故

反应性非正常引入,导致反应堆功率急剧上升威胁反应堆安全。这种事故若发生在反应堆启动初始,可能会出现瞬发临界,反应堆有失控的危险;如果发生在反应堆正常运行时,反应性上升将引起燃料元件释热量剧增,引起燃料元件温度和冷却剂温度升高,可能导致 TRISO 燃料失效或冷却剂温度过高。若进一步不加控制,有可能引起 TRISO 燃料大规模失效,出口温度过高。故对反应性引入事故的分析对于氟盐冷却高温堆的安全具有十分重要的意义。

许多事故或因素最终都可能导致堆芯反应性的变化,如控制棒失控提升、控制棒弹出等。其中最为保守的假设即为反应性价值最大的一根控制棒失控抽出,根据控制棒设计准则,为了避免单根控制棒弹出导致反应堆瞬发临界,必须控制其反应性价值低于 0.8 Beta。因此,本研究在反应堆稳定运行第 2100 s 后引入 0.8 Beta 正反应性,持续时间参考 MITR 最终安审报告给定为 0.5 s[74]。假定该事故不引起停堆或其他保护系统动作,功率的变化完全靠燃料多普勒效应和冷却剂温度引起的负反馈效应来控制。值得说明的是,TFHR 运行压力为常压(0.2 MPa),实际情况中控制棒不可能像压水堆那样瞬间抽出(15.5 MPa),由此以上假设是极其保守的。

如图 10 - 56 所示,由于反应性引入,造成反应堆功率急剧升高,功率峰值接近 110 MW,但持续时间较短,随后功率趋近于稳定值 30 MW。反应性的引入对堆芯流量影响甚微,功率提升导致平均通道和热通道冷却剂温度上升,流动压降变小,导致流量略微增加。图 10 - 57 所示为关键温度变化曲线。堆芯功率增加导致冷却剂入口温度、出口温度、壁面峰值温度和燃料峰值温度上升,但可以明显看出,各区域温度响应不同。燃料峰值温度响应最快,很快达到最大值 1780 K。随后是壁面峰值温度 1432 K,冷却剂出口温度 1057 K。但它们都低于瞬态安全限值(见表 10-21)并留有一定的安全裕量,说明 TFHR 具有良好的安全性,且在引入一个 0.8 \$ 的正反应性条件下,系统具有良好的自稳特性,能有效将反应堆系统调节到稳定安全的运行范围内。

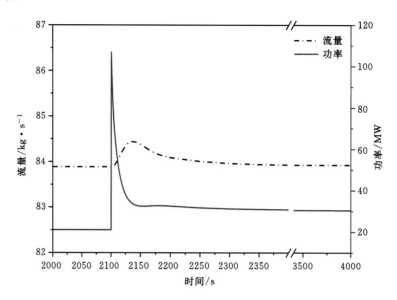

图 10-56　URIA 事故功率和流量变化曲线

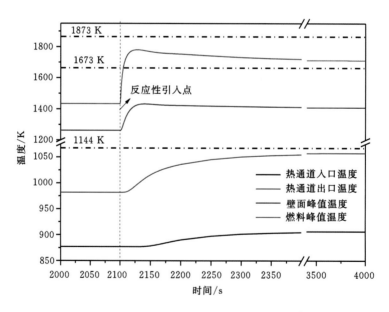

图 10-57　URIA 事故关键温度变化曲线

为进一步发掘 TFHR 抵御反应性引入的能力,研究了不同反应性引入大小对关键参数的影响,具体如表 10-26 和图 10-58 所示。随着阶跃反应性引入增加,各关键参数呈线性增长。其中燃料峰值温度增长速率较大,当反应性引入 1.1 \$ 时,燃料峰值温度已超过安全极限 1873 K,反应堆安全受到威胁。由此可知,当前 TFHR 设计可抵御反应性阶跃引入最大反应性为 1.0 \$ 。

表 10-26　反应性引入大小对关键参数的影响

反应性引入/\$	热通道出口温度/K	壁面峰值温度/K	燃料峰值温度/K	稳定功率
0.8	1057.4	1431.7	1780.7	30.42
0.9	1066.9	1451.8	1823.2	31.63
1.0	1076.3	1472.5	1865.3	32.83
1.1	1085.7	1493.9	1907.1	34.04

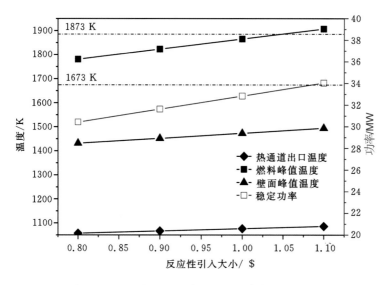

图 10-58　反应性引入大小对关键参数的影响趋势

2. 无保护热阱丧失事故

热阱丧失事故是指二回路发生故障导致主换热器入口温度升高或流量降低,一回路热量不能有效导出,导致冷却剂温度过高引起堆芯冷却能力不足的事故。对于反应堆主回路系统,要能按照额定功率将裂变释热传递出去,必须有一个热阱,即正常运作的二回路冷却系统。如果二回路某个环节发生故障,不能按照预定情况带走一回路热量,其结果往往会导致一回路冷却剂温度不断升高,堆芯逐渐过热,造成裂变产物屏障破坏,放射性物质泄漏。

由于缺乏二回路具体设计参数,基于保守考虑,假定该事故中第 2100 s 主换热器二次侧入口流量从额定流量在 1 s 内降至初始流量的 1%,堆芯流量保持不变,系统的所有保护、控制及调节系统均不投入,只考虑堆芯燃料多普勒效应和冷却剂的温度反应性反馈。图 10-59 所示为事故条件下功率和流量变化曲线。图 10-60 所示为事故条件下关键温度变化曲线。可见,主换热器冷却能力下降导致堆芯入口温度上升,冷却剂温度上升带来的反应性负反馈使得堆芯功率大幅下降。与此同时,由于入口冷却剂密度提升,一回路质量流量略微下降,从 84.0 kg·s⁻¹ 降至 80.5 kg·s⁻¹。功率下降使得冷却剂进出口温差缩小,但由于入口温度上升的效应更为显著,出口温度也随之上升,进出口温差大幅缩小。堆芯功率的下降同时使得燃料元件温度大幅下降,燃料元件与冷却剂膜温差也急剧下降,此工况下热工水力限制条件不再是燃料峰值温度,而是冷却剂出口温度。约 5000 s 后,冷却剂温度上升带来的负反馈与燃料温度下降带来的正反馈达到平衡,反应堆功率最终稳定在 1.02 MW,出口温度为 1094.3 K,超过 LSSS 出口温度限定值,但处于安全限值之内。由此可见,TFHR 在较极端的热阱丧失条件下,反应堆依然能稳定在安全运行范围内。

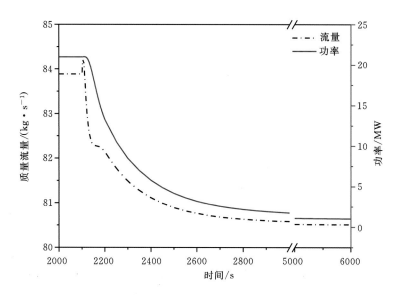

图 10 - 59　ULOHS 事故功率和流量变化曲线

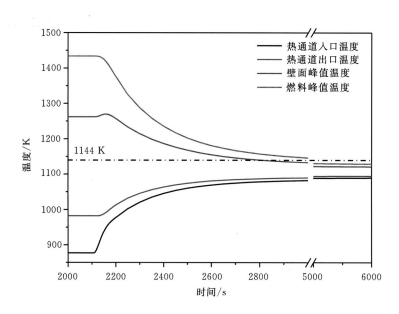

图 10 - 60　ULOHS 事故关键温度参数变化曲线

此外,热阱丧失条件下二回路流量下降持续时间和大小对堆芯关键参数影响显著,本研究一一对其进行研究。首先,二回路流量下降持续时间对堆芯关键参数影响如表 10 - 27 所示。

二回路流量下降越快,堆芯出口温度初始上升速度越快,达到 LSSS 限值所需时间越短(触发停堆信号越快)。然而,流量下降持续时间对稳定时堆芯出口温度和功率影响甚微;其次,流量下降大小对堆芯关键参数影响如表 10-28 所示,其趋势如图 10-61 所示。可见,随着流量下降比(事故后流量与初始流量的比值)的增加,出口温度逐渐下降,功率依次提升,反应堆更加趋于安全,达到 LSSS 温度限值所需的时间相差仅 10 s 左右,这对于热阱丧失事故影响甚微。

表 10-27　流量下降持续时间对堆芯关键参数的影响(固定流量比为 1%)

持续时间/s	稳定时出口温度/K	稳定功率/MW	达到 LSSS 限值所需时间/s
1.0	1094.3	1.02	64.5
10.0	1094.3	1.02	70.0
30.0	1094.3	1.02	81.5
60.0	1094.3	1.02	100.0

表 10-28　流量下降大小对堆芯关键参数的影响(固定持续时间为 1 s)

流量下降比/%	稳定时出口温度/K	稳定功率/MW	达到 LSSS 限值所需时间/s
1%	1094.3	1.02	62.5
5%	1074.5	3.60	64.5
10%	1059.2	6.45	68.0
15%	1046.0	8.93	71.0
20%	1035.2	11.02	75.0

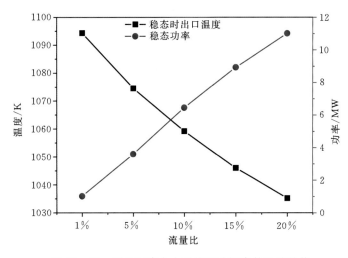

图 10-61　流量下降大小对堆芯关键参数影响趋势

3. 无保护失流事故

失流事故是指当反应堆正常运行时,主冷却剂泵因动力电源故障或机械故障被迫停运,使冷却剂流量下降,冷却剂流量与堆功率失配,导致堆芯燃料温度迅速上升的现象。失流事故一般包括:流量部分丧失、流量完全丧失、主泵卡轴和主泵断轴四种,其中后两种属于极限事故。流量部分丧失事故是指由于部分主泵断电或故障而惰转的情况;流量完全丧失事故是指由于全部主泵断电或故障而惰转的情况,另一种完全丧失流量的情况是电网低频率事故,其特征是电网因故障而频率下降,使主泵受到很大的反力矩,以与外电源相同的相对减频速率减速。

假定反应堆在稳定运行 2100 s 时,主泵失去电源转速降为 0,并且所有保护、控制及调节系统均不投入,只考虑堆芯燃料多普勒效应和冷却剂的温度反应性反馈。图 10 - 62 所示为事故条件下功率和流量变化曲线。图 10 - 63 为事故条件下关键温度变化曲线。可以看出,流量开始迅速降低,但随着一回路自然循环缓慢建立,流量有所提升,最终稳定在 29.4 kg·s⁻¹。流量降低而主换热二回路冷却能力不变,导致冷却剂入口温度过冷。尽管冷却剂入口温度更低,堆芯流量的降低使得冷却剂温升变高,最终使得冷却剂平均温度和出口温度均升高,为堆芯引入负的反应性,使得功率迅速下降,随后建立自然循环。值得注意的是,功率下降并没有导致燃料元件峰值温度下降,反而使其温度上升,这与流量降低相匹配。燃料峰值温度和壁面峰值温度上升各有一个转变点(见图 10 - 63),这是由于峰值点的位置发生了转变,转折点之前峰值温度出现在功率峰值因子所在位置,转折点之后峰值温度出现在出口段。可以看出,冷却剂温度上升的影响逐渐超过了功率峰值的影响,使得热构件温度峰值点移到冷却剂温度最大区域,即出口段。最终,反应堆各参数在 5000 s 处达到稳定,最终功率为 15.5 MW,燃料峰值温度为 1610 K,壁面峰值温度为 1539.3 K,出口温度为 1072.6 K,所有关键温度均在安全限值之内,反应堆可安全运行。

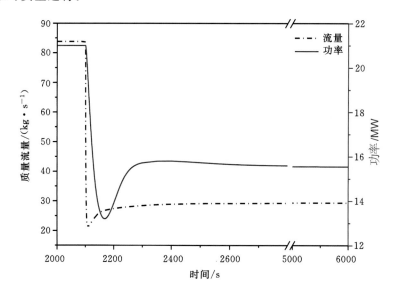

图 10 - 62　ULOF 事故功率和流量变化曲线

峰值温度位置的转变说明在 ULOF 事故条件下,非均匀功率分布并不是最为保守的考虑。在 MITR 最终安全分析报告中[38],关于失流事故考虑采用均匀功率分布进行计算。因此,比较两种不同功率分布计算结果势在必行,具体如表 10 - 29 所示。相比于非均匀功率分布,均匀功率条件下燃料和壁面峰值温度更高,但都在安全限值之内,而其他关键参数均保持不变。

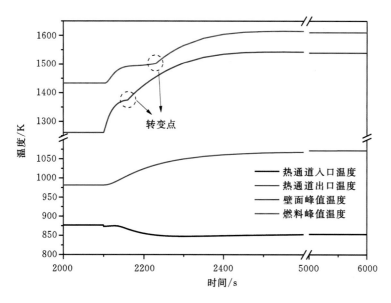

图 10 - 63　ULOF 事故关键温度参数变化曲线

表 10 - 29　ULOF 事故下均匀和非均匀功率分布对关键参数的影响

功率分布形式	出口温度/K	壁面峰值温度/K	燃料峰值温度/K	稳定功率/ MW	流量/(kg·s⁻¹)
非均匀	1072.6	1539.3	1610.5	15.5	29.4
均匀	1072.7	1576.4	1688.4	15.4	29.1

4. 无保护过冷事故

过冷事故是指主换热器二次侧入口温度降低或流量增加导致二回路冷却能力增强、一回路过冷的事故。一回路过冷使得堆芯入口温度降低,个别冷却剂通道会因为熔盐过冷凝固导致堵塞,严重影响反应堆运行安全。

在无保护过冷事故中,假定二次侧入口温度在运行 2100 s 时 1 s 内线性降至 733 K(793 K 为设计温度),所有保护、控制及调节系统均不投入,只考虑堆芯燃料多普勒效应和冷却剂的温度反应性反馈。图 10 - 64 所示为事故条件下堆芯热功率和流量变化曲线。图 10 - 65 所示为事故条件下关键温度变化曲线。可以看出,二次侧入口温度下降带来了更强的冷却能力,堆芯入口温度下降,冷却剂密度上升,使得一回路流量略微上升。冷却剂温度下降,对堆芯引入正的反应性,堆芯功率上升,燃料峰值温度及壁面峰值温度随之上升,但幅度有限。反应堆在 2500 s 左右就再次达到稳定,各项关键温度参数均在安全限值之内。二次侧入口温度下降幅度对关键热工参数的影响如表 10 - 30 所示。二次侧入口温度下降幅度越大,稳定功率越大,燃料峰值温度和壁面峰值温度也越大,但上升幅度较小,在所分析的事故条件下,仍具有足够的安全裕量。此外,主回路入口温度降低幅度也较小,熔盐还处于液态流动状态。

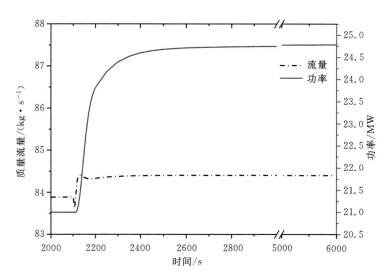

图 10 - 64　　UOC 事故功率和流量变化曲线

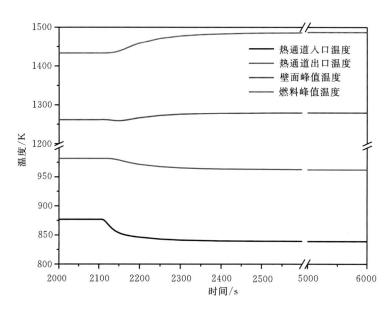

图 10 - 65　　UOC 事故关键温度参数变化曲线

表 10 - 30　　二次侧入口温度对关键参数的影响

二次侧入口温度/K	冷却剂入口温度/K	壁面峰值温度/K	燃料峰值温度/K	稳定功率/ MW
773.0	864.09	1268.3	1451.8	22.84
753.0	851.41	1274.3	1469.6	23.54
733.0	838.96	1280.1	1487.2	24.78

　　关于二回路流量增加对入口过冷事故影响,具体热工参数变化列于表 10 - 31。其中,流量比指二回路变化后流量与初始流量的比值。相比于二回路入口温度下降,二回路流量增加

对关键热工参数影响较小,所有关键温度均在安全限值之内。

表 10 - 31　二回路流量增加对关键参数的影响

流量比	入口温度/K	壁面峰值温度/K	燃料峰值温度/K	稳定功率/MW
2.0	858.43	1271.0	1459.8	22.85
2.5	854.56	1272.8	1465.2	23.23
3.0	851.93	1274.0	1468.9	23.49
4.0	848.60	1275.6	1473.9	23.83

5. 无保护失流合并热阱丧失事故

当反应堆失去厂外电源时会导致全部断电,使得一、二回路流量全部丧失,二回路冷却能力不足,最终堆芯过热,这种极限事故可认为是失流与热阱丧失事故并发。基于保守考虑,该并发事故假定第 2100 s 时,主泵转速降为 0,主换热器二次侧入口流量从额定流量在 1 s 内降至初始流量的 1%,所有保护、控制及调节系统均不投入,只考虑堆芯燃料多普勒效应和冷却剂的温度反应性反馈。

图 10 - 66 所示为事故条件下功率和流量变化曲线。图 10 - 67 所示为事故条件下关键温度变化曲线。一、二回路流量降低使得一回路内冷却剂平均温度升高,引入较大的负反应性,堆芯功率迅速下降。同时,由于二回路冷却能力下降,堆芯进出口温差缩小,并一起上升。冷却剂温度升高使得燃料元件温度有上升趋势,而堆芯功率下降则会使燃料元件温度下降,在两种因素综合影响下,燃料峰值温度及壁面峰值温度均先上升后缓慢下降。图中转变点如无保护失流事故一样代表峰值温度位置发生转移,从功率峰值点移到堆芯出口区域。5000 s 时刻,反应堆一、二回路热量匹配再次达到稳态,燃料与壁面峰值温度均与安全限值差距较大,但冷却剂出口温度达到 1120 K,接近 Hastelloy N 合金安全极限 1144 K,反应堆存在潜在安全

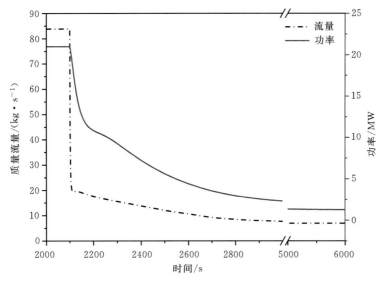

图 10 - 66　ULOF 合并 ULOHS 事故功率和流量变化曲线

风险。

由于上述五种无保护事故发生概率极小(尤其是并发事故),且在反应堆实际运转过程中早已触发各种停堆信号,综合分析以上五种事故计算结果,可以初步得出当前 TFHR 堆芯设计是合理的,从反应堆物理热工以及安全分析等方面验证了 TFHR 的安全性。

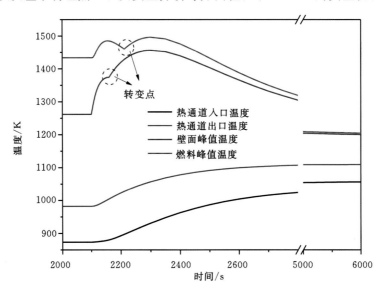

图 10-67　ULOF 合并 ULOHS 事故关键温度参数变化曲线

参考文献

［1］SMR-160. Holtec International Company ［EB/OL］. ［2019 - 05 - 21］. http：//www. holtecinternational. com/productsandservices/smr.

［2］Westinghouse Electric Company LLC. Westinghouse Small Modular Reactor Design and Application ［EB/OL］. ［2019 - 05 - 21］. http：//www. uxc. com/smr/ Library％ 5CDesign％ 20Specific/Westinghouse％ 20SMR/Presentations/2012％ 20-％ 20Design％ 20and％20Application. pdf.

［3］NuScale. NuScale Power Company ［EB/OL］. ［2016 - 05 - 02］. http：//www. nuscale-power. com/our-technology/technology-overview

［4］mPower. The Babcock ＆ Wilcox Company［EB/OL］. ［2016 - 05 - 02］. http：//www. generationmpower. com/

［5］IAEA. Advances in Small Modular Reactor Technology Developments：2018 Edition ［R］. Vienna：International Atomic Energy Agency，2014.

［6］GREENE S, JC J G, HOLCOMB D, et al. Pre-Conceptual Design of a Fluoride-Salt-Cooled Small Modular Advanced High Temperature Reactor（SmAHTR）：ORNL/TM-2010/199［R］. United States：Oak Ridge National Laboratory，2011.

［7］ANDREADES C, CISNEROS AT, CHOI J K, et al. Technical Description of the

'Mark 1' Pebble-Bed Fluoride-Salt-Cooled High-Temperature Reactor(PB-FHR) Power Plant:UCBTH-14-002 [R]. United States:U. C. Berkeley,2014.

[8] SUN K, HU L-W, FORSBERG C. Preliminary Neutronic Study of an MIT Reactor Driven Fluoride-salt-cooled Sub-critical System[C]. Anaheim, CA, American Nuclear Society Winter Meeting Transactions,2014.

[9] MACDONALD R R. Investigation and Design of a Secure, Transportable Fluoride-salt-cooled High-temperature Reactor(TFHR) for Isolated Locations [D]. United States: Massachusetts Institute of Technology,2014.

[10] SUN K, HU L-W, FORSBERG C. Neutronic Design Featuresof a Transportable Fluoride-Salt-Cooled High Temperature Reactor [J]. Journal of Nuclear Engineering and Radiation Science,2016,2(3):031003(1−10).

[11] SUN K, WANG C, HU L, et al. Path forward of Transportable FHR[C]. MIT Energy Night, Cambridge, MA,2014.

[12] FORSBERG C, CURTIS D, STEMPIEN J, et al. Fluoride-Salt-Cooled High-Temperature Reactor(FHR) Commercial Basis and Commercialization Strategy:MIT-ANP-TR-153 [R]. United States:Massachusetts Institute of Technology, University of California at Berkeley,2014.

[13] 于平安,朱瑞安,喻真烷. 核反应堆热工分析[M]. 西安:西安交通大学出版社,1979.

[14] 谢仲生,吴宏春,张少泓. 核反应堆物理分析[M]. 西安:西安交通大学出版社,2005.

[15] 俞冀阳,贾宝山. 反应堆热工水力学[M]. 北京:清华大学出版社,2003.

[16] JENSEN C. TRISO Fuel Thermal Conductivity Measurement Instrument Development [D]. Logan: Utah State University,2010.

[17] Folsom CP. Effective Thermal Conductivity of Tri-Isotropic(TRISO) Fuel Compacts [D]. Logan:Utah State University,2012.

[18] TAVMAN I. Effective Thermal Conductivity of Granular Porous Materials [J]. International Communications in Heat and Mass Transfer,1996,23(2):169−176.

[19] SINGH R, KASANA H. Computational Aspects of Effective Thermal Conductivity of Highly Porous Metal Foams [J]. Applied Thermal Engineering,2004,24(13):1841−1849.

[20] WANG J, CARSON J K, NORTH M F, et al. A New Approach to Modeling the Effective Thermal Conductivity of Heterogeneous Materials [J]. International Journal of Heat and Mass Transfer,2006, 49(17):3075-3083.

[21] ZEHNER P, SCHLUNDER E. Thermal Conductivity of Granular Materials at Moderate Temperatures [J]. Chemie. Ingr-Tech. ,1970, 42(14):933−941.

[22] NIELSEN L E. The Thermal and Electrical Conductivity of Two-Phase Systems [J]. Industrial and Engineering Chemistry Fundamentals,1974,13(1):17−20.

[23] GONZO E E. Estimating Correlations for the Effective Thermal Conductivity of Granular Materials [J]. Chemical Engineering Journal,2002, 90(3):299−302.

[24] SAMANTRAY P K, KARTHIKEYAN P, REDDY K. Estimating Effective Thermal Conductivity of Two-Phase Materials [J]. International Journal of Heat and Mass

Transfer,2006,49(21):4209 - 4219.

[25] DAVIS C B, HAWKES G L. Thermal-Hydraulic Analyses of the LS-VHTR[C]. Reno, NV USA, ICAPP2006,2006.

[26] LIENHARD-IV J H. A Heat Transfer Textbook [M]. Dover Publications; Fourth edition(2011 - 03 - 17).

[27] HOLCOMB D E, CETINER S M. An Overview of Liquid-Fluoride-Salt Heat Transport Systems:ORNL/TM-2010/156 [R]. United States:Oak Range national Laboratory,2010.

[28] METAIS B, ECKERT ERG. Forced, Mixed, and Free Convection Regimes [J]. Journal of Heat Transfer,1964,86(2):295 - 296.

[29] JACKSON JD, COTTON MA, AXCELL BP. Studies of Mixed Convection in Vertical Tubes [J]. International Journal of Heat and Fluid Flow,1988,10(1):2 - 15.

[30] 杨世铭,陶文铨. 传热学[M]. 北京:高等教育出版社,2006.

[31] 秋穗正,王成龙,田文喜,等. 熔盐冷却球床堆堆芯安全分析软件[简称:FRAC V1.0]:00482625 [P]. 2014.

[32] GEAR C. Numerical Initial Value Problems in Ordinary Differential Equation [M]. New Jersey:Prentice-Hall,1971.

[33] 苏光辉,秋穗正,田文喜,等. 核动力系统热工水力计算方法[M]. 北京:清华大学出版社,2012.

[34] OBERKAMP W, TG T. Validation Methodology in Computational Fluid Dynamics:A00-33882[R]. United States:Sandia National Laboratory,2000.

[35] Energy Policy Act of 2005[R]. U. S. Nuclear Regulatory Commission,2005.

[36] 陈堃. 中美合作 FHR 安全标准进展及在 TMSR-SF 上的应用探索[R]. 上海:中科院上海应用物理研究所,2013.

[37] OKA Y. Nuclear Reactor Design [M]. Japan:Springer Japan,2013.

[38] MITR STAFF, Safety Analysis Report for the MIT Research Reactor:MIT NRL-13-01 [R]. United States:Massachusetts Institute of Technology,2013.

[39] STEMPIEN J D. Tritium Transport, Corrosion, and Fuel Performance Modeling in the Fluoride Salt-Cooled High-Temperature Reactor(FHR) [D]. United States:Massachusetts Institute of Technology,2015.

[40] Office of Nuclear Reactor Regulation. TRISO-Coated Particle Fuel Phenomenon Identification and Ranking Tables(PIRTs) for Fission Product Transport Due to Manufacturing, Operations, and Accidents:NUREG/CR-6844 [R]. United States:Nuclear Regulation Commission,2004.

[41] HASTELLOY © N alloy [EB/OL]. [2002 - 02 - 03] http://www. haynesintl. com/alloys/alloy-portfolio_/Corrosion-resistant-Alloys/hastelloy-n-alloy/principle-features.

[42] Personal Communication with Lin-wen Hu and Per F Peterson. Massachusetts Institute of Technology,2015.

[43] 吴宗鑫,张作义. 先进核能系统和高温气冷堆[M]. 北京:清华大学出版社,2004.

［44］ JAERI. Design of High Temperature Engineering Test Reactor(HTTR):JAERI-1332
［R］. Japan:Japan Atomic Energy Research Institute,1994.

［45］ WANG C, SUN K, HU L, et al. Uncertainty Analysisof Transportable Fluoride-Salt-
Cooled High Temperature Reactor(TFHR) Using Dakota Coupled With Relap5［C］.
2016 International Congress on Advances in Nuclear Power Plants(ICAPP2016), Hyatt
Regency San Francisco, CA, USA, April 17 – 20,2016.

［46］ X-5 Monte Carlo Team, MCNP - a general Monte Carlo N-Particle transport code, Ver-
sion 5: LA-13709-M ［R］. United States: Los Alamos National Laboratory, U.
S. ,2008.

［47］ PARKS C V. Overviewof Origen2 and Origen-S:Capabilities and Limitations［C］. Pro-
ceedings of the 1992 International High-Level Radioactive Waste Management Confer-
ence, April 12 – 16,1992 Las Vegas, Nevada,1992.

［48］ MOORE R L. MOCUP:MCNP-ORIGEN2 Coupled Utility Program:INEL-95/0523
［R］. United States:Idaho National Engineering Laboratory,1995.

［49］ TRELLUE H R, POSTON D I. User's Manual, Version 2. 0for Monteburns, Version
5B:LA-UR-99-4999 ［R］. United States:Los Alamos National Laboratory,1999.

［50］ 余纲林,王侃,王煜宏.MCBurn —MCNP 和 ORIGEN 耦合程序系统［J］.原子能科学技
术,2003, 37(3):250 – 254.

［51］ XU Z, HEJZLAR P. MCODE, Version 2. 2:An MCNP-ORIGEN Depletion Program
［R］. United States:Massachusetts Institute of Technology,2008.

［52］ XU Z. Design Strategies for Optimizing High Burnup Fuel in Pressurized Water Reac-
tors ［D］. United States:Massachusetts Institute of Technology,2003.

［53］ SUN K C, AMES M, NEWTON T, et al. Validationof a Fuel Management Code
MCODE-FM against Fission Product Poisoning and Flux Wire Measurements of the
MIT Reactor ［J］. Progress in Nuclear Energy,2014, 75:42 – 48.

［54］ KLOOSTERMAN J L, VAN DAM H, VAN DER HAGEN THJJ. Applying Burnable
Poison Particlesto Reduce the Reactivity Swing in High Temperature Reactors with
Batch-Wise Fuel Loading ［J］. Nuclear Engineering and Design,2003,222(2 – 3):
105 – 115.

［55］ OBARA T, ONOE T. Flattening Of Burnup Reactivity in Long-Life Prismatic HTGR
by Particle Type Burnable Poisons ［J］. Annals of Nuclear Energy,2013, 57:216 – 220.

［56］ ROMATOSKI R R, HU L W, FORSBERG C W. Thermal Hydraulic Licensing Limits
for a Prismatic Core Fluoride Salt ［C］. International Congress on Advances in Nuclear
Power Plants(ICAPP 2014), Charlotte, USA,2014.

［57］ Guidelines for Preparing and Reviewing Applications for the Licensing of Non-Power
Reactors ［EB/OL］. U. S. Nuclear Regulatory Commission,2012. https://www. nrc.
gov/reading-rm/doc-collections/nuregs/staff/sr1537/

［58］ U. S. NRC. Domestic Licensing of Production and Utilization Facilities ［EB/OL］. 10
CFR Part 50, Nuclear Regulation Commission,2014. https://www. nrc. gov/reading-

rm/doc-collections/cfr/part050/

[59] ANS. The Development of Technical Specifications for Research Reactors [M]:United States:American Nuclear Society,2007.

[60] 肖瑶. 氟盐冷却高温堆热工水力特性及安全审评关键问题研究[D]. 西安:西安交通大学,2014.

[61] CHENG W, SUN K, HU L, et al. CFD Analysis for Asymmetric Power Generation in a Prismatic Fuel Block of Fluoride-salt-cooled High-temperatureTest Reactor [C]. Proceedings of ICAPP 2014, Charlotte, USA,2014.

[62] TAK N-I, KIM M-H, LEE WJ. Numerical Investigationof a Heat Transfer within the Prismatic Fuel Assembly of a Very High Temperature Reactor [J]. Annals of Nuclear Energy,2008, 35(10):1892 - 1899.

[63] STAR-CCM+© Documentation Version 10. 04, CD-adapco Company[R],2015.

[64] WANG C, SUN K, HU L-W, et al. Thermal-hydraulic Analyses of Transportable Fluoride-salt-cooled High-temperature Reactor(TFHR) with CFD Modeling [J]. Nuclear Technology,2016,196(1), 34 - 52.

[65] COOKE J W, COX B W. Forced-Convection Heat Transfer Measurements with a Molten Fluoride Salt Mixture Flowing in a Smooth Tube:ORNL-TM-4079 [R]. United States:Oak Ridge National Laboratory,1973.

[66] SILVERMAN M D, HUNTLEY W R, ROBERTSON H E. Heat Transfer Measurements in a Forced Convection Loop with Two Molten-Fluoride Salts:LiF-BeF$_2$-ThF$_4$-UF$_4$ and Eutectic NaBF$_4$-NaF:ORNL/TM-5335 [R]. United States:Oak Ridge National al Laboratory,1976.

[67] GRELE M, GEDEON L. Forced Convection Heat Transfer Characteristics of Molten FLiNaK Flowing in an Inconel X System:RM-E53L18 [R]. Cleveland:National Advisory Committee for Aeronautics,1951.

[68] General Atomics Group, Gas Turbine-Modular Helium Reactor(GT-MHR) Conceptual Design Description Report:910720 [R]. United States:General Atomics,1996.

[69] TRAVIS B W, EL-GENK M S. Thermal-Hydraulics Analysesfor 1/6 Prismatic VHTR Core and Fuel Element with and Without Bypass Flow [J]. Energy Conversion and Management,2013, 67:325 - 341.

[70] TODREAS N E, KAZIMI M S. Nuclear System I-Thermal Hydraulic Fundamentals [M]. Florida: CRC Press,1993.

[71] SUN K C. Analysisof Advanced Sodium-Cooled Fast Reactor Core Designs with Improved Safety Characteristics [D]. Switzerland:Paul Scherrer Institute,2012.

[72] MARUYAMA T, HARAYAMA M. Neutron Irradiation Effecton the Thermal Conductivity and Dimensional Change of Graphite Materials [J]. Journal of Nuclear Materials,1992,195:44 - 50.

[73] SINAP. Pre-conceptual Design of a 2 MW Pebble-bed Fluoride Salt Coolant High Temperature Test Reactor[R]. Shanghai:Shanghai Institute of Applied Physics(SINAP),

Chinese Academy of Sciences. ,2012.

[74] WILSON KSSDTHNL-WHFEDEH. Preliminary Accident Analyses for the MIT Research Reactor(MITR) Conversion Using 19B25 LEU Fuel Design[R]. Massachusetts Institute of Technology,2014.

[75] SCHULTZ R R. RELAP5-3DC Code Manual Volume V:User's Guidelines[R]. United States:Idaho National Laboratory,2012.

[76] INL Group. Release Notes for RELAP5 4.0.3[R]. United States:Idaho National Laboratory,2012.

[77] DAVIS C B. Implementation of Molten Salt Properties into RELAP5-3D/ATHENA:INEEL/EXT-05-02658 [R]. United States:Idaho National Engineering and Environmental Laboratory,2005.

[78] BICKEL J E, GUBSER A J, KENDRICK J, et al. Design,Fabrication and First Experimental Results from the Compact Integral Effects Test(CIET 1.0) Facility in Support of Fluoride-Salt-Cooled, High-Temperature Reactor Technology[R]. Department of Nuclear Engineering, U.C. Berkeley,2014.

[79] LEWIS E. Nuclear Power Reactor Safety [M]. New Jersey:John Wiley&Sons Inc. ,1977.

[80] 中科院上海应用物理研究所. TMSR 初步安全分析报告-美国 FHR 讨论报告[R]. 上海:上海应用物理研究所,2014.

第 11 章　熔盐堆氚输运特性分析

FLiBe 熔盐由于具有较好的中子经济性和载热特性,目前被广泛用作各种类型熔盐堆的一回路冷却剂,但这也为熔盐堆商业化发展带来严峻的技术挑战,即熔盐堆中氚的控制问题[1]。

氚(T)是熔盐堆的固有产物,FLiBe 中的 Li^+ 与中子反应后产生大量的氚,这些氚主要以氟化氚(TF)和氚气(T_2)的形式存在,它们分别具有强腐蚀性和较强的扩散渗透能力。氚具有较长的半衰期(12.43 年),且会随着高温熔盐的流动扩散迁移,对金属管道产生腐蚀和辐照损伤,影响材料的力学性能和使用寿命。氚在大多数金属材料中具有强渗透性,它能够在材料表面裂解成氚原子并进入材料中,这将导致氚在构件中的滞留,引起材料的氢脆和氦脆,并向环境释放氚气。熔盐堆中的氚气一旦释放到大气,将很快转变成放射性危害比氚气高约 25000 倍的氚水(HTO),HTO 极易通过呼吸和皮肤渗透进入人体,会均匀分布在除骨骼外的其他地方,对人体造成严重的内照射[2]。此外,氚在熔盐堆石墨堆芯处的溶解吸附导致石墨形貌的变化还会影响堆芯寿命。

熔盐堆的固有产氚问题已经成为限制熔盐堆技术发展的关键科学问题之一。由于氟盐冷却高温堆在安全性、经济性、燃料循环特性、应用范围上具有独特的优势,中国和美国均正在开展大量关于氟盐冷却高温堆的研究。但氟盐冷却高温堆的提出只有十几年历史,整体研究还处于概念设计与基础理论及实验研究阶段,很多关键技术问题及安全审评基础方法还有待于探索和研究。因此,开展氟盐冷却高温堆的研究工作,揭示氚在熔盐堆中的输运特性,探索氚的控制方法,具有重要的学术意义和现实意义[3]。

11.1　氚在熔盐堆中的输运特性

氚在熔盐堆系统中有十分复杂的物理化学行为,本章将这些行为概括为氚的输运特性,简要介绍熔盐堆一回路中氚的输运特性,为反应堆中氚的控制提供参考和指导。

11.1.1　概　述

氚是一种优秀的示踪剂,在生化、药物等研究和应用领域具有十分重要的作用;作为战略储备资源,氚可用于制造核武器,在国防领域占有重要地位。另外,通过磁约束或惯性约束将氘-氚粒子压缩点火后可实现核聚变。氚会发生衰变 $T \rightarrow {}^3He + \beta^- + \bar{v}$,发射的 β 粒子平均能量为 5.72 keV,在空气中的平均射程只有 0.56 μm,因此氚引起的外照射的危险性极小,被定义为低毒类放射性核素。但氚极易被人体吸收,由此造成的内照射危害不容忽视。

不同的反应堆型都会有氚的产生,只是氚的产率有较大差异,详见表 11-1。由表可知,FHR 单位功率的平衡产氚率高达 2931 Ci•$(GW•d)^{-1}$,是压水堆的 210 倍,是重水堆的 2.5

倍,因此 FHR 中氚的控制显得尤为重要。

表 11 - 1　不同堆型产氚率对比[4]

堆型	产氚率/(Ci·GW⁻¹·d⁻¹)
BWR	12.3
PWR	13.9
HTGR	18.5
HWR	1176
FHR	10129(初始时) 2931(稳定运行时)

高温时,以 T_2(HT)形式存在的氚极易透过金属材料,在熔盐堆运行温度下,氚可以透过反应堆容器、回路管道和热交换器等设备,从而使氚在整个反应堆系统中有着极广泛的分布。表 11 - 2 是电功率为 1000 MW 的 MSBR 中氚的分布估算。

表 11 - 2　MSBR 中氚的分布估算[5]

分布	分布值/(Ci·d⁻¹)	比例/%
一回路鼓泡去除	210	12.8
二回路尾气处理系统	2	0.1
反应堆周围环境	211	8.7
冷却盐回路周围环境	227	9.4
蒸气系统	1670	69
总计	2420	100

由上表可知,MSBR 燃料盐中的氚,一小部分会透过回路管道的管壁以及反应堆容器的壁面进入反应堆周围大气,而很大一部分将通过热交换器进入冷却盐中。进入冷却盐中的氚,一部分会通过回路管道的管壁进入周围环境中,另一小部分会通过冷却盐回路尾气处理系统排出,而剩余大部分的氚将透过蒸气发生器管壁进入蒸气系统中。

氚在熔盐堆(固态)一回路中的输运特性如图 11 - 1 所示,包括氚的产生、石墨吸附、氚在熔盐中的溶解与扩散、氚在金属中的溶解与渗透以及氚对结构材料的腐蚀等,下面将分别展开介绍。

11.1.2　氚的产生

方程(11 - 1)~(11 - 5)表示了熔盐中产氚的主要途径。尽管熔盐中 ^7Li 的富集度高达 99.995%,但剩余的 ^6Li 仍会造成可观的氚产量,^6Li 会与热中子发生反应,反应截面遵循 $1/v$ 律,对于较低能量的中子,其反应截面可以高达 5000 b。^7Li 会与快中子发生反应,能量阈值为 0.546 MeV。^{19}F 仅与能量大于 9.5 MeV 的中子发生反应,因此其在熔盐堆,特别是固态熔盐堆中的作用可以忽略不计。^9Be 虽然不会通过反应直接产生氚,但它会反应产生 ^6He,而后者会以 0.6 s 的半衰期衰变产生 ^6Li,从而进一步与中子反应产生氚。

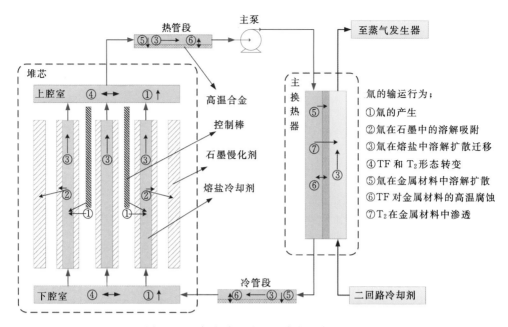

图 11-1 氚在熔盐堆一回路中的输运特性

$$^6\mathrm{LiF} + \mathrm{n} \rightarrow {}_2^4\mathrm{He} + \mathrm{TF} \tag{11-1}$$

$$^7\mathrm{LiF} + \mathrm{n} \rightarrow {}_2^4\mathrm{He} + \mathrm{TF} + \mathrm{n}' \tag{11-2}$$

$$^{19}_9\mathrm{F} + \mathrm{n} \rightarrow {}^{17}_8\mathrm{O} + \mathrm{T} \tag{11-3}$$

$$^9_4\mathrm{BeF}_2 + \mathrm{n} \rightarrow {}_2^4\mathrm{He} + {}_2^6\mathrm{He} + 2\mathrm{F} \tag{11-4}$$

$$^6_2\mathrm{He} \rightarrow {}^6_3\mathrm{Li} + \mathrm{e}^- + \overline{v}_e \,(t_{1/2} = 0.8\ \mathrm{s}) \tag{11-5}$$

反应堆的产氚率可以由实际运行经验获得。MSRE 以 7.3 MW 热功率运行,总产氚率约为 54 Ci/d;AHTR 预计寿期初每天产氚 5000 Ci,稳定运行期间日产氚 500 Ci。考虑到反应堆总功率,预计 FHR 的折合产氚率为 2083 Ci·GW^{-1}·d^{-1}。

另一种计算熔盐堆产氚率的方法就是利用公式,如式(11-6)所示[6]。式中第一项表示 ^{7}Li 的贡献率,并且假设它的核子密度保持不变;第二项表示 ^{6}Li 的贡献率,其中考虑了它的反应消耗;第三项表示由 ^{9}Be 转化来的 ^{6}Li 的贡献率。事实上,重核的三体裂变也会产氚,由于比例较小(见表 11-3),公式中未予考虑。

$$\dot{T}(t) = \phi \sigma_{^7\mathrm{Li}}^T N_{^7\mathrm{Li}} + \phi \sigma_{^6\mathrm{Li}}^T \left(N_{^6\mathrm{Li}}^0 e^{-\frac{V_{\mathrm{core}}}{V_{\mathrm{loop}}} \phi \sigma_{^6\mathrm{Li}}^{\mathrm{abs}} t} + \frac{\sigma_{^9\mathrm{Be}}^\alpha N_{^9\mathrm{Be}}}{\sigma_{^6\mathrm{Li}}^{\mathrm{abs}}} (1 - e^{-\frac{V_{\mathrm{core}}}{V_{\mathrm{loop}}} \phi \sigma_{^6\mathrm{Li}}^{\mathrm{abs}} t}) \right) \tag{11-6}$$

式中:$\dot{T}(t)$ 为运行时间为 t 时的产氚率,T·cm^{-3}·s^{-1};t 为反应堆累计运行时间,s;ϕ 为中子通量,n·cm^{-2}·s^{-1};$\sigma_{^7\mathrm{Li}}^T$ 为 ^{7}Li 反应产生氚的微观截面,b;$N_{^7\mathrm{Li}}$ 为给定温度下熔盐中 ^{7}Li 的核子密度,cm^{-3};$\sigma_{^6\mathrm{Li}}^T$ 为 ^{6}Li 反应产生氚的微观截面,b;$N_{^6\mathrm{Li}}^0$ 为给定温度下熔盐中 ^{6}Li 的初始核子密度,cm^{-3};V_{core} 为堆芯中熔盐的体积,m^3;V_{loop} 为一回路中熔盐的总体积,m^3;$\sigma_{^6\mathrm{Li}}^{\mathrm{abs}}$ 为 ^{6}Li 的微观吸收截面,b;$\sigma_{^9\mathrm{Be}}^\alpha$ 为 ^{9}Be 发生(11-4)的微观反应截面,b;$N_{^9\mathrm{Be}}$ 为给定温度下熔盐中 ^{9}Be 的核子密度,cm^{-3}。

表 11 - 3　MSBR 中氚的来源和产率[7]

来源	产氚率/(Ci·d⁻¹)	份额/%
三体裂变	31	1.3
式(11 - 1)	1210	50
式(11 - 2)	1170	48.3
式(11 - 3)	9	0.4
总计	2420	100

由式(11 - 6)可知,堆芯产氚率取决于堆芯熔盐体积与一回路总体积之比,故可以在堆芯设计时通过减少堆芯处的熔盐占比,来减少氚的产生。尽管熔盐堆在生成氚的过程中,熔盐中 ^{6}Li 会有所消耗,但随着新旧熔盐的更换以及熔盐中 ^{9}Be 的转化,^{6}Li 不断得到补充,反应堆的产氚率会趋于一个稳定值,并不会随堆的运行而降低。

11.1.3　石墨对氚的吸附

直到 MSRE 运行寿期末,作为堆芯结构材料的石墨对于氚的巨大吸附作用才被认识到。由于在氟盐冷却高温堆中石墨占有很大的体积比,它的吸附效应对于研究氚在系统中的输运特性具有重要意义。特别地,氢与氚是同位素,考虑到氚的放射性,学者常通过对氢的研究来推测氚的物理化学性质,因此本章中凡未特殊说明的,均认为氚与氢的性质相同。

石墨的比表面积越大,它对氚的吸附量越大,二者近似呈线性关系。吸附机理就是在石墨表面发生化学吸附,碳原子与氢原子之间生成微弱的化学键。根据温度的不同,吸附作用可以分为分子吸附和分解吸附。低温时,氢气会以分子形式吸附在石墨上,这是因为分子分解要吸收大量能量,而较低温度环境不足以提供如此大的能量。高温时(>1000 K),氢就会明显地在石墨中发生溶解、扩散,氢原子会填充在石墨晶粒或亚晶粒边界的空穴上,或者沿晶粒边界移动。

国内外学者针对不同种类、不同温度和压力条件下石墨对氢的吸附能力已做了大量研究,但与 FHR 运行条件相近的实验数据还很少。为了估计 FHR 中石墨对氚的吸附量,可以在现有实验数据基础上进行合理外推。

Atsumi[8] 研究了氚在 ISO-88 型石墨中的溶解度,提出了以下关系式

$$S = 1.9 \times 10^{-4} \sqrt[4]{P}\, \mathrm{e}^{\frac{19}{RT}} \tag{11 - 7}$$

式中:S 为溶解度,$\mathrm{cm}^3 \cdot \mathrm{g}^{-1}$;$P$ 为压力,Pa;R 为通用气体常数,$\mathrm{kJ} \cdot \mathrm{mol}^{-1} \cdot \mathrm{K}^{-1}$;$T$ 为温度,K。该石墨的密度为 1.90 g/cm^3。利用理想气体状态方程,上式可以转化为

$$S = 1.9 \times 10^{-4} \sqrt{P}\, \mathrm{e}^{\frac{19}{RT}} \times \frac{P}{RT} \times 2 \times 10^{-3} \tag{11 - 8}$$

上式中溶解度 S 的单位转化为 mol/g。上式温度适用范围为 700~1050 ℃。

石墨的辐照损伤也会影响石墨对氚的吸附能力。Atsumi 等人研究了辐照对于 IG-430 和 ISO-880 两种石墨的影响,发现有两种氢空穴,分别命名为 trap1 和 trap2。trap1 是一簇间隙环,结合能为 4.4 eV;trap2 就是微晶边界的碳键,结合能为 2.6 eV。中子通量较小时会产生 trap2,中子通量较大时会产生 trap1。新生成的空穴,特别是 trap2 退火处理会导致石墨吸收

峰值较退火前大大降低(约 50%)。实验表明,在石墨的原子平均离位为 0.65 dpa 时,石墨对氚的吸附量比辐照前增加了约 140 倍。辐照损伤可以提高石墨的吸附能力,但同时会降低氚在石墨中的扩散系数,从而降低石墨的吸附速率。

11.1.4 氚在熔盐中的溶解与扩散

熔盐中氚的溶解度与熔盐相、气相和结构材料中氚的分配有关,它不仅影响氚在材料中的渗透,还会影响尾气处理系统中氚的释放。熔盐中氚的扩散,反映了氚在燃料盐和冷却盐中的迁移过程,其速率决定了渗透速率和结构材料腐蚀第一阶段的速率。

熔盐的氧化还原势决定了氚的存在形态,而不同存在形态的氚在熔盐中有不同的溶解、扩散等行为。相同实验,结果却存在巨大差异,就是因为有的实验控制了氧化还原势,而有的则没有控制。另外,不同的实验测量装置也会造成结果的差异。在 MSRE 运行中并没有收集到足够多的实验数据,氚在熔盐中行为的相关数据大多都是基于对聚变包层的研究。

TF 和 T_2 在熔盐中的溶解度均遵循亨利定律,即认为在气体分压不大的情况下,气体在液相中的溶解浓度(c)正比于其分压(p),比例系数为亨利常数(k_{Henry}),如下式所示

$$c = p \times k_{Henry} \tag{11-9}$$

其中,亨利常数是温度的函数。实验获得的 HF 和 H_2、T_2 在 FLiBe[9] 中的亨利常数为

$$k_{Henry, FLiBe, HF} = 1.707 \times 10^{-3} e^{-4.260 \times 10^{-3} T} \tag{11-10}$$

$$k_{Henry, FLiBe, H_2} = 2.714 \times 10^{-8} e^{4.235 \times 10^{-3} T} \tag{11-11}$$

$$k_{Henry, FLiBe, T_2} = 7.9 \times 10^{-2} e^{\frac{-35000}{RT}} \tag{11-12}$$

式中:k 为亨利常数,$mol \cdot m^{-3} \cdot Pa^{-1}$;$T$ 为温度,℃。上述公式温度适用范围为 500～700 ℃。由于没有 TF 在 FLiBe 中溶解的相关实验数据,且考虑到 TF 与 HF、T_2 与 H_2 的物化性质相近,则可以近似认为 $k_{Henry, FLiBe, TF} = k_{Henry, FLiBe, HF}$,$k_{Henry, FLiBe, T_2} = k_{Henry, FLiBe, H_2}$。$H_2$ 在 FLiNaK[10] 中的亨利常数为

$$k_{Henry, FLiNaK, H_2} = 3.98 \times 10^{-7} e^{\frac{34400}{RT}} \tag{11-13}$$

密度是非常重要的热物性参数,在各类热物性测量中,密度测量较为直观,估算特定成分熔盐密度也较为容易,因此 FLiBe 密度的实验数据比其他热物理性质都要更加丰富和准确。Zaghloul 在 2003 年基于 Janz 的数据进行扩展,得出了以下公式[11]

$$\rho = 2415.6 - 0.49072 \cdot T \tag{11-14}$$

式中:ρ 为密度,$kg \cdot m^{-3}$;T 为温度,K。该公式覆盖了 FLiBe 从熔点到临界点的全部温度范围(732.0～4498.8 K),可计算 FLiBe 整个液相范围内的密度。

实验获得的 T_2 和 TF 在 FLiBe、H_2 在 FLiNaK 中的扩散系数[12] 分别为

$$D_{T_2, FLiBe} = 9.3 \times 10^{-7} \exp(\frac{-42000}{RT}) \tag{11-15}$$

$$D_{TF, FLiBe} = 6.4854 \times 10^{-26} T^{5.7227} \tag{11-16}$$

$$D_{H_2, FLiNaK} = 2.4537 \times 10^{-29} T^{6.9888} \tag{11-17}$$

式中:$D_{TF, FLiBe}$ 为 T_2 在 FLiBe 中的扩散系数,$m^2 \cdot s^{-1}$;$D_{TF, FLiBe}$ 为 TF 在 FLiBe 中的扩散系数,$m^2 \cdot s^{-1}$;T 为温度,K。一般来说,扩散系数取 Arrhenius 形式进行拟合,但 TF 在 FLiBe 中的扩散系数以指数形式拟合与实验数据符合得更好。

11.1.5　氚在金属中的溶解与扩散

氚气要在金属中扩散,首先在金属表面分解为氚原子,氚原子溶解于金属并沿氚浓度梯度方向扩散至金属的另一表面,然后在该表面上再重新结合为氚气分子。

扩散系数表达式为

$$D = D_0 e^{\frac{-E_D}{RT}} \tag{11-18}$$

式中:D 为扩散系数,$\mathrm{m^2 \cdot s^{-1}}$;$D_0$ 为经验常数,$\mathrm{m^2 \cdot s^{-1}}$;$E_D$ 为扩散活化能,$\mathrm{kJ \cdot mol^{-1}}$;$T$ 为温度,K。

溶解度(也称为西弗常数)表达式为

$$K_s = K_0 e^{\frac{-\Delta H_s}{RT}} \tag{11-19}$$

式中:K_s 为溶解度(西弗常数),$\mathrm{mol \cdot m^{-3} \cdot MPa^{-0.5}}$;$K_0$ 为经验常数,$\mathrm{mol \cdot m^{-3} \cdot MPa^{-0.5}}$;$\Delta H_s$ 为溶解热,$\mathrm{kJ \cdot mol^{-1}}$;$T$ 为温度,K。据此可以计算在给定温度和压力条件下氢在金属中溶解的平衡浓度为

$$c_{\mathrm{H_2}} = K_s \sqrt{p_{\mathrm{H_2}}} \tag{11-20}$$

式中:$c_{\mathrm{H_2}}$ 为 $\mathrm{H_2}$ 的平衡浓度,$\mathrm{mol \cdot m^{-3}}$;$p_{\mathrm{H_2}}$ 为 $\mathrm{H_2}$ 的分压,MPa。渗透率就是氢依靠金属厚度方向的压力梯度穿过金属的稳态扩散率,定义为

$$\Phi = D \cdot K_s = K_0 D_0 e^{-\frac{\Delta H_s + E_D}{RT}} \tag{11-21}$$

式中:Φ 为渗透率,$\mathrm{mol \cdot s^{-1} \cdot m^{-1} \cdot MPa^{-0.5}}$。稳态时,氢渗透过金属层的量是金属两侧氢气分压的函数

$$j_{\mathrm{H_2,a \to b}} = \frac{\Phi}{x} \left(\sqrt{p_{\mathrm{H_2,a}}} - \sqrt{p_{\mathrm{H_2,b}}} \right) \tag{11-22}$$

式中:$j_{\mathrm{H_2,a \to b}}$ 为 $\mathrm{H_2}$ 物质的量流密度,$\mathrm{mol \cdot m^{-2} \cdot s^{-1}}$;$x$ 为金属层的厚度,m;$p_{\mathrm{H_2,a}}$ 为 a 侧 $\mathrm{H_2}$ 的分压,MPa;$p_{\mathrm{H_2,b}}$ 为 b 侧 $\mathrm{H_2}$ 的分压,MPa。温度对于气体渗透达到平衡所需的时间影响较大,温度越高,达到平衡所需时间越短。

特别地,根据经典扩散理论,H 和 T 的扩散系数满足下式

$$\frac{D_\mathrm{T}}{D_\mathrm{H}} = \sqrt{\frac{m_\mathrm{H}}{m_\mathrm{T}}} \tag{11-23}$$

式中:D_T 为 T 的扩散系数,$\mathrm{m^2 \cdot s^{-1}}$;$D_\mathrm{H}$ 为 H 的扩散系数,$\mathrm{m^2 \cdot s^{-1}}$;$m_\mathrm{T}$ 为 T 的原子质量;m_H 为 H 的原子质量。由上式计算得 $\frac{D_\mathrm{T}}{D_\mathrm{H}}$ 约为 0.577。

渗透率的大小与材料种类有关,因此可以根据期望达到的效果选用合适的材料。若要减少氚向环境的渗透,则应选用渗透率较小的材料,例如 W 的渗透率比 316 不锈钢小 4~5 个数量级,故可用作氚气的屏蔽材料;若要从系统的某一部位移除氚,则可采用对氚渗透率较大的材料,例如 Pd 可用氚作渗透窗。皮力等人[13]研究表明,合金元素对镍基合金的渗透系数有一定影响,成分相似的 GH3535 和 Hastelloy N 渗透系数也相近。在镍基合金主要组成元素中,Cr 含量的增加会导致渗透系数降低,而 Mo、W、C 等元素的影响则需要进一步研究。

11.1.6　氚对金属的腐蚀

纯净的熔盐不会腐蚀金属,腐蚀反应都是由熔盐中的杂质引起的[14,15]。利用埃林汉姆图

(Ellingham diagram)可以直观地看到不同金属材料在熔盐中的相对稳定性(见图 11-2),图中示出了不同温度下不同氟化物的吉布斯自由能(Gibbs free energy)。如果一个反应的自由能是负值,那它就会自发发生;一种化合物的自由能越小,它就越稳定。例如,熔盐堆所用的结构材料中包含 Fe、Ni、Cr 等金属,在这些元素的氟化物中,CrF_2 的自由能最小,因此也就最稳定,所以 FHR 中的腐蚀主要表现为 Cr 的腐蚀。初始时,参与反应的 Cr 都集中在金属表面,TF 向金属表面的传质速率决定此时的腐蚀速率,在该阶段腐蚀较快;后期的腐蚀速率取决于Cr 由金属内部向金属表面扩散的速率,此时腐蚀速率较小。金属原子在合金中的扩散包括晶界扩散和体扩散两种形式[16]。晶界扩散就是指 Cr 原子沿合金结晶晶界的扩散,而体扩散指Cr 原子在合金晶体内部的扩散。实验研究表明,Cr 向金属表面的扩散以晶界扩散为主。

　　Cr 在 316SS 中体扩散系数和晶界扩散系数[17]分别为

$$D_{\text{Cr,bulk}} = 2.908 \times 10^{-32} e^{0.028343 \cdot T} \tag{11-24}$$

$$D_{\text{Cr,gb}} = 2.84 \times 10^{-5} e^{-\frac{90.6}{RT}} \tag{11-25}$$

式中:$D_{\text{Cr,bulk}}$ 为体扩散系数,$m^2 \cdot s^{-1}$;$D_{\text{Cr,gb}}$ 为晶界扩散系数,$m^2 \cdot s^{-1}$;T 为温度,K。由此可以看出,晶界扩散系数比体扩散系数大 10 个数量级左右。

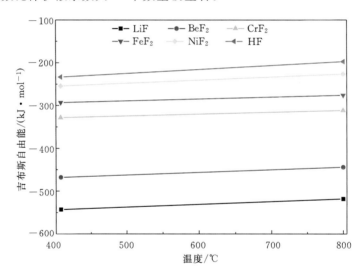

图 11-2　FLiBe 熔盐组分的埃林汉姆图[18]

　　FHR 中发生的主要腐蚀反应为

$$Cr_{(s.s.)} + 2TF_{(g)} \rightleftharpoons CrF_{2(d)} + T_{2(g)} \tag{11-26}$$

　　反应的平衡常数表达式为

$$K = \frac{[CrF_2][P_{T_2}]}{[Cr_{(s.s.)}][P_{TF}]^2} \tag{11-27}$$

式中:K 为平衡常数;$[CrF_2]$ 为 CrF_2 的平衡浓度;P_{T_2} 为 T_2 的分压比;P_{TF} 为 TF 的分压比;$[Cr_{(s.s.)}]$ 为合金中 Cr 的浓度(摩尔比)。Baes[19]提出了计算该平衡常数的经验关系式

$$\lg K = -5.12 + \frac{9060}{T} \tag{11-28}$$

式中:T 为温度,K。将式(11-27)代入式(11-28)可得

$$[\mathrm{CrF_2}]=10\exp\{-5.12+\frac{9060}{T}+\lg[\mathrm{Cr_{(s.s.)}}]+\lg\frac{[P_{\mathrm{TF}}]^2}{[P_{\mathrm{T_2}}]}\} \tag{11-29}$$

根据上式,若已知系统温度及 HF 和 H_2 的分压比,就可以求得 CrF_2 的平衡浓度,从而可以判断发生的是 Cr 腐蚀还是 Cr^{2+} 的沉积。

氧化还原势是评价系统中发生氧化还原反应倾向的一个指标。对于反应

$$\frac{1}{2}\mathrm{T_2}+\frac{1}{2}\mathrm{F_2}\rightleftharpoons\mathrm{TF} \tag{11-30}$$

吉布斯自由能定义为

$$\Delta G_{\mathrm{TF}}^0\equiv RT\ln(\frac{p_{\mathrm{TF}}}{\sqrt{p_{\mathrm{T_2}}}\sqrt{p_{\mathrm{F_2}}}}) \tag{11-31}$$

则

$$\Delta G_{\mathrm{F_2}}=2RT\ln(\frac{P_{\mathrm{TF}}}{\sqrt{P_{\mathrm{T_2}}}})+2\Delta G_{\mathrm{TF}}^0 \tag{11-32}$$

其中,

$$P_{\mathrm{TF}}=\frac{p_{\mathrm{TF}}}{p_{\mathrm{total}}} \tag{11-33}$$

$$P_{\mathrm{T_2}}=\frac{p_{\mathrm{T_2}}}{p_{\mathrm{total}}} \tag{11-34}$$

式中:T 为系统温度,K;p_{TF} 为 TF 在系统中的分压,Pa;$p_{\mathrm{T_2}}$ 为 T_2 在系统中的分压,Pa;p_{total} 为系统的总压力,Pa。由式可得

$$\frac{P_{\mathrm{TF}}}{\sqrt{P_{\mathrm{T_2}}}}=\exp(\frac{\Delta G_{\mathrm{F_2}}-2\Delta G_{\mathrm{TF}}^0}{2RT}) \tag{11-35}$$

式中:ΔG_{TF}^0 可由下式得到:

$$\Delta G_{\mathrm{TF}}^0=-4.6976\times10^{-10}T^3+3.1425\times10^{-6}T^2-8.8612\times10^{-3}T-273.05 \tag{11-36}$$

式中:T 为温度,K;ΔG_{TF}^0 为 TF 的吉布斯自由能,$\mathrm{kJ\cdot mol^{-1}}$。若要进一步求解 P_{TF} 和 $P_{\mathrm{T_2}}$ 的值,应用亨利定律,可得

$$c_{\mathrm{TF}}=k_{\mathrm{Henry,TF}}p_{\mathrm{TF}}=k_{\mathrm{Henry,TF}}P_{\mathrm{TF}}p_{\mathrm{total}} \tag{11-37}$$

$$c_{\mathrm{T_2}}=k_{\mathrm{Henry,T_2}}p_{\mathrm{T_2}}=k_{\mathrm{Henry,T_2}}P_{\mathrm{T_2}}p_{\mathrm{total}} \tag{11-38}$$

式中:c_{TF} 为 TF 在熔盐中的浓度,$\mathrm{mol\cdot m^{-3}}$;$c_{\mathrm{T_2}}$ 为 T_2 在熔盐中的浓度,$\mathrm{mol\cdot m^{-3}}$。考虑到熔盐中氚的总浓度

$$c_{\mathrm{total}}=2c_{\mathrm{T_2}}+c_{\mathrm{TF}} \tag{11-39}$$

把式(11-37)~式(11-39)代入式(11-35)得

$$\frac{P_{\mathrm{TF}}}{\sqrt{P_{\mathrm{T_2}}}}=\frac{\frac{c_{\mathrm{total}}-2c_{\mathrm{T_2}}}{k_{\mathrm{Henry,TF}}p_{\mathrm{total}}}}{\sqrt{\frac{c_{\mathrm{T_2}}}{k_{\mathrm{Henry,T_2}}p_{\mathrm{total}}}}}=\exp(\frac{\Delta G_{\mathrm{T_2}}-2\Delta G_{\mathrm{TF}}^0}{2RT}) \tag{11-40}$$

若已知 $\Delta G_{\mathrm{T_2}}$,通过该式就可以计算出氚系统中 TF 和 T_2 的比例。

熔盐中不同化学形态的氚,其去除方法和去除效率不同。几乎所有的 TF 均可通过尾气处理系统去除,而多数 T_2(HT)则会通过管道的管壁或换热器壁进入环境或二回路冷却盐中。

11.2 程序开发与验证

11.2.1 系统分析数学物理模型

基于上一节对氚在熔盐堆中输运特性的认识,本节对 FHR 系统建立了一套合理完善的数学物理模型,包括氚的产生、氚存在形式的分化、氚在熔盐中的扩散迁移、石墨对氚的吸附、T_2 的渗透、TF 对结构材料的腐蚀等,整体架构如图 11-3 所示[19]。

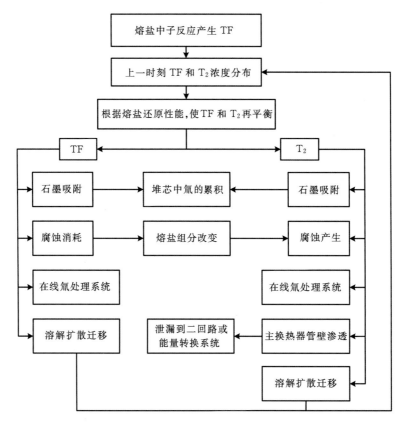

图 11-3 系统模型结构

本章将根据此模型开发氟盐冷却高温堆氚输运特性分析(Tritium trAnsPort chAracteristicS in FHR,TAPAS)程序,下面将对程序中的模型进行具体描述。

1. 氚的产生

氚的主要产生路径已在第 11.1.2 节作了说明,重核的三体裂变、石墨中的杂质以及中子毒物发生核反应时也可能产生氚,但与 FLiBe 中产生的氚相比,这些反应产生氚的数量可以忽略不计,因此本程序中未予以考虑。事实上,堆芯中产生的氚绝大部分都被滞留在燃料元件中,程序中以方程(11-6)计算氚的产生率,相关计算参数如表 11-4 所示。程序中考虑了产氚率随时间的变化,并认为堆芯不同位置处的产氚率不同。

表 11 - 4　氚的产生计算参数[6]

计算参数	数值
$\phi/(\text{n}\cdot\text{cm}^{-2}\cdot\text{s}^{-1})$	3.41×10^{14}
$\sigma_{7\text{Li}}^{\text{T}}/\text{b}$	1.0×10^{-3}
$\sigma_{6\text{Li}}^{\text{T}}/\text{b}$	148.026
$\sigma_{6\text{Li}}^{\text{abs}}/\text{b}$	148.032
$\sigma_{9\text{Be}}^{\alpha}/\text{b}$	3.63×10^{-3}

2. 氚的形态转化

由式(11-6)计算得到的氚最初是以 TF 的形式溶解在熔盐中,表现为 T^+ 和 F^-。TF 可以通过两种机理转化为 T_2,分别是由熔盐氧化还原势驱动的反应和 TF 对结构材料的腐蚀反应,即式(11-26)。

本程序通过方程(11-40)来考虑氧化还原势的作用,其中的 ΔG_{T_2} 根据 MSRE 的运行经验设置为 -700.5 kJ·mol^{-1},通过解方程就可以获得 TF 和 T_2 的相对含量。

3. 传质模型

熔盐堆一回路中存在多种传质过程,如 Cr^{2+}、TF 和 T_2 到达石墨和管道内壁表面等。根据实验观察,可以认为石墨的吸附速率取决于氚到达石墨表面的速率,而不是氚在石墨中的扩散速率。注意到,熔盐流经堆芯时会经过燃料组件中圆管型的冷却剂通道和矩形旁流间隙,因此要分别加以考虑。

圆管中,有如下传质关系[20]

$$Sh_{x,\text{pipe}}=1.86Re_{\text{pipe}}^{1/3}Sc_{x,\text{pipe}}^{1/3}(L/d_{\text{pipe}})^{-1/3}\qquad 13<Re_{\text{pipe}}<2030 \tag{11-41}$$

$$Sh_{x,\text{pipe}}=0.015Re_{\text{pipe}}^{0.83}Sc_{x,\text{pipe}}^{0.42}\qquad 2030\leqslant Re_{\text{pipe}}\leqslant10^4 \tag{11-42}$$

$$Sh_{x,\text{pipe}}=0.023Re_{\text{pipe}}^{0.8}Sc_{x,\text{pipe}}^{0.4}\qquad 10^4<Re_{\text{pipe}}<1.2\times10^5 \tag{11-43}$$

矩形窄缝通道中的传质关系式为[21]

$$Sh_{x,\text{rec}}=1.86Re_{\text{rec}}^{1/3}Sc_{x,\text{rec}}^{1/3}(L/d_{\text{rec}})^{-1/3}\qquad 0<Re_{\text{rec}}<3000 \tag{11-44}$$

$$Sh_{x,\text{rec}}=0.0354\,Re_{\text{rec}}Sc_{x,\text{rec}}^{0.4}\qquad 4000<Re_{\text{rec}}<1.3\times10^4 \tag{11-45}$$

式中:$Sh_{x,\text{pipe}}(Sh_{x,\text{rec}})$ 为粒子 x(Cr^{2+}、TF 或 T_2)由熔盐向管壁(矩形通道壁面)传质的舍伍德(Sherwood)数,类似于传热过程中的 Nu(Nusselt)数;$Re_{\text{pipe}}(Re_{\text{rec}})$ 为圆管中的雷诺(Reynolds)数;$Sc_{x,\text{pipe}}(Sc_{x,\text{rec}})$ 为粒子 x(Cr^{2+}、TF 或 T_2)由熔盐向管壁(矩形通道壁面)传质的施密特(Schmidt)数;L 为圆管(矩形通道)长度,m;d_{pipe} 为圆管直径,m;d_{rec} 为矩形通道水力直径,m。上述无量纲量的定义式为

$$Re_{\text{pipe}}=\frac{\rho v d_{\text{pipe}}}{\mu} \tag{11-46}$$

$$Sc_{x,\text{pipe}}=\frac{\mu}{\rho D_{x,\text{FLiBe}}} \tag{11-47}$$

式中:ρ 为熔盐密度,kg·m^{-3};v 为熔盐流速,m·s^{-1};μ 为熔盐动力黏度,Pa·s;$D_{x,\text{FLiBe}}$ 为粒子 x(Cr^{2+}、TF 或 T_2)在熔盐中的扩散系数,m^2·s^{-1}。其中,熔盐流速可以由给定的体积流量得出

$$v=\frac{4v}{\pi d_{\text{pipe}}^2} \tag{11-48}$$

式中:v 为单根管道中的体积流量,$m^3 \cdot s^{-1}$。熔盐 FLiBe 的动力黏度随温度变化关系式为

$$\mu_{FLiBe} = 1.16 \times 10^{-4} e^{\frac{3755}{T}} \tag{11-49}$$

式中:T 为温度,K。FLiBe 的密度由式(11-14)给出,T_2 和 TF 在 FLiBe 中的扩散系数分别由式(11-15)和式(11-16)给出。Cr^{2+} 在 FLiBe 中的扩散系数为

$$D_{Cr^{2+}, FLiBe} = \frac{k_B T}{6\pi\mu_{FLiBe} R_{Cr^{2+}}} \tag{11-50}$$

式中:k_B 为玻尔兹曼(Boltzmann)常数,$J \cdot K^{-1}$;$R_{Cr^{2+}}$ 为 Cr^{2+} 的有效半径,m,根据文献[19]取值为 8×10^{-11}。

由此,根据 Sh 数的定义可得

$$k_{x, pipe} = \frac{Sh_{x, pipe} D_{x, FLiBe}}{d_{pipe}} \tag{11-51}$$

式中:$k_{x, pipe}$ 为粒子 x(Cr^{2+}、TF 或 T_2)在熔盐中的传质系数,$m \cdot s^{-1}$。则在第 N 个控制体,第 i 个时间步长内,粒子 x 的物质的量流密度为

$$j_x^{N,i} = k_x^{N,i}(c_{x, bulk}^{N,i} - c_{x, wall}^{N,i}) \tag{11-52}$$

式中:$j_x^{N,i}$ 为物质的量流密度,$mol \cdot m^{-2} \cdot s^{-1}$;$c_{x, bulk}^{N,i}$ 为粒子 x 的主流浓度,$mol \cdot m^{-3}$;$c_{x, wall}^{N,i}$ 为粒子 x 的壁面浓度,$mol \cdot m^{-3}$。石墨吸附量可以表示为

$$\dot{A}_{graphite, x}^{N,i} = A^N j_x^{N,i} \tag{11-53}$$

式中:$\dot{A}_{graphite, x}^{N,i}$ 为第 N 个控制体在第 i 时间内石墨吸附的粒子 x 的量,$mol \cdot s^{-1}$;A^N 为石墨与冷却剂的接触面积,m^2。

4. 氚在金属中扩散

在熔盐堆一回路系统中,由于冷、热管段壁厚远远大于换热器管壁厚度,因此可以认为氚气主要通过换热管向二回路渗透。渗透速率不仅与 T_2 被输运到壁面的速率有关,还与氚在金属中的溶解度与扩散系数有关,而与 T_2 在金属表面的分解与聚合的速率无关。Fukada 认为[22],在确定 T_2 渗透的边界条件时,可以应用以下假设:T_2 在金属壁面的分解与聚合都是瞬时的;金属-冷却剂交界面两侧 T_2 的浓度可以瞬时达到平衡。T_2 在金属-冷却剂交界面两侧的浓度分布如图 11-4 所示。

在冷却剂侧,由亨利定律可得

$$p_{T_2, coolant} = \frac{c_{T_2, coolant\ wall}^*}{k_{Henry, T_2, FLiBe}} \tag{11-54}$$

式中:$p_{T_2, coolant}$ 为 T_2 在冷却剂侧的分压,Pa;$c_{T_2, coolant\ wall}^*$ 为 T_2 在冷却剂靠近壁面处的浓度,$mol \cdot m^{-3}$;$k_{Henry, T_2, FLiBe}$ 为 T_2 在 FLiBe 中的亨利常数,$mol \cdot m^{-3} \cdot Pa^{-1}$,可由式(11-11)计算得到。在金属侧,由西弗定律可得

$$p_{T_2, metal} = \left(\frac{c_{T_2, metal\ wall}^*}{K_{S, T_2, metal}}\right)^2 \tag{11-55}$$

式中:$p_{T_2, metal}$ 为 T_2 在金属侧的分压,MPa;$c_{T_2, metal\ wall}^*$ 为 T_2 在金属侧靠近壁面处的浓度,$mol \cdot m^{-3}$;$K_{S, T_2, metal}$ 为 T_2 在 FLiBe 中的西弗常数,可由式(11-19)计算得到。令上述两侧分压相等,即得到第一个边界条件

$$p_{T_2, coolant} = p_{T_2, metal} \tag{11-56}$$

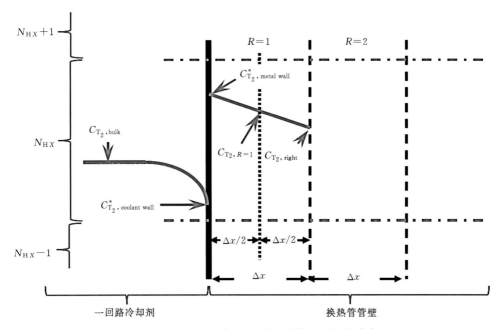

$C_{T_2, \text{bulk}}$

$C^*_{T_2, \text{metal wall}}$

$C_{T_2, R=1}$ $C_{T_2, \text{right}}$

$C^*_{T_2, \text{coolant wall}}$

$\Delta x/2$ $\Delta x/2$

Δx Δx

$N_{HX}+1$

N_{HX}

$N_{HX}-1$

$R=1$ $R=2$

一回路冷却剂　　　　　　　　　　　换热管管壁

图 11-4　金属-冷却剂交界面两侧 T_2 的浓度分布

由传质模型(11-52),可得

$$j_{T_2,HX}^{N_{HX},i} = k_{T_2,\text{pipe}}^i (c_{T_2,\text{bulk}}^{N_{HX},i} - c_{T_2,\text{coolant wall}}^*) \tag{11-57}$$

式中: $j_{T_2,HX}^{N_{HX},i}$ 为物质的量流密度, $\text{mol} \cdot \text{m}^{-2} \cdot \text{s}^{-1}$; $k_{T_2,\text{pipe}}^i$ 为传质系数, $\text{m} \cdot \text{s}^{-1}$; $c_{T_2,\text{bulk}}^{N_{HX},i}$ 为冷却剂主流中 T_2 的浓度, $\text{mol} \cdot \text{m}^{-3}$。 T_2 由交界面向金属中扩散的物质的量流密度为

$$j_{T_2,HX_{\text{in}}}^{N_{HX},i} = \frac{D}{\Delta x/2} (c_{T_2,\text{metal wall}}^* - c_{T_2,R=1}^{N_{HX},i}) \tag{11-58}$$

式中: $j_{T_2,HX_{\text{in}}}^{N_{HX},i}$ 为物质的量流密度, $\text{mol} \cdot \text{m}^{-2} \cdot \text{s}^{-1}$; D 为扩散系数, $\text{m}^2 \cdot \text{s}^{-1}$,可由式(11-18)计算得到; Δx 为换热管横向划分控制体的间距, m; $c_{T_2,R=1}^{N_{HX},i}$ 为换热管第一个控制体中心处 T_2 的浓度, $\text{mol} \cdot \text{m}^{-3}$。由质量守恒可知,上述两个物质的量流密度的值应相等,则得到第二个边界条件

$$j_{T_2,HX}^{N_{HX},i} = j_{T_2,HX_{\text{in}}}^{N_{HX},i} \tag{11-59}$$

特别地, T_2 是以原子的形式渗透穿过金属,为了方便计算,本研究中仍用 $\text{mol} \cdot T_2 \cdot \text{m}^{-3}$ 作为浓度的单位。

为使上述方程组封闭,根据 $c_{T_2,\text{bulk}}^{N_{HX},i}$ 和 $c_{T_2,R=1}^{N_{HX},i}$ 的质量守恒可得

$$c_{T_2,\text{bulk}}^{N_{HX},i} = \frac{c_{T_2,\text{bulk}}^{N_{HX},i-1} \times v \times \Delta t - \frac{D}{\Delta x/2}(c_{T_2,\text{metal wall}}^* - c_{T_2,R=1}^{N_{HX},i}) \times A_{HX}^{N_{HX}} \times \Delta t}{v \times \Delta t} \tag{11-60}$$

$$c_{T_2,R}^{N_{HX},j} = \frac{c_{T_2,R}^{N_{HX},j-1} \times V_{HX}^{N_{HX},R} + k_{T_2,\text{pipe}}^i (c_{T_2,\text{bulk}}^{N_{HX},i} - c_{T_2,\text{coolant wall}}^*) \times \Delta t \times A_{HX}^{N_{HX}}}{V_{HX}^{N_{HX},R}}$$

$$- \frac{\frac{D}{\Delta x/2}(c_{T_2,R}^{N_{HX},i} - c_{T_2,\text{right}}^{N_{HX},i}) \times \Delta t \times A_{HX}^{N_{HX}}}{V_{HX}^{N_{HX},R}} \tag{11-61}$$

式中: Δt 为时间步长, s; $A_{HX}^{N_{HX}}$ 为换热器第 N_{HX} 个控制体处与冷却剂的接触面积, m^2; $V_{HX}^{N_{HX},R}$ 为

换热器纵向第 N_{HX} 个控制体、横向第 $R(=1)$ 个控制体的体积,m³。

联立上述诸式,就可以求得交界面两侧 T_2 的浓度。T_2 向金属中的渗透量为

$$\dot{P}^{N_{HX} \cdot i} = A_{HX}^{N_{HX}} \cdot \dot{j}_{T_2, HX}^{N_{HX} \cdot i} \tag{11-62}$$

式中:$\dot{P}^{N_{HX} \cdot i}$ 为单位时间内 T_2 向金属中的渗透量,mol·s⁻¹。

5. 腐蚀模型

在 FHR 的一回路中,腐蚀与温度、熔盐氧化还原势以及 Cr 在金属中的扩散系数有关。Cr^{2+} 在熔盐中的平衡浓度由(11-29)给出,如果流入某一控制体的 Cr^{2+} 浓度低于该平衡浓度,则发生腐蚀反应;反之,Cr^{2+} 就会在金属表面上发生沉积。

发生沉积时,由式(11-52)可得

$$j_{deposition} = k_{Cr}(c_{Cr, actual} - c_{Cr, eq}) \tag{11-63}$$

式中:$j_{deposition}$ 为 Cr^{2+} 在金属表面沉积的物质的量流密度,mol·m⁻²·s⁻¹;k_{Cr} 为 Cr^{2+} 的传质系数,m·s⁻¹;$c_{Cr, actual}$ 为 Cr^{2+} 在冷却剂中的浓度,mol·m⁻³;$c_{Cr, eq}$ 为 Cr^{2+} 的平衡浓度,mol·m⁻³。则 Cr^{2+} 的沉积量为

$$\dot{D}_{deposition, Cr} = j_{deposition} \times A \tag{11-64}$$

式中:$\dot{D}_{deposition, Cr}$ 为单位时间内 Cr^{2+} 的沉积量,mol·s⁻¹;A 为接触面积,m²。

腐蚀过程可以分为前后两个阶段。起始时,主要是氧化剂 TF 与金属表面的 Cr 发生反应,故而腐蚀速率较大;当表面的 Cr 被完全腐蚀后,就进入速率较为缓慢的长期腐蚀阶段。

在第一阶段,腐蚀速率取决于氧化剂被输运到金属表面的速率,可由式(11-52)计算得到,若假设 TF 到达壁面后发生反应是瞬时的,则该式中 $c_{x, wall}^{N, i}$ 可设为 0。由化学反应式(11-26)可知,Cr 的腐蚀量与 T_2 的产生量相等,而 TF 的消耗量是它们的 2 倍,即有

$$\dot{D}_{deposition, T_2}^{N, i} = \dot{D}_{deposition, Cr}^{N, i} \tag{11-65}$$

$$\dot{D}_{deposition, TF}^{N, i} = 2 \cdot \dot{D}_{deposition, Cr}^{N, i} \tag{11-66}$$

取厚度为晶格常数 δ,若在该厚度的体积内 Cr 全部被腐蚀,则认为反应进入第二阶段。在该阶段中,腐蚀速率取决于 Cr 向金属边界的扩散速率,而扩散可分为体扩散与晶界扩散,体扩散相对于晶界扩散可以忽略不计,故在此仅考虑晶界扩散,第二阶段的腐蚀也可称为晶界腐蚀。

晶界腐蚀模型如图 11-5 所示,图(a)表示金属晶格排列,选取其中的一个基本计量单位,即为图(b)的圆形。图中 d 为晶格对边距离,s 为六边形晶格的边长,w_{gb} 为晶界宽度,若给定材料组成,则上述参数均为已知。由图可知,它们有如下关系

$$r = s + \frac{\sqrt{3}}{4} w_{gb} = \frac{\sqrt{3}}{3} d + \frac{\sqrt{3}}{4} w_{gb} \tag{11-67}$$

若以 A_{circle} 和 A_{gb} 分别表示图 11-5(b)中圆形与晶界的面积,则

$$A_{circle} = \pi r^2 \tag{11-68}$$

$$A_{gb} = 3s w_{gb} + \frac{\sqrt{3}}{4} w_{gb}^2 \tag{11-69}$$

面积比

$$R_{gb/bulk} = \frac{A_{gb}}{A_{circle}} \tag{11-70}$$

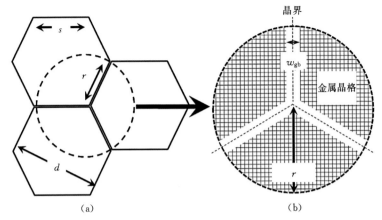

$$图 11-5　晶界腐蚀$$

由上式就可以求得参与晶界腐蚀反应的有效面积。

在腐蚀反应的第一阶段末,金属表面的 Cr 浓度已经降为 0,应用 Cr 在金属中扩散的解析解可得 Cr 浓度随位置和时间的变化[15]

$$c_{\mathrm{Cr}}(x,t)=c_{\mathrm{Cr,m}}\mathrm{erf}\left(\frac{x}{2\sqrt{D_\sigma t}}\right) \tag{11-71}$$

式中:$c_{\mathrm{Cr,m}}$ 为金属内部 Cr 的浓度,mol·m^{-3},假设不随时间变化;x 为到金属表面的距离,m;D_{cr} 为 Cr 在金属中的扩散系数,m^2·s^{-1};t 为腐蚀第二阶段开始后的时间,s。由上式可以求得 Cr 的浓度为 99% $c_{\mathrm{Cr,m}}$的位置

$$x_{99\%}=2\sqrt{D_{\mathrm{Cr}}t}\,\mathrm{erf}^{-1}(0.99) \tag{11-72}$$

那么,Cr 由金属内部向金属边界扩散的物质的量流密度为

$$j_{\mathrm{Cr,m}}=\frac{D_{\mathrm{Cr}}}{x_{99\%}}(c_{\mathrm{Cr,99\%}}-c_{\mathrm{Cr,surface}}) \tag{11-73}$$

式中:$j_{\mathrm{Cr,m}}$ 为物质的量流密度,mol·m^{-2}·s^{-1};$c_{\mathrm{Cr,99\%}}$ 为 99% 的金属内部 Cr 的浓度,mol·m^{-3},即 $c_{\mathrm{Cr,99\%}}=99\%\,c_{\mathrm{Cr,m}}$;$c_{\mathrm{Cr,surface}}$ 为金属表面 Cr 的浓度,mol·m^{-3},根据腐蚀条件可知 $c_{\mathrm{Cr,surface}}=0$。

由上述方程可得单位时间内 Cr 由于晶界腐蚀的消耗量为

$$\dot C_{\mathrm{corrosion,Cr}}=j_{\mathrm{Cr,m}}\times A\times R_{\mathrm{gb/bulk}} \tag{11-74}$$

式中:$\dot C_{\mathrm{corrosion,Cr}}$ 为 Cr 的腐蚀消耗量,mol·s^{-1}。

6. 控制体与控制方程

FHR 一回路系统中不同位置处会发生不同的反应,因此本节将堆芯、热管段、换热器和冷管段划分为控制体,并对 TF、T_2 和 Cr 分别列出质量守恒方程。

堆芯中发生的反应包括氚的产生、石墨的吸附以及沉积等。沿冷却剂流动方向划分控制体,控制方程为

$$\frac{\mathrm{d}m_{\mathrm{T_2}}^N}{\mathrm{d}t}=\dot v\times c_{\mathrm{T_2}}^{N-1}+\sigma_{\mathrm{T_2}}\dot T(t)-\dot A_{\mathrm{graphite,T_2}}^N-\dot D_{\mathrm{deposition,T_2}}^N+\dot C_{\mathrm{corrosion,T_2}}^N-\dot v\times c_{\mathrm{T_2}}^N \tag{11-75}$$

$$\frac{\mathrm{d}m_{\mathrm{TF}}^N}{\mathrm{d}t}=\dot v\times c_{\mathrm{TF}}^{N-1}+\sigma_{\mathrm{TF}}\dot T(t)-\dot A_{\mathrm{graphite,TF}}^N+\dot D_{\mathrm{deposition,TF}}^N-\dot C_{\mathrm{corrosion,TF}}^N-\dot v\times c_{\mathrm{TF}}^N \tag{11-76}$$

$$\frac{\mathrm{d}m_{\mathrm{Cr}^{2+}}^{N}}{\mathrm{d}t} = \dot{v} \times c_{\mathrm{Cr}^{2+}}^{N-1} - \dot{D}_{\mathrm{deposition,Cr}^{2+}}^{N} + \dot{C}_{\mathrm{corrosion,Cr}^{2+}}^{N} - \dot{v} \times c_{\mathrm{Cr}^{2+}}^{N} \tag{11-77}$$

式中：$m_{\mathrm{T}_2}^{N}$、m_{TF}^{N}、$m_{\mathrm{Cr}^{2+}}^{N}$ 为第 N 个控制体中 T_2、TF 和 Cr^{2+} 的物质的量，mol；σ_{T_2}、σ_{TF} 为氚生成后的转化比例，可由式（11-40）得到；$\dot{T}(t)$ 为运行时间为 t 时的产氚率，$\mathrm{mol \cdot s^{-1}}$，可由式（11-6）计算并经单位转化得到；$\dot{A}_{\mathrm{graphite,T_2}}^{N}$、$\dot{A}_{\mathrm{graphite,TF}}^{N}$ 为石墨吸附量，$\mathrm{mol \cdot s^{-1}}$，由式（11-53）得到；$\dot{D}_{\mathrm{deposition,T_2}}^{N}$、$\dot{D}_{\mathrm{deposition,TF}}^{N}$、$\dot{D}_{\mathrm{deposition,Cr}^{2+}}^{N}$ 为沉积量，$\mathrm{mol \cdot s^{-1}}$，由式（11-64）得到；$\dot{C}_{\mathrm{corrosion,T_2}}^{N}$、$\dot{C}_{\mathrm{corrosion,TF}}^{N}$、$\dot{C}_{\mathrm{corrosion,Cr}^{2+}}^{N}$ 为腐蚀消耗量，$\mathrm{mol \cdot s^{-1}}$，由式（11-74）计算得到。特别地，在堆芯处不发生金属腐蚀，故 $\dot{C}_{\mathrm{corrosion,Cr}^{2+}}^{N} = 0$，但要考虑 Cr^{2+} 由于化学平衡移动而在结构材料上的沉积，故一般认为 $\dot{D}_{\mathrm{deposition,Cr}^{2+}}^{N} \neq 0$。

热管段和冷管段的壁厚远大于换热器壁厚，故认为在此处没有 T_2 的渗透，而只有腐蚀反应发生，根据化学反应平衡，可以区分为腐蚀与沉积。沿冷却剂流动方向划分控制体，控制方程为

$$\frac{\mathrm{d}m_{\mathrm{T}_2}^{N_{\mathrm{pipe}}}}{\mathrm{d}t} = -\dot{D}_{\mathrm{deposition,T_2}}^{N_{\mathrm{pipe}}} + \dot{C}_{\mathrm{corrosion,T_2}}^{N_{\mathrm{pipe}}} \tag{11-78}$$

$$\frac{\mathrm{d}m_{\mathrm{TF}}^{N_{\mathrm{pipe}}}}{\mathrm{d}t} = \dot{D}_{\mathrm{deposition,TF}}^{N_{\mathrm{pipe}}} - \dot{C}_{\mathrm{corrosion,TF}}^{N_{\mathrm{pipe}}} \tag{11-79}$$

$$\frac{\mathrm{d}m_{\mathrm{Cr}^{2+}}^{N_{\mathrm{pipe}}}}{\mathrm{d}t} = -\dot{D}_{\mathrm{deposition,Cr}^{2+}}^{N_{\mathrm{pipe}}} + \dot{C}_{\mathrm{corrosion,Cr}^{2+}}^{N_{\mathrm{pipe}}} \tag{11-80}$$

式中符号和计算方法均与堆芯中相同。

在换热器处，不仅发生腐蚀反应，还会有 T_2 的渗透。沿冷却剂流动方向划分控制体，控制方程为

$$\frac{\mathrm{d}m_{\mathrm{T}_2}^{N_{\mathrm{HX}}}}{\mathrm{d}t} = \dot{v} \times c_{\mathrm{T}_2}^{N_{\mathrm{HX}}-1} - \dot{P}^{N_{\mathrm{HX}}} - \dot{D}_{\mathrm{deposition,T_2}}^{N_{\mathrm{HX}}} + \dot{C}_{\mathrm{corrosion,T_2}}^{N_{\mathrm{HX}}} - \dot{v} \times c_{\mathrm{T}_2}^{N_{\mathrm{HX}}} \tag{11-81}$$

$$\frac{\mathrm{d}m_{\mathrm{TF}}^{N_{\mathrm{HX}}}}{\mathrm{d}t} = \dot{v} \times c_{\mathrm{TF}}^{N_{\mathrm{HX}}-1} + \dot{D}_{\mathrm{deposition,TF}}^{N_{\mathrm{HX}}} - \dot{C}_{\mathrm{corrosion,TF}}^{N_{\mathrm{HX}}} - \dot{v} \times c_{\mathrm{TF}}^{N_{\mathrm{HX}}} \tag{11-82}$$

$$\frac{\mathrm{d}m_{\mathrm{Cr}^{2+}}^{N_{\mathrm{HX}}}}{\mathrm{d}t} = \dot{v} \times c_{\mathrm{Cr}^{2+}}^{N_{\mathrm{HX}}-1} - \dot{D}_{\mathrm{deposition,Cr}^{2+}}^{N_{\mathrm{HX}}} + \dot{C}_{\mathrm{corrosion,Cr}^{2+}}^{N_{\mathrm{HX}}} - \dot{v} \times c_{\mathrm{Cr}^{2+}}^{N_{\mathrm{HX}}} \tag{11-83}$$

式中：$\dot{P}^{N_{\mathrm{HX}}}$ 为单位时间内 T_2 向金属中的渗透量，$\mathrm{mol \cdot s^{-1}}$，可由式（11-62）计算得到。

11.2.2 TAPAS 程序开发

上一节已经阐明了氚在熔盐堆中的行为及其数学物理模型，本节基于此开发了固态熔盐堆氚输运特性分析程序 TAPAS，为后续研究熔盐堆中氚的控制提供软件基础。

1. 程序结构

TAPAS 程序采用标准 FORTRAN 90 程序设计语言编写，在 Compaq Visual Fortran 和 Intel Visual Fortran 环境下均可运行。为便于修改与二次开发，TAPAS 程序采用了模块化编程技术，程序根据功能进行模块划分，对每个模块进行单独编写，各个模块独立性高，通过关键参数进行内部数据传递，从而方便程序维护与更新，具体如图 11-6 所示。

主要的程序模块包括数据输入模块、初始化模块、数值方法模块和数据输出模块。其中，

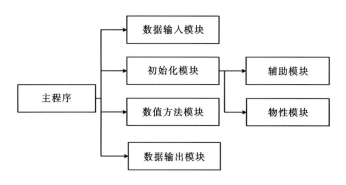

图 11-6　程序主要功能模块间的调用关系

数据输入模块用于读取输入卡中各个系统的结构参数与初始运行工况;初始化模块用于系统的稳态计算;数据输出模块用于产生输出结果文件。以上所有模块都被主程序模块所调用。其中,初始化模块进一步调用物性模块和辅助模块。

2. 程序流程

TAPAS 程序流程图如图 11-7 所示,首先进行全局参数赋值并初始化,程序开始步进运行,运行时间由用户输入的总体仿真时间以及相应的时间步长决定。由堆芯开始计算在各控制体内氚的产生量、石墨吸附量、腐蚀消耗量、沉积量以及渗透量等。计算后判断结果是否收

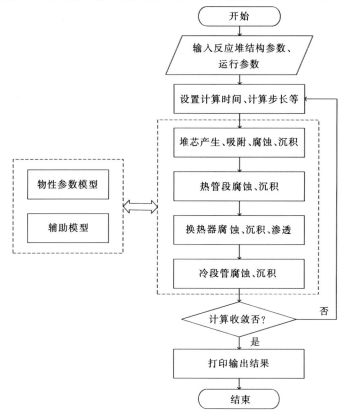

图 11-7　TAPAS 程序流程图

敛,若是,则打印输出结果;若否,则输出错误记录,用户修改计算参数,重新进行计算。

11.2.3 TAPAS 程序验证

TFHR 作为本研究的研究对象目前仍在设计中,没有任何实验数据可供参考,而目前也不存在经过充分验证的固态熔盐堆氚输运特性分析程序。因此,本研究不进行整体性、系统性的数学物理模型验证,而是利用有限的相关实验数据对所开发的程序各模块实施分层校核验证,以说明程序计算结果的可靠性[23]。

1. 腐蚀模型验证

美国橡树岭国家实验室(ORNL)在 20 世纪六七十年代对不同金属在各种熔盐中的腐蚀行为进行了大量的研究,建立了许多自然循环式和强迫循环式的实验回路。实验所采用的熔盐种类、温度、金属材料、实验时间以及试件质量变化都可以由相关实验报告得到。本研究采用 ORNL 实验时间为 10000 h 的自然循环回路(Natural Convection Loop)(编号 NCL - 21A)[24]对 TAPAS 的腐蚀模型进行验证。实验回路如图 11 - 8 所示。图中左侧竖直段和下部倾斜段均有加热元件,其余管段不加热,由于文献中并未给出确切的管道长度,程序所用的参数根据图中比例尺估计,回路中熔盐的温度假定为线性分布。实验在管道不同位置处放置了许多 Hastelloy N 试件,并测出了试件质量随时间的变化。鉴于文献中未明确试件位置,则

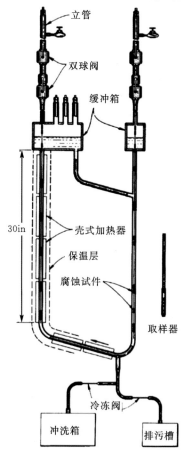

图 11 - 8　NCL - 21A 实验回路结构示意图(1 in≈25.3 cm)

用程序计算同为 Hastelloy N 的管道的质量变化,计算结果将与实验结果进行对比,材料的元素组成见表 11 - 5。另外,假定 Cr 在 Hastelloy N 中的体扩散系数和晶界扩散系数与在 316SS 中相同,即式(11 - 24)和式(11 - 25)。

熔盐采用燃料盐 $LiF - BeF_2 - ThF_4 - UF_4$(摩尔比为 72∶16∶11.7∶0.3),熔盐密度为

$$\rho_{\text{fuel salt}} = 3956.729 - 0.67181 \cdot T \tag{11 - 84}$$

式中:T 为温度,K。其他物性参数没有报道,暂取 FLiBe 的计算公式。燃料盐中 Cr 发生的主要腐蚀反应为

$$Cr_{(s.s.)} + 2UF_{4\ (d)} \rightleftharpoons CrF_{2(d)} + 2UF_{3\ (d)} \tag{11 - 85}$$

回路中 Cr 的平衡浓度为

$$[CrF_2] = 10\exp\left\{3.02 - \frac{9600}{T} + \lg[Cr_{(s.s.)}] + \lg\frac{[UF_4]}{[UF_3]}\right\} \tag{11 - 86}$$

相较于 MSRE 中 $\dfrac{[UF_4]}{[UF_3]}$ 为 100∶1,实验熔盐中该比值为 10000∶1,故具有更强的氧化能力。表 11 - 6 列出了计算所需的其他参数。

表 11 - 5 Hastelloy-N 元素组成

元素	质量份额/%
Mo	16.5
Cr	6.9
Fe	4.5
Si	0.69
Mn	0.54
Ti	0.02
Ni	70.85

表 11 - 6 计算所需参数

参数	数值
左侧管长/m	0.762
上部管长/m	0.476
右侧管长/m	0.729
下部管长/m	0.413
管外径/cm	1.905
管壁厚/cm	0.18288
熔盐流速/(m·min^{-1})	1.0
回路最高温度/℃	704
回路最低温度/℃	566
回路中 Cr^{2+} 初始浓度/10^{-6}	25
晶格尺寸/μm	24
晶间宽度/nm	10
晶格常数/nm	1.1

　　TAPAS 程序计算所得管道中 Cr 的腐蚀量随时间的变化与实验值对比如图 11-9 所示。10000 小时后,管道的质量变化值如表 11-7 所示。

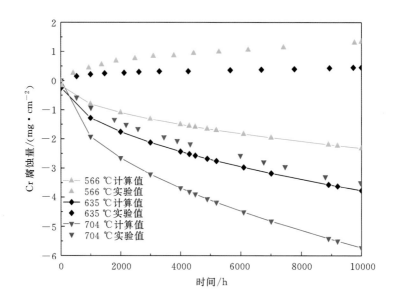

图 11-9　Cr 腐蚀量的计算值与实验值对比

表 11-7　实验结束时管道质量变化对比

温度/ ℃	质量变化(实验)/(mg·cm^{-2})	质量变化(TAPAS)/(mg·cm^{-2})
566	1.34	−2.32
635	0.45	−3.77
704	−3.51	−5.37

　　由上表可以看出,在较低温度 566 ℃和 635 ℃时试件上发生 Cr 的沉积,且温度越低,沉积量越多,这是由当地 Cr^{2+} 浓度大于相应温度下平衡浓度造成的。而程序计算结果为发生 Cr 的腐蚀,说明回路中 Cr^{2+} 浓度低于相应的平衡浓度,这是因为实验报告中未给出 Cr^{2+} 初始浓度,而根据文献[25]的估计值偏低。在较高温度 704 ℃时,实验与计算结果均为管道发生腐蚀,且随时间的变化趋势相同。计算时,直接取 $D_{\text{Cr,Hastelloy}} = D_{\text{Cr,316SS}}$ 可能是造成二者在数值上差异的原因[26]。

　　由于很多计算所用参数如晶格常数、回路温度分布、初始浓度等没有在文献中提供,因而多采用相似替代或简单估计的方法,这些因素会造成一定的误差。由图 11-9 可以看出,腐蚀量与时间的平方根近似成正比,这与实验观察所得出的结论相一致。

　　为验证程序腐蚀模型的合理性,本研究还选取了 ORNL 的 Loop1258 实验作为参考。实验段管材为 304L 不锈钢,元素组成见表 11-8,熔盐是 LiF-BeF$_2$-ZrF$_4$-UF$_4$-ThF$_4$(摩尔比为 70:23:5:1:1),假定初始时的 $\dfrac{[\text{UF}_4]}{[\text{UF}_3]}$ 是 100:1,回路中的温度极值分别是 688 ℃和 588 ℃。其

余所有实验设备均与 NCL-21A 相同,此处不再赘述。另外,304L 不锈钢的晶格参数根据相关文献估计,取值见表 11-9。Cr 在 304L 中的体扩散系数为

$$D_{Cr,bulk\ 304L} = 3.06 \times 10^{-4} \exp\left(\frac{-282.58}{RT}\right) \tag{11-87}$$

式中:$D_{Cr,bulk\ 304L}$ 为 Cr 在 304L 中的体扩散系数,$m^2 \cdot s^{-1}$;R 为通用气体常数,$kJ \cdot mol^{-1} \cdot K^{-1}$;$T$ 为温度,K。TAPAS 程序计算所得管道中 Cr 的腐蚀量随时间的变化与实验值对比如图 11-10所示。

表 11-8　304L 不锈钢的元素组成

元素	质量分数/%
Ni	11.07
Cr	18.31
C	0.028
Fe	70.592

表 11-9　304L 不锈钢的晶格参数

参数	数值
晶格尺寸/μm	10
晶间宽度/nm	10
晶格常数/nm	0.369

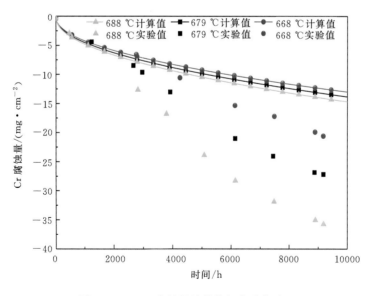

图 11-10　Cr 腐蚀量计算值与实验值对比

由图可知,在 688 ℃、679 ℃ 和 668 ℃ 时,实验与计算均显示为腐蚀,但在腐蚀量上存在

差异,因为 ORNL 的实验报告中并未给出程序计算所需的所有参数,因此在计算过程中作了一些简化和假设。例如:①熔盐中 UF_4/UF_3 比例以及初始的 Cr^{2+} 浓度未知,根据 MSRE 的运行报告假设;②Cr 在实验所用材料 304L 不锈钢中的晶间扩散系数未知,采用了 Cr 在 316 不锈钢中的扩散系;③实验回路的温度分布未知,程序计算时假设为线性分布。考虑到上述假设,尽管计算值与实验值有较大差异,但计算模拟的趋势是正确的,说明 TAPAS 可以很好地刻画回路中的腐蚀过程。TAPAS 的腐蚀模型将随实验数据的不断丰富而持续改进。

2. 渗透模型验证

由于目前尚没有强迫对流条件下含氚熔盐的渗透实验,本研究通过两个静态渗透实验验证 TAPAS 的渗透模型。Fukada[10] 做过氢通过镍片和 FLiNaK(摩尔比为 46.5%LiF:11.5%NaF:42%KF)的实验,实验装置如图 11-11 所示。镍片下部空间充入恒压、恒流量的 Ar 和 H_2 的混合气体,H_2 透过镍片进入上部的 FLiNaK 熔盐中。实验参数如表 11-10 所示。

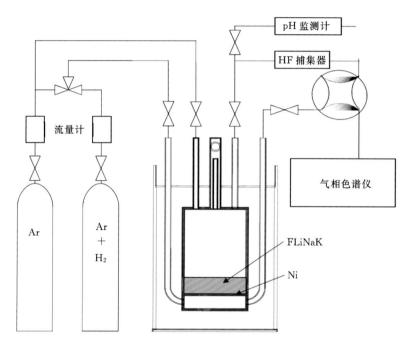

图 11-11 H_2 渗透实验装置

表 11-10 H_2 渗透实验参数

参数	数值
镍片厚度/mm	2
镍片面积/m^2	0.002
熔盐深度/mm	20/40
镍片两侧压力/Pa	$1.01 \times 10^5/0$

H_2 在 FLiNaK 中的亨利常数和扩散系数见式(11-13)、式(11-17),H_2 在镍片中的扩散

系数和西弗常数见式(11-18)、式(11-19),相关参数取值如 11-10 所示。图 11-12 示出了 H_2 压力为 101 kPa,熔盐深度分别为 20 mm 和 40 mm 时,不同温度下的稳态渗透量,以单位时间、单位面积镍片透过的 H_2 物质的量表示。

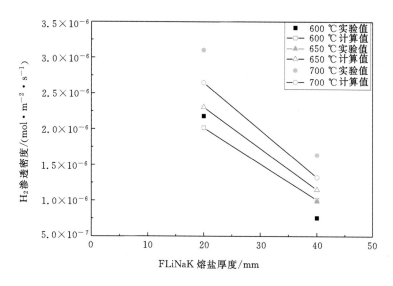

图 11-12　压力为 101kPa 时,H_2 的稳态渗透量

图 11-13 示出了熔盐 20 mm 深,不同压力和温度时的稳态渗透量。由图可见,计算值与实验值大部分符合得较好,二者间的差异主要由实验误差和计算选取参数的误差造成,例如扩散常数和西弗常数,不同学者给出的参考值及其适用范围就存在很大差异,若要获得准确的渗透量,尚需大量实验研究。

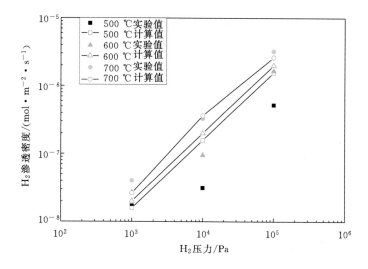

图 11-13　熔盐深度 20mm 时,H_2 的稳态渗透量

利用相同的实验装置,Calderoni[9] 研究了不同压力下 T_2 在 FLiBe 中的渗透行为,除 FLiBe 熔盐深度改为 8.1 mm 外,其他几何参数均与上例相同。T_2 在 FLiBe 中的亨利常数

和扩散系数见式(11-12)、式(11-15)。程序计算结果与实验数据的对比如图 11-14 所示。

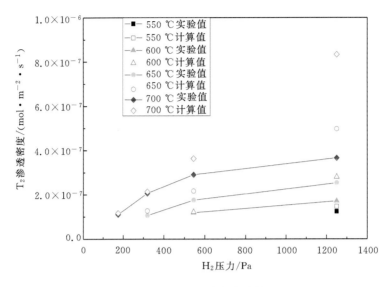

图 11-14　T₂稳态渗透量

　　由图可见,计算值可以较好地符合实验值,只在压力较高时偏差较大。Calderoni 在其文章中认为,实验测得的 T_2 在 FLiBe 中的亨利常数更接近于 Field 实验得出的 TF 在 FLiBe 中的亨利常数。这说明 Calderoni 实验所用的熔盐具有更强的氧化性,氚主要以 TF 的形式存在;而 TAPAS 计算时假定熔盐纯净无杂质,氚只以 T_2 的形式存在。以上就是造成差异的原因。

11.3　熔盐堆氚输运特性稳态分析

　　本节将利用自主开发程序 TAPAS 对移动式固态熔盐堆 TFHR 稳态运行条件下氚输运特性展开分析,计算一回路熔盐中氚的产生、腐蚀和渗透量,分析不同模型对氚在系统中分布的影响,并基于定量计算给出减少一回路中的氚对环境影响的优化措施。计算对象描述、几何参数和运行参数见第 10 章。

11.3.1　TFHR 中氚的输运特性

　　利用 TAPAS 程序可以方便地考察氚在固态熔盐堆中的输运特性。图 11-15 示出了回路中 TF、T_2 以及氚原子总量随时间的变化曲线。由图可知,一回路中的氚主要以 T_2 的形式存在,TF 的物质的量要比 T_2 小三个量级,而 T_2 在熔盐中的溶解度较小,在金属中的溶解度较大,因此 T_2 倾向于通过金属材料向管道外渗透。T_2 曲线先是迅速升高,这是堆芯氚产生和石墨吸附等多种作用的结果,在反应堆运行大约 25 个等效满功率天(Effective Full Power Day,EFPD)后达到最大值,此时氚总的放射性活度约为 7.82 Ci;之后曲线缓慢下降,这是因为熔盐中原有的 ⁶Li 继续消耗,而反应式(11-5)产生的 ⁶Li 较少,导致氚的产生量减少。

　　图 11-16 示出了堆芯中的结构材料石墨对 TF、T_2 以及氚原子总吸附量随时间的变化,

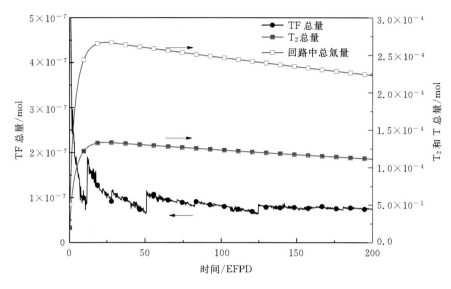

图 11-15　回路中不同形态的氚含量变化曲线

曲线在 25EFPD 后保持不变,因为此时石墨对氚的吸附量已经达到饱和。在 200EFPD 时,计算得石墨的总吸附量占系统产氚总量的比例高达 82.6%,这一比值将会随时间不断降低,因为吸附量不再增加,而系统中氚仍在源源不断地产生,因此可以认为这一结果是符合物理现象的。

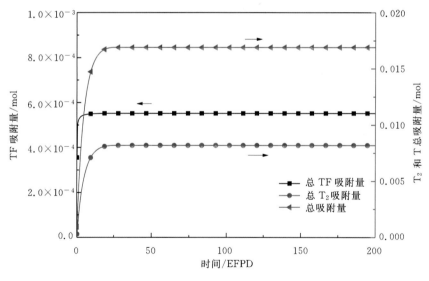

图 11-16　石墨吸附量变化曲线

图 11-17 为换热管处熔盐中的 T_2 向管壁表面的渗透量随时间的变化曲线,图中显示渗透量随时间线性增加,即渗透速率为常数,其值为 8.35×10^{-6} mol/EFPD。事实上,T_2 由一回路渗透经过换热管壁,然后泄漏到二回路的速率由零升高,之后稳定在一个常数,这是因为管壁金属材料可以溶解一定量的 T_2。达到稳态后,图中所示的渗透量减去管壁金属的溶解量就是 T_2 由一回路向二回路的泄漏量。

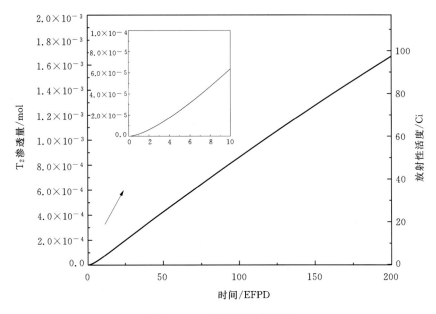

图 11-17　渗透量变化曲线

图 11-18 示出了反应堆在分别运行 1000 h、2000 h 和 200EFPD 后一回路中结构材料的腐蚀量在系统中的分布情况。横坐标为控制体编号,程序计算时根据冷却剂流向,把堆芯、热管段、换热器和冷管段依次分别划分为 20 个控制体。堆芯中的主要结构材料为石墨,忽略其他金属,故在堆芯处没有腐蚀。由图可见,腐蚀主要发生在热管段的前端,因为堆芯产生 TF,考虑到石墨的吸附,在堆芯出口处 TF 的浓度达到最大,故在热管段入口处腐蚀最为严重。随着腐蚀反应进行,TF 也在不断消耗,加之 TF 的绝对量极小,很快就在热管段的前几个控制体内消耗殆尽,在之后的控制体乃至换热器中都没有腐蚀发生。图中第 61 控制体处,即冷管段前

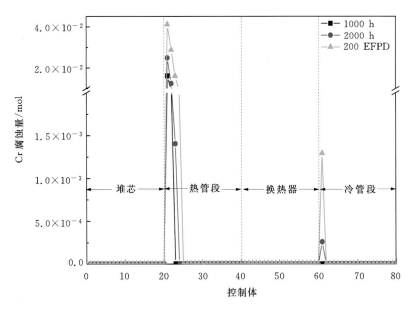

图 11-18　Cr 的腐蚀量在回路中的分布

端也有少量腐蚀发生,这与传质系数随温度的变化和程序计算时控制体划分的疏密有关。若划分粗网格,则在一个控制体内熔盐与管壁的接触面积就大,Cr 在结构材料中的扩散速率不变时,发生腐蚀反应所需要的 TF 的量就多,若熔盐中 TF 的量低于该需要值,则程序判定该控制体内无腐蚀发生,划分细网格时同理。显然,网格划分得越细,控制体数量越多,计算结果越准确,越能够反映系统内氚的真实输运现象,但同时也会导致计算量过大,计算速度降低等。

图 11-19 和图 11-20 分别示出了反应堆在满功率运行 200 天后 TF 与 T_2、Cr^{2+} 在系统中的分布情况。由于堆芯中反应不断进行,TF 的量持续增多,然后在热管段前端发生腐蚀反应导致数量急剧下降。热管段之后的控制体中 TF 的量不足以发生腐蚀反应,因此保持不变。

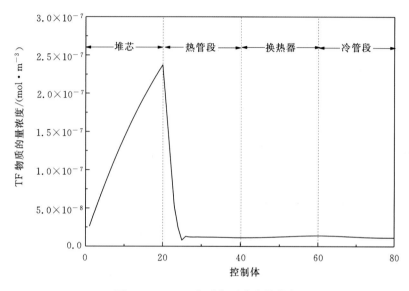

图 11-19 TF 在系统回路中的分布

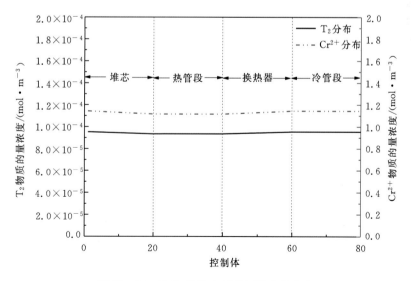

图 11-20 T_2 和 Cr^{2+} 在系统回路中的分布

由图 11－20 可以看出，T_2 和 Cr^{2+} 的物质的量浓度基本不随位置而变化,这是因为熔盐在回路中的流动均为湍流,粒子浓度可以充分搅混,故而分布较为均匀。事实上,石墨对 Cr^{2+} 也有吸附作用,因而在堆芯处 Cr^{2+} 的量会有少许降低;T_2 会在换热管处发生渗透,因而 T_2 的量也会有少许降低,只是上述变化量比粒子的原浓度小两个量级,变化不明显。

11.3.2 参数敏感性分析

11.3.1 节计算的结果都是在基准参数设置下得到的,即取熔盐中 ^7Li 初始富集度为 99.995％,熔盐的氧化还原势根据 MSRE 的运行报告取为 －700.5 kJ/mol,换热管的材料为 316 不锈钢。为探索减少一回路系统中结构材料的腐蚀以及减少 T_2 向二回路泄漏的优化措施,本节对程序计算中所用到的可能对计算结果产生较大影响的参数进行了敏感性分析。

1. ^7Li 初始富集度

图 11－21 至图 11－23 示出了 ^7Li 富集度（ε）分别为 99.99％、99.995％、99.998％ 和 100.0％时堆芯产氚率、T_2 渗透量和 Cr 的总腐蚀量随时间的变化。

由式(11－6)可知,当时间 t 足够大时,产氚率趋近于 $T(t)=\phi\sigma^{T}_{^7Li}N_{^7Li}+\phi\sigma^{T}_{^6Li}\dfrac{\sigma^{x}_{^9Be}N_{^9Be}}{\sigma^{abs}_{^6Li}}$,为常数,所以图 11－21 四条曲线最终会趋于同一值,而这大约需要 15 个等效满功率年,曲线中关键节点的数值如表 11－11 所示。显然,在 ^7Li 富集度为 100.0％时,曲线先升高后趋于常数,而其他曲线则先降低后趋于常数。这是因为富集度为 100.0％时,系统内的氚主要是 ^7Li、^{19}F 等反应产生,而根据式(11－4)和式(11－5)可知,会有一部分 ^6Li 产生,从而使系统产氚率升高;同理,在其余三条曲线中,式(11－4)和式(11－5)产生的 ^6Li 不足以补偿(11－1)反应的消耗,^6Li 的总量呈下降趋势,故产氚率也随之下降。

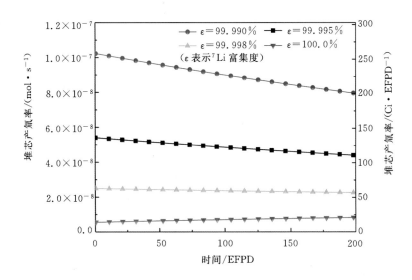

图 11－21　不同 ^7Li 富集度时堆芯产氚率随时间的变化曲线

表 11-11　不同 ^{7}Li 富集度时堆芯产氚率随时间的变化

^{7}Li 富集度/%	初始产氚率 $\times 10^8$/(mol·s^{-1})	200EFPD 时产氚率 $\times 10^8$/(mol·s^{-1})	平衡产氚率 $\times 10^8$/(mol·s^{-1})
99.99	10.5	7.95	1.60
99.995	5.54	4.39	1.60
99.998	2.56	2.25	1.60
100.0	0.57	0.83	1.60

　　由图 11-22 和图 11-23 可以看出 T_2 渗透量和回路中的总腐蚀量与时间近似呈线性关系,为便于比较,将不同 ^{7}Li 富集度时 T_2 渗透率和回路总腐蚀速率列于表 11-12 中。由表可知,富集度由 99.99% 提高 0.005% 后,渗透率和腐蚀率分别降低了 0.70×10^{-5} mol·EFPD^{-1} 和 1.86×10^{-4} mol·EFPD^{-1},而在此基础上再提高 0.005% 时,渗透率和腐蚀率分别降低了 0.72×10^{-5} mol·EFPD^{-1} 和 3.09×10^{-4} mol·EFPD^{-1}。这说明在较高富集度基数上进一步提高,对于减少腐蚀和泄漏的效果更明显。

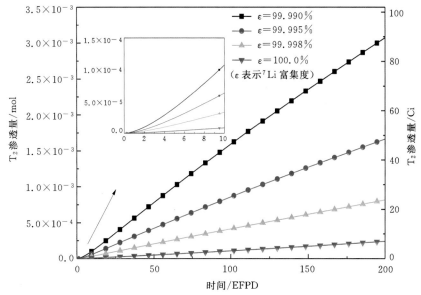

图 11-22　不同 ^{7}Li 富集度时 T_2 渗透量随时间的变化曲线

(注:对于氚原子,物质的量(mol)与辐射剂量(Ci)之间的换算关系:1 mol=29263.8287Ci;若为氚气分子,则该比值翻倍。)

表 11-12　不同 ^{7}Li 富集度时 T_2 渗透率和 Cr 腐蚀率

^{7}Li 富集度/%	T_2 渗透速率 $\times 10^5$/(mol·EFPD^{-1})	Cr 腐蚀速率 $\times 10^4$/(mol·EFPD^{-1})
99.99	1.54	6.34
99.995	0.84	4.48
99.998	0.41	2.95
100.0	0.12	1.39

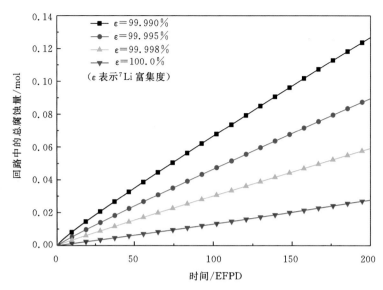

图 11-23　不同 ^{7}Li 富集度时回路中的总腐蚀量随时间的变化曲线

2. 氧化还原势

TAPAS 程序计算采用固定氧化还原势，以 TFHR 中熔盐为基准（-700.5 kJ/mol），假定一种更具氧化性和更具还原性的熔盐，设其氧化还原势分别为 -645.5 kJ/mol 和 -740.0 kJ/mol，上述三种熔盐中 $\dfrac{[P_{TF}]}{\sqrt{[P_{T_2}]}}$ 的值（图 11-24 中用 η 表示）根据式（11-35）计算分别是 9.2×10^{-5}、1.84×10^{-3} 和 7.02×10^{-6}。熔盐的氧化还原势不仅决定了氚在产生时各存在形式的分配比例，根据式（11-8）和式（11-29）可知，它还会影响石墨对氚的吸附限值和 Cr^{2+} 的平衡浓度，故而对氚的输运特性具有十分重要的意义，下面将逐项展开分析。

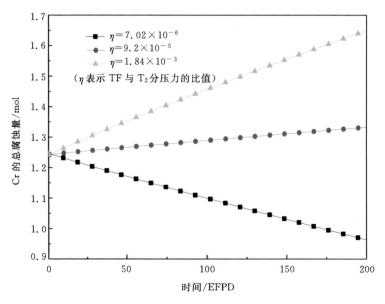

图 11-24　回路中 Cr 的总腐蚀量随时间变化曲线

图 11-24 示出了在不同氧化还原条件下一回路中 Cr 的腐蚀总量随时间的变化。图例中标注的数值 η 越大，熔盐的氧化还原势越大，氧化性越强。由图可见，氧化性熔盐比基准熔盐对金属的腐蚀速率增加了 1.25 倍；而在还原性熔盐中，由于 Cr^{2+} 的平衡浓度降低，有 Cr 的沉积反应发生。

图 11-25 示出了 200EFPD 后一回路中 Cr 的质量变化量在各控制体中的分布，正值表示沉积，负值表示腐蚀。图中基准设置如图 11-18 所示。氧化性熔盐含有较多的 TF，故在热管段中发生腐蚀反应的距离更长，其余特性与基准设置相同。在还原性熔盐中，沉积反应发生在热管段和冷管段处，腐蚀反应发生在热管段、换热器和冷管段处，图中所示曲线是沉积量和腐蚀量的代数和，由图 11-24 知，熔盐溶解的 Cr^{2+} 浓度降低，说明该化学环境下总体表现为沉积，总沉积量为 6.36 mol。

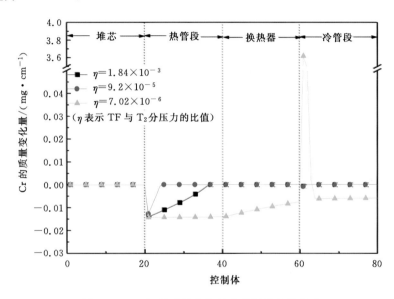

图 11-25　Cr 的质量变化量在控制体中的分布

图 11-26 和图 11-27 分别示出了不同氧化还原势时石墨吸附氚的总量和渗透量随时间的变化。由图可知，氧化性熔盐的变化与基准设置只有微小差异，曲线基本重合，而在还原性熔盐中石墨吸附量并未达到饱和，且 200EFPD 时的吸附量已比基准设置高出一个量级。事实上，此时石墨对 T_2 的吸附已经达到饱和值，而由于氧化还原势降低，Cr^{2+} 平衡浓度降低，发生 Cr^{2+} 的沉积，即 $Cr^{2+}+T_2 \rightleftharpoons Cr+2T^+$，熔盐中 TF 浓度升高，其分压增大，故而导致石墨对 TF 的吸附限值急剧增加。与此同时，Cr^{2+} 的沉积，消耗了大量 T_2，从而使 T_2 向二回路的渗透量大大减少，渗透速率降低至原来的 $\frac{1}{3}$。

3. 换热管材料

氚在不同材料中有不同的扩散系数和溶解度，故对不同材料而言，氚的渗透率会有不同。针对工业常用的合金材料 Hastelloy N、Inconel 600、316 不锈钢以及金属钨，本小节计算了换热管材为上述材料时 T_2 的渗透率。计算所需参数：扩散常数 D_0、扩散活化能 E_D、溶解常数 K_0 和溶解热 ΔH_S 见表 11-13，计算结果如图 11-28 所示。

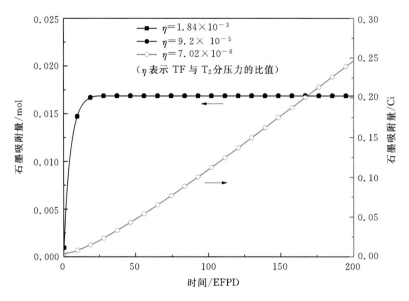

图 11-26 石墨吸附氚随时间变化曲线

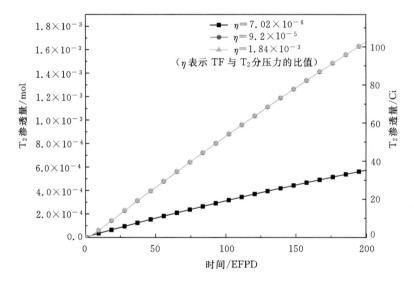

图 11-27 T₂渗透量随时间变化曲线

表 11-13 材料的渗透量计算参数

材料	$D_0 \times 10^7 / (\mathrm{m^2 \cdot s^{-1}})$	$E_D / (\mathrm{kJ \cdot mol^{-1}})$	$K_0 / (\mathrm{mol \cdot m^{-3} \cdot MPa^{-1/2}})$	$\Delta H_S / (\mathrm{kJ \cdot mol^{-1}})$
Hastelloy N	4.90	43.4	1698.6	21.2
Inconel 600	1.36	37.7	1980.0	28.5
316 不锈钢	6.32	47.8	4270.0	13.9
钨	6000.0	103.1	1490.0	100.8

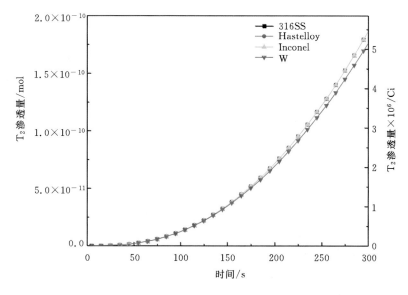

图 11-28　T_2 渗透量随时间变化曲线

由图 11-28 可知,三种合金材料的渗透率非常相近,曲线几乎重合,钨的渗透率明显较小,在前 300 s 内渗透量减少至原来的 $\frac{5}{6}$。单就渗透而言,换热管材采用钨更合适,但考虑到材料的经济性、导热率、机械性能以及在高温腐蚀条件下的稳定性等因素,钨并不适用,但可以把钨作为换热管的阻氚层。因为钨容易形成碳化物,建议在 316 不锈钢与阻氚钨层之间加镍层,这样既可以防止钨与 316 不锈钢中的碳反应,又可以阻止熔盐中的 TF 对管材中铬的腐蚀。事实上,综合考虑涂层阻氚效果、高温情况下涂层与基材的结合能力和长期稳定性,通常选择氧化物涂层(如 Cr_2O_3、Al_2O_3、Er_2O_3)、钛基陶瓷涂层(如 TiN、TiN+TiC)、硅化物涂层(如 SiC),以及它们的复合涂层[27]。

11.3.3　优化措施

基于对 TFHR 的计算和各参数的敏感性分析,为提高熔盐堆系统管道的使用寿命,减少氚对结构材料的腐蚀和向周围环境的泄漏,降低氚辐照危害,可以有三种思路:①减少氚的产生,从源头上遏制氚的危害;②从熔盐中尽早、尽快移除 TF 和 T_2,减少腐蚀和渗透;③在管壁处采取措施,降低 T_2 渗透量。鉴于上述思路,本研究提出以下优化措施[28]。

(1)提高熔盐中 ^{7}Li 富集度。11.3.2 节指出,在较高富集度基数上进一步提高,对于减少腐蚀和泄漏的效果更明显,但同时,同位素富集所需的分离功也急剧升高。因此,还要对该措施进行经济性分析。

(2)降低熔盐的氧化还原势[29]。可向熔盐中加入金属 Be,Be 会与熔盐中的 TF 发生反应 $Be(s.s.)+2TF(d) \rightleftharpoons BeF_2(d)+T_2(g)$,把 TF 还原为 T_2,可减少结构材料的腐蚀;也可以向熔盐中加入金属 Li,Li 会把 BeF_2 中的 Be 置换出来,Be 再通过反应还原 TF,同时反应产物 LiF 和 BeF_2 也是熔盐的组成成分,可以实现对一回路冷却剂的及时补充。

（3）利用石墨对氚的吸附作用。11.1.3节指出，石墨对氚具有可观的吸附作用，但吸附量在一定温度和气压下存在饱和值，因此可以考虑设计在线换料的石墨球床，吸附达到饱和后即置换出来，通过退火，可以使氚解吸附，退火后的石墨又可以进入冷却剂系统进行下一个循环。

（4）改变净化载气中气体的成分和含量[30]。由11.1.4节可知，不同形态的氚在熔盐中的溶解度与其分压有关，事实上，T^+ 与 H_2 会通过同位素交换反应生成 HT，因此可以调节 H_2 的通入量以控制 HT 的生成率。Suzuki 等人[31]向经中子辐照后的熔盐中通入不同比例的 He 和 H_2 的混合气体，发现当 H_2 的比重大于 1% 时，TF 的产生量达到最小，排出的氚基本为 HT，这就大大减轻了 TF 对管道的腐蚀。

（5）利用较大渗透系数的材料设计渗透窗。氚在不同金属中的渗透系数不同，如11.1.5节所述，氚在钨中渗透系数较小，在钯中则较大。用钯作为渗透窗，一侧为熔盐，另一侧为真空或氚吸收剂以增大两侧的氚浓度梯度，另外，还要增强熔盐的搅混，以提高氚的渗透率。

（6）使用双层换热管。两层换热管壁之间可以抽真空或填充固体氚吸收剂，以收集渗透过来的氚。但这样会降低换热器的效率，并且制造难度大，价格昂贵。同样地，增加熔盐三回路，虽然也能减少 T_2 向环境的泄漏，但是以降低热效率为代价的。

（7）在一回路管道壁上添加阻氚涂层[27]。现在一般采用陶瓷涂层，氚在不锈钢表面有强烈的吸附倾向，涂层中的碳、氮、氧等负电性原子与过渡金属的结合能力比氚强，所以在它们不与氚反应的温度和压力下，会占据氚溶解的位置，从而阻碍氚的吸附。当管材表面覆盖一层氧化物或碳化物时，可引起氚吸附率下降，氧原子不仅可以占据可能吸附氚的位置，而且占据如边界、凸缘、位错等吸附分解的位置。同时，氚能利用氧化膜存在的缺陷进行溶解和吸附，在一定温度下可逐渐减薄氧化物涂层，减弱对氚渗透的阻挡能力。

综上所述，熔盐堆氚控制的目标是在其进入二回路前尽量回收氚，尽可能减少氚向蒸气发生器系统以及环境的泄漏；减少或消除 TF 形式的氚，减轻氚对系统结构材料的腐蚀；减少管道中氚的渗透。上述优化措施必须根据工程实际合理选用。

参考文献

[1] DE HOLCOMB, FLANAGAN G F, MAYS G T, et al. Fluoride Salt-Cooled High-Temperature Reactor Technology Development and Demonstration Roadmap: ORNL/TM-2013/401[R]. United States: Oak Range National Laboratory, 2013.

[2] 李帷. 氚辐射危害的研究进展[C]//2012 中国环境科学学会学术年会论文集（第二卷），2012: 1192 – 1132.

[3] 张大林. 新概念熔盐堆堆芯物理热工及安全特性研究[D]. 西安: 西安交通大学，2009.

[4] IAEA. Management of Waste Containing Tritium and Carbon-14: 421[R]. Vienna: International Atomic Energy Agency, 2004.

[5] 曾友石. 氢及其同位素在熔盐中的渗透与扩散行为研究[D]. 合肥: 中国科学院大学，2014.

[6] CISNEROS A T J. Pebble Bed Reactors Design Optimization Methods and their Application to the Pebble Bed Fluoride Salt Cooled High Temperature Reactor (PB-FHR) [D]. Berkeley: University of California, 2013.

[7] BRIGGS R B. Tritium in Molten Salt Reactors [J]. Reactor Technology,1972,14(4):335 - 342.

[8] ATSUMI H. Absorption and Desorption of Deutium on Graphite at Elevated Temperatures [J]. Journal of Nuclear Materials,1988,155 - 157(2):241 - 245.

[9] CALDERONI P, SHARPE P, HARA M, et al. Measurement of Tritium Permeation in Flibe(2LiF-BeF₂) [J]. Fusion Engineering and Design,2008, 83(7 - 9):1331 - 1334.

[10] FUKADA S, MORISAKI A. Hydrogen Permeability through a Mixed Molten Salt of LiF, NaF and KF(FLiNaK) as a Heat-transfer Fluid [J]. Journal of Nuclear Materials,2006, 358(2 - 3):235 - 242.

[11] 肖瑶. 氟盐冷却高温堆热工水力特性及安全审评关键问题研究[D]. 西安:西安交通大学,2014.

[12] MORIYAMA H, TANAKA S, SZE D K, et al. Tritium Recovery from Liquid metals [J]. Fusion Engineering and Design,1995,28(94):226 - 239.

[13] 皮力,刘卫,张东勋,等. 用氢同位素估算氚在熔盐堆结构材料中的渗透[J]. 核技术,2015, 38(3):77 - 82.

[14] 吕群. 金属腐蚀机理与腐蚀形态[J]. 九江师专学报,1997,15(5):71 - 75.

[15] ZHANG J, HOSEMANN P, MALOY S. Models of Liquid Metal Corrosion [J]. Journal of Nuclear Materials,2010, 404(1):82 - 96.

[16] ZHENG G. Corrosion Behavior of Alloys in Molten Fluoride Salts [D]. United States: University of Wisconsin-Madison,2015.

[17] MIZOUCHI M, YAMAZAKI Y, IIJIMA Y, et al. Low Temperature Grain Boundary Diffusion of Chromium in SUS316 and 316L Stainless Steels [J]. Materials Transactions,2004, 45(10):2945 - 2950.

[18] BAES C F. The Chemistry and Thermodynamics of Molten Salt Reactor Fuels [J]. Journal of Nuclear Materials,1969, 51(1):149 - 162.

[19] STEMPIEN J D. Tritium Transport, Corrosion, and Fuel Performance Modeling in the Fluoride Salt-Cooled High-Temperature Reactor(FHR) [D]. United States:Massachusetts Institute of Technology,2016.

[20] 苏光辉,秋穗正,田文喜. 核动力系统热工水力计算方法[M]. 北京:清华大学出版社,2013.

[21] 马建,黄彦平,刘晓钟. 窄缝矩形通道单相流动及传热实验研究[J]. 核动力工程,2012,33(1):39 - 45.

[22] FUKADA S, ANDERL R A, HATANO Y, et al. Initial Studies of Tritium Behavior in FLiBe and FLiBe-facing Material [J]. Fusion Engineering and Design,2002, 61 - 62:783 - 788.

[23] OBERKAMPF W L, TRUCANO T G. Methodology in Computational Fluid Dynamics:A00-33882[R]. United States:Sandia National Laboratry,2000.

[24] KEISER J R. Compatibility Studies of Potential Molten Salt Breeder Reactor Materials in Molten Fluoride Salts:ORNL-TM-5783[R]. United States:Oak Range National La-

boratory,1977.

[25] SHAFFER J. H. Preparation and Handling of Salt Mixtures for the Molten Salt Reactor Experiment:ORNL-4616[R]. United States:Oak Range National Laboratory,1971.

[26] STEMPIEN J D, BALLINGER R G, FORSBERG C W. An integrated model of tritium transport and corrosion in Fluoride Salt-Cooled High-Temperature Reactors (FHRs)-Part I:Theory and benchmarking [J]. Nuclear Engineering and Design,2016, 310(15):258 - 272.

[27] 常华,陶杰,骆心怡,等. 不锈钢表面阻氚渗透涂层研究现状及进展[J]. 机械工程材料, 2007, 31(2):1 - 4.

[28] ANDREWS N, FORSBERG C. Tritium Management in Fluoride-salt-cooled High-temperature Reactors(FHRs) [C]. Transactions of the American NuclearSociety. San Diego, California,2012.

[29] CHENG E T, MERRIL B J, SZE D. Nuclear aspects of molten salt blankets [J]. Fusion Engineering and Design,2003, 69(1 - 4):205 - 213.

[30] NISHIMURA H, SUZUKI A, TERAI T, et al. Chemical Behavior of Li_2BeF_4 Molten Salt as a Liquid Tritium Breeder [J]. Fusion Engineering and Design,2001, 58 - 59: 667 - 672.

[31] SUZUKI A, TERAI T, TANAKA S. Tritium Release Behavior from Li_2BeF_4 Molten Salt by Permeation through Structural Materials [J]. Fusion Engineering and Design, 2000, 51 - 52:863 - 868.

附　录

附录1　熔盐腐蚀实验结果

表 A1-1　熔盐腐蚀实验结果

回路编号	合金材料	熔盐	实验时长/h	最高温度/℃	腐蚀深度/μm
116	316SS	FLiNaK	500		101.6
119					50.8
347			3000		279.4
518					279.4
346		NaF-ZrF$_4$			228.6
519			2000		317.5
78		FLiNaK			330.2
					76.2
278		NaF-ZrF$_4$			127
					254
		60NaF-40ZrF$_4$			127
		NaF-BeF$_2$	1000		203.2
		70NaF-30BeF$_2$			152.4
399		24LiF-53NaF-23BeF$_2$			127
		36LiF-49NaF-15BeF$_2$			76.2
		74LiF-26ThF$_4$			152.4
517			822		139.7
337		NaF-ZrF$_4$	575		203.2
214					76.2
230		FLiNaK+NaK			254
		36NaF-18KF-46ZrF$_4$		815	139.7
348	Inconel	NaF-ZrF$_4$			177.8
		FLiNaK			127
934					127
		60NaF-40ZrF$_4$			254
935					127
		NaF-BeF$_2$			203.2
246		LiF-NaF-BeF$_2$			228.6
262		52NaF-48ZrF$_4$	500		127
277		57NaF-43BeF$_2$			203.2
276					101.6
277					152.4
336					139.7
341					152.4
342		NaF-ZrF$_4$			152.4
516					152.4
338					152.4
411			250		114.3

续表 A1-1

回路编号	合金材料	熔盐	实验时长/h	最高温度/℃	腐蚀深度/μm
410			100		101.6
400			50		76.2
1181		$71LiF-29ThF_4$	8760	732	165.1
1239		$71LiF-16BeF_2-13ThF_4$			190.5
9377-6			13155	704	330.2
1188		$35LiF-27NaF-38BeF_2$	8760		228.6
1210		$71LiF-29ThF_4$			127
1235		$71LiF-16BeF_2-13ThF_4$	7789		101.6
1214		FLiNaK	4673		330.2
1169		$71LiF-29ThF_4$		677	25.4
1177					38.1
1173		$58NaF-35BeF_2-7ThF_4$	1000		101.6
1176		$58LiF-35BeF_2-7ThF_4$			25.4
1234		$71LiF-16BeF_2-13ThF_4$	8760		25.4
9344-2		FLiNaK	8735	649	203.2
9344-2					203.2
1172		$35LiF-27NaF-38BeF_2$	1000	607	50.8
1175		FLiNaK			25.4
LDRD		FLiNaK	3048	815	2.54
1209		$71LiF-29ThF_4$			0
1216		$58LiF-35BeF_2-7ThF_4$	8760	732	25.4
1240		$71LiF-16BeF_2-13ThF_4$			0
MSRP7			20000	704	25.4
MSRP8		$58LiF-35BeF_2-7ThF_4$	9633	704	0
15A		$73LiF-2BeF_2-25ThF_4$	39476		1.27
1208		FLiNaK			25.4
1190	INOR-8	$58NaF-35BeF_2-7ThF_4$	8760		25.4
1233		$71LiF-16BeF_2-13ThF_4$			0
1213		$71LiF-29ThF_4$	3114		0
15		$73LiF-2BeF_2-25ThF_4$	2003	677	0
1165		FLiNaK	1340		0
1164		$58NaF-35BeF_2-7ThF_4$			0
1221		$71LiF-29ThF_4$	1000		0
1228		$71LiF-16BeF_2-13ThF_4$			0
MSRE		$67LiF-33BeF_2$	26000		0
9354-3		$35LiF-27NaF-38BeF_2$	19942	649	0
1194		FLiNaK			0
1195		$35LiF-27NaF-38BeF_2$	1000	607	0

附录2　Pu 燃料循环熔盐堆基准题描述

初装料摩尔比为 72：16：11.8：0.2 的燃料盐 LiF‐BeF$_2$‐ThF$_4$‐PuF$_3$ 在如图 A2‐1 所示边长为 23.1 cm 的六角形石墨元件中间半径为 6.64 cm 圆形孔道内流动,燃料盐各元素的核子密度如表 A2‐1 所示。

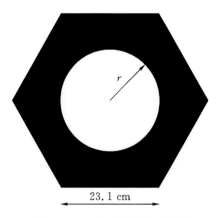

23.1 cm

图 A2‐1　基准题组件示意图

表 A2‐1　Pu 燃料循环熔盐堆基准题初始各元素核子密度

元素	核子密度	元素	核子密度
^{232}Th	3.778E−03	^{242}Pu	3.177E−06
^{238}Pu	6.359E−07	^{7}Li	2.260E−02
^{239}Pu	3.906E−05	^{9}Be	5.037E−03
^{240}Pu	1.513E−05	^{19}F	4.978E−02
^{241}Pu	5.018E−06	^{12}C	9.226E−02

附录 3　TWIGL 基准题描述

　　TWIGL Seed-Blanket 基准问题是一个简化的二维两群稳态、瞬态基准问题,堆芯为三个燃料区构成的边长为 160cm 的正方形堆芯,详细的堆芯几何布置及核参数见图 A3-1、表 A3-1 和表 A3-2。其中:组件是 8 cm×8 cm。

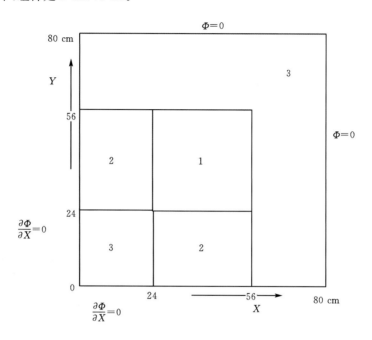

图 A3-1　TWIGL 基准题几何布置参数

表 A3-1　TWIGL 基准题组件群截面参数

材料	能群 g	D_g	$\Sigma_{a,g}$	$\nu\Sigma_{f,g}$	$\Sigma_{s,1-2}$
1	1	1.4	0.01	0.007	0.01
	2	0.4	0.15	0.2	
2	1	1.4	0.01	0.007	0.01
	2	0.4	0.15	0.2	
3	1	1.3	0.008	0.003	0.01
	2	0.5	0.05	0.06	

其中:$\chi_1=1.0$,$\chi_2=0.0$,$B_z^2=0.0$

表 A3 - 2　TWIGL 基准题的缓发中子参数

缓发中子组	缓发中子份额	缓发中子份额
1	0.0075	0.08

TWIGL Seed-Blanket 瞬态基准问题由两个缓发超临界问题构成,即分别是燃料区 2 的宏观热群吸收截面发生线性变化(Ramp Change)和阶跃变化(Step Change)引起的瞬态过程,初始全堆归一化功率为 1.0,瞬态计算到 0.5 s,计算参数和瞬态条件如表 A3 - 3 所示。

表 A3 - 3　TWIGL 瞬态基准题参数和瞬态条件

参数	第一群	第二群
中子速度	1.0×10^7 cm/s	2.0×10^5 cm/s
瞬态条件 (由材料类型 1 的热群 吸收截面的变化引起)	阶跃扰动: $\dfrac{\Sigma_{a2}(t)}{\Sigma_{a2}(0)} = 0.97666$ 线性扰动: $\dfrac{\Sigma_{a2}(t)}{\Sigma_{a2}(0)} = 1 - 0.11667t$ $\dfrac{\Sigma_{a2}(t)}{\Sigma_{a2}(0)} = 0.97666$	$(t = 0 \text{ s})$ $(0 \text{ s} \leqslant t < 0.2 \text{ s})$ $(t > 0.2 \text{ s})$

附录 4 MOSART 燃料盐各元素微观总截面与能量关系

附录 4 中的 $1b = 10^{-28}\ m^2$。

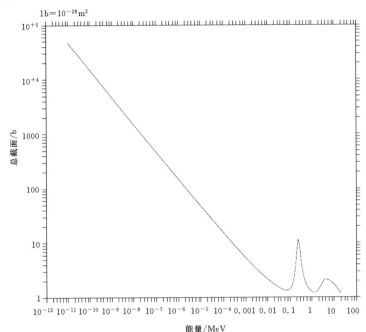

图 A4-1 ^{6}Li 微观总截面与能量关系

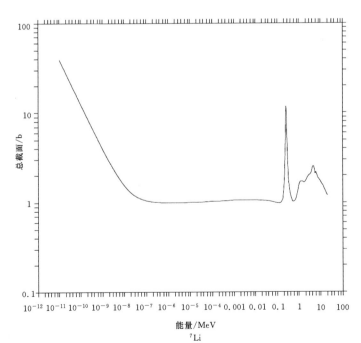

图 A4-2 ^{7}Li 微观总截面与能量关系

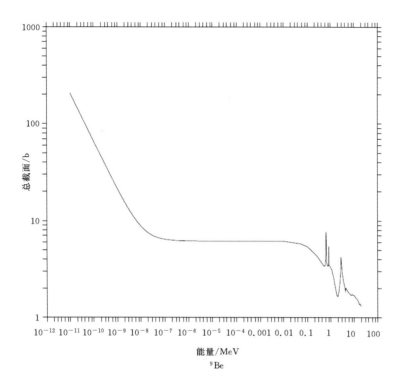

图 A4 - 3　^{9}Be 微观总截面与能量关系

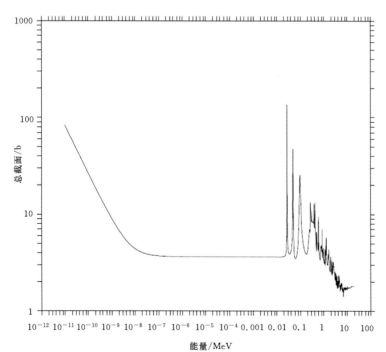

图 A4 - 4　^{19}F 微观总截面与能量关系

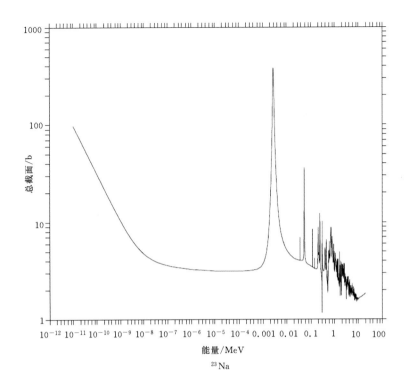

图 A4 - 5 ^{23}Na 微观总截面与能量关系

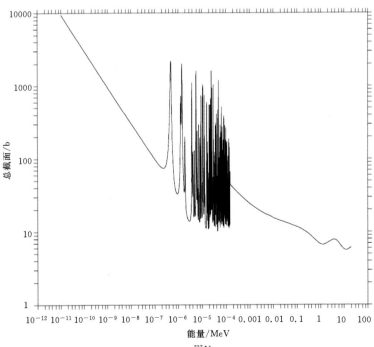

图 A4 - 6 ^{237}Np 微观总截面与能量关系

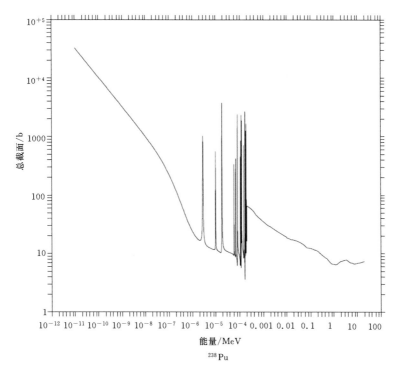

图 A4 - 7　^{238}Pu 微观总截面与能量关系

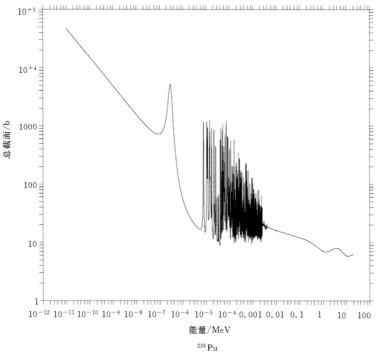

图 A4 - 8　^{239}Pu 微观总截面与能量关系

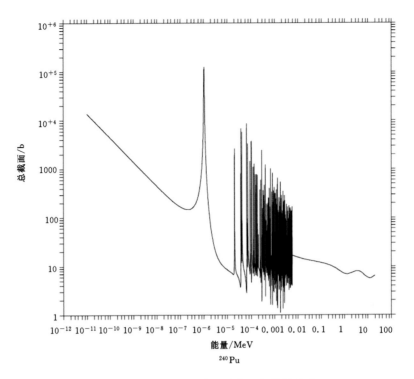

图 A4 - 9　^{240}Pu 微观总截面与能量关系

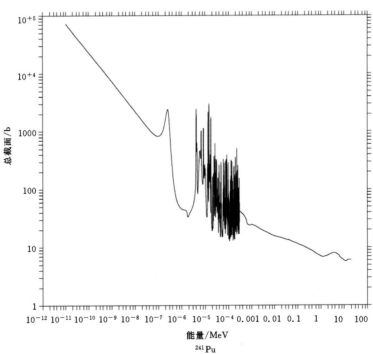

图 A4 - 10　^{241}Pu 微观总截面与能量关系

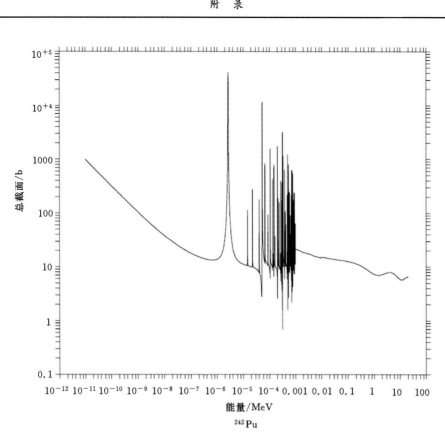

图 A4 - 11　^{242}Pu 微观总截面与能量关系

附录 5　MOSART 群常数表

表 A5 - 1　燃料盐快群群常数

温度 /K	D_1/cm	$(v\Sigma_f)_1$/cm^{-1}	$\Sigma_{f,1}$/cm^{-1}	$\Sigma_{r,1}$/cm^{-1}	Σ_{1-2}/cm^{-1}
300	1.290628	3.007171×10^{-3}	9.837021×10^{-4}	4.505737×10^{-3}	1.686387×10^{-3}
600	1.289964	3.005166×10^{-3}	9.831635×10^{-4}	4.511572×10^{-3}	1.652023×10^{-3}
900	1.289548	3.003390×10^{-3}	9.826352×10^{-4}	4.514852×10^{-3}	1.631547×10^{-3}
1200	1.289244	3.001922×10^{-3}	9.821852×10^{-4}	4.517087×10^{-3}	1.617188×10^{-3}
1500	1.289003	3.000671×10^{-3}	9.817935×10^{-4}	4.518774×10^{-3}	1.606264×10^{-3}
2100	1.288639	2.998861×10^{-3}	9.812233×10^{-4}	4.521296×10^{-3}	1.590394×10^{-3}
3000	1.288252	2.997065×10^{-3}	9.806484×10^{-4}	4.524075×10^{-3}	1.574702×10^{-3}

表 A5 - 2　燃料盐热群群常数

温度 /K	D_2/cm	$(v\Sigma_f)_2$/cm^{-1}	$\Sigma_{f,2}$/cm^{-1}	$\Sigma_{r,2}$/cm^{-1}
300	1.269491	2.501821×10^{-2}	8.246304×10^{-3}	2.423014×10^{-2}
600	1.268136	2.512028×10^{-2}	8.285320×10^{-3}	2.451792×10^{-2}
900	1.267082	2.518897×10^{-2}	8.311723×10^{-3}	2.469415×10^{-2}
1200	1.266440	2.524477×10^{-2}	8.333172×10^{-3}	2.482148×10^{-2}
1500	1.265822	2.528950×10^{-2}	8.350433×10^{-3}	2.492015×10^{-2}
2100	1.264644	2.536452×10^{-2}	8.379262×10^{-3}	2.506687×10^{-2}
3000	1.263177	2.545395×10^{-2}	8.413174×10^{-3}	2.523091×10^{-2}

表 A5 - 3　石墨快群、热群群常数

温度 /K	D_1/cm	D_2/cm^{-1}	$\Sigma_{r,1}$/cm^{-1}	$\Sigma_{r,2}$/cm^{-1}	Σ_{1-2}/cm^{-1}
300	1.078218	1.269491	5.410577×10^{-3}	2.423014×10^{-2}	5.401195×10^{-3}
600	1.078217	1.268136	5.410591×10^{-3}	2.451792×10^{-2}	5.401209×10^{-3}
900	1.078215	1.267082	5.410607×10^{-3}	2.469415×10^{-2}	5.401225×10^{-3}
1200	1.078214	1.266440	5.410624×10^{-3}	2.482148×10^{-2}	5.401242×10^{-3}
1500	1.078212	1.265822	5.410639×10^{-3}	2.492015×10^{-2}	5.401257×10^{-3}
2100	1.078208	1.264644	5.410670×10^{-3}	2.506687×10^{-2}	5.401288×10^{-3}
3000	1.078203	1.263177	5.410713×10^{-3}	2.523091×10^{-2}	5.401331×10^{-3}

附录 6　部分锕系元素放射性活度（GBq/g）

表 A6-1　部分锕系元素放射性活度（GBq/g）

时间/d		0	1.0	2.0	5.0	10.0	50.0	100.0	200.0	400.0	800.0	1400.0	2000.0
铀元素	^{233}U	2.35E-12	2.35E-12	2.35E-12	2.35E-12	2.35E-12	2.39E-12	2.42E-12	2.51E-12	2.70E-12	3.08E-12	3.64E-12	4.21E-12
	^{235}U	3.86E-07	3.86E-07	3.86E-07	3.86E-07	3.86E-07	3.86E-07	3.86E-07	3.86E-07	3.86E-07	3.86E-07	3.86E-07	3.86E-07
	^{238}U	3.66E-07	3.66E-07	3.66E-07	3.66E-07	3.66E-07	3.66E-07	3.66E-07	3.66E-07	3.66E-07	3.66E-07	3.66E-07	3.66E-07
钚元素	^{239}Pu	6.14E-04	6.14E-04	6.16E-04	6.16E-04	6.16E-04	6.16E-04	6.16E-04	6.16E-04	6.16E-04	6.16E-04	6.16E-04	6.16E-04
	^{240}Pu	2.31E-04	2.31E-04	2.31E-04	2.31E-04	2.31E-04	2.31E-04	2.31E-04	2.31E-04	2.31E-04	2.31E-04	2.31E-04	2.31E-04
	^{241}Pu	2.24E-02	2.24E-02	2.24E-02	2.24E-02	2.24E-02	2.22E-02	2.20E-02	2.19E-02	2.13E-02	2.02E-02	1.86E-02	1.72E-02
	^{242}Pu	4.17E-08	4.17E-08	4.17E-08	4.17E-08	4.17E-08	4.17E-08	4.17E-08	4.17E-08	4.17E-08	4.17E-08	4.17E-08	4.17E-08
次锕系元素 MA	^{237}Np	7.21E-08	7.23E-08	7.23E-08	7.27E-08	7.29E-08	7.32E-08	7.34E-08	7.34E-08	7.34E-08	7.34E-08	7.34E-08	7.36E-08
	^{238}Np	8.67E-03	6.25E-03	4.50E-03	1.69E-03	3.28E-04	7.03E-10	3.06E-11	3.06E-11	3.04E-11	3.04E-11	3.01E-11	2.99E-11
	^{241}Am	2.97E-05	2.99E-05	2.99E-05	3.02E-05	3.08E-05	3.46E-05	3.95E-05	4.90E-05	6.79E-05	1.04E-04	1.55E-04	2.02E-04
	^{243}Am	4.26E-08	4.26E-08	4.26E-08	4.26E-08	4.26E-08	4.26E-08	4.26E-08	4.26E-08	4.26E-08	4.26E-08	4.26E-08	4.26E-08
	^{242}Cm	1.32E-03	1.32E-03	1.32E-03	1.30E-03	1.28E-03	1.08E-03	8.71E-04	5.70E-04	2.44E-04	4.46E-05	3.48E-06	2.77E-07
	^{243}Cm	7.18E-08	7.18E-08	7.16E-08	7.16E-08	7.16E-08	7.14E-08	7.12E-08	7.07E-08	6.98E-08	6.79E-08	6.54E-08	6.27E-08
	^{244}Cm	6.05E-07	6.07E-07	6.07E-07	6.07E-07	6.07E-07	6.03E-07	6.01E-07	5.94E-07	5.81E-07	5.57E-07	5.25E-07	4.92E-07
	^{245}Cm	1.13E-11	1.13E-11	1.13E-11	1.13E-11	1.13E-11	1.13E-11	1.13E-11	1.13E-11	1.13E-11	1.13E-11	1.13E-11	1.13E-11
	^{246}Cm	2.84E-13	2.84E-13	2.84E-13	2.84E-13	2.84E-13	2.84E-13	2.84E-13	2.84E-13	2.84E-13	2.84E-13	2.84E-13	2.84E-13

附录 7　重要裂变产物放射性活度（GBq/g）

表 A7-1　重要裂变产物放射性活度（GBq/g）

时间/d	0	1.0	2.0	5.0	10.0	50.0	100.0	200.0	400.0	800.0	1400.0	2000.0
^{85}Kr	1.89E-02	1.89E-02	1.89E-02	1.88E-02	1.88E-02	1.88E-02	1.86E-02	1.82E-02	1.76E-02	1.64E-02	1.47E-02	1.32E-02
^{90}Sr	1.12E-01	1.12E-01	1.12E-01	1.12E-01	1.12E-01	1.12E-01	1.12E-01	1.11E-01	1.09E-01	1.07E-01	1.03E-01	9.84E-02
^{90}Y	1.12E-01	1.12E-01	1.12E-01	1.12E-01	1.12E-01	1.12E-01	1.12E-01	1.11E-01	1.09E-01	1.07E-01	1.03E-01	9.85E-02
^{93}Zr	2.46E-06	2.46E-06	2.46E-06	2.46E-06	2.46E-06	2.46E-06	2.46E-06	2.46E-06	2.46E-06	2.46E-06	2.46E-06	2.46E-06
^{95}Zr	1.69E+00	1.67E+00	1.65E+00	1.60E+00	1.51E+00	9.82E-01	5.72E-01	1.93E-01	2.22E-02	2.93E-04	4.43E-07	6.68E-10
^{99}Tc	1.50E-05	1.50E-05	1.50E-05	1.50E-05	1.50E-05	1.50E-05	1.50E-05	1.50E-05	1.50E-05	1.50E-05	1.50E-05	1.50E-05
^{103}Ru	9.98E-01	9.80E-01	9.64E-01	9.14E-01	8.38E-01	4.15E-01	1.72E-01	2.97E-02	8.82E-04	7.80E-07	2.04E-11	5.39E-16
^{105}Ru	4.55E-01	1.07E-02	2.53E-04	3.32E-09	2.40E-17	0.00E+00	0.00E+00	0.00E+00	0.00E+00	0.00E+00	0.00E+00	0.00E+00
^{106}Ru	2.09E-01	2.09E-01	2.09E-01	2.08E-01	2.06E-01	1.91E-01	1.74E-01	1.44E-01	9.93E-02	4.72E-02	1.54E-02	5.03E-03
^{105}Rh	4.30E-01	3.08E-01	1.93E-01	4.72E-02	4.48E-03	3.02E-11	1.84E-21	0.00E+00	0.00E+00	0.00E+00	0.00E+00	0.00E+00
^{107}Pd	4.74E-08	4.74E-08	4.74E-08	4.74E-08	4.74E-08	4.74E-08	4.74E-08	4.74E-08	4.74E-08	4.74E-08	4.74E-08	4.74E-08
^{130}I	2.88E-03	7.50E-04	1.95E-04	3.44E-06	4.12E-09	0.00E+00	0.00E+00	0.00E+00	0.00E+00	0.00E+00	0.00E+00	0.00E+00
^{131}I	9.02E-01	8.27E-01	7.58E-01	5.85E-01	3.81E-01	1.21E-01	1.62E-02	2.93E-08	9.53E-16	1.01E-30	0.00E+00	0.00E+00
^{135}I	1.69E+00	1.34E-01	1.05E-02	5.17E-06	1.58E-11	0.00E+00	0.00E+00	0.00E+00	0.00E+00	0.00E+00	0.00E+00	0.00E+00
^{132}Te	1.26E+00	1.01E+00	8.18E-01	4.28E-01	1.45E-01	2.53E-05	5.06E-10	2.04E-19	3.11E-38	0.00E+00	0.00E+00	0.00E+00
^{135}Xe	1.23E+00	5.54E-01	1.17E-01	5.79E-04	6.23E-08	0.00E+00	0.00E+00	0.00E+00	0.00E+00	0.00E+00	0.00E+00	0.00E+00
^{134}Cs	1.95E-02	1.95E-02	1.95E-02	1.95E-02	1.93E-02	1.88E-02	1.79E-02	1.63E-02	1.36E-02	9.38E-03	5.39E-03	3.11E-03
^{135}Cs	1.27E-06	1.27E-06	1.27E-06	1.27E-06	1.27E-06	1.27E-06	1.27E-06	1.27E-06	1.27E-06	1.27E-06	1.27E-06	1.27E-06
^{136}Cs	1.73E-02	1.64E-02	1.56E-02	1.33E-02	1.02E-02	1.20E-03	8.29E-05	3.97E-08	9.07E-12	4.75E-21	5.70E-35	0.00E+00
^{137}Cs	1.27E-01	1.27E-01	1.27E-01	1.27E-01	1.27E-01	1.26E-01	1.26E-01	1.25E-01	1.23E-01	1.20E-01	1.16E-01	1.12E-01
^{140}Ba	1.65E+00	1.56E+00	1.48E+00	1.25E+00	9.54E-01	1.08E-01	7.14E-03	3.10E-05	5.85E-10	2.08E-19	1.39E-33	0.00E+00
^{140}La	1.65E+00	1.64E+00	1.59E+00	1.41E+00	1.10E+00	1.25E-01	8.23E-03	3.57E-05	6.74E-10	2.39E-19	1.60E-33	0.00E+00
^{148}Pm	7.09E-02	6.23E-02	5.48E-02	3.72E-02	1.95E-02	1.12E-04	1.75E-07	4.35E-13	2.68E-24	0.00E+00	0.00E+00	0.00E+00

附录 8　响应曲面参数

表 A8 - 1　响应曲面生成参数表

编号	μ_{power}/MW	X_{power}	X_{flow}	X_{tcout}	X_{ffdf}	$X_{h,core}$	$X_{d,fuel}$	$X_{q,fuel}$	$T_{f,m}/℃$	$T_{c,m}/℃$
1	28	−3	−3	0	−3	0	0	−3	1242.714	986.432
2	27	0	−3	0	0	−3	0	−3	1278.996	997.905
3	28	0	−3	−3	3	3	0	0	1213.270	911.652
4	27	0	0	3	0	3	−3	0	1223.777	939.806
5	28	3	0	−3	0	−3	0	3	1342.420	1021.935
6	27	0	−3	0	3	0	3	0	1221.549	929.173
7	28	0	3	3	0	0	3	3	1253.493	958.679
8	27	0	3	0	0	−3	0	3	1268.631	979.693
9	27	−3	0	0	3	3	0	0	1151.033	883.319
10	28	0	0	0	0	0	0	0	1255.979	964.103
11	28	3	−3	0	0	3	−3	0	1292.323	975.187
12	29	−3	3	−3	0	0	0	0	1211.736	934.083
13	29	0	0	3	0	−3	−3	0	1313.450	1012.565
14	28	−3	0	3	0	3	0	−3	1188.690	922.828
15	28	0	0	0	0	0	0	0	1255.979	964.103
16	28	3	0	3	0	−3	0	−3	1348.111	1029.982
17	28	0	0	0	0	0	0	0	1255.979	964.103
18	28	−3	0	3	3	0	−3	0	1189.289	913.541
19	28	0	3	−3	−3	3	0	0	1258.121	969.405
20	28	−3	0	−3	0	−3	0	−3	1232.569	964.650
21	27	0	−3	0	−3	0	−3	0	1281.997	1008.898
22	28	−3	0	3	−3	0	3	0	1236.881	979.600
23	28	0	−3	−3	−3	−3	0	0	1325.276	1048.992
24	29	3	0	0	0	0	−3	−3	1326.183	999.602
25	28	0	0	0	0	0	0	0	1255.979	964.103
26	27	−3	0	0	−3	−3	0	0	1244.848	998.812
27	28	0	0	0	3	−3	3	−3	1266.876	960.622
28	28	0	0	0	0	0	0	0	1255.979	964.103
29	28	0	0	0	0	0	0	0	1255.979	964.103
30	29	−3	0	0	0	0	3	−3	1217.365	944.595
31	28	3	3	0	0	3	3	0	1276.350	954.986
32	29	0	−3	0	0	3	0	−3	1257.893	957.775

续表 A8 - 1

编号	μ_{power}/MW	X_{power}	X_{flow}	X_{tcout}	X_{ffdf}	$X_{h,core}$	$X_{d,fuel}$	$X_{q,fuel}$	$T_{f,m}/℃$	$T_{c,m}/℃$
33	29	3	-3	-3	0	0	0	0	1326.587	1003.932
34	29	0	0	3	3	0	0	3	1254.176	941.347
35	29	0	0	-3	3	0	0	-3	1248.195	933.124
36	29	-3	0	0	-3	3	0	0	1231.673	963.441
37	27	0	0	-3	0	3	3	0	1214.798	929.066
38	28	0	0	0	3	3	3	3	1212.217	907.771
39	28	3	-3	0	-3	0	0	3	1352.313	1047.389
40	28	0	0	0	3	-3	-3	3	1270.413	964.013
41	27	0	0	-3	3	0	0	3	1216.329	919.111
42	29	0	0	-3	-3	0	0	3	1302.849	1011.583
43	29	0	3	0	0	-3	0	-3	1303.315	997.413
44	29	0	0	-3	0	3	-3	0	1248.245	946.149
45	28	-3	0	-3	3	0	3	0	1180.487	902.812
46	28	3	0	-3	3	0	-3	0	1283.170	949.441
47	28	-3	-3	0	3	0	0	3	1188.193	914.938
48	28	0	-3	3	0	0	-3	3	1265.880	978.662
49	28	0	3	-3	0	0	-3	3	1250.247	953.135
50	28	-3	0	-3	0	3	0	3	1181.538	914.350
51	28	0	0	0	0	0	0	0	1255.979	964.103
52	28	-3	0	3	0	-3	0	3	1238.702	972.813
53	29	3	0	0	0	0	3	3	1322.855	996.393
54	28	3	-3	0	0	-3	3	0	1349.203	1034.663
55	28	-3	3	0	-3	0	0	3	1226.808	967.783
56	27	3	0	0	3	-3	0	0	1302.534	978.478
57	28	0	3	-3	0	0	3	-3	1247.362	950.360
58	27	0	3	0	0	3	0	-3	1213.549	926.973
59	28	-3	-3	0	0	3	3	0	1190.589	925.076
60	28	0	3	3	3	3	0	0	1213.708	906.706
61	28	3	0	-3	-3	0	3	0	1337.631	1029.814
62	27	0	0	-3	-3	0	0	-3	1268.342	992.774
63	28	3	-3	0	3	0	0	-3	1288.532	960.229
64	27	3	0	0	0	0	-3	3	1290.487	981.841
65	27	0	0	3	3	0	0	-3	1222.447	927.369
66	28	0	-3	3	0	0	3	-3	1263.454	975.768
67	28	0	0	0	-3	3	-3	3	1270.584	984.266
68	28	0	3	-3	3	-3	0	0	1261.339	950.608

编号	μ_{power} / MW	X_{power}	X_{flow}	X_{tcout}	X_{ffdf}	$X_{h,core}$	$X_{d,fuel}$	$X_{q,fuel}$	$T_{f,m}$/℃	$T_{c,m}$/℃
69	28	0	0	0	0	0	0	0	1255.979	964.103
69	28	0	0	0	0	0	0	0	1255.979	964.103
70	28	3	3	0	3	0	0	3	1280.837	944.467
71	28	0	−3	−3	0	0	3	3	1256.487	967.452
72	29	3	0	0	−3	−3	0	0	1394.897	1085.519
73	29	0	0	3	−3	0	0	−3	1309.904	1019.975
74	28	−3	−3	0	0	−3	−3	0	1242.426	979.220
75	27	0	3	0	3	0	−3	0	1217.423	917.843
76	27	−3	−3	−3	0	0	0	0	1190.250	934.996
77	29	−3	0	0	3	−3	0	0	1230.310	944.154
78	29	0	−3	0	0	−3	0	3	1314.291	1016.754
79	28	0	−3	3	−3	3	0	0	1281.713	997.500
80	28	3	0	3	3	0	3	0	1285.950	954.641
81	28	−3	3	0	3	0	0	−3	1181.803	901.944
82	28	0	0	0	3	3	−3	−3	1214.533	910.031
83	28	0	0	0	−3	3	3	−3	1268.508	981.794
84	29	0	3	0	−3	0	−3	0	1299.094	1007.109
85	28	3	0	3	−3	0	−3	0	1347.341	1041.444
86	28	3	3	0	0	−3	−3	0	1341.685	1018.037
87	27	0	0	3	0	−3	3	0	1274.813	990.790
88	28	3	3	0	−3	0	0	−3	1333.461	1024.812
89	29	0	−3	0	−3	0	3	0	1314.398	1025.314
90	27	0	3	0	−3	0	3	0	1262.624	986.008
91	28	−3	0	−3	−3	0	−3	0	1231.972	973.845
92	27	−3	3	3	0	0	0	0	1188.285	928.346
93	27	−3	0	0	0	0	−3	−3	1190.044	932.589
94	27	0	0	−3	0	−3	−3	0	1272.463	986.096
95	28	0	3	3	0	0	−3	−3	1256.362	961.436
96	27	0	0	3	−3	0	0	3	1275.459	1001.184
97	28	0	0	0	−3	−3	3	3	1317.341	1039.648
98	28	3	0	−3	0	3	0	−3	1280.198	960.461
99	29	3	3	3	0	0	0	0	1322.828	992.856
100	29	−3	0	0	0	0	−3	3	1220.124	947.222
101	28	3	0	3	0	3	0	3	1287.123	968.878
102	28	0	0	0	−3	−3	−3	−3	1321.031	1043.358
103	27	3	−3	3	0	0	0	0	1297.556	993.953

编号	$\mu_{power}/$ MW	X_{power}	X_{flow}	X_{tcout}	X_{ffdf}	$X_{h,core}$	$X_{d,fuel}$	$X_{q,fuel}$	$T_{f,m}/℃$	$T_{c,m}/℃$
104	28	0	3	3	－3	－3	0	0	1315.941	1034.926
105	29	0	3	0	0	3	0	3	1244.836	941.204
106	29	3	0	0	3	3	0	0	1276.973	935.399
107	29	0	0	－3	0	－3	3	0	1303.762	1000.827
108	28	－3	3	0	0	－3	3	0	1229.342	959.052
109	27	3	0	0	－3	3	0	0	1302.978	1000.461
110	27	－3	0	0	0	0	3	3	1187.446	930.126
111	27	3	3	－3	0	0	0	0	1281.549	967.466
112	28	0	－3	3	3	－3	0	0	1276.250	974.651
113	29	－3	－3	3	0	0	0	0	1227.403	958.395
114	29	0	－3	0	3	0	－3	0	1256.449	946.410
115	27	0	－3	0	0	3	0	3	1226.078	942.554
116	28	0	－3	－3	0	0	－3	－3	1258.951	970.363
117	27	3	0	0	0	0	3	－3	1287.350	978.828
118	29	0	3	0	3	0	3	0	1246.302	928.768
119	28	－3	3	0	0	3	－3	0	1180.662	912.692
120	29	0	0	3	0	3	3	0	1253.223	952.150

附录 9　三角形有限元方程系数矩阵

采用 Galerkin 权余量法推导插值函数。在每个单元内,任意时刻 t 单元的温度 T 可由以下关系式表示

$$T(x,y,t) = \sum_{i=1}^{k} N_i(x,y) \cdot T_i(t) \tag{A9-1}$$

式中:k 为单元节点数;T_i 为节点温度,K;N_i 为 Galerkin 方法中权重函数的形函数。

对于三角形单元(见图 A9-1),其自然坐标表达式为

$$N_1 + N_2 + N_3 = 1 \tag{A9-2}$$

$$N_i = \frac{1}{2\Delta}(a_i + b_i x + c_i y) \quad i = 1,2,3 \text{(单位节点 1,2,3 分别对应 } i,j,m) \tag{A9-3}$$

式中:Δ 为三角形面积。各项系数及插值函数如下

$$\left.\begin{array}{lll} a_i = x_j y_m - x_m y_j & b_i = y_j - y_m & c_i = x_m - x_j \\ a_j = x_m y_i - x_i y_m & b_j = y_m - y_i & c_j = x_i - x_m \\ a_m = x_i y_j - x_j y_i & b_m = y_i - y_j & c_m = x_j - x_i \end{array}\right\} \tag{A9-4}$$

$$2\Delta = \begin{vmatrix} 1 & x_i & y_i \\ 1 & x_j & y_j \\ 1 & x_m & y_m \end{vmatrix} = b_i c_j - b_j c_i \tag{A9-5}$$

$$\frac{\partial N_i}{\partial X} = \frac{b_i}{2\Delta} \quad \frac{\partial N_i}{\partial Y} = \frac{c_i}{2\Delta} \tag{A9-6}$$

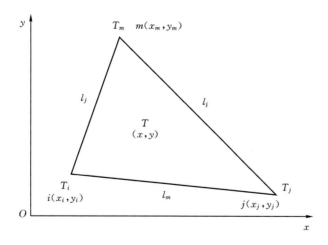

图 A9-1　三节点三角形有限元的坐标表示

假设每个三角形单元内热导率和比热容为常数,且采用单元平均温度计算。则热导矩阵可表示为

$$[K_c] = \int_{R^{(e)}} k\left(\frac{\partial N_i}{\partial X}\frac{\partial N_j}{\partial X} + \frac{\partial N_i}{\partial Y}\frac{\partial N_j}{\partial Y}\right)\mathrm{d}X\mathrm{d}Y = \frac{k}{4(\Delta)^2}(b_i b_j + c_i c_j) \tag{A9-7}$$

热容矩阵为

$$[C] = C \int_R \begin{pmatrix} N_1^2 & N_1 N_2 & N_1 N_3 \\ N_2 N_1 & N_2^2 & N_2 N_3 \\ N_3 N_1 & N_2 N_3 & N_3^2 \end{pmatrix} = C\Delta \begin{pmatrix} 1/6 & 1/12 & 1/12 \\ 1/12 & 1/6 & 1/12 \\ 1/12 & 1/12 & 1/6 \end{pmatrix} \quad (A9-8)$$

假设对流换热系数 h_{cr}、热流密度 q 及辐射换热系数 β_r 沿单元边界为常数,则外边界条件对热导矩阵的贡献为(认为每个三角形单元至多只有一条边有外边界条件)

$$[K_h] = h_{cr} \int_{A_3} \begin{pmatrix} N_1^1 & N_1 N_2 & 0 \\ N_2 N_1 & N_2^2 & 0 \\ 0 & 0 & 0 \end{pmatrix} dS = \frac{h_{cr} l_{12}}{6} \begin{pmatrix} 2 & 1 & 0 \\ 1 & 2 & 0 \\ 0 & 0 & 0 \end{pmatrix} \quad (A9-9)$$

$$[K_r] = \int_{A_4} \beta_r N_i N_j \, dS = \frac{\beta_r l_{12}}{6} \begin{pmatrix} 2 & 1 & 0 \\ 1 & 2 & 0 \\ 0 & 0 & 0 \end{pmatrix} \quad (A9-10)$$

而边界条件的列向量可由边界的面积分得到

$$[F_q] = \ddot{Q} \int_{A_2} \begin{Bmatrix} N_1 \\ N_2 \\ 0 \end{Bmatrix} dS = \frac{\ddot{Q} l_{12}}{2} \begin{Bmatrix} 1 \\ 1 \\ 0 \end{Bmatrix} \quad (A9-11)$$

$$[F_h] = h_{cr} T_{cr} \int_{A_3} \begin{Bmatrix} N_1 \\ N_2 \\ 0 \end{Bmatrix} dS = \frac{h_{cr} T_{cr} l_{12}}{2} \begin{Bmatrix} 1 \\ 1 \\ 0 \end{Bmatrix} \quad (A9-12)$$

$$[F_r] = \beta_r T_r \int_{A_4} \begin{Bmatrix} N_1 \\ N_2 \\ 0 \end{Bmatrix} dS = \frac{\beta_r T_r l_{12}}{2} \begin{Bmatrix} 1 \\ 1 \\ 0 \end{Bmatrix} \quad (A9-13)$$

式中:l_{12} 为单元节点 1 和 2 之间的边长,m;T_{cr} 为对流边界条件下流体侧温度,K;T_r 为环境温度,K;β_r 为辐射换热系数,$\beta_r = \sigma \varepsilon (T_{12}^2 + T_r^2)(T_{12} + T_r)$。

附录 10　HPTAC 程序功能及使用

HPTAC 主要子模式功能介绍如表 A10-1 所示。

表 A10-1　HPTAC 主要子模块功能介绍

模块或程序名	功　能
HPMAIN	热管主程序。热管计算流程控制和预处理、求解、传热极限计算模块
RESIDUAL	计算节点隐式迭代残差
CHLSKY	楚列斯基分解法求解有限元矩阵
DVERK	龙格库塔法模块
ELMDM	有限元网格参数计算
GLOBMAX	全局矩阵初始化
CONCP	计算有限单元热导和热容矩阵的控制模块
FICLAY	管壁单元热导和热容矩阵计算模块
PROPTY	基于显热容法的吸液芯工质相变物性计算模块
CKAN	吸液芯单元热导和热容矩阵计算模块
THIRDB	计算单元第三类边界条件列向量（对流换热边界）
SECNDB	计算单元第二类边界条件列向量（热流密度边界）
FLUXD	计算时变热流密度边界条件参数
RADB	计算单元辐射边界条件列向量
FIRSTBC	计算单元第一类边界条件列向量（温度边界）
FORMF	拼装有限元控制方程右侧列向量矩阵
FORMGM	拼装有限元控制方程总体系数矩阵
INTFLUX	基于分子动理论计算气液交界面热流密度
COUPLE	气液交界面传热耦合，计算热阻
HPVAPOR	求解第三阶段蒸气区控制方程及蒸气热工水力参数计算结果输出模块
INITV	计算连续蒸气流初始温度
FCN1	计算龙格库塔法求解蒸气流控制方程所需的一阶导数矩阵
NAVPROP	计算蒸气物性参数
FACTOR	计算蒸气流控制方程的摩擦因子、动量因子和能量因子
DNEWT	牛顿迭代法模块
FINS	有限差分法求解翅片传热模块
GDFTE	求解二阶常微分方程组算法模块，定义翅片导热方程边界条件
ATRDE	追赶法模块
PROPK	物性模块。计算物性、转变温度、辐射角系数、对流换热系数等参数
DATAIN	再启动数据读入模块
DATAOUT	再启动数据输出模块
MAINOUT	输出热管壁和吸液芯的温度分布以及其他热管模块重要计算结果
SYSTEM	热管输入卡片定义及数据读入模块
VARIABLE	全局变量存取模块
AGSDL	高斯赛德尔迭代法模块

HPTAC 程序的主要变量都由 Namelist 输入卡片读入，也有部分一般不需要改动的参数要在程序代码内输入。HPINPUT(N). DAT 是热管的输入文件。热管的边界条件类型必须事先在程序中设定好，开始运行后就不能再改变。具体输入变量的定义和单位输入卡片中都有注释，注意所有浮点数变量都要用双精度输入。程序中所有输入、输出变量均采用国际单位制。

程序的输出主要有屏幕输出和文件输出两类。屏幕输出的主要是温度分布和迭代次数，启动不同阶段对应的输出格式略有不同，目的是为了监控计算过程。文件输出包含所有重要计算结果的表控输出，主要是为数据保存及图表绘制。GRID(N). DAT 是热管管壁和吸液芯有限元网格及边界条件的结果文件；HEATPIPE(N). DAT 是热管管壁和吸液芯温度结果文件，表头还包含了热管模块的主要输入参数；VAPOR_AVG(N)是蒸气平均温度结果文件；VAPOR(N). DAT 是第三阶段连续蒸气流的详细计算结果，包括蒸气压力、速度、密度、温度、含气率和马赫数分布以及蒸气腔的输入热流和雷诺数；RESTART(N). DAT 是热管再启动文件，存放程序、再启动所需的各项参数值；OPERATION_LIMIT(N). DAT 是热管传热极限结果文件，包含每个时刻的热管轴向热流、音速极限、毛细极限、携带极限和黏性极限数值；LIMIT_PLOT(N)是用于传热极限绘图的结果文件；QH(N). DAT 是热管冷凝段结果文件。

程序调试运行时要注意观察温度分布、迭代次数等输出变量是否合理，如果结果明显违反物理规律就应当停止计算，分析并修改输入变量或边界条件。如果是从稳态开始计算则要先运行一段时间，等有了包括 RESTART.DAT 在内的一组输出文件后才能再启动。一定要确保再启动文件的数据格式正确，且应尽量使输入卡中的初值接近稳态值。

程序结果的后处理可通过 Origin、Sigmaplot、Tecplot、Excel 等科学绘图软件完成。因为已经对大多数计算结果进行了表控输出，所以数据可以很方便地转换为清晰直观的图表。

附录 11　钾的三相物性

热管工质钾的三相物性由中国原子能科学研究院堆工所提供。

钾的相对原子质量为 39.102。标准大气压下,钾的熔点 T_m 为 63.2 ℃,沸点 T_b 为 756.5 ± 0.5 ℃,三相点 T_{TP} 为 63.18 ℃,熔化潜热 h_m 为 59.32 kJ·kg^{-1},汽化潜热 h_{fg} 为 1983.7 kJ·kg^{-1}。

1. 固态钾物性

密度/(kg·m^{-3})

$$\rho_s = 864 - 0.24162T \quad T \in [-269, 63.2] \quad T(℃) \tag{A11-1}$$

热导率/(W·m^{-1}·K^{-1})

$$k_s = 126.0 - 6.028 \times 10^{-2}T \quad T \in [100, 336] \quad T(K) \tag{A11-2}$$

比热容/(J·kg^{-1}·K^{-1})

$$c_{p_s} = 537.9 + 0.8002T \quad T \in [100, 336] \quad T(K) \tag{A11-3}$$

2. 液态钾物性

密度/(kg·m^{-3})

$$\rho_l = 841.5 - 0.2127T - 2.7 \times 10^{-5}T^2 + 4.77 \times 10^{-9}T^3$$
$$T \in [63.2, 1250] \quad T(℃) \tag{A11-4}$$

热导率/(W·m^{-1}·K^{-1})

$$k_l = 43.8 - 2.22 \times 10^{-2}T + \frac{3.95 \times 10^3}{T + 273.15} \quad T \in [63.2, 1250] \quad T(℃) \tag{A11-5}$$

比热容/(J·kg^{-1}·K^{-1})

$$c_{p_l} = (0.8389 - 3.6741 \times 10^{-4}T + 4.592 \times 10^{-7}T^2) \times 10^3$$
$$T \in [63.2, 1250] \quad T(℃) \tag{A11-6}$$

比焓/(J·kg^{-1})

$$h_l = (56.179 + 0.84074T - 1.5844 \times 10^{-4}T^2 + 1.0499 \times 10^{-7}T^3) \times 10^3$$
$$T \in [63.2, 800] \quad T(℃) \tag{A11-7}$$

动力黏度/(Pa·s)

$$\mu_l = 1.131 \times 10^{-5} \cdot \rho_l^{\frac{1}{3}} \cdot e^{\frac{0.68 \times \rho_l}{T}} \quad T \in [63.2, 380] T(℃) \tag{A11-8}$$

$$\mu_l = 7.99 \times 10^{-6} \cdot \rho_l^{\frac{1}{3}} \cdot e^{\frac{0.978 \times \rho_l}{T}} \quad T \in [380, 800] T(℃) \tag{A11-9}$$

表面张力/(N·m^{-1})

$$\sigma_l = 0.11564 - 5.57261 \times 10^{-5}T \quad T \in [63.2, 800] \quad T(℃) \tag{A11-10}$$

3. 气态钾物性

密度/(kg·m^{-3})

$$\rho_g = 1.884233822 \times 10^9 \times 10^{\frac{-4625.3}{T}} \times \frac{1}{T^{1.7}} \quad T \in [T^*, 2100] \quad T(K) \quad (A11-11)$$

饱和蒸气压/Pa

$$p_{sat} = 4.0168 \times 10^{11} \times 10^{\frac{-4625.3}{T}} \times \frac{1}{T^{0.7}} \quad T \in [T^*, 2100] \quad T(K) \quad (A11-12)$$

动力黏度/(Pa·s)

$$\mu_g = 4.86372 \times 10^{-6} + 1.15683 \times 10^{-8} T \quad T \in [T^*, 2100] \quad T(K) \quad (A11-13)$$